"十二五"职业教育国家规划教材

经全国职业教育教材审定委员会审定

（高职高专）

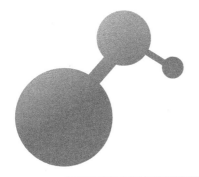

YEJINLU
REGONG
JICHU

冶金炉热工基础

第二版

○ 王鸿雁 主编 ○ 张 花 副主编 ○ 杨 娜 主审

化学工业出版社

·北京·

本书主要包括气体力学、燃料及燃烧、传热过程、耐火材料、冶金炉热能的合理利用等知识。主要围绕冶金生产中的气体流动、燃料及燃烧、热量传递、耐火材料及冶金炉热能的合理利用五个项目进行编写，注重理论联系实际，突出节约能源、提高能源利用效率，可持续发展等节能理念，并在内容中列举了大量的实例，在结构上设置了"情景描述"，明确了项目的知识、能力及素质目标，并具体划分了不同任务，给出了任务的描述、分析、基本知识与技能要求，并设置了知识拓展和自测题，便于学生更好地学习，掌握核心内容。

图书在版编目（CIP）数据

冶金炉热工基础/王鸿雁主编. —2版. —北京：
化学工业出版社，2014.6（2023.1重印）
"十二五"职业教育国家规划教材
ISBN 978-7-122-20225-3

Ⅰ.①冶…　Ⅱ.①王…　Ⅲ.①冶金炉-热工学-高等
职业教育-教材　Ⅳ.①TF061.2

中国版本图书馆 CIP 数据核字（2014）第 064392 号

责任编辑：高　钰　　　　　　　　　　文字编辑：张绪瑞
责任校对：陶燕华　　　　　　　　　　装帧设计：史利平

出版发行：化学工业出版社（北京市东城区青年湖南街 13 号　邮政编码 100011）
印　　装：北京印刷集团有限责任公司
787mm×1092mm　1/16　印张 22　字数 550 千字　2023 年 1 月北京第 2 版第 5 次印刷

购书咨询：010-64518888　　　　　　　售后服务：010-64518899
网　　址：http://www.cip.com.cn
凡购买本书，如有缺损质量问题，本社销售中心负责调换。

定　　价：59.00 元　　　　　　　　　　　　　　　　版权所有　违者必究

前　言

本教材是根据高职高专人才培养方案的要求，依据技术领域和职业岗位的任职要求，参照相关的职业资格标准，改革课程体系和教学内容，建立突出职业能力培养的课程标准，积极与冶金行业合作编写而成的，是一本适合于高职高专冶金技术、材料成型与控制技术专业的教学用书，是与山东省精品课程《冶金炉热工基础》配套而编写的一本教材。

随着国家"十二五"规划的实施，用高新技术改造传统的冶金产业进入一个提速阶段，建立以企业为主体、以市场为导向、产学研相结合的技术创新体系，已是经济发展的必然趋势。因此，本书主要围绕冶金生产中炉内气体流体流动、燃料燃烧、热量传递、耐火材料以及冶金炉热能的合理应用五个方面进行编写，并注重理论联系实际，倡导全社会节约能源，提高能源利用效率，保护和改善环境，促进经济社会全面协调可持续发展等理念。

本教材由山东工业职业学院王鸿雁担任主编，杨娜担任主审，张花担任副主编。参加本教材编写的有：山东工业职业学院王厚山（项目一）、王禄（项目二）、王鸿雁（项目三）、张花（项目四）、山东钢铁集团淄博张钢有限公司李明福（项目五）、杨娜（附录），全书由王鸿雁统稿。

本教材可作为高职高专冶金技术、材料成型与控制技术专业的教学用书，也可供中等职业学校相关专业作教学参考书，还可作为企业职工培训用书。

由于编者水平有限，加之时间仓促，书中不妥与疏漏之处在所难免，恳请广大读者给予批评指正。

编者

2015 年 2 月

第二版前言

《冶金炉热工基础》是根据 2013 年高职高专人才培养方案的要求、根据技术领域和职业岗位的任职要求，参照相关的职业资格标准，改革课程体系和教学内容，建立突出职业能力培养的课程标准，积极与冶金行业合作编写本教程。它是一本适合于高职高专冶金技术、材料成型与控制技术专业的教学用书。此教材是与山东省精品课程《冶金炉热工基础》配套而编写的一本教材。

随着中国"十一五"规划的实施，用高新技术改造传统的冶金产业进入一个提速阶段，建立以企业为主体、以市场为导向、产学研相结合的技术创新体系，已是经济发展的必然趋势。因此，本书编写时，主要围绕冶金生产中炉内气体流体流动、燃料燃烧、热量传递、耐火材料以及冶金炉热能的合理应用五个项目进行编写，注重理论联系实际、能源节约、清洁及可持续发展等时代特征。

本教材由山东工业职业学院王鸿雁担任主编、王庆春同志担任责任主审，山东工业职业学院张花担任副主编。

参加本书编写的有：山东工业职业学院王厚山（第 1 章）、王禄（第 2 章）、王鸿雁（第 3 章）、张花（第 4 章）、张店钢铁总厂李明福（第 5 章）、山东铝业职业学院王玉玲（附录），全书由王鸿雁同志统稿。

本书除作为高职高专教材外，也可供中等职业学校相关专业作教学参考书，同时，也可供企业职工培训用书。

由于我们水平有限，加之时间仓促，书中不妥与疏漏之处在所难免，恳请广大读者给予批评指正。

编者
2014 年 1 月

目 录

绪　　论

众所周知，冶金生产需要在冶金炉内完成各种冶炼过程，而冶炼过程的完成需要高温，要达到一定的高温，必须有热能的供给；炉内热能的供给是燃料燃烧提供的，燃料要完全燃烧，就必须有氧气的存在；而氧气来源于空气，所以必须源源不断地向冶金炉内供风；燃料燃烧后产生高温气体燃烧产物，气体燃烧产物将携带的热能在向炉外排放的过程中与进入炉内的低温物料进行热量的传递；而燃料燃烧过程中火焰的产生，是热量交换的主要方式；由此可知，冶金炉是在高温条件下工作的，所以炉内衬是由耐火材料构成的；冶金炉是能耗大户，其余热的回收利用是绿色冶金生产必不可少的一个环节。据此将本门课程划分为气体流动、燃料燃烧、热量传递和冶金炉用耐火材料选用、冶金炉热能的合理利用五个学习项目（见图 0-1）。

《冶金炉热工基础》主要针对钢铁冶金以及为冶金企业服务的耐火材料企业中使用的各类冶金炉，以冶金炉热工问题为研究对象，通过五大学习项目系统地学习冶金炉生产过程中的热工基础知识和基本理论。本课程面向高职学生的特点和整体水平进行教学目标设计，以促进课程总体目标的实现。改变传统教学方式，在教学过程中体现学生主体地位，以学生的学习为中心进行课程教学系统的设计，体现出

图 0-1　炼铁高炉内部工作示意图

教、学、做一体的教学要求。教学过程中充分利用现代化教育教学手段，如音像、多媒体、实例和图片等技术，从多角度、多层面为学生提供真实的专业技术环境，增加学生对知识的感性认识和理性认识，培养学生分析问题、解决问题的能力。

本课程的教学目标分为知识、能力和素质三个方面。

知识目标主要是培养学生具备热工理论的基本概念、基本定律和基本计算方法知识；能够理解强化冶金炉生产过程和改进生产工艺的理论基础。

能力目标主要是培养学生能通过结合冶金生产工艺，更好地理解冶金生产过程并具备初步分析和解决冶金炉热工实际问题的能力。当然，能力目标更多的是在结合后续课程的学习中和毕业后的实际工作中才能更好地得到体现。

素质目标主要是培养学生具有良好的职业道德和敬业精神；具有团结协作和开拓创新的精神；具有环保和节能的意识。

通过知识、能力和素质目标的结合来实现本门课程的人才培养目标。

项目一　气体流动

【项目描述】

将你自己化身为一名刚进入某冶金企业的员工，已经进行了一段时间的实习，对整个生产过程有了一定的了解，你会发现，无论哪种冶金生产过程，都需要相应的冶金炉完成冶金任务。冶金炉的正常生产，需要水和空气来进行炉内热量的流通。冶金生产过程中很多都是在流体中进行的，如散装物料的干燥、焙烧、熔炼、燃料的燃烧、浸出、萃取与蒸馏等过程中，无一不与流体流动有着密切的关系。流体包括液体和气体，因而流体力学也就包括水力学和气体力学。由于在我们的工作中，所遇到的流体既有液体也有气体，但考虑到热工设备中气体居多，因此在本项目中我们重点学习气体的流动规律。气体力学是从宏观角度研究气体平衡及其流动规律的一门科学，在冶金工业中所涉及的冶金炉大多数以燃料燃烧产生的气体作为载热介质，所以需要学习冶金炉工作过程中气体的宏观物理与化学行为（运动与静止，生成与消失）。冶金炉气体有许多种，而主要的是烟气和空气。为此，气体的输送、气体在窑炉空间的运动、废气的排出等对冶金炉的操作都很重要。

气体在炉内的流动，根据流动产生的原因不同，可分为两种：一种叫自由流动；一种叫强制流动。自由流动是由于温度不同所引起各部分气体密度差而产生的；强制流动是由于外界的机械作用，如鼓风机鼓风产生的压力差，而引起的气体流动。

引起自由流动和强制流动的许多原因合在一起，就决定了炉内气体流动的性质。

冶金生产中，各种炉子对组织气体流动都有各自的特殊要求，并且有些气体流动现象（让炉内气体流动）同炉内的工艺过程密切相关，只有结合工艺过程才能深入分析这些气体流动问题。

【知识目标】

（1）掌握流体的特点，掌握气体与液体的共同点和各自的特点。

（2）掌握气体的主要物理性质以及它们之间的相互关系和计算。

（3）掌握阿基米德原理在气体流动中的应用；掌握气体静止时绝对压力与表压力的变化规律。

（4）掌握气体流动时的黏性以及流动状态的分类、气体本身具备的各种压头；运动气体的连续方程和伯努利方程；会用连续方程和伯努利方程解决生活和生产实际中的常见问题。

（5）掌握气体在运动过程中的各种情况下压头损失、掌握烟囱排烟的原理以及会进行烟囱的基本设计；掌握炉子的供气系统中供气管道的布置原则和供气设备的工作原理；掌握喷射器的工作原理以及相关计算。

（6）掌握压缩性气体流出的基本规律以及喷射器管嘴的设计和计算。

（7）掌握火焰炉、转炉、竖炉内气体流动的规律。

【能力目标】

（1）能用气体的各种性质解释日常生活和生产中常见的现象。

（2）能够根据给出的热工数据，设计和选用烟囱、炉子的供气系统以及喷射器管嘴的设计。

（3）能合理组织气体在冶金炉内的流动过程，提出强化冶金过程的措施。

【素质目标】

具有良好的职业道德和敬业精神；具有团结协作和开拓创新的精神；具有环保和节能的意识。

任务一　气体的主要物理性质

【任务描述】

针对周围的气体，在一年四季和不同的天气中，仔细观察空气流动的变化规律，在此基础上学习气体的主要物理性质以及会进行相关的计算。

【任务分析】

在生产中，要对进入到炉内的气体和燃料燃烧后产生的烟气进行有效的控制，为冶金生产服务，需要先学会气体的主要物理性质，以及掌握各个物理性质之间的相互制约和影响，从而为冶金的安全生产保驾护航。

任务一 气体的主要物理性质	基 本 知 识	技能训练要求
学习内容	1. 流体的定义及特点 2. 气体与液体的共同点和不同点 3. 气体的温度：(1)温标的定义；(2)摄氏温标与绝对温标的定义以及二者之间的关系 4. 气体的压力：(1)压力的定义与单位；(2)气体的压力与温度的关系；(3)绝对压力和表压力的定义及二者之间的关系 5. 气体的体积的计算公式以及体积与温度之间的关系 6. 气体的密度：(1)密度的定义及计算公式；(2)混合气体的密度计算公式；(3)气体密度随温度的变化	1. 掌握流体的定义及特点,区分固体与流体 2. 掌握气体与液体的共同点和不同点。尤其是二者的共同点,研究气体的流动的规律可以借助液体的特点学习 3. 对于气体的温度:要求掌握摄氏温标与绝对温标的定义以及二者之间的关系 4. 对于气体的压力:(1)要求正确理解压力的定义,理解压力是气体的一种内力;掌握压力的各种单位的表示方法以及各种表示方法之间的换算关系;(2)要求会自己推导气体压力与温度的关系;(3)要求掌握绝对压力和表压力的定义及二者之间的关系;并且正确理解表压力与生产上压力表测定的压力之间的关系 5. 气体的体积:要求掌握气体的体积的计算公式以及会推导体积与温度之间的关系 6. 气体的密度:(1)要求掌握密度的定义及计算公式;(2)要求掌握混合气体密度的计算;(3)会推导气体密度随温度的变化关系;(4)正确理解低压气体与高压气体、压缩性气体与不可压缩气体的定义

【知识链接】

气体与液体统称流体，它们的共同特性是流体质点间的引力很小，以致对拉力，对形状的缓慢改变都不显示阻力，因而很容易流动。气体与液体相比，气体容易膨胀或者被压缩，它没有自由表面，总是完全地充满所占容器的空间。由于气体分子之间的距离很大，引力很弱，因此，它既不能保持一定的形状，也不能保持一定的体积。由于气体分子之间的斥力很弱，因而很容易被压缩。而液体则有一定的自由表面和比较固定的体积，不易膨胀和压缩。在实际情况下研究气体运动时常遇到气体的温度、压力、体积、密度等一些物理参数的影响，通过这些物理参数的变化反映了气体物理性质随气体的存在的变化。因此，要了解气体的性质，必须了解这些参数的物理意义及其影响因素。

1. 气体的温度

气体的温度常用各种测温仪来测量。要测出气体的温度，首先必须确定温标。所谓温标是指衡量温度高低的标尺，它规定了温度的起点（零点）和测量温度的单位。

目前国际上常用的温标有摄氏温标和绝对温标两种。

① 摄氏温标　又名百度温标，是我国使用最广泛的一种温标。这种温标规定：在标准大气压下（760mmHg）把纯水的冰点定为零度，沸点定为100度，在冰点与沸点之间等分为100个分格，每一格的刻度就是摄氏温度1度，用符号 t 表示，其单位符号为℃。此外，还可以用同样的间隔继续表示0℃以下和100℃以上的刻度。

② 绝对温标　即热力学温标，又称开尔文温标，用符号 T 表示，其单位符号为K。这种温标是以气体分子热运动平均动能趋于零的温度为起点，定为0K，并以水的三相点温度为基本定点，定为273.16K，于是1K就是水三相点热力学温度的1/273.16。

绝对温标1K与摄氏温标1℃的间隔是完全相同的。在一个标准大气压下，纯水冰点的热力学温度为273.15K，它比水的三相点热力学温度低0.01K，水的沸点为373.15K。绝对温标与摄氏温标的关系

$$T = 273.15 + t \ (K)$$

在不需要精确计算的情况下，可以近似地认为，同一气体的绝对温度比摄氏温度大273度，即

$$T = 273 + t \ (K) \tag{1-1}$$

气体在运动过程中有温度变化时，气体的平均温度常取为气体的始端温度 t_1 和终端温度 t_2 的算术平均值，即

$$t_{均} = \frac{t_1 + t_2}{2} \ (℃) \tag{1-2}$$

2. 气体的压力

由于气体自身的重力作用和气体内部的分子运动作用，气体内部都具有一定的对外作用力，这个力称为气体的压力。显然，气体压力是气体的一种内力，它是表示气体对外作用力大小的一个物理参数。物理学上常把单位面积上气体的对外作用力称为压强，工程上却常把压强简称为压力。冶金炉上所说的压力也是指单位面积上气体的对外作用力，亦即在物理意义上相当于物理学上的压强。

（1）压力的单位

在国际单位制中，压力的单位是帕斯卡，简称帕，其代号 Pa。

1 帕斯卡是指 1 平方米表面上作用 1 牛顿（N）的力，即 1 标准大气压（atm）= 101325Pa = 760mmHg = 1.0332kgf/cm² （工程大气压，at）= 10332mmH$_2$O。

（2）气体的压力与温度的关系

气体的压力与温度密切相关，实验研究指出，当一定质量的气体其体积保持不变（即等容过程）时，气体的压力随温度呈直线变化，即

$$P_t = P_0(1 + \beta t) \tag{1-3}$$

式中　P_t，P_0——温度为 t℃和 0℃时气体的压力；

　　　　β——体积不变时气体的压力温度系数。根据实验测定，一切气体的压力温度系数近似地等于 1/273。

（3）绝对压力和表压力

气体的压力有绝对压力和表压力两种方法。以真空为起点所计算的气体压力称为绝对压力，通常以符号 $P_绝$ 表示。通常所说的标准大气压（大气压力为 101325Pa）和实际大气压（该地该时的实际大气压）都是指大气压的绝对压力。

设备内气体的绝对压力与设备外相同高度的实际大气压的差称为气体的表压力，常以符号 $P_表$ 表示。

显然表压力和绝对压力的关系为

$$P_表 = P_绝 - P_{大气} \tag{1-4}$$

式中　$P_绝$——设备内气体的绝对压力；

　　　$P_{大气}$——设备外同高度的实际大气压；

　　　$P_表$——设备内气体的表压力。

当气体的表压力为正值时，称此气体的表压为正压。当气体的表压为负值时，称此气体的表压为负压，负压那部分的数值，称为真空度。当气体的表压为零值时，称此气体的表压为零压。具有零压的面常称为零压面。

实际生产中常用 U 型液压计测量气体的表压力，U 型压力计的一端和大气相通，另一端和被测的气体相接，实际所测的为相对压力。压力计上所指示的液体柱高度差 h 即为气体的表压力。

表压为正值时，通常称为正压；为负值时，则称为负压。通常把其负值改为正值，称为真空度，常用符号 $P_真$ 表示。真空度与绝对压力的关系

$$P_真 = P_{大气} - P_绝$$

3. 理想气体状态方程式

冶金炉系统中的气体主要是空气和烟气，其特点是低压、常温或高温，可近似看成理想气体，理想气体状态方程式表明了温度、压强和体积的关系，方程式为

$$PV = nRT$$

式中　P——气体的绝对压强，Pa（N/m²）；

　　　V——气体的体积，m³；

　　　n——气体物质的量，mol；

　　　T——气体的绝对温度，K；

　　　R——气体常数，$R = 8.314$J/(mol·K)。

4. 气体的体积

气体的体积是表示气体所占据的空间大小的物理参数。冶金炉内常以每千克质量气体所具有的体积表示气体体积的大小。每千克气体具有的体积称为气体的比容，用符号 ν 表示，单位是 m^3/kg。

气体体积随温度和压力的不同有较大的变化，此为气体区别于液体的特点之一。用公式表示

$$V_t = V_0(1+\beta t) \, (m^3) \tag{1-5}$$

式中符号 $\beta = 1/273$，称为气体的温度膨胀系数。应当指出，当压力变化不大时，也可用上式计算不同温度下的气体体积。

【知识点训练一】 某封闭容器内储有压缩空气，用压力表测得：当大气压为 745mmHg 时，压力表上读数为 2 工程大气压（at）。若大气压改变为 770mmHg 时，压力表上读数为多少？（1at=735.6mmHg=98066Pa）

解： 由公式(1-4)得 $\quad P_{绝} = P_{表} + P_{大气}$

由于大气压力改变时容器内压缩空气的状态没有发生变化，即容器内空气的绝对压力 $P_{绝}$ 是个常数，仅仅是由于 $P_{大气}$ 不同而使压力表上的读数发生变化。现用 $P_{表1}$ 和 $P_{表2}$ 表示压力表示值在变化前后的读数，则

$$P_{表1} + P_{大气1} = P_{表2} + P_{大气2}$$

即 $\qquad P_{表2} = P_{表1} + P_{大气1} - P_{大气2} = 2 + \dfrac{745}{735.6} - \dfrac{770}{735.6} = 1.97 \,(at)$

【知识点训练二】 在一煤气表上读得煤气的消耗量是 $683.7m^3$。在使用期间煤气表的平均表压力是 $44mmH_2O$，其温度平均为 17℃。大气压力平均为 100249Pa。求：

(1) 相当于消耗了多少标准立方米的煤气？

(2) 如煤气压力降低至 $30mmH_2O$，问此时同一煤气耗用量的读数相当于多少标准立方米？

(3) 煤气温度变化时，对煤气流量的测量有何影响？试以温度变化 30℃ 为例加以说明。

解： 已知 $V_1 = 683.7m^3$，$P_{表1} = 44mmH_2O$，$T_1 = 17+273 = 290K$，$P_{大气} = 100249Pa$

(1) $V_0 = V_1 \dfrac{P_1}{P_0} \times \dfrac{T_0}{T_1} = 683.7 \times \dfrac{(100249 + 44 \times 9.81)}{101325} \times \dfrac{273}{290} = 612.09 \,(m^3)$

(2) 已知 $P_{表1} = 30mmH_2O$，$T_1 = 290K$

$$V_0 = V_1 \dfrac{P_1}{P_0} \times \dfrac{T_0}{T_1} = 683.7 \times \dfrac{(100249 + 30 \times 9.81)}{101325} \times \dfrac{273}{290} = 638.66 \,(m^3)$$

(3) 已知 $P_{表1} = 44mmH_2O$，$t_1 = 30℃$（即 $T_1 = 303K$）

$$V_0 = V_1 \dfrac{P_1}{P_0} \times \dfrac{T_0}{T_1} = 683.7 \times \dfrac{(100249 + 44 \times 9.81)}{101325} \times \dfrac{273}{303} = 612.09 \,(m^3)$$

5. 气体的密度

单位体积气体具有的质量称为气体的密度，用符号 ρ 表示，单位是 kg/m^3。气体密度是表示气体轻重程度的物理参数。

当气体的质量为 m，其体积为 V，则气体在标准状态下的密度 ρ 为

$$\rho = \frac{m}{V} \tag{1-6}$$

式中　ρ——气体的密度，kg/m^3；

m——气体的质量，kg；

V——气体的体积，m^3。

冶金生产中常见的气体（如煤气、炉气等）都是由几种简单气体组成的混合气体。混合气体在标准状态下的密度可用下式计算

$$\rho_{混} = \rho_1 \varphi_1 + \rho_2 \varphi_2 + \cdots + \rho_n \varphi_n \ (kg/m^3) \tag{1-7}$$

式中　$\rho_1, \rho_2, \cdots, \rho_n$——各组成物在标准状态下的密度，$kg/m^3$；

$\varphi_1, \varphi_2, \cdots, \varphi_n$——各组成物在混合气体中的百分数，%。

【知识点训练三】　某煤气的成分为：$\varphi(CO) = 27.4\%$；$\varphi(CO_2) = 10\%$；$\varphi(H_2) = 3.2\%$；$\varphi(N_2) = 59.4\%$。试求此煤气在标准状态下的密度。已知 $\rho_{CO} = 1.251 kg/m^3$，$\rho_{CO_2} = 1.997 \ kg/m^3$，$\rho_{H_2} = 0.0899 kg/m^3$，$\rho_{N_2} = 1.251 kg/m^3$。

解： 将已知条件数值及各组成物成分代入式(1-7)，则得此煤气在标准状态下的密度为

$$\rho_{煤气} = \rho_{CO} \varphi(CO) + \rho_{CO_2} \varphi(CO_2) + \rho_{H_2} \varphi(H_2) + \rho_{N_2} \varphi(N_2)$$
$$= 1.251 \times 0.274 + 1.997 \times 0.10 + 0.0899 \times 0.032 + 1.251 \times 0.594$$
$$= 1.286 kg/m^3$$

前面已经指出，气体的密度随其温度和压力的不同而有较大的变化，此为气体区别于液体的特性之一，下面分析这种变化。

（1）气体密度随温度的变化

在标准大气压时，气体在温度 t 下的质量和体积分别为 m 和 V_t 时，则在温度 t 下气体的密度为

$$\rho_t = \frac{m}{V_t} \ (kg/m^3) \tag{1-8}$$

将式(1-5)和式(1-7)代入式(1-8)可得

$$\rho_t = \frac{\rho_0}{1 + \beta t} \ (kg/m^3) \tag{1-9}$$

应当指出，此式也可用于低压气体。

显然，对一定 ρ_0 的气体而言，其密度 ρ_t 随着本身温度 t 的升高而降低。各种热气体的密度都小于常温下大气的密度，亦即设备内的热气体都轻于设备外的大气，此为设备内热气体的一个重要特点。此特点对研究气体基本方程有重要作用。

（2）气体密度随压力的变化

在恒温条件下气体密度与气体绝对压力的关系式为

$$\frac{P_1}{\rho_1} = \frac{P_2}{\rho_2} = \cdots = \frac{P_n}{\rho_n} \tag{1-10}$$

式中　$\rho_1, \rho_2, \cdots, \rho_n$——在各相应压力下的气体密度，$kg/m^3$。

显然，气体密度随气体绝对压力的增加而增大，随绝对压力的降低而减小。

（3）气体密度随气体温度和压力的变化

气体密度随温度和压力的变化关系式为

$$\frac{P_1}{\rho_1 T_1}=\frac{P_2}{\rho_2 T_2}=\cdots=\frac{P_n}{\rho_n T_n}=R \tag{1-11}$$

式中 ρ_1，ρ_2，$\cdots$，ρ_n——在各相应温度和相应压力下的气体密度，kg/m^3；

R——常用的 R 值见附表9

上述分析表明，气体密度随气体温度和气体压力的不同都发生变化。气体密度随气体压力而变化的特殊性称为气体的可压缩性。气体都具有可压缩性，此为气体的特性之一。

应当指出，冶金炉上的低压气体在流动过程中的压力变化多不超过9810Pa，在此压力变化下的密度变化不超过10%。工程上常忽略这个变化，认为冶金炉上的低压气体属于不可压缩性气体。对被认为是不可压缩性气体的低压气体而言，气体密度不随压力而变化，气体密度只随温度按式(1-9)的关系变化。

但是也应当指出，冶金炉上的高压气体在流动过程中的压力变化常超过9810Pa，在此压力变化下的密度变化较大，因此，这些气体仍属于可压缩性气体。对于可压缩性气体而言，气体密度同时随气体温度和气体压力按式(1-11)的关系变化。

【知识点训练四】 某气罐内压缩空气的表压为 7 工程大气压（at），实际温度为 30℃。当实际大气压为 1 工程大气压（at）时，此压缩空气的实际密度为多少？

解：压缩空气的绝对压力和绝对温度可分别按式(1-4) 和式(1-1)计算如下

$$P_{绝}＝P_{表}＋P_{大气}＝7＋1＝8工程大气压＝8×98066＝784800Pa$$

按式(1-11)可得压缩空气在实际温度和实际压力下的密度为

$$\rho＝\frac{P}{TR}＝\frac{784800}{303×287}＝9.03 \ (kg/m^3)$$

【知识拓展】

1. 压力表和测压计上测得的压力是绝对压力还是表压力？
2. 工程上可压缩气体和不可压缩气体是如何定义的？

【自测题】

1. 某低压煤气的温度为 $t＝527℃$；表压力为 $P_{表}＝10mmH_2O$；煤气成分为 $\varphi(CO)＝70\%$，$\varphi(CO_2)＝13\%$，$\varphi(N_2)＝17\%$。试求：

(1) 煤气的绝对温度为多少？

(2) 当外界为标准大气压时，煤气的绝对压力为多少帕？

(3) 标准状态下煤气的密度和比容为多少？

(4) 实际状态下煤气的密度和比容为多少？

2. 重油喷枪以空气做雾化剂时，将空气压缩至绝对压力为 7 个工程大气压，并预热至300℃。求这时空气的密度。

3. 今有一台离心式通风机，在工业标准状态下即压力为 760mmHg、温度为 20℃ 时，其风量为 30000m³/h，如果这台风机在空气温度为 27℃ 和大气压力为 745mmHg 下工作，试求此时风机输送空气的质量比它在工业标准状态下改变了多少？

4. 一容积为 4m³ 的容器充有绝对压力 1 个工程大气压、温度为 20℃ 的空气，抽气后容器的真空度为 700mmHg，当时当地大气压为 1 个工程大气压，求：

(1) 抽气后容器内气体的绝对压力为多少帕？

（2）抽气后容器内空气的质量为多少千克？

（3）必须抽走多少千克的空气，才能保证容器中真空度为 700mmHg？

5. 水银压力计中混进了一个空气泡，因此，它的读数比实际的气压小，当精确的气压计的读数为 768mmHg 时，它的读数只有 748mmHg，此时管内水银面到管顶的距离为 80mm，若气压的读数为 734mmHg 时，求实际气压。设空气的温度保持不变。

6. 质量为 1.2kg 的空气，在 30 个工程大气压下其体积为 0.08m³，求该状态下的温度、千摩尔质量、比容及千摩尔体积各为多少？

7. 有一台鼓风机，当外界处于标准状态时，每小时能输送 300m³ 的空气，如果外界空气温度上升至 $t_2=27℃$，大气压力仍为 760mmHg，此时鼓风机送风量仍为 300m³/h，试求此鼓风机输送空气的质量变化了多少千克？

8. 某工厂有一条新安装的煤气管道，为了检查其是否漏气，需要进行密封试验。其方法是，将 $P_1=15at$，$t_1=50℃$ 的空气送入系统，然后将管道封死，过一天后，测得温度 $t_2=27℃$，如无漏气现象，试问系统压力降低到多大？

9. 引风机入口处流过的烟气量为 $4×10^5$ m³/h，此处负压为 300mmH₂O，烟气的温度为 130℃，试求此烟气量在标准状态下的体积（当地大气压力为 755mmHg）。

10. 进入锅炉空气预热器的风量为 2000m³/h，温度 $t_1=20℃$，设在定压条件下将空气加热至 $t_2=300℃$，试求每小时由空气预热器流出的风量是多少立方米？

任务二 静力学基本定律

【任务描述】

热气体在冷空气中上浮的这一常识生活中经常遇到，例如乘坐热气球在空中游览；冬季空调的热风栅栏向下吹，夏季的冷风栅栏向上吹等，都是利用这一原理。可以通过阿基米德原理在气体流动过程中的应用推导出热气体在冷空气中的上浮力的大小。在本次任务的学习过程中，要求拓展阿基米德原理的内容及相关知识，学会阿基米德原理在气体流动过程中的应用；掌握气体静止时绝对压力与表压力的变化规律以及进行相关的计算。

【任务分析】

在生产中，要对进入到炉内的预热气体和燃料燃烧后产生的高温烟气进行有效的控制，尤其是高温烟气在炉内的有效流动，是冶金炉热量高效利用的主要途径，即利用热气体在炉内自然上浮的原理预热冷物料，达到炉内热量合理利用的最佳化。

项目一　气体流动		
任务二 静力学基本定律	基本知识	技能训练要求
学习内容	1. 阿基米德原理的内容以及其在气体流动中的应用 2. 气体在静止时绝对压力的变化规律 3. 气体在静止时表压力的变化规律	1. 会运用阿基米德原理推导热气体在冷空气中的上浮力；解释生活中热气球的原理以及冬天使用空调时出风栅向下的原因 2. 掌握气体在静止时绝对压力的变化规律，会解释随着海拔的升高绝对压力的变化，从而解释高原地区的空气稀薄的原因 3. 掌握气体在静止时表压力的变化规律，会利用此规律变化解释生产中由于密封不严实而出现的热炉气向大气中的溢气现象以及冷气体的吸气现象

【知识链接】

1. 阿基米德原理

对固体和液体而言，阿基米德原理的内容可表达如下：固体在液体中所受的浮力，等于所排开同体积该液体的重量。此原理同样适用于气体。

设有一倒置的容器，如图 1-1 所示，高为 H，截面积为 f，容器内盛满热气体（密度为 ρ），四周皆为冷空气（密度为 ρ'），热气的重量为

$$G_\text{气} = Hfg\rho$$

同体积空气的重量为

$$G_\text{空} = Hfg\rho'$$

热气在空气中的重力应为 $G_\text{气} - G_\text{空}$

$$G = G_\text{气} - G_\text{空} = Hfg(\rho - \rho')$$

因为 ρ 小于 ρ'，所以热气在空气中的重力必是负值，也就是说热气在冷气中实际上具有一种上升力。

若上式的两边各除以 f，则单位面积上的气柱所具有的上升力可写成下面的形式

$$h = Hg(\rho' - \rho) \tag{1-12}$$

上式说明，单位面积上气柱所具有的上升力决定于气柱的高度和冷、热气体的密度差。

2. 气体平衡方程式

气体平衡方程式是研究静止气体压力变化规律的方程式。

自然界内不存在绝对静止的气体。但是可以认为某些气体（如大气、煤气罐内的煤气、炉内非流动方向上的气体等）是处于相对静止的状态。下面分析相对静止气体的压力变化规律。

（1）气体绝对压力的变化规律

如图 1-2 所示，在静止的大气中取一个底面积为 f、高度为 H 的长方体气柱。如果气体处于静止状态，则此气柱的水平方向和垂直方向的力都应该分别处于平衡状态。

图 1-1　阿基米德原理

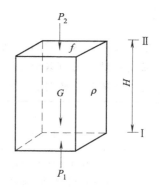

图 1-2　气体绝对压力的分布

在水平方向上，气柱只受到其外部大气的压力作用，气柱在同一水平面上受到的是大小相等方向相反的压力。这些互相抵消的压力使气柱在水平方向上保持力的平衡而处于静止

状态。

① 向上的Ⅰ面处大气的总压力 $P_1 f$，N；

② 向下的Ⅱ面处大气的总压力 $P_2 f$，N；

③ 向下的气柱总重量 $G = Hfg\rho$，N。

气体静止时，这些力应保持平衡，即

$$P_1 f = P_2 f + Hg\rho f$$

当 $f = 1m^2$ 时，则得

$$P_1 = P_2 + Hg\rho \tag{1-13}$$

式中　P_1——气体下部的绝对压力，Pa；

　　　P_2——气体上部的绝对压力，Pa；

　　　H——Ⅰ面和Ⅱ面间的高度差，m；

　　　ρ——气体的密度，kg/m³；

　　　g——重力加速度，9.81m/s²。

式(1-13)为气体绝对压力变化规律的气体平衡方程式。

上式说明：静止气体沿高度方向上绝对压力的变化规律是下部气体的绝对压力大于上部气体的绝对压力，上下两点间的绝对压力差等于此两点间的高度差乘以气体在实际状态下的平均密度与重力加速度之积。

气体平衡方程式不仅适用于大气，而且适用于任何静止气体或液体。

【知识点训练一】　某地平面为标准大气压。当该处平均气温为20℃，大气密度均匀一致时，距地平面100m的空中的实际大气压为多少？

解：当认为大气为不可压缩性气体时，按式(1-9)计算大气的实际密度为

$$\rho_t = \frac{\rho_0}{1+\beta t} = \frac{1.293}{1+\dfrac{20}{273}} = 1.21 \ (kg/m^3)$$

根据式（1-13）计算100m处的实际大气压为

$$P_2 = P_1 - Hg\rho_1 = 101325 - 100 \times 9.81 \times 1.21 = 100138 \ (Pa)$$

计算表明，空中的大气压低于地面的大气压，高山顶上的气压低即为此道理。

（2）气体表压力的变化规律

生产中多用表压力表示气体的压力。下面分析静止气体内表压力的变化关系。

如图1-3所示，炉内是实际密度为 ρ 的静止炉气，炉外是实际密度为 ρ' 的大气。炉气在各面处的绝对压力分别为 P_1、P_2 和 P_3，表压力分别为 $P_{表1}$，$P_{表2}$ 和 $P_{表3}$。下面分析炉气表压力沿高度方向上的变化情况。

根据式(1-4)的关系可知，炉气在Ⅰ面和Ⅱ面处的表压力分别为

$$P_{表_1} = P_1 - P'_1 \tag{a}$$

$$P_{表_2} = P_2 - P'_2 \tag{b}$$

因此，Ⅰ面与Ⅱ面的表压差应为

图1-3　气体表压力的分布

$$P_{表_2} - P_{表_1} = (P_2 - P_1) + (P'_1 - P'_2) \tag{c}$$

根据式(1-13)可得Ⅰ面和Ⅱ面的炉气和大气的绝对压力差分别为

$$P_2 - P_1 = -Hg\rho \tag{d}$$

$$P'_1 - P'_2 = Hg\rho' \tag{e}$$

将式(d)和式(e)代入式(c)则得

$$P_{表_2} - P_{表_1} = Hg(\rho' - \rho) \tag{1-14a}$$

或

$$P_{表_2} = P_{表_1} + Hg(\rho' - \rho) \tag{1-14b}$$

式中　　$P_{表_2}$——上部炉气的表压力，Pa；

　　　　$P_{表_1}$——下部炉气的表压力，Pa；

　　　　ρ'——大气的实际密度，kg/m^3；

　　　　H——两点之间的高度差，m。

式(1-14)是气体平衡方程式的又一种形式。此式适用于任何与大气同时存在的静止气体。

此气体平衡方程式表明：当气体密度 ρ 小于大气密度 ρ'（热气体皆如此）时，静止气体沿高度方向上，表压力的变化是上部气体的表压力大于下部气体的表压力，上下两点间的表压力差等于此两点间的高度差乘以大气与气体的实际密度差与重力加速度之积。此两点间的表压力差等于气柱的上升力。

由图 1-3 看出，如果炉门中心线 0 面处的炉气表压力为零（生产中常这样控制），则按式(1-14)的关系可得Ⅱ面和Ⅰ面的表压力分别为

$$P_{表_2} = P_{表_0} + H_2 g(\rho' - \rho) = H_2 g(\rho' - \rho)$$

$$P_{表_1} = P_{表_0} + H_1 g(\rho' - \rho) = H_1 g(\rho' - \rho)$$

如果炉内是高温的热气体，其实际密度 ρ 小于大气密度 ρ'，则由上式不难看出：①零压面以上各点的表压力 $P_{表_2}$ 为正压，当该点有孔洞时会发生炉气向大气中的溢气现象；②零压面以下各点的表压力 $P_{表_1}$ 为负压，当该点有孔洞存在时，会发生将大气吸入的吸气现象。这个规律存在于任何与大气同时存在的密度小于大气的静止气体中。炉墙的缝隙处经常向外冒火，烟道和烟囱的缝隙处经常吸入冷风就是这个规律的具体表现。

【知识点训练二】　某加热炉炉气温度为 1300℃，由燃烧计算得知该炉气在标准状态下的密度为 $\rho_0 = 1.3 kg/m^3$。车间温度为 15℃，零压线在炉底水平面上。求炉底以上 1m 高度处的炉膛压力（指表压 ΔP 值）是多少？

解： 炉气密度　　　　$\rho_t = \dfrac{\rho_0}{1 + \beta t} = \dfrac{1.3}{1 + \dfrac{1300}{273}} = 0.225 \ (kg/m^3)$

空气密度　　　　$\rho'_t = \dfrac{\rho'_0}{1 + \beta t} = \dfrac{1.293}{1 + \dfrac{15}{273}} = 1.225 \ (kg/m^3)$

把基准面取在炉底水平面上，则 1m 高度处的炉膛压力为

$$\Delta P = -Hg(\rho'_t - \rho_t) = 9.81 \times (1.225 - 0.225) = 9.81 \ (Pa)$$

这一数据大体上符合高温炉的实际条件。它说明，在不考虑气体流动的影响时，在高温炉内，每1m高度上 ΔP 值的变化约为10Pa左右。这一数值概念对估计炉内上下炉压的分布是有帮助的。

【知识拓展】

1. 气体的温度升高时，是否气体的压力都升高？为何大气中的气体温度升高时，气压反而降低？为何冶金炉气体温度升高时，气体压力可增大？

2. 密度小于大气的静止气体在高度方向上表压力变化规律如何？这些规律有何现实意义？

【自测题】

1. 设有一个热气柱，其高度为100m，在100m高处气柱上部所受的压力是100100Pa，若它的密度是 $0.4 kg/m^3$ ，求热气柱下部地面上所受的压力是多少？

2. 某炉膛内的炉气温度为 $t=1638℃$ ，炉气在标准状态下的密度 $\rho_0=1.3 kg/m^3$ ，炉外大气温度 $t'=27℃$ 。试求当炉门中心线为零压力时，距离炉门中心线2m高处炉顶下部炉气的表压力为多少帕？

3. 某连续加热炉均热段炉气温度为1250℃，炉气在标准状态下的密度 $\rho_0=1.3 kg/m^3$ ，炉外大气的温度 $t=30℃$ ，试求当距炉门槛1.5m高处炉膛压力为9.8Pa时，炉门槛处是冒火还是吸冷风？

4. 某炉子的烟囱高为50m，烟囱内的平均烟气温度为450℃，大气温度为30℃，试估算烟囱底部抽力（负表压力）约为多少帕。设烟气在标准状态下的密度 $\rho_0=1.3 kg/m^3$ 。

5. 某钢厂的钢水包盛满钢水，钢水高度为2m，密度 $\rho=7800 kg/m^3$ ，当车间大气压力为1工程大气压时，问钢水包底部注口处的钢水压力是多少帕？

任务三 气体流动的动力学

【任务描述】

运动的气体在流动过程中具有的黏性和各种能量，掌握运动气体的连续方程和伯努利方程，并且会使用连续方程和伯努利方程解决生产中的许多实际问题。

【任务分析】

气体在运动过程中，会与接触的管壁或壁面产生黏性，而气体内部由于速度的不同也会产生黏性，气体的黏性是如何产生的？由于流速不同，气体的流动状态也会不同，这种不同可以在日常生活中观察到，例如晴天和天气异常时风的流动。气体在流动过程中具有的哪些形式的能量以及这些能量在流动过程中是如何相互转换的？气体在流动过程中与所接触的界面之间会产生不同的边界层，边界层具有的性质以及对气体运动过程产生的影响，在上述这些问题得以解决的基础上学习气体的连续方程和伯努利方程，并学会使用连续方程和伯努利方程解决问题。

任务三 气体流动的动力学	基 本 知 识	技能训练要求
学习内容	1. 气体的黏性：运动气体的外摩擦力与内摩擦力产生的条件以及计算；理想流体与实际流体；稳定流动和不稳定流动 2. 气体在管道流动类型以及层流、紊流的区别；流动类型的判别以及雷诺数的定义及作用；边界层的定义 3. 运动气体的流速与流量的定义、单位及计算公式；运动气体的连续方程；气体的能量：位压和位压头及计算表达公式；静压和静压头及计算表达公式；动压和动压头及计算表达公式 4. 伯努利方程式：理想气体的伯努利方程式；实际气体的伯努利方程式；大气作用下伯努利方程式 5. 伯努利方程式和连续方程式联合使用解决实际问题	1. 能够正确理解气体的黏性、理想流体与实际流体的区别；理解稳定流动的意义 2. 掌握层流与紊流的定义与特点；掌握雷诺数的定义、计算公式及其作用；掌握边界层的概念 3. 掌握运动气体的连续方程，且会用连续方程解题。掌握气体所具有的各种能量。正确理解静压和静压头的物理意义 4. 根据给出的条件，列出伯努利方程式，并且对于气体会分析运动过程中的压头转换 5. 要求使用伯努利方程式和连续方程式联合解决生产中的许多实际问题

【知识链接】

1. 流体流动的状态

（1）气体的黏性

在气体运动过程中，由于其内部质点间的运动速度不同，会产生摩擦力。例如，当气体在管道中流动时，一方面气体与管壁之间发生摩擦（此种摩擦称为外摩擦）。另一方面，由于气体分子间的距离大，相互吸引力小，紧贴管壁的气体质点因其与管壁的附着力大于气体分子间的相互吸引力，运动速度小。而离管壁愈远，则运动速度愈大，这样就引起管内各层气流间的速度不同，就为气体内部产生内摩擦力提供了先决条件。

气体内摩擦力的产生，是由于气体分子间的距离大，相互吸引力小，分子热运动较显著，当各层气流间的速度不同时，气体分子会由一层跑到另一层，流速较快的气体分子会进入流速较慢的气层，流速较慢的气体分子也会进入流速较快的气层。这样，流速不同的相邻气层间就会发生能量（动量）交换，较快的一层将显示一种力带动较慢的一层向前移动，较慢的一层则显示出一个大小相等方向相反的力阻止较快的一层前进。这种体现在气体流动时

图 1-4 流体流动时产生的黏性

使两相邻气层的流速趋向一致，且大小相等方向相反的力，称为内摩擦力或黏性力。气体作相对运动时产生内摩擦力的这种性质称为气体的内摩擦或黏性。显然，气层间的分子引力也能阻止气层作相对移动，只是由于气体分子间的相互吸引力小，这种作用不显著。因此，对气体来说，分子热运动所引起的分子掺混是气体黏性产生的主要根据。液体分子间的距离小，分子引力大，黏性力主要由分子引力所产生。

通过实验可以证实：气体的黏性力 $F_{黏}$ 正比于相邻两层气体之间的接触面积 f 以及垂直于黏性力方向的速度梯度 $d\omega/dy$，如图 1-4 所示。写成等式得到

$$F_{黏} = \mu \frac{d\omega}{dy} f \tag{1-15}$$

式中 $F_{黏}$——黏性力，N；

μ——黏性系数或黏度，由上式可导出黏度的单位为

$$\mu=\frac{F_{黏}}{\dfrac{\mathrm{d}\omega}{\mathrm{d}y}f}=\frac{N}{\dfrac{m}{m\cdot s}m^2}=N\cdot s/m^2$$

在国际单位制中，黏度的名称为泊稷叶，国际代号为 P1，则

$$1P1=1N\cdot s/m^2$$

在绝对单位制中，黏度的名称为泊，代号为 P，则

$$1P=1dyn\cdot s/cm^2$$

通常把 20℃的水的黏度定为 1 厘泊（cP），$1cP=0.01P$。

将黏度由绝对单位换算成国际单位可采取下述方法

$$1cP=10^{-2}P=10^{-2}\frac{dyn\cdot s}{cm^2}\left|\frac{1N}{10^5dyn}\right|(\frac{100cm}{1m})^2=10^{-3}\frac{N\cdot s}{m^2}=1mPl$$

即　　　　　　　　　　　　1厘泊＝1毫泊稷叶

在工程单位制中，黏度的单位为 $kgf\cdot s/m^2$。

因为 μ 具有动力学的量纲，故又称为动力黏度。

黏度 μ 与重力加速度 g 的乘积 η，称为内摩擦系数

$$\eta=\mu g\ [N/(m\cdot s)] \tag{1-16}$$

黏度与气体密度 ρ 的比值用 ν 表示之，称为动黏度系数

$$\nu=\frac{\mu}{\rho}=\frac{\eta}{\gamma}\ (m^2/s) \tag{1-17}$$

气体的黏度随温度的增加而变大。黏度和温度的关系可用下式表示

$$\mu_t=\mu_0\frac{1+\dfrac{C}{273}}{1+\dfrac{C}{T}}\sqrt{\frac{T}{273}} \tag{1-18}$$

式中　μ_0——0℃时气体的黏度，$N\cdot s/m^2$，由表 1-1 查得；

　　　μ_t——t℃时气体的黏度，$N\cdot s/m^2$；

　　　T——气体的绝对温度，K；

　　　C——实验常数（又称苏德兰常数），可由表 1-1 查得。

表 1-1　气体在 0℃时的黏度 μ_0（$N\cdot s/m^2$）和 C

气体名称	$\mu_0\times10^6$	C	气体名称	$\mu_0\times10^6$	C
空气	17.17	122	CO	16.58	102
O_2	19.42	138	CO_2	14.03	250
N_2	16.68	118	水蒸气	8.24	673
H_2	8.34	75	燃烧产物	14.81	173

（2）理想流体与实际流体

设黏性为零的流体叫理想流体。实际上流体或多或少都具有一定的黏性，这种有黏性的流体叫实际流体。在分析流体运动问题时，为了方便起见，假设流体没有黏性，把它看成理想流体来处理。

（3）稳定流动和不稳定流动

所谓稳定流动指的是流体中任意一点上的物理量不随时间改变的流动过程。若用数学语言表示为

$$\frac{\partial \mu}{\partial \tau}=0$$

式中 μ——流体的某一物理量；

τ——时间。

若 $\frac{\partial \mu}{\partial \tau}\neq 0$，即随时间变化，则称为不稳定流动。

在气体力学中，主要讨论气体在稳定流动条件下的运动，以后不再另加说明。

（4）管内流型及雷诺数

由实验可知，气体在流动时有两种截然不同的流动情况，即层流和紊流。层流和紊流如图 1-5 所示。

① 层流 当气体流速较小时，各气体质点平行流动，此种流动称为层流。其特点如下：由于气体在管道中流动时，管壁表面对气体有吸附和摩擦作用，管壁上总附有一层薄的气体，此种气体称为边界层。当管内气体为层流时，此边界层气体不流动，它对管内气体产生阻碍作用，距离边界层越近，这种阻碍作用越大。对层流来说，由于气体质点没有径向的运动，这种阻碍作用越显著。因此，在层流情况下管道内气流速度是按抛物线分布的［图 1-5 （a）］，其平均速度 $\omega_{均}$ 为中心速度 $\omega_{中心}$（最大速度）的一半，即

$$\omega_{均}=0.5\omega_{中心} \tag{1-19}$$

(a) 层流   (b) 紊流

图 1-5 管内截面上的速度分布

② 紊流 当气流速度较大时，各气流质点不仅沿着气流前进方向流动，而且在各个方向作无规则的杂乱曲线运动，通常称为紊流。在紊流情况下主流内形成许多细小的漩涡，故又称涡流。由于紊流时气体质点有横向流动，边界层不再是静止状态，而是层流状态，对中心气流速度的影响也较小，因此，管内的气流速度分布较均匀［图 1-5 （b）］，其平均速度 $\omega_{均}$ 为中心最大速度 $\omega_{中心}$ 的 0.75～0.85 倍，即

$$\omega_{均}=(0.75\sim 0.85)\omega_{中心} \tag{1-20}$$

③ 层流与紊流的判别和雷诺数的意义 要了解气流在何种情况下是层流或紊流，必须先了解影响气体流动情况的因素，即先要了解影响气流紊乱难易的因素。由上面的讨论不难看出，紊流的形成与下列因素有关。

a. 气流速度（ω_t）：ω_t 越大，越易形成紊流。

b. 气体密度（ρ_t）：ρ_t 愈大，气体质点横向运动的惯性愈大，愈易形成紊流。

c. 管道直径（d）：d 越大，管壁对中心气流的摩擦作用越小，越易形成紊流。

d. 气体黏性（μ_t）：μ_t 越小，产生的内摩擦力越小，越易形成紊流。

通过实验研究结果表明：气体在管道内的流动情况决定于下列数值

$$Re = \frac{\omega_t d_{当} \rho_t}{\mu_t} \qquad\qquad (1\text{-}21a)$$

或
$$Re = \frac{\omega_t d_{当}}{\nu_t} \qquad\qquad (1\text{-}21b)$$

式中 Re——雷诺准数（简称雷诺数），无因次；

ω_t——气体温度为 $t℃$ 时流过横截面的平均速度，m/s；

ρ_t——气体温度为 $t℃$ 时的密度，kg/m³；

μ_t——气体温度为 $t℃$ 时的黏度系数，N·s/m²；

ν_t——气体温度为 $t℃$ 时的动黏度系数，m²/s；

$d_{当}$——当量直径，m。

对于圆形管道，$d_{当}$ 即管道直径，当管道不是圆形时，当量直径的求法为

$$d_{当} = \frac{4 \times 管道截面积}{管道截面周长} = \frac{4f}{s} \ (m) \qquad\qquad (1\text{-}22)$$

观察式(1-21a) 等式右边的数群可知，其分子 $\omega_t d_{当} \rho_t$ 代表惯性力的大小（因 $\omega_t d_{当} \rho_t = \omega_t \frac{4f}{s} \rho_t \approx m$，质量即为惯性的量度），其分母 μ_t 代表气体黏性力的大小。可见雷诺数 Re 实为惯性力与黏性力之比值。

实验证明：当气体在光滑管道中流动时，$Re < 2300$ 时为层流，$Re > 10000$ 时为紊流；$2300 < Re < 10000$ 时为过渡区。在过渡区内，可能呈现层流，但也可能呈现紊流。因此，可认为 $Re = 2300$ 为气体在光滑直管道中流动时由层流向紊流转化的综合条件。这种由层流向紊流转化时的雷诺数称临界雷诺数，常用 $Re_{临}$ 表示。$Re_{临}$ 就是判别气体流动状态的标志。

气体的流动状态不同，对流量测量、阻力计算和对流传热均有很大的影响。因此，在气体力学中，研究气体流动状态是很重要的。当然，在冶金生产中实际遇到的气体流动绝大多数是紊流，层流只是在很少的情况下才能遇到。

④ 边界层 边界层又称附面层，它指的是流动着的黏性气体（或液体）与固体表面接触时，由于流层与壁面的摩擦作用便在固体表面附近形成速度变化的区域，图 1-6 示意地说明了边界层形成的过程。

当一股流速均匀的流体（流速为 ω_0）沿平板流动时，与板面直接接触

图 1-6 气体流经平板时边界层形成及速度分布示意

的部分速度立即降为零；又由于黏性的作用，在竖直方向上，从板面到流体主体，流速从零逐渐增大；当流速达到某一值后，流速增大的速度逐渐减小，至某一值基本不变。这样，可将沿板面流动的流体分成两个区域。板面附近流速变化较大的区域，称为边界层；离板面较远，流速基本不变的区域，称为外流区或流体的主流区。通常将流速达到主体流速的 99%处，即 $\omega = 0.99\omega_0$ 处定为两个区域的分界线。

边界层即流体流速受到板面影响的那部分流体层，包括流速从 $\omega = 0$ 至 $\omega = 0.99\omega_0$ 的区域，如图中虚线和板面之间这一部分。边界层内的速度梯度较大，流体流动阻力主要集中在该层中。外流区即流体的流速不受板面影响的区域，该区内流体的速度梯度小到可以忽略不计，即认为该区内流体速度分布是均匀的。

假设气体的原有流速为 ω_0，当气流与和气流平行的固体表面相遇时，就在固体表面附近形成速度变化的区域，这种带有速度变化区域的流层称为边界层。从图 1-6 可以看到：当气体刚刚接触到固体表面前沿时，边界层厚度 $\delta_{\text{界}}=0$；沿着气流方向前进，边界层的厚度逐渐增加并具有层流特性，便称这种具有层流性质的边界层为层流边界层。它的径向速度分布完全符合抛物线规律。当气流流过一定距离后，边界层内气体流动的性质开始向紊流转变并逐渐成为紊流边界层。从图 1-6 中还可看到，在紊流边界层内靠近固体壁面边沿处仍有薄薄的气体流层保持着层流状态，称之为层流底层（层流内层），并把由层流边界层开始转变为紊流边界层的部位到平板始端的距离称为临界距离，用 $x_{\text{临}}$ 表示。

实验指出：气体的原有速度 ω_0 愈大，则临界距离 $x_{\text{临}}$ 愈小。对于不同的气体由层流边界层向紊流边界层过渡取决于 $x_{\text{临}}$ 所对应的雷诺数。

$$Re_{\text{x}}=\frac{\omega_0 x_{\text{临}}}{\nu}$$

一般情况下可以认为 Re_{x} 大于 500000 以后，层流边界层才开始转变为紊流边界层。由图 1-6 可以看出紊流边界层厚度 $\delta_{\text{紊}}=\delta_{\text{涡}}=\delta_{\text{层}}$，并且只有当 x 大于 $x_{\text{临}}$ 时才能形成紊流边界层。

对于管道入口处流体的流动来说，上述关于边界层理论的概念和性质依然适用。流体在进入管道后便开始在管壁处形成边界层，随着流动的进程边界层逐渐加厚，经历一定距离后由于厚度的增加边界层将由周围淹没到管道的轴线，这时边界层就充满了整个管道，如图 1-7 所示。在边界层没有淹没管道轴线以前，由于附面层厚度沿流动方向增减，故截面上的速度分布是沿流向而变化的，在附面层淹没管道轴线之后，即当 $x>L_c$ 时，管道中的速度分布就稳定下来了。所以又把 $x_{\text{临}}=L_c$ 称为稳定段（或叫固定段）。对气体在管道中的流动状态可以这样来理解：如果在附面层淹没到管道轴线之前，附面层为层流附面层，则淹没以后管道中的流体将继续保持层流状态的性质。如图 1-7 所示。如果附面层在淹没到管道轴线以前就已经变成紊流附面层，则管内后段流体的流动性质将是紊流状态。如图 1-8 所示。

图 1-7　管道入口处层流流动的形成

图 1-8　管道入口处紊流流动的形成

2. 运动气体的连续方程

气体连续方程式是研究运动气体在运动过程中流量间关系的方程式。气体发生运动后便出现了新的物理参数，流速和流量就是运动气体的主要物理参数。

（1）流速和流量

① 流速　单位时间内气体流动的距离称为气体的流速，用符号 ω 表示，单位是 m/s。流速是表示气体流动快慢的物理参数。

标准状态下气体的流速用 ω_0 表示，单位仍是 m/s。各种气体在不同设备内的 ω_0 都有合适的经验值。经验值的选法将在后面介绍。

流速也随气体的压力和温度而变。恒压下，流速随温度的变化关系为

$$\omega_t = \omega_0(1+\beta t) \ (m/s) \tag{1-23}$$

式中　ω_0——标准状态下气体的流速，m/s；

　　　t——气体的温度，℃；

　　　ω_t——101325Pa、t℃时气体的流速，m/s；

　　　β——气体温度膨胀系数，其值 $\beta=1/273$。

此式适用于标准大气压下流动的气体。压力不大的低压流动气体可近似应用。

由式(1-23)看出，压力变化不大的低压流动气体，当其标准状态下流速 ω_0 一定时，其本身温度愈高，则其实际流速 ω_t 愈大。

由于实际流速 ω_t 随温度变化不易相互比较，因此，生产中和各种资料上都用标准状态下流速 ω_0 表示低压气体流速的大小。当已知 ω_0 和 t 时，可用式(1-23)计算低压流动的气体实际流速 ω_t 的值。

高压流动的可压缩性气体的流速随温度和压力的变化关系将在后面章节中介绍。

② 流量　单位时间内气体流过某截面的数量称为流量。流量是表示气体流动数量多少的物理参数。

a. 体积流量。单位时间内气体流过某截面的体积称为体积流量。用符号 V 表示，单位为 m^3/s，m^3/min，m^3/h。

标准状态下气体的体积流量用 V_0 表示。生产中和资料中多用 V_0 表示气体的体积流量。

当气体的流动截面为 f，气体在标准状态下的流速为 ω_0 时，则气体在标准状态下的体积流量为

$$V_0 = \omega_0 f \ (m^3/s) \tag{1-24}$$

此式适用于各种气体。由式中看出，当生产要求的体积流量 V_0 和选取的经验流速 ω_0 已知时，可根据公式确定气体运动设备的流动截面 f 值，从而确定设备的流动直径 D 值。

气体的体积流量也随其温度和压力而变化。恒压时体积流量随温度的变化关系为

$$V_t = V_0(1+\beta t) \ (m^3/s) \tag{1-25a}$$

或

$$V_t = \omega_0(1+\beta t)f \ (m^3/s) \tag{1-25b}$$

或

$$V_t = \omega_t f \ (m^3/s) \tag{1-25c}$$

式中　V_t——101325Pa，t℃时气体的体积流量，m^3/s。

上式适用于标准大气压下流动的气体，压力不大的低压流动的气体可近似应用。

由式中看出，对压力不大的低压气体而言，当标准状态下的体积流量 V_0 一定时，气体的实际体积流量 V_t 随其温度 t 的升高而增加。

气体的体积流量随压力以及随温度和压力同时变化的关系一般很少分析，因为这时多用质量流量表示气体流量的大小。

b. 质量流量。单位时间内气体流过某截面的质量称为质量流量，用符号 M 表示，单位为 kg/s 或 kg/h。质量等于体积乘以密度，因此可得

$$M = V_0\rho_0 = \omega_0 f\rho_0 \ (kg/s) \tag{1-26a}$$

或　　　　$$M = V\rho = \omega f\rho \ (kg/s) \tag{1-26b}$$

式中　　M——气体的质量流量，kg/s；

　　　　f——气体的流动截面，m^2；

ω_0，ρ_0，V_0——标准状态下气体的流速（m/s）、密度（kg/m³）和体积流量（m³/s）；

ω，ρ，V——任意状态下气体的流速（m/s）、密度（kg/m³）和体积流量（m³/s）。

显然，式（1-26a）适用于标准状态下的气体，式（1-26b）适用于任意状态下的气体。上式指出了质量流量和体积流量的关系。

应当指出，气体的质量流量是不随其温度和压力变化的。

（2）连续方程式

图 1-9　气体连续流动时截面积与速度关系

连续方程式是物质不灭定律在气体流动过程中的表现形式。根据物质不灭定律，任何物质在运动过程中既不能自生也不能自灭，因此，当气体在管道内连续（即气体充满管道，管道不吸气也不漏气）而稳定流动时，气体流过管道各截面的质量必相等。

如图 1-9 中气体在管道内由截面Ⅰ向截面Ⅱ稳定流动，根据上述推论，则此两截面上的质量流量应当相等，即

$$M_1 = M_2 \tag{1-27a}$$

根据式（1-27a）和式（1-26b）可得

$$V_1 \rho_1 = V_2 \rho_2 \tag{1-27b}$$

$$\omega_1 f_1 \rho_1 = \omega_2 f_2 \rho_2 \tag{1-27c}$$

式中　M_1，M_2——Ⅰ面和Ⅱ面的质量流量，kg/s；

ρ_1，ρ_2——在任意状态下Ⅰ面和Ⅱ面处的气体密度，kg/m³；

ω_1，ω_2——任意状态下Ⅰ面和Ⅱ面处的气体流速，m/s；

f_1，f_2——Ⅰ面和Ⅱ面流体的截面积，m²。

上述各式即为气体的连续方程式。它们适用于稳定流动的任意状态的气体。在研究高压气体的流动时常用上述各关系式。

如果不仅是稳定流动，而且气体在流动过程中的密度保持不变，即 $\rho_1 = \rho_2$，则根据式（1-27b）和式（1-27c）可得

$$V_1 = V_2 \tag{1-28a}$$

$$\omega_1 f_1 = \omega_2 f_2 \tag{1-28b}$$

式中　V_1，V_2——密度不变流动时Ⅰ面和Ⅱ面处的体积流量，m³/s；

ω_1，ω_2——密度不变流动时Ⅰ面和Ⅱ面处的气体流速，m/s；

f_1，f_2——Ⅰ面和Ⅱ面流体的截面积，m²。

此为连续方程式的又一种表示形式。

上述两式适用于密度不变稳定流动的气体。对于温度和压力变化都不大的稳定流动的低压气体常近似地应用它们，而且在实际生产中应用非常广泛。

由上述两式可以看出：低压气体在稳定流动时，若流量固定，气体的流速与管道的截面积成反比。当管道截面积一定时，气体在管内的流速与流量成正比。

【知识点训练一】　已知某炉子煤气消耗量标准状态下为 7200m³/h 时，燃烧产物量为 2.9m³/m³ 煤气，废气流经烟道时的温度为 450℃，烟道截面积已知是 1.2m²。求废气在烟

道中的流速为多少?

解：每秒的废气流量

$$V_0 = \frac{2.9 \times 7200}{3600} = 5.8 \ (\text{m}^3/\text{s})$$

当 $t = 450℃$ 时废气的体积流量

$$V_t = V_0(1 + \beta t) = 5.8 \times \left(1 + \frac{450}{273}\right) = 15.4 \ (\text{m}^3/\text{s})$$

废气在烟道中的流速

$$\omega_t = \frac{V_t}{f} = \frac{15.4}{1.2} = 12.8 \ (\text{m}/\text{s})$$

3. 气体的能量

如图 1-10 的管道内流动着稳定流动的气体，在此管道上任取一个截面积为 f 的横截面。现在研究此横截面上气体具有的能量。

在靠近 f 截面取一长为 $\text{d}l$，体积为 $\text{d}V = f\text{d}l$ 的微小气块。当 $\text{d}l$ 极小时，此气块具有的能量即为 f 截面上气体具有的能量。下面分析此气块即 f 截面上气体具有的能量。

（1）位压和位压头

自然界的物体都具有位能。气块也具有位能。当气块的质量、密度和距基准面的高度分别为 m、ρ 和 H 时，则此气块具有的位能为

$$位能 = mgH = \rho \text{d}VgH \ (\text{N} \cdot \text{m})$$

图 1-10　气体在管中流动
时任一截面的能量

单位体积气体具有的位能称为位压。因此，气块亦即 f 面上气体的位压为

$$位压 = \frac{气块位能}{气块体积} = \frac{Hg\rho\text{d}V}{\text{d}V} = Hg\rho \ (\text{Pa})$$

显然，f 面处气体的位压等于该气体的密度 ρ 与重力加速度 g 之乘积再乘以该面距基准面的高度 H。当气体的密度 ρ 一定时，气体各处的位压仅随该处距基准面的高度而变，若基准面取在下面，愈上面气体的位压愈大，愈下面气体的位压愈小。

管内气体位压与管外同高度上大气的位压的差值，称为管内气体的相对位压或简称位压头，用符号 $h_{位}$ 表示，单位是 Pa。

显然，当管内气体的位压为 $Hg\rho$，管外同高度上大气的位压为 $Hg\rho'$ 时（ρ' 为大气的密度），则管内气体的位压头为

$$h_{位} = Hg(\rho - \rho') \ (\text{Pa}) \tag{1-29}$$

由此可知，气体的位压头是单位体积气体所具有的相对位压（对于某基准面而言）。气体某处的位压头等于该处距基准面的高度 H（m）与重力加速度 g（m/s²）之乘积，再乘以气体与大气的密度差（$\rho - \rho'$）（kg/m³）。

当气体的密度 ρ 小于大气密度 ρ'，即浮力大于气体本身的重力时，由上式可知这时位压头为负值，即位压头是一种促使气体上升的能量。为了使位压头得正值，常将基准面取在气体的上面，因为基准面以下之高度为负值。

当气体密度与大气密度之差保持一定时，气体各处的位压头仅随该处距基准面的高度而

变，愈上面气体的位压头愈小，愈下面气体的位压头愈大。

运动和静止的气体内都具有位压头。位压头只能计算而不能进行测量。

（2）静压和静压头

由图 1-10 看出，气块的 f 面积上受到其相邻气体的绝对压力 P 的作用，而且 f 面积上所受的总压力为 Pf。此总压力可能对气块做功而将气块压扁，所做的最大功为 $Pfdl$。事实上气块并未被压扁。这样，气块本身必然具有一个与外界可能做的最大功大小相等、方向相反的能量与之平衡。这个能量称为气体的压力能。因此，气块的压力能为

$$压力能 = Pfdl = PdV \;(N \cdot m)$$

单位体积气体具有的压力能称为静压。因此，该气体亦即 f 面处气体的静压为

$$静压 = \frac{气块压力能}{气块体积} = \frac{PdV}{dV} = P \;(Pa)$$

显然，f 面处气体的静压在数值上即等于该处气体的绝对压力。

管道内气体的静压与管道外同高度上大气的静压之差值称为相对静压，简称静压头，用符号 $h_{静}$ 表示，单位是 Pa。

当管道内气体的静压为 P，管道外同高度上大气的静压为 P' 时，则管道内气体的静压头为

$$h_{静} = P - P' \;(Pa) \tag{1-30}$$

由此可知，气体的静压头是单位体积气体所具有的相对静压。其数值等于管道内外气体所具有的相对压力（即表压力）。

气体的静压与气体的绝对压力，二者的物理意义不同。前者是指单位体积气体具有的内能，后者是指单位面积气体具有的内力，但二者在数值上相等，故常混用。同样，气体的静压头与气体的表压力，二者的物理意义亦不同，但二者在数值上相等，故亦常混用。

运动和静止的气体都具有静压头。静压头可以用压力计测量出来。

（3）动压和动压头

运动的物体都具有动能。气块也具有动能。当气块的质量、流速、密度分别为 m、ω、ρ 时，则气块具有的动能为

$$动能 = \frac{1}{2} m \omega^2 = \frac{\omega^2}{2} \rho dV \;(N \cdot m)$$

单位体积气体具有的动能称为动压。因此，气块亦即 f 面处气体的动压为

$$动压 = \frac{气块动能}{气块体积} = \frac{\frac{\omega^2}{2} \rho dV}{dV} = \frac{\omega^2}{2} \rho \;(Pa)$$

管道内气体的动压与管道外同高度上大气的动压之差值称为相对动压，简称动压头，用符号 $h_{动}$ 表示，单位是 Pa。

当管道内气体的动压为 $\frac{\omega^2}{2} \rho$，管外同高度上静止大气的动压为零时，则管道内气体的动压头为

$$h_{动} = \frac{\omega^2}{2} \rho \;(Pa) \tag{1-31a}$$

可见，气体的动压头在数值上等于气体的动压。气体的动压头决定于气体的速度和密度，由于气体的速度和密度都与温度有关，故气体的动压头常以下式表示

$$h_{动}=\frac{\omega_0^2}{2}\rho_0(1+\beta t)\ (Pa) \tag{1-31b}$$

图 1-11　动压头的测量

式中　ω_0，ρ_0——分别为 0℃时气体的速度和密度。

只有流动的气体才具有动压头。气体的动压头可用压力管直接测量，这种测压管称为毕托管，如图 1-11 所示。测量时，将带弯的测量管插入被测气流中心，并迎着气流方向，压力计上所反映的水柱差即为所测得的 $h_{动}$，即

$$h_{动}=h_{总}-h_{静}\ (Pa)$$

4. 伯努利方程式

伯努利方程式是研究在运动过程中气体能量变化规律的方程式。它是能量守恒定律在气体力学中的具体应用。

（1）单种气体的伯努利方程式

单种气体的伯努利方程式是研究在运动过程中气体本身的能量变化规律的方程式。

① 理想气体的伯努利方程式　由于理想气体在流动过程中没有摩擦力，所以在流动过程中不产生能量损失，此为理想气体的特点。

如图 1-10 的管道内流动着稳定流动的理想气体，则 f 截面处单位体积气体具有的总能量应是该截面处气体的静压、位压和动压之和，即

$$P+Hg\rho+\frac{\omega^2}{2}\rho\ (Pa)$$

下面分析气体由 f 截面流过微小距离 dl 后，气体总能量的变化情况。

根据能量守恒定律可知，气体在流动过程中各个截面的总能量应该相等，即气体由一个截面流向另一个截面时的总能量变化等于零，亦即

$$d\left(P+Hg\rho+\frac{\omega^2}{2}\rho\right)=0 \tag{1-32a}$$

或

$$d\left(\frac{P}{\rho}+Hg+\frac{\omega^2}{2}\right)=0 \tag{1-32b}$$

或

$$d\left(\frac{P}{\rho}\right)+gdH+d\left(\frac{\omega^2}{2}\right)=0 \tag{1-32c}$$

图 1-12　理想气体在管内流动

上述各式即为伯努利方程式的微分形式。此式说明理想气体在稳定流动中各个截面的总能量变化等于零。此式虽不能用于直接计算，但它是研究高压气体流动和低压气体流动的基础。此式适用于理想气体的稳定流动。

如果图 1-12 的管道内流动着密度 ρ 不变的稳定流动的理想气体时，则式（1-32c）变为

$$\frac{1}{\rho}dP+gdH+\frac{1}{2}d\omega^2=0$$

假如气体是由图 1-12 中的 Ⅰ 面流向 Ⅱ 面，则对上式积分可得

$$\frac{1}{\rho} \int_{P_1}^{P_2} \mathrm{d}P + g \int_{H_1}^{H_2} \mathrm{d}H + \frac{1}{2} \int_{\omega_1}^{\omega_2} \mathrm{d}\omega^2 = 0$$

即

$$\frac{1}{\rho}(P_2 - P_1) + g(H_2 - H_1) + \frac{1}{2}(\omega_2^2 - \omega_1^2) = 0$$

或

$$P_1 + H_1 g \rho + \frac{\omega_1^2}{2}\rho = P_2 + H_2 g \rho + \frac{\omega_2^2}{2}\rho \qquad (1\text{-}33)$$

式中　　　ρ——气体的密度，kg/m^3；

P_1，ω_1，H_1——Ⅰ 面处气体的静压（Pa）、流速（m/s）和距基准面的高度（m）；

P_2，ω_2，H_2——Ⅱ 面处气体的静压（Pa）、流速（m/s）和距基准面的高度（m）。

式(1-33)是密度不变的稳定流动的理想气体的伯努利方程式。此式说明，密度 ρ 不变的理想气体在稳定流动中各截面的单位体积气体的总能量（即静压、位压和动压之和）相等。利用此式可进行密度不变的理想气体在稳定流动中两个任意截面间的有关参数的相互计算。

② 实际气体的伯努利方程式　自然界的气体都属于实际气体。实际气体在流动时各气体层之间以及气体与管壁之间存在着摩擦力，因此，实际气体在流动过程中有能量损失，如果用 $h_{失}$ 表示实际气体由任意截面 Ⅰ 流至任意截面 Ⅱ 间的能量损失时，则截面 Ⅰ 处气体的总能量应等于截面 Ⅱ 处气体的总能量加上两面间的能量损失 $h_{失}$。此为实际气体的一个特点。

考虑到上述两个特点，则可得稳定流动的不可压缩性的实际气体的伯努利方程式如下

$$P_1 + H_1 g \rho + \frac{\omega_1^2}{2}\rho = P_2 + H_2 g \rho + \frac{\omega_2^2}{2}\rho + h_{失} \qquad (1\text{-}34)$$

式中　P_1，P_2——Ⅰ 面和 Ⅱ 面的静压，Pa；

$\quad H_1$，H_2——Ⅰ 面和 Ⅱ 面距基准面的高度，m；

$\quad \omega_1$，ω_2——在平均温度 t 下 Ⅰ 面和 Ⅱ 面处的气体流速，m/s；

$\quad \rho$——两面间平均温度 t 下的气体密度，kg/m^3；

$\quad g$——重力加速度，其值为 $9.81 m/s^2$；

$\quad h_{失}$——两面间的能量损失。

式(1-34)说明，低压气体在稳定流动中，前一截面的总压（静压、位压、动压之和）等于后一截面的总压（静压、位压、动压、能量损失之和）。而各种能量间可相互转变，各种能量都可直接或间接地消耗于能量损失，在能量转变和能量损失过程中静压不断变化。一般情况下，气体在流动过程中其静压都有所降低。

(2) 在大气作用下的伯努利方程式

实际生产中的多数气体都处于大气的包围之中，这样，大气必然对气体产生影响。考虑到这些影响，根据能量守恒定律可知，当稳定流动的不可压缩性的低压气体由某截面 Ⅰ 流向某截面 Ⅱ 时，Ⅰ 截面的总压头应等于 Ⅱ 截面的总压头加上 Ⅰ 截面到 Ⅱ 截面间的总能量损失，即

$$h_{静_1} + h_{位_1} + h_{动_1} = h_{静_2} + h_{位_2} + h_{动_2} + h_{失} \qquad (1\text{-}35a)$$

将具体关系代入后则为

$$(P_1-P_1')+H_1g(\rho-\rho')+\frac{\omega_1^2}{2}\rho=(P_2-P_2')+H_2g(\rho-\rho')+\frac{\omega_2^2}{2}\rho+h_{失} \qquad (1\text{-}35\text{b})$$

式中　P_1-P_1'——Ⅰ面处气体的静压头，Pa；

　　　P_2-P_2'——Ⅱ面处气体的静压头，Pa；

　　　H_1——Ⅰ面距基准面的高度，m；

　　　H_2——Ⅱ面距基准面的高度，m；

　　　ρ——气体在Ⅰ面和Ⅱ面间平均温度下的密度，kg/m^3；

　　　ρ'——大气的平均密度，kg/m^3；

　　　ω_1——平均温度下Ⅰ面气体的流速，m/s；

　　　ω_2——平均温度下Ⅱ面气体的流速，m/s；

　　　$h_{失}$——两面间的能量损失，Pa。

上式是在大气作用下气体的伯努利方程式，简称为双流体方程。

双流体方程表明，气体在流动过程中各压头间可相互转变，各压头都可直接或间接地消耗于能量损失。在能量转变和能量损失过程中静压头发生变化。下面举例分析压头之间的转变。

例如，气体在图 1-13 所示的水平文氏管中流动时，分析流动过程中的压头转变。

因为水平管道各截面上的位压头相同，先不考虑压头损失，故只有静压头和动压头在变，但任意截面上总压头保持不变。在收缩管段，管道截面逐渐减小，气流速度逐渐增加，因而动压头逐渐增大，由于气体总压头一定，静压头必然会减小，即气体的一部分静压头转变为动压头。在扩张段，由于管道截面积逐渐增大，气体流速逐渐降低，因而动压头逐渐减小，所减小的那部分动压头转变为静压头，使静压头逐渐增加。

若考虑气体在流动过程中的压头损失时，可作如下分析。

因为在气体流动时才能产生压头损失，故压头损失只能直接由动压头转变。当管道截面已定时，与各截面相对应的动压头也应不变，为了维持各截面相对应的动压头不变，必须有部分静压头转变为动压头，以补偿因产生压头损失而减小的动压头。由此可见，在气体由截面Ⅰ流至截面Ⅳ的整个过程中，都存在着静压头变成动压头又转变为压头损失的过程。

综合上述分析，得图 1-13 所示的压头转变。

图 1-13　气体在文氏管中的流动

图 1-14　气体在垂直管道中的流动

例如，当热气体在截面不变的垂直管道内上升时，如图 1-14 所示，分析压头间的转变。

由于截面Ⅰ与截面Ⅱ相等，则 $h_{动1}=h_{动2}$，如暂不考虑 $h_{失}$，则双流体方程为

$$h_{位1}+h_{静1}=h_{位2}+h_{静2}$$

因为是热气体，$h_{位1} > h_{位2}$，则必定 $h_{静1} < h_{静2}$，可见气体由截面Ⅰ上升至截面Ⅱ时存在位压头转变为静压头的过程。

若考虑压头损失，则必然存在动压头转变为压头损失的过程。但因截面不变，动压头要求不变，则压头损失所消耗的动压头必须由位压头和静压头补充，而位压头仅随高度和气体密度变化，当气体密度不变时，位压头只随高度变化，与动压头无关。因此，压头损失所消耗的动压头只能由静压头补充，即静压头转变为动压头，动压头又转变为压头损失。压头损失所消耗的压头实质为静压头。

根据上述分析得图 1-14 所示的压头转变。

从以上两例分析压头转变可知以下结论。

① 各种压头可相互转变，但只有动压头才能直接变为压头损失，消耗的动压头则由静压头补充。

② 气体在管道中稳定流动时，动压头变化取决于管道截面及气体温度。截面不变的等温流动，动压头不变，截面变化或变温流动，动压头会变。动压头的变化会直接引起静压头的变化。

③ 位压头的变化取决于高度和温度（密度）的变化。等温的水平流动，位压头不变，高度变化或变温流动时，位压头会变。位压头的变化也会直接影响静压头的变化。

④ 压头损失和压头转变是不同的，压头转变是可逆的，而压头损失已变为热散失掉，是不可逆的。

5. 伯努利方程式和连续方程式应用实例

伯努利方程式和连续方程式联立可解决生产中的很多实际问题，在冶金炉热工操作和炉子设计中有更广泛的应用。例如，管路中压头损失的测量和计算，管道中气体流量的测量，通过炉门漏气量的计算，以及烟囱和燃烧装置的设计与计算等都要用到这两个方程式。在后面所讲的许多内容实际上都是这两个方程式的具体应用。关于这两个方程在计算上的应用，现举三例说明。

图 1-15　水平热风管

【知识点训练二】 有一水平热风管见图 1-15，已知截面 F_1 为 $0.3m^2$，F_2 为 $0.5m^2$。管内热空气的平均温度为 300℃，空气 0℃时的密度为 $1.29kg/m^3$，0℃时的流量 V_0 为 $240m^3/min$。设截面 F_1 处的静压头为 3924Pa，若不计流动过程中的压头损失，试求 F_2 处的静压头。

解：就 F_1 与 F_2 两个截面，写出伯努利方程式

$$h_{静1} + h_{动1} + h_{位1} = h_{静2} + h_{动2} + h_{位2} + h_{失}$$

根据题意，对于水平管道若忽略温度的变化，则 $h_{位1} = h_{位2}$，此外，假定 $h_{失} = 0$，则上式可简化为

$$h_{静1} + h_{动1} = h_{静2} + h_{动2}$$

现在欲求 $h_{静2}$，应将上式移项

$$h_{静2} = h_{静1} + h_{动1} - h_{动2} \tag{a}$$

其中，$h_{静1}$ 已知为 3924Pa；$h_{动1}$ 按动压头公式(1-31b) 计算。

$$h_{动1} = \frac{\omega_{01}^2}{2}\rho_0(1+\beta t) \tag{b}$$

式中　t——热空气温度，已知为 300℃；

ρ_0——空气在 0℃时的密度，已知为 $1.29kg/m^3$；

ω_{01}——在截面 F_1 处 0℃时的流速，由流量及截面面积进行计算。

$$\omega_{01} = \frac{V_0}{F_1} = \frac{\dfrac{240}{60}}{0.3} = 13.3 \text{（m/s）}$$

则

$$h_{动1} = \frac{13.3^2}{2} \times 1.29\left(1+\frac{300}{273}\right) = 240 \text{（Pa）}$$

截面 F_2 处的动压头 $h_{动2}$ 按同样的方法计算，先求出 F_2 处的流速 ω_{02}

$$\omega_{02} = \frac{V_0}{F_2} = \frac{\dfrac{240}{60}}{0.5} = 8 \text{（m/s）}$$

则

$$h_{动2} = \frac{8^2}{2} \times 1.29\left(1+\frac{300}{273}\right) = 86.6 \text{（Pa）}$$

将 $h_{动1}$、$h_{静1}$ 及 $h_{动2}$ 各值代入式（a）中，求得截面 F_2 处的静压头为
$$h_{静2} = 3924 + 240 - 86.6 = 4077.4 \text{（Pa）}$$

【知识点训练三】　有一截面逐渐收缩的水平管道，如图 1-16 所示，有气体在其中流动。已知气体的密度是 $1.2kg/m^3$，气体表压力在 F_1 截面处是 288.4Pa，F_2 截面处是 96Pa。又知两端面的面积比 $F_1/F_2=2$，而 F_1 为 $0.1m^2$，求气体每小时流过的体积流量。

图 1-16　水平收缩风管

解： 根据题意，由于水平管道各截面上的位压头相等，故 F_1、F_2 两截面的伯努利方程式为

$$P_1 + \frac{\omega_1^2}{2}\rho = P_2 + \frac{\omega_2^2}{2}\rho \tag{a}$$

式中的 P_1、P_2、ρ 都是已知参数。如果气体的密度 ρ 不变，根据连续方程式 $\omega_1 F_1 = \omega_2 F_2$ 得

$$\frac{\omega_2}{\omega_1} = \frac{F_1}{F_2}$$

由题已知 $\dfrac{F_1}{F_2}=2$

所以
$$\omega_2 = 2\omega_1 \tag{b}$$

将式（b）代入式（a）并整理得

$$P_1 - P_2 = \frac{(2\omega_1)^2 - \omega_1^2}{2}\rho = \frac{3\omega_1^2}{2}\rho$$

故
$$\omega_1 = \sqrt{\frac{2(P_1 - P_2)}{3\rho}}$$

由题已知 $P_1 = 288.4\text{Pa}$，$P_2 = 96\text{Pa}$，$\rho = 1.2\text{kg/m}^3$。代入得

$$\omega_1 = \sqrt{\frac{2(288.4 - 96)}{3 \times 1.2}} = 10.3 \text{ (m/s)}$$

气体在 F_1 面处每小时流过的体积流量为

$$V = \omega_1 F_1 \tau$$

式中　ω_1——F_1 截面处气体流速，m/s；

　　　F_1——管道 F_1 处的截面积，m^2；

　　　τ——时间，s。

故气体每小时流过的体积流量为

$$V = 10.3 \times 0.1 \times 3600 = 3708 \text{ (m}^3\text{/h)}$$

图 1-17　冷却水塔供水系统

从上题的计算可以看出，已知截面收缩的管道，如果测得两处的压力差，就可以算出其中流过的气体流量。流量计就是根据这个原理制造的。孔板流量计就是在管道中插进一块有小圆孔的隔板（孔板），由测得孔板前后的压力差而求得流量。其计算方法和例题所述的收缩管道大体相同。

【知识点训练四】　某炉子所用冷却水由水塔供应，其供应系统如图 1-17 所示，当水塔内的：水面上部（1 点处）为 1 工程大气压；水管出口处（2 点处）要求 3 工程大气压，水在管道内流动过程的总能量损失为 $h_{失} = 44145\text{Pa}$。计算由水管流出的水量为多少（$\text{m}^3\text{/h}$）？

解： 把基准面取在 2 点平面上，则 1 和 2 两平面间的伯努利方程为

$$P_1 + H_1 g\rho + \frac{\omega_1^2}{2}\rho = P_2 + \frac{\omega_2^2}{2}\rho + h_{失}$$

其中 $\omega_1 \approx 0$，所以 $\frac{\omega_1^2}{2}\rho \approx 0$。$\rho = 1000\text{kg/m}^3$。已知 $P_1 = 98100\text{Pa}$，$P_2 = 294300\text{Pa}$，$h_{失} = 44145\text{Pa}$，$H_1 = 25\text{m}$。代入上式得水管出口处的流速为

$$\omega_2 = \sqrt{\frac{2(H_1 g\rho + P_1 - P_2 - h_{失})}{\rho}} = \sqrt{\frac{2(25 \times 9.81 \times 1000 + 98100 - 294300 - 44145)}{1000}}$$

$$= 3.13 \text{ (m/s)}$$

水管出口处的流量为

$$V = \omega_2 f_2 = \omega_2 \times \frac{\pi d^2}{4} = 3.13 \times \frac{3.14 \times 0.2^2}{4} = 0.099 \text{ (m}^3\text{/s)}$$

换算为小时流量：　　　　$V = 0.099 \times 3600 = 357 \text{ (m}^3\text{/h)}$

【知识拓展】

1. 液体与气体在流动时产生黏性力的原因有何本质区别？如何求出气体在流动时的黏性力？

2. 层流与紊流有何区别？雷诺数 Re 的物理意义是什么？

3. 如果有一液体和一气体在管道中流动，其 Re 恰好为临界值，若流量增加了，试问气体和液体变层流还是紊流？

4. 当压力变化不大时，气体的流速与其温度有何关系？为什么在热工计算中气体的流速常采用标准（换算）速度。

5. 气体的质量流量与体积流量之间有什么关系？当高炉鼓入同样体积的风时，为何夏天的产量比冬天的产量低？高压操作比常压操作的产量要高吗？

6. 在大气中，上部气层比下部气层的密度小，这一"密度差"能否产生位压而引起气体流动？

7. 在室外同一高度上测量大气压力，是否比室内测量的结果高些？

8. 常温空气和常温氢气是否都具有位压头？

9. 常温氢气和热气在水平管道中流动时，是否有位压头？

【自测题】

1. 有一收缩风管（图 1-18），空气流量（0℃时）V_0 为 90m³/min。设流动过程中风压变化不大，并已知截面Ⅰ、Ⅱ处的流速（0℃时）ω_{01}、ω_{02} 分别为 12m/s、20m/s。试计算截面Ⅰ、Ⅱ处的风管直径 d_1 和 d_2。

2. 已知抽风机出口直径 d_1 为 0.8m，出口平均流速 ω_1 为 13.5m/s，若管道直径 d_2 为 1m 时，求气体在管道中的平均流速 ω_2。

3. 某低压冷风管道直接与烧嘴相连，已知冷风管道的风量为 $V_0＝28300$m³/h，风速 $\omega_0＝10$m/s。试确定冷风管道的断面直径是多少？

4. 某厂三段连续加热炉，每小时需要供入 3t 重油，炉子均热段、加热段和预热段的油量之比为 10：55：35。若为了保证重油压力稳定，要求重油在各段管中的速度保持 0.3m/s，现已知重油的密度 $\rho＝980$kg/m³，试计算总油管和分油管各细管的直径。

5. 如图 1-19 所示，已知压力计上的读数 $h＝59$Pa，风管内的气体密度为 1.29kg/m³。试求风管内的气流速度。若风管的直径为 100mm，每小时通过风管的体积风量和质量风量各为多少？

图 1-18　收缩风管

图 1-19　测定风管压力示意

6. 如图 1-20 所示，已知 $D_1＝200$mm，$D_2＝100$mm，管中流过温度为 30℃的气体，其标准状态时的体积流量为 1700m³/h，该气体在 30℃时的密度为 0.645kg/m³，现已测得 h_1

等于 392.4Pa，若不计压头损失，求 h_2 为多少？

7. 某厂原有烟囱如图 1-21 所示，已知生产时的有关值为：烟气温度 $t=540℃$，烟气密度 $\rho_0=1.32kg/m^3$，烟气流速 $\omega_1=\omega_2$，大气温度 $t'=30℃$；烟气在烟囱内的总压头损失 $h_失=34.3Pa$。试求当 $h_{静2}$ 为零时 $h_{静1}$ 为多少帕？

图 1-20　收缩管

图 1-21　烟囱

8. 如图 1-22 所示，在此烟道系统中废气的平均密度为 $0.25kg/m^3$，车间大气密度为 $1.25kg/m^3$，Ⅰ-Ⅰ、Ⅱ-Ⅱ 两截面之间的标高差为 5m。用压力管在两截面测出的表压（静压头）分别为：$\Delta P_1=-49Pa$，$\Delta P_2=-147Pa$。已知 $\omega_1=6m/s$，$\omega_2=10m/s$。求 1、2 两截面间的压头损失。

图 1-22　烟道系统

图 1-23　重油供应系统

9. 一盛钢桶内盛满钢水，钢水密度为 $7800kg/m^3$，钢水深度为 2m。钢水表面为 1 工程大气压时，盛钢桶底水口处钢水的静压头为多少？浇钢开始时注口处钢水的流速是多少？

10. 某炉子的重油供应系统如图 1-23 所示。已知重油的实际密度 $\rho=960kg/m^3$，油在油管内的实际流速为 $\omega_1=0.3m/s$，油管系统的总能量损失 $h_失=9810Pa$。当重油从 Ⅱ-Ⅱ 截面出口处的要求压力（静压能）为 $P_2=2$ 工程大气压，要求出口实际流速 $\omega_2=1m/s$ 时，油泵的出口压力（静压能）应为多少帕？油泵出口处的表压（静压头）应为多少帕（设大气压力为 1 工程大气压）？

任务四　压头损失与气体输送

【任务描述】

冶金炉正常工作，需要送入含有氧气的空气进行燃料的燃烧，进入炉内的空气与燃料发生燃烧反应后产生的高温烟气在炉内流动，最终需要从炉内排出，上述气体的流动需要外加的能量才能保证气体正常在炉内流动以及顺利排出炉外，在此过程中如何合理地控制气体的流动以及选用合理的设备是本次任务的目的。

【任务分析】

气体被强制输送到冶金炉内、在炉内流动以及排出冶金炉的过程中，沿途有各种各样的压头损失，这些压头损失如何进行计算以及减少这些能量损失的措施有哪些；烟囱是如何进行排烟的以及对各种冶金炉如何设计合理的烟囱；炉子需要合理的供气系统，在生产中应该如何确定供气系统；采用喷射器的炉子进行抽风排烟的工作原理以及其合理尺寸的计算，这些问题是每个冶金工作者应该掌握的，以便在生产过程中达到节能的目的。

项目一　气体流动		
任务四 压头损失与气体输送	基　本　知　识	技能训练要求
学习内容	1. 压头损失的定义及两种压头损失的定义、计算公式,尤其是由于管道形状和气体运动方向改变引起的局部阻力损失的几种计算类型 2. 烟囱排烟:烟囱排烟的原理;烟囱计算 3. 炉子的供气系统:供气管道的布置原则;供气设备作用及选用 4. 喷射器的工作原理及各组成部分的作用;喷射器的效率和尺寸的计算	1. 掌握压头损失的定义及两种压头损失的定义、计算公式,尤其是局部阻力损失的几种类型的计算 2. 掌握烟囱排烟的原理;会进行烟囱计算,会利用给出的数据自己进行烟囱的设计 3. 掌握炉子的供气系统以及供气管道的布置原则,会根据热工数据进行供气设备的选用 4. 掌握喷射器的工作原理及各组成部分的作用以及喷射器尺寸的计算

【知识链接】

1. 压头损失

实际气体在流动过程中有能量损失，通常称为压头损失（也称为阻力损失），用符号 $h_失$ 表示，单位是 Pa。按其产生的原因不同，压头损失包括摩擦损失和局部损失两类不同性质的损失。

（1）摩擦阻力损失

实际气体在管道中流动时，气体内部及气体与管道间都发生摩擦而消耗能量。从生产实践中也可以看到，当常温空气在管道中流动时管壁会发热，可见所消耗的能量转化为热散失掉。这种因摩擦作用而引起的能量损失称为摩擦阻力损失或摩擦压头损失，常用符号 $h_摩$ 表示。

摩擦阻力损失 $h_摩$ 与下列因素有关。

① 气体动压头　由于气体只有在流动过程中才会产生压头损失，静止的气体是不会造成阻力损失的。因此，气体的动能愈大，流动愈大，能量损失就愈大，即摩擦阻力损失与气流的动压头成正比。

② 管道长度 L 与管道直径 D　管道愈长，$h_摩$ 愈大；管道愈大，管壁对中心气流的摩擦作用愈小，$h_摩$ 愈小。

③ 流体流动的性质　$h_摩$ 与气体流动的性质有关，即 Re 愈大表示气流愈紊乱，气层间速度差小，内摩擦力将减少，$h_摩$ 也会相应减少。层流时，产生压头损失的原因，主要是流体内部层与层之间摩擦，因此，$h_摩$ 与管壁粗糙度有关。而紊流时，内摩擦与外摩擦同时存在，$h_摩$ 也与管壁粗糙度有关。

综合以上因素，并根据实验和理论分析，得出以下计算式

$$h_{摩} = \xi \frac{L}{D} \times \frac{\omega^2}{2} \rho \quad (Pa) \qquad (1-36a)$$

或

$$h_{摩} = \xi \frac{L}{D} \times \frac{\omega_0^2}{2} \rho_0 (1+\beta t) \quad (Pa) \qquad (1-36b)$$

式中　L——管道的长度，m；

　　　D——管道的直径或当量直径，m；

　　　ρ——t℃时的气体密度，kg/m^3；

　　　ω——t℃时气体的流速，m/s；

　　　ρ_0——0℃时气体的密度，kg/m^3；

　　　ω_0——0℃时气体的流速，m/s；

　　　t——气体的温度，℃；

　　　β——气体温度膨胀系数；

　　　ξ——气体摩擦阻力系数。

摩擦阻力系数因气体的流动性质而异：

层流时

$$\xi = \frac{64}{Re^n} \qquad (1-37a)$$

紊流时

$$\xi = \frac{A}{Re^n} \qquad (1-37b)$$

当已知雷诺数 Re 值，并按表 1-2 查出系数 A 或 n 时，则可计算摩擦阻力系数，从而可算出气体的摩擦阻力损失。

大多数气体都是紊流，其摩擦阻力系数一般不进行计算，而按表 1-2 查出近似的 ξ 值。

表 1-2　不同情况下的 A、n 和 ξ 值

名　称	光滑的金属管道	粗糙的金属管道	砖砌管道
A	0.32	0.129	0.175
n	0.25	0.12	0.12
ξ	0.025	0.045	0.05

如果管道内气体表压超过 9810Pa 的高压时，则式(1-36)应作如下修正

$$h_{摩} = \xi \frac{L}{D} \times \frac{\omega^2}{2} \rho \frac{P_0}{P} \quad (Pa) \qquad (1-38)$$

式中　P_0——实际大气压，Pa；

　　　P——管内气体的绝对压力，Pa。

若气体在流动过程中开始压力 $P_{始}$ 和终了压力 $P_{终}$ 相差较大（如超过 5886 Pa），P 值取平均值

$$P = \frac{P_{始} + P_{终}}{2}$$

实际生产中，气体流动的管道是由不同参数的多段管道组成的，此时管道的总摩擦阻力损失应为各段摩擦阻力损失之和，即

$$\sum h_{摩} = h_{摩1} + h_{摩2} + \cdots + h_{摩n} \quad (Pa) \qquad (1-39)$$

显然，根据各段参数分别求出各段的摩擦阻力损失后，则不难求出管道的总摩擦阻力

损失。

（2）局部阻力损失

气体在管道中流动时，由于管道形状改变（如突然扩张或突然收缩）和方向改变（如90°转弯等），气体分子间的相互碰撞和气体分子与器壁间的碰撞而引起的压头损失，称为局部阻力损失，常用符号 $h_{局}$ 表示。其计算公式为

$$h_{局}=K\frac{\omega^2}{2}\rho \quad （Pa） \tag{1-40a}$$

或

$$h_{局}=K\frac{\omega_0^2}{2}\rho_0(1+\beta t) \quad （Pa） \tag{1-40b}$$

式中　ρ_0——0℃时气体的密度，kg/m^3；

$\quad\quad\omega_0$——0℃时气体的流速，m/s；

$\quad\quad t$——气体温度，℃；

$\quad\quad\rho$——t℃时的气体密度，kg/m^3；

$\quad\quad K$——局部阻力系数。

上式说明局部阻力损失同样是和气流的动压头成正比的，其他有关影响因素集中反映在 K 值中。局部阻力系数 K 主要依靠实验测得，在计算时可通过查表得到。

下面举几种常见的管道形状和方向发生变化的例子进行分析说明。

① 突然扩张　如图 1-24 所示，管道截面突然扩大，气流在扩大处产生很多旋涡，使气流中质点间的摩擦和气流与管壁的碰撞增加。同时还发生来自小管速度较大的气流质点与大管内速度较小的质点相互碰撞，因而造成气流能量的损失。显然，当 f_1/f_2 的比值不同时，$h_{局}$ 也不同，K 也不同。

图 1-24　突然扩张时的气流变化

K 值可由实验测定或理论推导出。实验测定是在 f_1/f_2 比值不同的管道中进行的。对于某一比值 f_1/f_2 的管道，可按 $h_{失}=h_{总1}-h_{总2}$ 和 $h_{动}=h_{总}-h_{静}$ 的关系，先测出相应的 $h_{失}$ 和 $h_{动}$，然后按 $K=h_{失}/h_{动}$ 的关系求出 K 值。求 K 值时，将小管中的 $h_{动1}$ 和大管中的 $h_{动2}$ 代入公式，所求得的 K 值是不同的，因此，所求得的 K 值必须指出和它相对应的气流速度。

将不同比值 f_1/f_2 的 K 值求出后，就可进一步找出 K 与 $f_1/f_2\left(\text{或}\dfrac{f_2}{f_1}\right)$ 的关系。根据实验和理论推导，突然扩大时的 K 值与管道截面积的关系为

对应于 ω_1
$$K=\left(1-\frac{f_1}{f_2}\right)^2 \tag{1-41a}$$

对应于 ω_2
$$K=\left(\frac{f_2}{f_1}-1\right)^2 \tag{1-41b}$$

故局部压头损失为

$$h_{局}=\left(1-\frac{f_1}{f_2}\right)^2\frac{\omega_{01}^2}{2}\rho_0(1+\beta t) \quad （Pa） \tag{1-42a}$$

或

$$h_{局} = \left(\frac{f_2}{f_1} - 1\right)^2 \frac{\omega_{02}^2}{2} \rho_0 (1 + \beta t) \text{ (Pa)} \tag{1-42b}$$

式中 f_1，f_2——分别为小管和大管的截面积，m^2；

ω_{01}，ω_{02}——分别为小管和大管气流在0℃时的流速，m/s。

② 逐渐扩张 如图1-25所示的逐渐扩张管，由于气流的旋涡减少，此时对应于 ω_1 的局部阻力系数为

$$K = \left(1 - \frac{f_1}{f_2}\right)^2 \sin\alpha \tag{1-43}$$

式中 α——扩张管的夹角。

扩张管的 α 愈小，$h_{局}$ 也愈小。当扩张角≤7°时，局部阻力损失可以忽略不计。

图1-25 逐渐扩张管道的气流变化　　　　图1-26 突然收缩时的气流变化

③ 突然收缩 管道突然收缩如图1-26所示，如果进口边缘不是圆滑的，则气流被收缩，而且当进入小管后，由于惯性作用仍继续收缩，收缩到一个最小截面后，又开始扩张，逐渐充满管道。这样，在大管死角处和小管开始端都会出现旋涡而引起压头损失。但大管中的气流速度比小管的气流速度小，由大管气流对小管气流直接冲击所引起的压头损失大大减少。因此，总的说来突然收缩比突然扩大的压头损失小。同样，f_1 和 f_2 的比值不同时，局部阻力系数 K 也不相同，突然收缩管道中 K 与 f_2/f_1 的关系为

图1-27 逐渐收缩管道的气流变化

$$K = 0.5\left(1 - \frac{f_2}{f_1}\right) \tag{1-44}$$

上式的 K 值是指对应于小管气流速度 ω_2 而言。

④ 逐渐收缩 逐渐收缩的管道如图1-27所示，这时的 K 值与收缩角 α 有关，如表1-3所示。表内值 K 所对应的气流速度为小管内的气流速度。

表1-3　各种收缩角时的K值

$\dfrac{f_1}{f_2}$	α 为下值时的K				
	10°	15°	20°	25°	30°
1.25	0.22	0.27	0.31	0.33	0.38
1.50	0.31	0.38	0.44	0.48	0.55
2.00	0.56	0.68	0.47	0.85	0.98

⑤ 气流改变方向 以 90°直角转弯为例，如图 1-28 所示，当气体在管内急转 90°弯时，由于气体在转角处产生旋涡，以及气流在管壁的正面冲击，将产生很大的压头损失，其值与 f_2/f_1 之比值有关。对于圆形管道，实验测得数据见表 1-4。

图 1-28 气流转 90°角

若将 90°直角转弯改为 90°圆转弯，则可减少压头损失。此时 K 值与圆转弯的曲率半径 R 有关，对于直径为 d 的圆形管和边长为 d 的正方形管，其 K 值与 R/d 之关系由实验测得，见表 1-5。

表 1-4 K 与 $\dfrac{f}{F}$ 的关系

简 图	所用速度	$\dfrac{f}{F}$	0.2	0.4	0.6	0.8	1.0
A	按小段面气流速度计算	K_A	0.50	0.58	0.73	0.85	1.20
B		K_B	1.00	0.85	0.90	1.04	1.20
C		K_C	0.80	0.90	1.02	1.20	1.45

表 1-5 K 与 $\dfrac{R}{d}$ 的关系

简 图	阻力系数 K							
	$\dfrac{R}{d}$	0.5	0.6	0.8	1.0	2.0	3.0	4.0	5.0
	钢板焊接弯管	1.5	1.0	0.8	0.7	0.35	0.23	0.18	0.15
	光滑弯管	1.2	1.0	0.52	0.26	0.20	0.16	0.12	0.10

上面介绍的是几种简单的局部阻力系数，实际生产中管件类型很多，K 值可以通过有关的设计手册查得。本书附表 2 中还有几种其他情况下的局部阻力系数。

（3）负位压头引起的压头损失

前面已经谈到热气体的位压头是一种促使气体上升的力，当管道中的气体是由下向上流动时，位压头是使气体流动的一种动力。相反，当管道中的气体由上向下流动时，位压头就成了气体流动的一种阻力，这时的位压头称为负位压头，用符号 $h_{位负}$ 表示。这部分阻力损失应加入总阻力损失中。在实际生产中，气流经过由下向上和由上向下的管道长度相等，温度相差不多时，正负位压头的数值可以相互抵消，不必计算位压头。如果不同则应分别计算，分别纳入动力和阻力项目内。

必须指出，负位压头所引起的阻力，并不能转化为热，这与一般压头损失有本质区别，但必须有能量克服它，才能保证气体流动。

（4）气体通过管束时的压头损失

当气体流过一组与气流前进方向垂直的管束时，其压头损失的大小根据实验可按下式计算

$$h_{局} = K \frac{\omega_0^2}{2} \rho_0 (1+\beta t) \ (\text{Pa}) \tag{1-45a}$$

式中　ω_0——标准状态下气体在通道内的流速，m/s；

　　　K——整个管束的阻力系数，当 $Re > 5 \times 10^4$ 时，对于直通式的管束排列［图 1-29（a）］，K 值为

$$K_{直} = n \frac{s}{b} \alpha + \beta \tag{1-45b}$$

式中　n——沿气流方向的管子排数；

　　　s——沿气流方向的管子中心距，m；

　　　b——通道截面上管子中心距，m；

　　$\alpha,\ \beta$——实验常数，$\alpha = 0.028 \left(\dfrac{b}{\delta}\right)^2$，$\beta = \left(\dfrac{b}{\delta} - 1\right)^2$。

图 1-29　管束在通道内的排列

对于交错式的管束排列

$$K_{错} = (0.7 \sim 0.8) K_{直}$$

（5）气体通过散料层的压头损失

块状或粒状固体物料堆积组成的物料层叫散料层。在散料层中，料块之间形成不规则形式的孔隙，气体通过料层时发生摩擦和碰撞作用，因而消耗能量造成压头损失。

由于气流在散料层中的流动比较复杂，计算其压头损失时需要考虑很多因素。工程上为了便于计算采用下面较简单的实验公式

$$h_{失} = \alpha \frac{\omega_0^2}{2\varepsilon^2} \rho_0 (1+\beta t) \frac{H}{d} \tag{1-46}$$

式中　H——料层厚度，m；

d——料块平均直径，m；

ω_0——标准状态下的空截面气流速度，m/s；

ρ_0——标准状态下气流的密度，kg/m³；

ε——料层孔隙度，等于 $\dfrac{\rho_块-\rho_料}{\rho_块}$，一般在 0.4～0.5 间变动，$\rho_料$ 和 $\rho_块$ 为料层（包括孔隙）与料块的密度；

α——随物料及流动性而变的系数，其值可根据表 1-6 查得。

表 1-6　不同情况下的 α 值

Re	系　数　α		
	焦炭	矿石	烧结块
1000	14.5	20	24.2
2000	12.0	16.5	20.5
3000	11.0	14.0	18.5
4000	10.3	12.3	～16.8
5000	9.8	11.3	～15.5
6000 以上	9.5	10.5	～15.0

【知识点训练一】　如图 1-30 所示，计算烟气从连续加热炉尾部到烟囱底部沿途的压头损失（阻力）。已知条件：标准状态时烟气流量 $V_0=1800\text{m}^3/\text{h}$；烟气离炉时温度为 650℃；烟气在烟道中每米降温平均为 3℃；标准状态时烟气密度 $\rho_0=1.3\text{kg/m}^3$；外界空气密度（20℃时）$\rho_0'=1.2\text{kg/m}^3$。图中有关尺寸为：截面积 $F_1=0.4\text{m}^2$，$F_2=0.4\times0.5\text{m}^2$，$F_3=0.5\text{m}^2$，

图 1-30　炉子系统示意

$H=3.0\text{m}$，$L=20\text{m}$，垂直烟道与水平烟道的截面积相等；烟道闸门的平均开启度按 80% 计。

解： ① 炉尾 90° 转弯的阻力 h_1

按局部阻力公式(1-40b)计算

$$h_局=K\frac{\omega_0^2}{2}\rho_0(1+\beta t)\ (\text{Pa})$$

式中　K——对于 90° 直角转变，根据 $\dfrac{F_2}{F_1}=\dfrac{0.4\times0.5}{0.4}=0.5$，由表 1-4 查得（取中间值）为 0.66；

ρ_0，t——已知条件；

β——常数；

ω_0——对应于 K 值，应为烟道内的流速，按烟气流量及烟道截面积求出

$$\omega_0=\frac{V_0}{F_2}=\frac{\dfrac{1800}{3600}}{0.4\times0.5}=2.5\ (\text{m/s})$$

为了便于以后的计算，先分别算出 $h_{局}$ 中的有关数值

$$\frac{\omega_0^2}{2}\rho_0 = \frac{2.5^2}{2} \times 1.3 = 4.06$$

$$1 + \beta t = 1 + \frac{650}{273} = 3.38$$

将以上各有关数值代入 $h_{局}$ 式中，可求出炉尾 90° 转弯的阻力为

$$h_1 = 0.66 \times 4.06 \times 3.38 = 9.06 \ (\text{Pa})$$

② 垂直烟道到水平烟道 90° 转弯的阻力 h_2

$$h_{局} = K \frac{\omega_0^2}{2} \rho_0 (1 + \beta t) \ (\text{Pa})$$

式中　K——按 90° 直角转弯前后截面积比等于 1 的条件，由表 1-4 查得，$K = 1.20$；

　　　　t——考虑烟道降温，烟气至烟道转弯处的温度应为

$$t = 650 - 3 \times 3 = 641 \ (\text{℃})$$

则

$$1 + \beta t = 1 + \frac{641}{273} = 3.35$$

其他参数与前 h_1 相同。

将各数值代入 $h_{局}$ 公式中，可求得

$$h_2 = 1.2 \times 4.06 \times 3.35 = 16.32 \ (\text{Pa})$$

③ 水平烟道至烟囱底部 90° 转弯的阻力 h_3

$$h_{局} = K \frac{\omega_0^2}{2} \rho_0 (1 + \beta t) \ (\text{Pa})$$

式中　K——根据 $\dfrac{F_2}{F_3} = \dfrac{0.2}{0.5} = 0.4$，查得 $K = 0.85$；

　　　　t——考虑烟囱底部转弯处烟气降温度，其值为

$$t = 641 - 3 \times L = 641 - 3 \times 20 = 581 \ (\text{℃})$$

则

$$1 + \beta t = 1 + \frac{581}{273} = 3.13$$

ω_0 为水平烟道内的流速，故 $\dfrac{\omega_0^2}{2} \rho_0$ 的值未变。

将有关各数值代入 $h_{局}$ 公式中，可算得

$$h_3 = 0.85 \times 4.06 \times 3.13 = 10.8 \ (\text{Pa})$$

④ 烟道内摩擦阻力 $h_{摩}$

根据公式(1-36b)

$$h_{摩} = \xi \frac{L}{D} \times \frac{\omega_0^2}{2} \rho_0 (1 + \beta t) \ (\text{Pa})$$

式中　ξ——摩擦阻力系数，对于砖砌烟道，一般可取 0.05；

　　　L——烟道总长，$L = 3 + 20 = 23\text{m}$；

　　　D——当量直径，按下式计算

$$D = \frac{4 \times 0.4 \times 0.5}{2(0.4 + 0.5)} = 0.445 \ (\text{m})$$

$\dfrac{\omega_0^2}{2}\rho_0$——按前面计算为 4.06；

t——烟道内烟气的平均温度，由烟气始末端的温度确定

$$t=\frac{650+581}{2}=615.5\ (\text{℃})$$

则

$$1+\beta t=1+\frac{615.5}{273}=3.26$$

将以上各值代入 $h_摩$ 公式中可得

$$h_摩=0.05\times\frac{23}{0.445}\times4.06\times3.26=34.2\ (\text{Pa})$$

⑤ 烟道闸门的阻力 $h_摩$

按局部阻力公式(1-40b) 计算

$$h_局=K\frac{\omega_0^2}{2}\rho_0(1+\beta t)\ (\text{Pa})$$

式中　K——根据烟道闸门开启的速度 80% 的给定条件由附表 2 查得 $K=0.62$；

t——烟气流至闸门处的温度，设闸门安置于水平烟道中部

$$t=641-3\times10=611\ (\text{℃})$$

则

$$1+\beta t=1+\frac{611}{273}=3.24$$

ω_0——按附表 2 中规定取烟道内流速，故 $\dfrac{\omega_0^2}{2}\rho_0$ 仍为 4.06。

将各值代入局部阻力公式中，可求得

$$h_闸=0.4\times4.06\times3.24=5.26\ (\text{Pa})$$

⑥ 垂直烟道内负位压头阻力 $h_负位$

垂直烟道内烟气下降，负位压头给它的阻力按位压头公式计算

$$h_负位=Hg(\rho'-\rho)$$

式中　H——烟气下降的高度，已知为 3m；

ρ'——外界空气的实际密度，已知为 1.2kg/m^3；

ρ——垂直烟道内烟气的实际密度，按下式计算

$$\rho=\frac{\rho_0}{1+\beta t}$$

式中　t——垂直烟道内烟气的平均温度，应等于 $\dfrac{650+641}{2}=645.5$（℃）；

ρ_0——烟气 0℃时的密度，已知为 1.3。

故

$$\rho=\frac{1.3}{1+\dfrac{645.5}{273}}=0.386\ (\text{kg/m}^3)$$

将各值代入 $h_负位$ 式中，可求得

$$h_负位=3\times9.81(1.2-0.386)=23.96\ (\text{Pa})$$

综合以上计算，烟气从炉尾到烟囱底部沿途的总阻力（压头损失）为

$$h_总=9.06+16.32+10.8+34.2+5.26+23.96=99.6\ (\text{Pa})$$

（6）减少总压头损失的措施

设备的压头损失愈大，则此设备需要系统动力的能力愈高，因此，减少设备的压头损失对生产有重要意义。

减少压头损失可采取如下措施。

① 选取适当的流速　流速大时，$h_失$ 亦相应增大。流速小时会造成设备断面过分增大，从而浪费较多的管道材料和占用较多的建筑空间。因此，设备内的流速应选得合适。常用气体在一般设备内的经验流速可见表1-7。

表1-7　空气、煤气、烟气的经验流速

流 体 种 类	特 点	允许流速 $\omega_0/(m/s)$	备 注
冷空气	压力＞5000Pa	9～12	
	压力＜5000Pa	6～8	
热空气	压力＞5000Pa	5～7	
	压力＜5000Pa	3～5	
	压力＜1500Pa	1～3	
高压净煤气	不预热	8～12	
	预热	6～8	
低压净煤气	不预热	5～8	
	预热	3～5	
未清洗发生炉煤气		1～3	
粉煤与空气混合	水平管	25～30①	
	循环管	35～45①	
	直吹管	＞18①	
烟气	600～800℃	1.5～2.0	烟囱排烟
	300～400℃	2.0～3.0	烟囱排烟
	300～400℃	8.0～12①	有排烟机

① 实际温度下的流速。

② 力求缩短设备长度　设备长度愈大，则 $h_摩$ 愈大。因此，在满足生产需要下应力求缩短设备长度。此外，使管壁光滑些可减少 $h_摩$。

③ 力求减少设备的局部变化　设备的局部变化愈小，则设备的局部损失愈小，因此，应在满足生产需要的条件下力求减少设备的局部变化。

当必须有局部变化时，也应采用如下措施：

a. 用断面的逐渐变化替代断面的突然变化可减少 $h_局$；

b. 用圆滑转弯代替直转弯或用折转弯代替直转弯可减少 $h_局$；

c. 非生产需要时不宜过大的关闭闸板和阀门，这样也可减少 $h_局$。

2. 烟囱排烟

烟囱是应用较广泛的排烟设备。烟囱的基本作用在于使一定流量的烟气从烟道口经烟道流向烟囱底部并从烟囱内排向大气空间。

（1）烟囱的工作原理

要使燃烧产物从炉内排出并送到大气中去，必须克服气体流动时所受的一系列阻力，如局部阻力、摩擦阻力及烟气自身的浮力等。烟囱所以能够克服这些阻力而将烟气排出炉外，是因为烟囱底部热气体具有位头，促使气体向上流动，这样烟囱底部就呈现负压，而炉尾烟气的压力比烟囱底部压力大，因而热的烟气会自炉尾流至烟囱底部，并经烟囱排至大气中。

烟囱底部的负压（抽力）是由烟囱中烟气的位压头所造成的。但烟囱中烟气的位压头并不是全部成为有用的抽力。而其中一部分还要提供给烟囱烟气动压头的增量和克服烟囱本身对气流的摩擦阻力，因此，烟囱的有效抽力为

$$h_{抽} = h_{位} - \Delta h_{动}^{囱} - h_{摩}^{囱}$$

$$= Hg(\rho' - \rho) - \left(\frac{\omega_2^2}{2}\rho_2 - \frac{\omega_1^2}{2}\rho_1 \right) - \xi \frac{\omega_{均}^2}{2}\rho \frac{H}{d_{均}} \quad (\text{Pa}) \tag{1-47}$$

式(1-47) 也可由烟囱底部 1-1 和顶部 2-2 两端面间的伯努利方程式得到（图 1-31）。将基准面取在 2-2 面上，则

$$Hg(\rho' - \rho) + \frac{\omega_1^2}{2}\rho_1 + \Delta P_1 = \frac{\omega_2^2}{2}\rho_2 + h_{摩}$$

移项并将 $h_{摩}$ 代入得

$$-\Delta P_1 = Hg(\rho' - \rho) - \left(\frac{\omega_2^2}{2}\rho_2 - \frac{\omega_1^2}{2}\rho_1 \right) - \xi \frac{\omega_{均}^2}{2}\rho \frac{H}{d_{均}} \quad (\text{Pa})$$

因此，烟囱的抽力主要取决于位压头的大小，即主要取决于烟囱高度、烟气温度和空气温度。烟囱愈高，烟气温度愈高时，则抽力愈大，当空气温度愈高时，ρ' 减小，抽力则减小。当其他条件不变时，夏季烟囱的抽力比冬季小些，故在设计烟囱高度时，应根据当地夏季平均最高温度进行计算。

图 1-31 烟囱原理

（2）烟囱计算

烟囱计算主要是确定烟囱直径和烟囱高度。

① 烟囱直径的确定

a. 顶部出口直径（d_2） 应保证烟气出口时具有一定的动压头，以免气流出口速度太小时，外面的空气倒流进烟囱，妨碍烟囱工作。其直径可根据连续方程式求出，即

$$d_2 = \sqrt{\frac{4V_0}{\pi \omega_{02}}} \quad (\text{m}) \tag{1-48}$$

式中 d_2——烟囱顶部出口直径，m；

$\quad\quad V_0$——0℃时的烟气量，m^3/s，由燃烧计算及物料平衡计算确定；

$\quad\quad \omega_{02}$——0℃时烟囱顶部的烟气出口速度，m/s，一般取 2.5～3.0m/s。速度太大时，

$\quad\quad\quad\quad$烟囱内的压头损失大；速度过小时，出口动压头小，会出现"倒风"现象。

b. 底部直径（d_1） 对于铁烟囱，做成直筒形较方便，上下直径相同。对于砖砌和混凝土烟囱，为了稳定和坚固，都做成下大上小，底部直径一般取顶部直径的 1.5 倍，即 $d_1 = 1.5d_2$。

② 烟囱高度的确定 根据公式(1-47)

$$h_{抽} = h_{位} - \Delta h_{动}^{囱} - h_{摩}^{囱}$$

而

$$h_{位} = Hg(\rho' - \rho)$$

则

$$H = \frac{1}{g(\rho' - \rho)} (h_{抽} + \Delta h_{动}^{囱} + h_{摩}^{囱}) \tag{1-49}$$

式中 H——烟囱高度，m。

欲求出高度 H，必须先求出等式右边各项。

a. 确定烟囱的抽力 $h_{抽}$ 烟囱底部的抽力应能克服以下各种阻力损失，即烟气从炉内流至烟囱底部所受的全部阻力，包括：

ⅰ. 当气体向下流动时，要克服位压头的作用；

ⅱ. 满足动压头的增量；

ⅲ. 克服沿程各种局部阻力和摩擦阻力。

把这几部分阻力加起来后的数值是 $h_{抽}$ 的最小值。为了适应炉子工作强化时，燃料用量增加所引起的烟气量增加以及其他一些原因（如烟道局部阻塞），烟囱底部的抽力应比上述各项计算所得的总阻力损失 $h_{失}$ 大 20%～30%，即

$$h_{抽}=(1.2\sim1.3)h_{失} \tag{1-50}$$

在计算时，如果烟道很长，应考虑烟气的温度变化，烟气在烟道中的降温可参考表 1-8。

表 1-8　不同情况下烟气在烟道中的降温　　　　　　　　　　℃

温　　度	每 1m 长度下降的温度		
	地下砌砖烟道	地　上　通　道	
		绝热	不绝热
200～300	1.5	1.5	2.5
300～400	2.0	3.0	4.5
400～500	2.5	3.5	5.5
500～600	3.0	4.5	7.0
600～700	3.5	5.5	10.0
700～800	4.0	7.0	—

计算时必须分段进行，而且取平均温度。平均温度取该段烟道的最高温度和最低温度的算术平均值，即 $t_{均}=\dfrac{t_{高}+t_{低}}{2}$。

b. $h_{摩}^{囱}$ 的计算 烟囱中的 $h_{摩}^{囱}$ 按下式计算

$$h_{摩}^{囱}=\xi\frac{\omega_{0均}^2}{2}\rho_0(1+\beta t_{均})\frac{H}{d_{均}}$$

式中 ρ_0——0℃时的烟气密度，kg/m³；

$d_{均}$——烟囱的平均直径，m，$d_{均}=\dfrac{d_1+d_2}{2}$；

$\omega_{0均}$——烟囱内的烟气平均速度（0℃时），m/s，$\omega_{0均}=\dfrac{V_0}{f_{均}}$；

$f_{均}$——烟囱的平均截面积，m²，$f_{均}=\dfrac{\pi d_{均}^2}{4}$；

$t_{均}$——烟气平均温度，℃，$t_{均}=\dfrac{t_1+t_2}{2}$；

t_1——烟囱底部烟气温度，℃；

t_2——烟囱顶部烟气温度，℃，$t_2 = t_1 - C \times H$（H 为烟囱高度，C 为温度降落系数，℃/m，一般对砖砌烟囱为 $1 \sim 1.5$℃/m；铁烟囱为 $3 \sim 4$℃/m）；

H——烟囱高度，m，计算时烟囱高度还是未知数，可先用图 1-32 查出，或按经验公式 $H = (25 \sim 30)d_2$ 先行估算。

图 1-32　计算烟囱高度的图表

c. 计算动压头增量 $\Delta h_{动}^{囱}$

$$\Delta h_{动}^{囱} = \frac{\omega_{02}^2}{2}\rho_0(1+\beta t_2) - \frac{\omega_{01}^2}{2}\rho_0(1+\beta t_1) \tag{1-51}$$

式中　ω_{01}——烟囱底部烟气流速（0℃时）；

ω_{02}——烟囱顶部烟气流速（0℃时）。

d. 计算 $(\rho' - \rho)$

$$\rho' = \frac{\rho_0'}{1+\beta t_{夏}}$$

式中　ρ_0'——0℃时空气的密度，kg/m³；

$t_{夏}$——当地夏季的平均最高温度，℃。

$$\rho = \frac{\rho_0}{1+\beta t_{均}}$$

式中　ρ_0——0℃时空气的密度，kg/m³；

$t_{均}$——烟气的平均温度，℃。

根据以上计算所得各项数据，代入式(1-49) 就可求出烟囱高度 H。若求出的 H 值与估算的 H 值相差较大，则应重新假设 H，另行计算，直至两者相差小于 5% 为止。

在设计烟囱时，还必须注意下列几点。

a. 考虑环境卫生和对生物的影响。如果烟囱附近有房屋（100m 半径以内），烟囱应高于周围建筑物 5m 以上。如果烟气对生物有危害性，则除增高烟囱外，还应尽量采取净化措施。

b. 为了建筑的方便，烟囱的出口直径应不小于 800mm。

c. 当几个炉子合用一个烟囱时，烟囱所需抽力只需按阻力最大的那个炉子计算烟囱高度，但在计算烟囱直径时，应以几个炉子烟气量之和进行计算。

【知识点训练二】 某炉子体系的总阻力为 265Pa；烟气流量 V_0 为 $1.8m^3/s$；烟气密度 ρ_0 为 $1.3kg/m^3$；烟气至烟囱底部时的温度为 750℃；空气的平均温度为 20℃；烟囱的备用能力为 20%。试计算烟囱的高度和直径。

解：（1）计算烟囱底部的抽力

$$h_{抽} = 1.2 h_{失} = 1.2 \times 265 = 318 \text{（Pa）}$$

（2）计算烟囱中的动压头增量

① 求烟囱出口内径 d_2 和底部内径 d_1。取出口速度 $\omega_{02} = 2m/s$，则出口断面

$$f_2 = \frac{V_0}{\omega_{02}} = \frac{1.8}{2} = 0.9 \text{（m}^2\text{）}$$

烟囱出口内径 $d_2 = \sqrt{\dfrac{4f_2}{\pi}} = \sqrt{\dfrac{4 \times 0.9}{3.14}} = 1.07 \text{（m）}$

烟囱底部内径 $d_1 = 1.5 d_2 = 1.5 \times 1.07 = 1.61 \text{（m）}$

② 求出口烟气温度 t_2

设烟囱高 $H \approx 40m$，烟气在烟囱中的温降为 1.5℃/m，则

$$t_2 = t_1 - 1.5 \times 40 = 750 - 60 = 690 \text{（℃）}$$

③ 求出口烟气动压头 $h_{动2}$

$$h_{动2} = \frac{\omega_{02}^2}{2} \rho_0 (1 + \beta t_2) = \frac{2^2}{2} \times 1.3 \left(1 + \frac{690}{273}\right) = 9.17 \text{（Pa）}$$

④ 求烟囱底部烟气动压头 $h_{动1}$

底部断面 $\qquad f_1 = \dfrac{\pi d_1^2}{4} = \dfrac{3.14 \times 1.61^2}{4} = 2.04 \text{（m}^2\text{）}$

则流速 $\qquad \omega_{01} = \dfrac{V_0}{f_1} = \dfrac{1.8}{2.04} = 0.88 \text{（m/s）}$

故得

$$h_{动1} = \frac{\omega_{01}^2}{2} \rho_0 (1 + \beta t) = \frac{0.88^2}{2} \times 1.3 \left(1 + \frac{750}{273}\right) = 1.89 \text{（Pa）}$$

烟囱中动压头增量

$$\Delta h_{动}^{囱} = h_{动2} - h_{动1} = 9.17 - 1.89 = 7.28 \text{（Pa）}$$

（3）烟囱中的摩擦阻力

烟气在烟囱中的平均温度 $t_{均} = \dfrac{750 + 690}{2} = 720 \text{（℃）}$

烟囱平均内径 $d_{均} = \dfrac{1.07 + 1.61}{2} = 1.34 \text{（m）}$

烟气在烟囱中的平均速度

$$\omega_{0均} = \frac{V_0}{f_均} = \frac{1.8}{\frac{\pi(1.34)^2}{4}} = 1.28 \ (m/s)$$

则 $h_摩^囱 = \xi \frac{\omega_{0均}^2}{2} \rho_0 (1 + \beta t_均) \frac{H}{d_均} = 0.05 \times \frac{1.28^2}{2} \times 1.3 \left(1 + \frac{720}{273}\right) \times \frac{40}{1.34} = 5.78 \ (Pa)$

（4）根据烟囱计算公式(1-49) 求烟囱高度

$$H = \frac{1}{g(\rho' - \rho)}(h_抽 + \Delta h_动^囱 + h_摩^囱)$$

$$= \frac{1}{9.81 \left(\frac{1.29}{1 + \frac{20}{273}} - \frac{1.3}{1 + \frac{720}{273}}\right)}(318 + 7.28 + 5.78)$$

$$= 40 \ (m)$$

3. 炉子的供气系统

多数炉子都有供气系统。供气系统的作用是由供气设备（鼓风机、压气机等）经供气管道将炉子生产所需气体供至炉前，以满足炉子对该气体的流量和压力要求，从而保证炉子的正常生产。

炉子的供气系统主要由供气管道和供气设备组成。下面仅从气体力学角度分析供气管道和供气设备。

（1）供气管道

供气管道起连接供气设备和炉前的气体流出设备（烧嘴、喷嘴、风嘴、氧枪等）的作用。在供气管道上也经常安装测量和调节装置，以根据生产需要随时控制和调节气体的参数。

① 供气管道的布置原则　供气系统内的气体运动属于强制运动。强制运动的供气管道在布置时应注意以下原则。

a. 为了减少管道内的压头损失，在满足生产需要的情况下应力求缩短管道长度。

b. 为了减少管道内的压头损失，在满足生产需要的情况下应力求减少管道的局部变化。在必须有局部变化时也应尽量用断面的逐渐变化代替突然变化，用圆滑转弯或折转弯代替直转弯。

c. 为了不使管道内有较大的静压头降低，在满足生产需要的情况下应不使管道有较大的动压头增量。这样，分支管道内的气体流速则不宜大于或不宜很大于总管道内的气体流速。

d. 为了不使管道内有较大的静压头降低，在满足生产需要的情况下，应力求使热气自下而上流动。

e. 为了保证分支管道内有均匀的气流分配，分支管道内采取对称布置，并在管道上设置闸门等调节装置。

上述只是参考原则，生产中应根据具体情况而定。

② 供气管道的断面尺寸　管道断面尺寸应根据管道的气体流速而定。

管道内气体流量等于供气设备的气体排出量。供气设备的设计气体排出量一般取炉子所

需气体量 V_0（m^3/h）的 $1.2\sim1.3$ 倍。因此，供气管道内的气体总流量 $V=(1.2\sim1.3)V_0$（m^3/h）。

管道内的气体流速应选得合适。过大的流速会造成很大的压头损失而增加对能量的要求。过小的流速会加大管道尺寸而浪费管道材料和增加车间布置困难。管道设计时的经验流速 ω_0（m/s）按表 1-7 选取。

当气流量和气流速确定后，供气总管道断面尺寸为

$$f_{总}=\frac{(1.2\sim1.3)V_0}{3600\omega_0}（m^2）\tag{1-52}$$

总管有 n 个支管，并且每个支管的流量相同时，则每个支管的断面积为

$$f_{支}=\frac{f_{总}}{n}（m^2）\tag{1-53}$$

流动断面已知时，则不难求出管道的流动直径（内直径）。

③ 供气管道内的压头损失　气体在供气管道内产生压头损失。供气管道内的压头损失包括该管道内的总摩擦损失和总局部损失（要考虑孔板和闸门的局部损失）。

一条简单的管道，其全部压头损失等于该管道各段压头损失总和

$$h_{失}=\sum_1^n\left(\xi\frac{L}{d}+\sum K\right)\frac{\omega^2}{2}\rho（Pa）\tag{1-54a}$$

或

$$h_{失}=\sum_1^n\left(\xi\frac{L}{d}+\sum K\right)\frac{\omega_0^2}{2}\rho_0(1+\beta t)（Pa）\tag{1-54b}$$

上述两式中 n 表示管子的段数。

在计算这类管道的压头损失时，可先求得各段的压头损失，然后相加就可得到管道的压头损失。

在生产中应力求减少管道的压头损失。

在供气管道内有分支管道时，则应以最大一支的压头损失作为管道的压头损失。

当管道不对称分布时，则各分支管道的压头损失大小可能不同。压头损失不等则会引起各支管道末端的流量和压力不等，这样会给炉子生产带来一定困难。为此，可采取如下措施。

a. 使分支管道具有不同的直径。当管道不对称布置时，使较短支管具有较小管径，使较长支管具有较大支管径，则可增大短管的摩擦损失而使各管道内的压头损失相同，从而保障支管末端的气体流量和气体压力相等。但是，这将给管道结构带来一定困难，故生产中很少采取这个措施。

b. 在支管道上安置阀门。当管道不对称布置并且各支管道直径相同时，在各支管上安置阀门，并相对关小较短支管道阀门，则可借短管内局部压头损失的增加而使各支管具有相同的压头损失，从而保证各支管末端具有相同的气体流量和气体压力。这一措施常在生产中被采用。

④ 管道的特性方程式　在管道一定情况下，压头损失 $h_{失}$ 是与其中气体流量 V 相关的。气体流量等于零时，压头损失也等于零，随着流量的增加，压头损失也增加。管道的压头损失与其中气体流量的关系式，叫做管道的特性方程式。

为了写出某一段的特性方程式，将 $\omega=\dfrac{4V}{\pi d^2}$ 代入式（1-54a）中，则得

$$h_{失(x)}=\left[\left(\xi\frac{L}{d}+\Sigma K\right)\left(\frac{4}{\pi d^2}\right)^2\frac{\rho}{2}\right]V^2$$

管道内气体是紊流流动时，对于某一固定管道而言，等号右侧方括号中的数值是一常数，则可用 $k_{(x)}$ 表示，则

$$h_{失(x)}=k_{(x)}V^2$$

其中

$$k_{(x)}=\left(\xi\frac{L}{d}+\Sigma K\right)\left(\frac{4}{\pi d^2}\right)^2\frac{\rho}{2}$$

同理，对于整个管道而言，有下式存在

$$h_{失}=\sum_{x=1}^{n}k_{(x)}V^2$$

一般写成

$$h_{失}=kV^2\quad(\text{Pa})\tag{1-55}$$

式（1-55）就是管道特性方程。其中 k 值取决于管道的几何形状和尺寸。

在有些情况下，由于管道内有一定几何高度，或者由于管道入口处和出口后的空间有一定压力差 h_z，在输送气体时，需要多消耗一部分能量，则

$$h_{失}=h_z+kV^2\quad(\text{Pa})\tag{1-56}$$

将式（1-55）和式（1-56）做成曲线，如图 1-33 所示，这些曲线称为管道特性曲线，即管道压头损失与流过气体流量的关系曲线。

管道的特性方程式，可以用计算或试验方法得出（为此只需测出某一个流量下的压头损失）。根据得出的特性方程式，可以很方便地推算出流量改变以后的压头损失，或者作相反的运算。

图 1-33　管道特性曲线

（2）供气设备

炉子的供气设备包括鼓风机、压气机等。鼓风机有离心式风机、罗茨式风机、轴流式风机等类型。下面仅介绍离心式风机。

① 风机的作用　风机可以向炉子供应空气或其他气体，也可作为抽烟机排出炉子产生的烟气。

风机作为供风设备的基本作用是使具有一定风量和风压的空气经供风管道供入炉前的气体喷出设备（烧嘴、喷嘴、风扇等），以保证炉子对风扇的要求。

风机的风量（由风机供出的最大空气量）至少应大于炉子所需的空气量 20%～30%，因此，风机的风量为

$$V=(1.2\sim1.3)V_0\quad(\text{m}^3/\text{h})\tag{1-57}$$

式中　V——风机供出的标准状态下风量，m^3/h。

显然，根据炉子所需风量的大小可确定炉子应具有的风量。

风机的风压通常是指风机的全风压（风机出口的静压头与动压头之和），用符号 h 表示，

图 1-34 供风系统示意图

单位是 Pa。

风机的风压可通过对风机出口喷出设备入口所列出的伯努利方程式确定。

如图 1-34 所示，当以风机出口为基准面时，则风机出口 I 面与喷出设备入口 II 面间的伯努利方程式为

$$h_{静1}+\frac{\omega_1^2}{2}\rho=h_{静2}+Hg(\rho-\rho')+\frac{\omega_2^2}{2}\rho+h_{失}$$

上式等号左边为风机出口处应具有的理论风压。当取计算风压为理论风压的 1.2～1.3 倍时，则风机应具有的风压为

$$h=(1.2～1.3)\left[h_{静2}+Hg(\rho-\rho')+\frac{\omega_2^2}{2}\rho+h_{失}\right] \text{（Pa）} \tag{1-58}$$

式中　h——风机的风压，即全风压，Pa；

$h_{静2}$——喷出设备所需入口静压头，Pa；

ω_2——喷出设备所需入口速度，m/s；

ρ——空气在其温度下的密度，kg/m^3；

ρ'——大气在其温度下的密度，kg/m^3；

H——两面间的高度，m；

$h_{失}$——供风管道的压头损失，Pa。

显然当喷出设备所需参数已知、供风管道的压头损失已知、空气和大气的温度已知、两面间的高度已知时，便可确定风机应具有的风压。

由式(1-58)看出，在喷出设备一定时，减少供风管道内的压头损失、使热气体自下而上流动可降低对风机风压的要求。

综上所述，使一定风量和风压的空气从风机连续地供出是炉子对风机的要求，也是风机应起的基本作用。

② 风机的工作原理和风机的性能　图 1-35 是离心式风机的结构示意。由图中看出，风机主要由转动轴 3、叶片轮 1 和机壳 2 组成。当电动机带动转动轴转动时，固定在转动轴上的叶片轮随之转动，叶片轮转动后则将空间大气不断从吸入口吸入，并使之具有一定的动压头。由于离心力的作用，被吸入的空气又不断地被叶片轮甩向机壳空间，并在机壳的扩张形

图 1-35 离心式风机的结构示意
1—叶片轮；2—机壳；3—转动轴

空间内进行由动压头向静压头的转变。由风机出口出去的空气量为风机的风量，由风机出口出去的静压头与动压头的总和为风机的全风压或简称风压。

叶片轮上叶片的数量愈多、尺寸愈大、叶片的直径愈大、叶片轮的转动愈快，则风机的风量愈大。叶片轮的直径愈大，叶片轮的转动愈快，则风机的风压愈高。显然，一定结构的风机在一定转数（转/分）下具有一定的风量和风压。

单位时间内风机输送出的气体体积，叫做风机的风量。一般用 V 表示，其单位是 m^3/s、m^3/min 或 m^3/h。而每立方米空气在风机内得到的能量为 h（Pa 或 N/m^2），所以风机的有效功率为

$$N_效 = Vh \quad （N \cdot m/s 或 W）$$

折算成为

$$N_效 = \frac{Vh}{1000} \quad （kW）$$

这一 $N_效$ 值是已扣除了各种能量损失在外的净有效功率。如果把气体流动过程中的阻力损失和风机转动的机械能损耗等各种损失都计算在内，则在单位时间内电动机传给机轴的能量（即风机所要求的轴功率）N 要比 $N_效$ 大些。比值 $\frac{N_效}{N}$，叫做风机的总效率 η，故

$$N = \frac{N_效}{\eta} = \frac{Vh}{1000\eta} \quad （kW）$$

风机的效率 η 值由实验确定，列入产品性能表中，一般 η 的数值变化在下列范围内：

低压风机　$\eta = 0.5 \sim 0.6$

中压风机　$\eta = 0.5 \sim 0.7$

高压风机　$\eta = 0.7 \sim 0.8$

风机的具体性能由特性曲线来表示。图1-36所示为我国生产的一台离心式风机特性曲线。图中的三条曲线表明在一定转速下，风量 V 与全风压 h、轴功率 N 和效率 η 的关系。

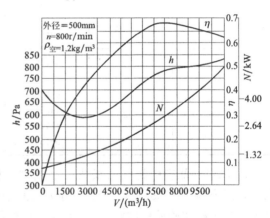

图 1-36　离心式风机特性曲线

目前风机生产已实现标准化。各厂生产的风机上都附有铭牌，铭牌上注明该风机的风量、风压、转数、电动机功率等性能。根据风机铭牌则可知该风机在正常生产时的能力。

各厂生产的风机也制成产品系列而列入我国的机械产品目录上。根据炉子生产所需的风量和风压查该产品目录，则可选定符合生产需要的风机。

表1-9摘录列出了部分形式型号的风机。

③ 风机的选择　正确地选择风机是一个重要问题。风机的能力必须与炉子设备相适应，选择得过小，满足不了炉子的要求；如果过大，将造成电能的浪费。此外应力求使风机在最高效率范围内工作，以节省电能。

在已知需要的送风量和管路系统的阻力损失之后，即可根据各种风机的产品目录进行选择，但应注意到以下几点。

a. 风机铭牌上标出的风压、风量和功率是指在效率最高时的全风压、风量和功率。

表 1-9 部分离心式鼓风机性能

型式	型号	转数/(r/min)	风量/(m³/h)	风压 h/Pa	电动机功率 N/kW	连接方式
4-72-11	No5.5A	1450	5310	961	3.0	电机直连
			6590	932		
			7870	854		
			8510	795		
			9160	726		
			9790	657		
	No6C	1800	8520	1766	7.5	
			9550	1727		
			10600	1697		
			11600	1648		
			12700	1766		
			13700	1452		
			14700	1334		
			15800	1216		
	No10D	1450	40400	3159	55	联结轴
			43960	3110		
			47520	2992		
			51080	2845		
			54640	2688		
			58200	2502		
	No10C	1250	34800	2345	40	V 带
			37850	2315		
			41300	2227		
			44050	2119		
			47100	2001		
			50150	1864		

b. 风机性能表中特性曲线或产品铭牌上标出的风机性能，都是在进风口空气温度为20℃，压力为101325Pa（1 个大气压），空气密度为 1.2kg/m³ 条件下提出的数值（这些条件称之为风机实验的标准状态）。因此，在选择风机时还必须将式(1-57) 和式(1-58) 所求得的标准状态下的风量 V 和实际大气压的风压力进行换算。换算的方法如下：通常取实际风量为风机性能表中的风量，即

$$V_1 = V \frac{101325}{P} \times \frac{273+t}{273} \ (\text{m}^3/\text{h}) \qquad (1\text{-}59)$$

而

$$h_1 = h \frac{101325}{P} \times \frac{273+t}{293} \ (\text{Pa}) \qquad (1\text{-}60)$$

式中　V_1——风机性能表中的风量，m³/h；

　　　　V——风机所需的计算风量（标准状态时），m³/h；

　　　　h_1——风机性能表中的风压，Pa；

　　　　h——风机所需的计算风压（实际情况下），Pa；

　　　　P——实际大气压，Pa；

　　　　t——空气的实际温度，℃。

风机实际功率

$$N = N_1 \frac{P}{101325} \times \frac{293}{273+t} \quad (kW) \tag{1-61}$$

式中 N_1——风机性能表中的功率，kW。

c. 当风机转数 n 与设计（实验）转数 n_1 不同时，或者人为地改变风机的转数，则风机特性曲线应进行换算，换算的关系式为（在等效率条件下）

$$\frac{V}{V_1} = \frac{n}{n_1} \tag{1-62a}$$

$$\frac{h}{h_1} = \left(\frac{n}{n_1}\right)^2 \times \frac{\rho}{h_1} \tag{1-62b}$$

$$\frac{N}{N_1} = \left(\frac{n}{n_1}\right)^3 \times \frac{\rho}{h_1} \tag{1-62c}$$

式中符号的下标"1"指的是风机实验标准状态。

显然，根据计算风量和计算风压可求得风机性能表的风量和风压，从而可按性能表选择合适的风机。

【知识点训练三】 某炉子的供风系统如图 1-37 所示，并知：炉子所需风量 $V_0 = 31000 \text{m}^3/\text{h}$；该炉所在地的平均气温 $t = 30℃$；该炉所在地的实际大气压 $P = 100658 \text{Pa}$。

图 1-37 供风系统

试求：（1）供风金属管道的内直径；（2）当烧嘴前要求静压头为 $h_{静2} = 1960 \text{Pa}$ 时风机的形式、型号和规格。

解：（1）确定管径。查表 1-7 取冷风在管内流速 $\omega_{02} = 8 \text{m/s}$，并取供风量为需风量的 1.3 倍时，按式（1-52）得管道断面为

$$f = \frac{1.3 V_0}{3600 \omega_{02}} = \frac{1.3 \times 31000}{3600 \times 8} = 1.4 \quad (\text{m}^2)$$

金属管道内径为

$$D = \sqrt{\frac{4f}{\pi}} = \sqrt{\frac{4 \times 1.4}{3.14}} = 1.33 \quad (\text{m})$$

（2）风机的选择。取供风量为需风量的 1.3 倍时，风机的计算风量按式（1-57）得

$$V = 1.3 V_0 = 1.3 \times 31000 = 40300 \quad (\text{m}^3/\text{h})$$

管道内的压头损失为管道的摩擦损失和半开的阀门的局部损失，故压头损失为

$$h_{失} = \xi \frac{\omega_0^2}{2} \rho_0 (1+\beta t) \frac{L}{D} + \left(\frac{f_1}{0.7 f_2} - 1\right)^2 \frac{\omega_0^2}{2} \rho_0 (1+\beta t)$$

$$= 0.045 \times \frac{8^2}{2} \times 1.29 \left(1 + \frac{30}{273}\right) \frac{10}{1.33} + \left(\frac{2}{0.7} - 1\right)^2 \frac{8^2}{2} \times 1.29 \left(1 + \frac{30}{273}\right)$$

$$= 173.5 \quad (\text{Pa})$$

按式(1-58)取倍数为1.3时，风机的计算风压为

$$h = 1.3\left[h_{静2} + Hg(\rho - \rho') + \frac{\omega_{02}^2}{2}\rho_0(1+\beta t) + h_失\right]$$

$$= 1.3\left[1960 + \frac{8^2}{2} \times 1.29\left(1 + \frac{20}{273}\right) + 173.5\right]$$

$$= 2831 \text{ (Pa)}$$

按式(1-59)和式(1-60)求风机性能表的风量和风压为

$$V_1 = V\frac{101325}{P} \times \frac{273+t}{273} = 40300 \times \frac{101325}{100658} \times \frac{273+30}{273} = 45024 \text{ (m}^3/\text{h)}$$

$$h_1 = h\frac{101325}{P} \times \frac{273+t}{293} = 2831 \times \frac{101325}{100658} \times \frac{273+30}{293} = 2947 \text{ (Pa)}$$

根据上述计算结果查风机性能表选择风机。查表1-9，选择4-72-11形式№10D型号的规格为：转数＝1450r/min；风量 $V_1 = 47520\text{m}^3/\text{h}$，风压 $h_1 = 2992\text{Pa}$，电动机功率 $N = 55\text{kW}$ 的风机。

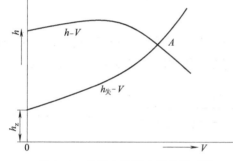

图1-38　风机在管网中运转的工况

④ 风机的工况调节　如果把风机管网性能曲线与风机的 h-V 性能曲线按同样比例尺画在一个图上（图1-38），这两条曲线的交点 A，就表示风机此时在管网中运转的工况，一般称点 A 为风机的工作点。

从图1-38中看到，工作点 A 是风机运转时在能量及风量上与管网相平衡的一点。即此时管网所需压头（或压力）等于风机所产生的压头（或压力），管网中的风量等于风机供给的风量。因此可以认为，风机在管网中的运转工况，是由管网的性能决定的。为了使风机在管网上以最大效率运转，选择风机时，应注意风机与其管网性能曲线之间的配合。

为了满足炉子和其他设备的要求，常常要对正在运转中的风机进行风量或风压调节，即改变风机在管网上的工作点，对风机的运转工况进行调节。改变工作点的方法有以下几种：即改变管网性能曲线；改变风机性能曲线；同时改变风机与管网性能曲线。对离心式通风机的工况调节，具体采用以下几种方法。

a. 在送气管道上设置节流闸阀，改变闸阀开启度以调节风量。这时管网特性曲线由于增加了闸阀的附加阻力使压头 $h_失$ 发生了变化，但风机特性曲线不变。由图1-39看出，当闸阀分开时，管网性能曲线如 $O'A$ 所示，A 点为此时风机工作点，风量最大为 V_1。为了减少送风量，可将闸阀关小，使管网增加一部分阻力 $h'_失$。管网特性曲线向左偏移，如图中 $O'B$ 所示，工作点移到 B 点，风机送风量由 V_1 减到 V_2。风机产生的风压，一部分用来克服管网阻力引起的压头损失 $h_失$，另一部分用来克服闸阀关小而增加的压头损失 $h'_失$。应用闸阀调节风量的方法，原则上是不经济的，它增加了能量损失。但由于装置简单，调节方便，在生产上常被采用。

b. 改变风机转数。由式(1-62a)、式(1-62b)、式(1-62c)可知改变风机转数，能引起风机的风量、风压和效率的改变。如图1-40所示，为了提高风量，可将风机的转数由 n_1 提高

到 n_2，在管网特性曲线不变的情况下，风机的工作点由 A 移至 B，这就达到了增加风量的目的。由于此时不增加附加阻力 $h'_{失}$，这种方法是经济的，但是，要使运转中的风机改变转数比较困难，故在冶金炉上很少采用。

图 1-39　改变闸阀开启度调节　　　　　　　图 1-40　改变风机转数调节

c. 在风机吸风管上装置节流闸阀，如图 1-41 所示，用改变风机性能曲线的方法来调节风量和风压，这是最简单又适用的方法。如果风机没有安装吸风管，则可部分遮盖风机吸风口进行调节。这种调节方法，不改变风机出口后的管网情况，故管网性能曲线不变，如曲线 $O'A$ 所示。在节流阀全开时，风机性能曲线如 BA 所示，A 点为此时的工作点。当关小节流阀时，风机吸入气体流经节流阀时的阻力增大，使叶轮进口前的压力下降，即吸气压力降低。当叶轮转数恒定并产生同样压力比的情况下，风机出口压力按比例下降。因此，随节流阀逐渐关小，风机性能曲线依次改变为 BA'、BA'' 等，风机的工作点依次改变为 A'、A'' 等，风量也依次降为 V_2、V_3 等，风机所耗功率也将相应降低。

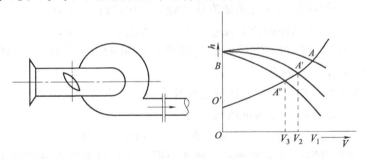

图 1-41　在吸风管上装置节流阀进行调解

⑤ 风机的并联和串联　当一台风机不能满足风量和风压的要求时，可以将几台风机并联或串联起来使用，也可以串并联联合使用。

风机并联的好处是可以得到较大风量；并且当一台风机因故停止运转时，其他风机还可以照常运转，使生产不致受到很大的损失，并联还带来了操作灵活的优点。可根据炉子（用户）需要风量多少，决定开闭风机的台数。并联时，风量有所增加，但小于各台风机单独使用时送风量的总和，风机效率有所降低。一般，性能相近的风机才能并联。风机串联时，风量不变，风压有所增加，但小于各台风机单独工作时风压之和。串联时效率很低，而且使风机寿命降低，一般最好不这样做。

风机并联和串联的特性曲线如图 1-42 所示。

4. 喷射器

喷射器是一种促使气体流动和混合的装置。它用于间接抽风排烟，也应用于燃烧器中。喷射器的作用原理是利用一种喷射的介质（空气或蒸汽），经小孔喷出，产生一高速气流，使附近的静压降低，来吸取气体。喷射的介质和吸入的气体混合后由扩张管送出。扩张管的作用是将部分动压头转变为静压头，以利于送出。下面就其基本原理和构造作以简要介绍。

图 1-42　风机的并联和串联

1——一台风机；2——两台风机并联；3——两台风机串联

图 1-43　喷射器工作原理

（1）喷射器的基本原理

喷射器由一根小管和一根粗管组成。图 1-43 所示为喷射器作用的基本原理。为了推导出表示喷射器工作特性的基本方程式，在喷射器中划出两个限制表面 AB 和 CD。喷射气体从左侧的细管中喷入粗管，周围的气体通过 AB 截面进入粗管，混合后的气体通过 CD 面排出。

设　M_1，ω_1——喷射气体的质量流量（kg/s）和流速（m/s）；

　　M_2，ω_2——被喷射气体的质量流量（kg/s）和流速（m/s）；

　　M_3，ω_3——混合气体的质量流量（kg/s）和流速（m/s）。

则单位时间内通过 AB 和 CD 截面的气体动量各为 $M_1\omega_1 + M_2\omega_2$，$M_3\omega_3$。而作用在 $ABCD$ 区域气流方向上外力的合力为 $(P_2-P_3)F_3$。

根据动量定理可知：作用于某一区域上的外力在任一方向的合力等于在区域两端单位时间内所流过的气体在该方向上的动量增量，则

$$M_3\omega_3 - (M_1\omega_1 + M_2\omega_2) = (P_2-P_3)F_3 \qquad (1\text{-}63)$$

式(1-63)就是喷射器的基本方程式。此式说明，$ABCD$ 管段两端的压力差取决于两相应断面之动量差，动量较大的断面上压力较低，动量较小的截面上压力较高。因此，在管段两端面之间实质上是气体动压头转变为静压头的过程。为了更明显地看出被吸入气体进入喷射管的原因，可假设喷射管就置于大气之中，则气体出口端压力 P_3 应等于大气压力 P_0。由于喷射气体入口端的压力为小，即 $P_2<P_3$，可见 $P_2<P_0$，亦即进气端的压力 P_2 为负压，这便是促使周围气体进入管内的原因。在其他条件一定时，P_0-P_2 之值愈大时，被吸入气体愈多。

上述喷射装置只是简化了的喷射器，实际上为了增加抽力，提高喷射效率，喷射器的组成包括四个部分，即通入喷射器的管子、喇叭形的气体入口、混合管和扩张管。这种完整的喷射器各组成部分如图 1-44 所示。现将各组成部分的作用及其能量变化分述如下。

① 通入喷射气体的管子　具有一定动能的喷射气体，通过喷射管子喷入混合管将被喷

射气体吸入混合管内。

② 喇叭形的气体吸入口　在被喷射气体入口处，喷射气体的速度远远大于被喷射气体的速度。这种速度差使得喷射气体和被喷射气体之间发生质点冲击现象，因而造成能量损失，降低了喷射的效率。为了减少气体质点的冲击作用，将被喷射气体的吸入口做成喇叭形管口。这样在喇叭形管口的入口和出口处，被

图 1-44　喷射器各组成部分
2'-2—吸入口；2-3—混合管；3-4—扩张管

喷射气体的流速不等。设出口处流速为 ω_2，入口处流速较小，可忽略不计，则可列出伯努利方程式

$$P_0 = P_2 + \frac{\omega_2^2}{2}\rho_2 + K_2\frac{\omega_2^2}{2}\rho_2$$

或

$$P_2 - P_0 = -(1+K_2)\frac{\omega_2^2}{2}\rho_2 \tag{1-64}$$

式中，$K_2\dfrac{\omega_2^2}{2}\rho_2$ 为 2'-2 面之间的压头损失；K_2 为阻力系数。

③ 混合管（截面 2 与截面 3 之间）　它是喷射器的最主要部分，其作用在于使喷射气体与喷射气体之速度趋于均匀，因而使动量趋于降低，使混合管内产生了压力差。

混合管各参数之间的关系见式(1-63)。

④ 扩张管（截面 3 与截面 4 之间）　为了增加喷射器出口与吸入口之间压力差，提高喷射效率，常在混合管后面安装一个扩张管。气体流过扩张管时，速度降低，部分动压头转变为静压头，扩张管末端一般与大气相通，这样可进一步增加抽力。

由图 1-44 列出 3 至 4 面间的伯努利方程式

$$P_3 + \frac{\omega_3^2}{2}\rho_3 = P_4 + \frac{\omega_4^2}{2}\rho_4 + K_3\frac{\omega_3^2}{2}\rho_3$$

式中，$K_3\dfrac{\omega_3^2}{2}\rho_3$ 为 3-4 面间的压头损失；K_3 为阻力系数。

考虑到 $\omega_4 F_4 = \omega_3 F_3$ 以及 $\rho_3 = \rho_4$，则上式可写为

$$P_4 - P_3 = \frac{\omega_3^2}{2}\rho_3\left[1 - \left(\frac{F_3}{F_4}\right)^2 - K_3\right]$$

令 $\eta_{扩} = 1 - \left(\dfrac{F_3}{F_4}\right)^2 - K_3$，则上式变为

$$P_4 - P_3 = \eta_{扩}\frac{\omega_3^2}{2}\rho_3$$

将上式与式(1-63)联立，并考虑到 $F_3 = \dfrac{M_3}{\omega_3\rho_3}$，则得到

$$P_4 - P_2 = \frac{\omega_3\rho_3(M_1\omega_1 + M_2\omega_2 - M_3\omega_3)}{M_3} + \eta_{扩}\frac{\omega_3^2}{2}\rho_3 \tag{1-65}$$

将式(1-65)与式(1-64)联立得到

$$P_4 - P_0 = \frac{\omega_3 P_3(M_1\omega_1 + M_2\omega_2 - M_3\omega_3)}{M_3} + \eta_{扩}\frac{\omega_3^2}{2}\rho_3 - (1+K_2)\frac{\omega_2^2}{2}\rho_2 \tag{1-66}$$

$$\eta_{扩}=1-\left(\frac{F_3}{F_4}\right)^2-K_3$$

式中　　　P_0——0 面（喷射器入口端）压力，Pa；

　　　　　P_4——4 面（扩张管出口端）压力，Pa；

M_1，M_2，M_3——喷射气体，被喷射气体和混合气体的质量流量，kg/s；

　ω_1，ω_2，ω_3——喷射气体，被喷射气体和混合气体的流速，m/s；

　　　　ρ_2，ρ_3——被喷射气体和混合气体的密度，kg/m³；

　　　　　$\eta_{扩}$——扩张管效率，它代表扩张管所增加的抽力与扩张管入口端动压头之比；

　　　　　K_3——扩张管阻力系数，实际应用中 K_3 通常是包括混合管阻力在内的阻力系数；

　　　　　K_2——喇叭形气体入口收缩管阻力系数。

考虑到扩张管和混合管的阻力损失，在通常的喷射器尺寸条件下，$\eta_{扩}$ 可参考表 1-10 中的数值。

表 1-10　$\eta_{扩}$ 的数值

d_4/d_3	1	1.05	1.2	1.4	1.6	1.8	$\geqslant 2.0$
$\eta_{扩}$	−0.15	0	0.30	0.48	0.55	0.59	0.60

注：d_3——混合管（即扩张管的始端）直径；d_4——扩张管末端直径。

在一般情况下扩张管的角度为 6°～8°。在设计喷射器时，一般取 d_4/d_3 为 1.5 左右，因而扩张管效率可取为 $\eta_{扩}=0.5$ 左右。

式(1-65) 和式(1-66) 都是计算喷射器所造成的压力差的基本方程式。前者用于计算喷射器所造成的最大压力差（2 面处压力最低）；后者则代表整个喷射器所造成的压力差。在其他条件相同的情况下，喷射气体的速度 ω_1 愈大，(P_4-P_2) 的值也愈大。但 (P_4-P_2) 的值与 ω_3 之间的关系则不然。ω_3 过大或过小都对喷射作用产生不利影响。

（2）喷射器的效率和尺寸

喷射器的效率是单位时间内被喷射气体所获得的有效功与喷射气体在喷射器中所消耗的能量之比。

被喷射气体所获得的有效功，是指气体为 V_2 的被喷射气体由 0 面到 4 面（参看图1-44）时，压力由 P_0 升高到 P_4 所获得的有效能量 $V_2(P_4-P_0)$。这里由于被喷射气体的动压头增量较小，且往往不能利用，故忽略不计。

与此同时，体积为 V_1 的喷射气体所消耗的能量为 $V_1\left[P_2+\frac{\omega_1^2}{2}\rho_1-\left(P_4+\frac{\omega_4^2}{2}\rho_4\right)\right]$，而 ω_4^2 较 ω_1^2 等其他各项小得多，可忽略不计，故这一消耗能量可表示为

$$V_1\left[\frac{\omega_1^2}{2}\rho_1-(P_4-P_2)\right]$$

由此可得，喷射器效率为

$$\eta_{效}=\frac{V_2(P_4-P_0)}{V_1\left[\frac{\omega_1^2}{2}\rho_1-(P_4-P_2)\right]} \tag{1-67}$$

在设计或使用喷射器时，通常总是力求得到最大的喷射器效率，以便在能量消耗较少的条件下得到较大的有效功。

为了保证喷射器有最大的工作效率，因此，喷射器的尺寸应该有一定的比例（多依据实验确定），喷射器的各部分尺寸比例大致如图 1-45 所示。

图 1-45　喷射器各部分尺寸比例

$d_2 \approx 2d_1$；$d_2 \approx d_3$；$d_4 \approx 2d_3$；$l_1 = (1 \sim 2)d_3$；$l_2 = 1.75d_3$；$l_3 = 10d_3$

在设计时应先求得合适的 ω_3，然后求出 d_3，再按图 1-45 所示的大致比例确定喷射器的各部分尺寸。

工业炉上用喷射器作排气装置时，其喷射气体可以用空气亦可用蒸汽。如喷射器和烟囱联合使用，则当用蒸汽作喷射气体时，喷射器可放在烟囱下部或上部，用空气时，则应放在烟囱上部，以免降低烟囱温度而影响烟囱抽力。

喷射器除可用来排气外，而且由于喷射气体和吸入气体在喷射器中能进行良好的混合，所以它也是一种很好的混合装置，例如喷射式无焰燃烧器就是根据喷射器原理设计出来的。

喷射器的优点是：抽力大，且不容易损坏，适宜输送鼓风机难于输送的高温气体和腐蚀性气体。但它的缺点是：能量损失较大，效率低，其经常工作时所消耗的能量比鼓风机还高，故在冶金炉上的应用不如风机和烟囱广泛。

【知识点训练四】　某平炉排烟量（标准状态）为 41500m³/h，废气出烟囱温度为 485℃。烟囱出口直径为 1.8m。为了增加烟囱抽力，采用喷射辅助排烟。已选用喷射用风机压力为 2646Pa，风量为 36000m³/h。安装简图如图 1-46。试估算喷射器所造成的抽力为多少？

解：按例题已知条件，确定式(1-65)中的各项

图 1-46　喷射排烟简图

$$M_1 = \rho_1 V_1 = 1.29 \times \frac{36000}{3600} = 12.9 \ (\text{kg/s})$$

$$\omega_1 = a \sqrt{\frac{2\Delta P}{\rho}} = 0.9 \times \sqrt{\frac{2 \times 2646}{1.29}} = 57.6 \ (\text{m/s})$$

$$M_2 = \rho_{02} V_{02} = 1.3 \times \frac{41500}{3600} = 15 \ (\text{kg/s})$$

$$\omega_2 = \frac{V_{02}(1+\beta t)}{F_2} = \frac{\frac{41500}{3600} \times \left(1 + \frac{485}{273}\right)}{\frac{\pi}{4} \times 1.8^2} = 13 \ (\text{m/s})$$

（忽略中间喷嘴占有面积）

$$M_3 = M_1 + M_2 = 12.9 + 15 = 27.9 \ (\text{kg/s})$$

$$\rho_3 = \frac{M_3}{V_1 + V_2} = \frac{27.9}{\frac{36000}{3600} + \frac{41500}{3600}\left(1 + \frac{485}{273}\right)} = 0.667 \ (\text{kg/m}^3)$$

$$\omega_3 = \frac{M}{\rho_3 F_3} = \frac{27.9}{0.667 \times \frac{\pi}{4} \times 1.8^2} = 16.8 \ (\text{m/s})$$

按 $\dfrac{d_4}{d_3} = \dfrac{2400}{1800} = 1.33$，可取 $\eta_{扩} = 0.4$

将上面计算各数值代入式(1-65)，则喷射器造成的压力差（抽力）为

$$P_4 + P_2 = \frac{16.8 \times 0.667(12.9 \times 57.6 + 15 \times 13 - 27.9 \times 16.8)}{27.9} + 0.4 \times \frac{16.8^2}{2} \times 0.667$$

$$= 187.4 + 34.1 = 221.5 \ (\text{Pa})$$

可见，只是喷射作用造成的抽力为 187.4Pa，扩张管造成的抽力为 34.1Pa，总的抽力为 $P_4 + P_2$，即二者之和为 221.5Pa。

【知识拓展】

1. 为何输送常温空气的管道也会发热？为何气体流速大时，摩擦压头损失增大？

2. 当其他条件不变时，为何增大管道直径，摩擦压头损失可相对减小？

3. 气体在水平管道中流动，如果管径不变，流量增加一倍，试问压头损失增加多少？

4. 在管道直径和流量不变的情况下，空气温度由 0℃ 预热到 273℃，阻力增加多少？

5. 烟囱的抽力不足或抽力过大时，会产生什么现象？应如何解决？

6. 当烟囱道中吸入冷空气或烟囱道中有地下水时，对烟囱抽力有无影响？为什么？

7. 几个炉子共用一个烟囱时，若有一个炉子停炉，对其他炉子有何影响？

8. 如果其他条件相同，砖烟囱与铁烟囱何者抽力大？为什么？

9. 设计烟囱时应注意哪些事项？烟囱出口速度取得过大或过小，对烟囱设计有何影响？

10. 为何要计算供风管道的压头损失？当空气由供风总管道经不对称布置的支管送至炉前时，供风管道的总压头损失如何计算？

11. 当其他条件不变时，夏天和冬天风机的风量和风压有何变化？

【自测题】

1. 某炉子的烟道系统如图 1-47 所示。并已知：烟气温度 $t = 819$℃；烟气密度 $\rho_0 = 1.3 \text{kg/m}^3$；烟气的流量 $V_0 = 7200 \text{m/h}$；分烟道断面尺寸为 $0.6 \text{mm} \times 0.6 \text{m}$；总烟道断面尺寸为 $0.72 \text{mm} \times 1.0 \text{m}$。试求烟气由 1 面流经砖砌烟道至 2 面时总压头损失为多少？设周围空气为 30℃，烟气在垂直支分烟道中每米之温降为 4.6℃/m，烟气在水平总烟道中每米之温降为 4℃/m。

图 1-47　烟道系统

2. 鼓风机每分钟供给炉子的空气量 $V_0 = 250 \text{m}^3/\text{min}$，空气的温度 $t = 20$℃，其摩擦阻力系数 $\xi = 0.04$，输气管道总长度 $L = 100 \text{m}$，其上有曲率半径 $R_1 = 2.4 \text{m}$ 的 90° 弯头（钢板焊接管）4 个和曲率半径 $R_2 = 1.2 \text{m}$ 的 90° 弯头（钢板焊接管）2 个，以及闸板阀 2 个（闸板阀

开启度为 80%）。设输气管道中空气的速度 $\omega_0 = 10m/s$，空气在炉子进口处的压力为 18000Pa。试求输气管所需的直径和鼓风机出口处的压力各为若干？

3. 某炉子的低压供风系统如图 1-48 所示。已知：各段长度 $AB = 2m$，$BC = 5m$，$CD = 20m$，$DE = 2m$，$EF = 3m$。总风管 $ABCD$ 的直径 $d_1 = 0.435m$，支管 DEF 的直径 $d_2 = 0.25m$，支管 DGH 的尺寸与 DEF 同。空气温度 $t = 20℃$，空气流量 $V_0 = 5335m^3/h$。管道为粗糙金属管道。求空气由 A 流至 F 的总摩擦阻力为多少？

图 1-48　某供风系统示意图

4. 根据下列已知资料试计算炉子烟囱的主要尺寸。流过烟囱的烟气量 $V_0 = 8.2m^3/s$；烟囱底部的最小抽力（即克服从炉尾到烟囱底部的总阻力）为 324Pa，烟囱底部烟气的温度为 475℃；烟气的密度 $\rho_0 = 1.3kg/m^3$；空气的密度 $\rho_0' = 1.29kg/m^3$；该地区夏季平均最高温度为 20℃。计算时取烟囱顶部的烟气出口速度为 2.5m/s。

5. 有一加热炉煤气的消耗量为 $V_0 = 7200m^3/h$，每立方米煤气的燃烧产物量为 2.87m³，烟气的密度 $\rho_0 = 1.28kg/m^3$；烟气至烟囱底部时的温度为 413℃，烟囱的高度为 40m，上部直径为 1.71m，下部直径为 2.58m，当地夏季平均最高气温为 30℃。求此烟囱夏季时的抽力为多少？

6. 某炉子系统需要空气量（标准状态）为 10000m³/h，需全风压为 2943Pa，若该地区大气压为 79993Pa，夏季最高平均温度为 35℃，试选一台通风机。

7. 某炉子由风机供给冷风，风量（质量流量）为 $M = 9.1kg/s$。风机安装在送风管道上，其管道阻力损失 $h_{失} = 3139Pa$，炉子使用的喷嘴前所需风压为 10791Pa，风机吸气处压力为 0.98 大气压，温度为 20℃。试选择一台供风通风机（考虑炉子漏风，风量增大 10%）。

任务五　压缩性气体的流出

【任务描述】

冶金生产中存在着压缩性气体进出冶金炉的现象，例如，气体由喷射式煤气燃烧器、压缩空气管以及转炉氧枪等高压装置中喷入炉内时，都属于压缩性气体由管嘴的流出。研究压缩性气体流出的任务是找出压缩性气体流出的基本规律，并在此基础上解决管嘴的设计计算问题。

【任务分析】

在生产中，为了加快气体在冶金设备中的流动速度，要对进入到设备内的压缩气体进行有效的控制，为冶金生产服务，需要先学会压缩气体流动的基本规律，并在此基础上解决管嘴的设计计算问题。

项目一　气体流动		
任务五 压缩性气体的流出	基　本　知　识	技能训练要求
学习内容	1. 压缩性气体流出的基本规律 2. 管嘴的设计和计算	1. 掌握压缩性气体在流出过程中压力、密度和比容、温度、速度、流股断面的变化规律 2. 会进行音速管嘴、超音速管嘴的设计

【知识链接】

气体在流动过程中，当压力变化超过 10000Pa 时，其密度随压力的变化不可忽略，此种气体应视为可压缩性气体或称高压气体，此种气体流动应视为压缩性气体的流动或称为高压气体的流动。本节介绍的压缩性气体的流出主要是研究气体由管嘴的流出问题。

冶金生产中存在着压缩性气体的流出现象，例如，气体由喷射式煤气燃烧器、高压重油喷嘴、压缩空气管以及转炉氧枪等高压装置中喷出于炉内时，都属于压缩性气体由管嘴的流出。

研究压缩性气体流出的任务是找出压缩性气体流出的基本规律，并在此基础上解决管嘴的设计计算问题。

1. 压缩性气体流出的基本规律

图 1-49 所示的容器内盛满绝对压力为 P_1、绝对温度为 T_1、密度 ρ_1、比容为 υ_1 的压缩性气体。如果在容器的某处开一面积为 f_1 的孔洞，则此压缩性气体必然由孔洞向外流出。理论计算和实验测定表明，流出流股的形状近似图 1-49 所示的先收缩后扩张形。当流股的最后压力等于周围介质的压力 P_0 时，流股自然消失于周围介质之中。下面分别研究流股内各物理参数的变化规律。

图 1-49　压缩性气体流出流股示意图

（1）压力的变化规律

冶金生产中压缩性气体的原始绝对压力一般为 $P_1 = 2\sim15$ 个大气压。流股流向大气或一般冶金炉的炉膛，则周围介质的绝对压力 P_0 为 1 个大气压或接近于 1 个大气压。显然，流股中的压力在流动过程中逐渐降低，而流股中任意点的压力 P 都介于原始压力 P_1 和周围介质压力 P_0 之间，亦即任意点压力 P 与原始压力 P_1 的比值 $\dfrac{P}{P_1}$ 为小于 1 的数值。此为流股中压力变化的定性规律。

（2）密度和比容的变化规律

单位体积气体的质量称为气体的密度，用符号 ρ 表示，单位是 kg/m^3。密度的倒数即为比容，用符号 υ 表示，单位是 m^3/kg。显然

$$\upsilon = \frac{1}{\rho} \tag{1-68}$$

压缩性气体的基本特点是其密度和比容随压力而变。如果气体的流动过程近于绝热过程，则其比容随压力的变化关系为

$$P_1\upsilon_1^k = P\upsilon^k \tag{1-69a}$$

或

$$v = v_1 \frac{1}{\left(\dfrac{P}{P_1}\right)^{1/k}} \qquad (1\text{-}69b)$$

或

$$\frac{v}{v_1} = \frac{1}{\left(\dfrac{P}{P_1}\right)^{1/k}} \qquad (1\text{-}69c)$$

显然，密度随压力的变化关系应为

$$\rho = \rho_1 \left(\frac{P}{P_1}\right)^{1/k} \qquad (1\text{-}70a)$$

或

$$\frac{\rho}{\rho_1} = \left(\frac{P}{P_1}\right)^{1/k} \qquad (1\text{-}70b)$$

式中，P_1、v_1 和 ρ_1 分别是气体的原始压力、原始比容和原始密度；P、v 和 ρ 分别是气体流股中任意点的压力、比容和密度；k 是气体的恒压比热与恒容比热的比值，称为绝热指数，其值对双原子气体（如空气和氧气等）为 $k=1.4$，对于三原子气体（如过热蒸汽等）为 $k=1.33$。

由式(1-69b) 和式(1-70a) 中分别看出，在一定的原始条件下，气体的比容 v 随气体压力 P 的降低而增高，气体密度 ρ 随气体压力 P 的降低而降低。由于气体压力在流动过程中逐渐降低，所以气体比容在流动过程中逐渐增高，而气体密度在流动过程中逐渐降低。此为气体比容和气体密度在流动过程中的定性变化规律。

当原始条件 P_1、v_1 和 ρ_1 以及绝热指数 k 已知时，任意点 P 处的比容 v 和密度 ρ 可分别用式(1-69b) 和式(1-70a) 进行定量计算。为了计算方便，已根据式(1-70b) 的关系作出比值 $\dfrac{\rho}{\rho_1}$ 和 $\dfrac{P}{P_1}$ 的关系图表。附图 1-1 是 $k=1.4$ 的气体的关系图表；附图 1-2 是 $k=1.33$ 的气体的关系图表。当气体种类一定（即 k 值已知）并已知原始条件 P_1 和 ρ_1 时，可借图表简单地求出任意点 P 处的密度 ρ。当 ρ 求出后，则可根据式(1-68) 的关系求出该点的比容 v。其计算方法见下例。

【知识点训练一】 某氧气顶吹转炉所用氧枪内氧气的原始参数为：$P_1=10\text{at}$（工程大气压）；$v_1=0.0755\text{m}^3/\text{kg}$；$\rho_1=12.9\text{kg/m}^3$。转炉炉膛的压力 $P_0=1\text{at}$。试求氧气由氧枪喷头喷出时的密度 ρ_0 （kg/m^3）和比容 v_0 （m^3/kg）？

解：喷出压力和原始压力的比值为

$$\frac{P_0}{P_1} = \frac{98066}{980660} = 0.1$$

氧气的 $k=1.4$，故查附图 1-1，当压力比为 0.1 时的密度比为 $\dfrac{\rho_0}{\rho_1} = 0.193$。

氧气喷出时的密度应为

$$\rho_0 = 0.193\rho_1 = 0.193 \times 12.9 = 2.49 \ (\text{kg/m}^3)$$

根据式(1-68)得氧气喷出时的比容为

$$v_0 = \frac{1}{\rho_0} = \frac{1}{2.49} = 0.403 \ (m^3/kg)$$

计算表明，氧气由 10 个大气压降至 1 个大气压时，其密度由 12.9kg/m³ 降为 2.49kg/m³，而其比容由 0.0775m³/kg 增为 0.403m³/kg。

（3）温度的变化规律

压缩性气体在流动过程中，其温度也发生变化。当原始参数为 P_1、v_1 和 T_1，任意点的参数为 P、v 和 T 时，则参数间的关系为

$$\frac{P_1 v_1}{T_1} = \frac{Pv}{T}$$

将式（1-69c）的关系代入上式得

$$T = T_1 \left(\frac{P}{P_1}\right)^{(k-1)/k} \tag{1-71a}$$

或

$$\frac{T}{T_1} = \left(\frac{P}{P_1}\right)^{(k-1)/k} \tag{1-71b}$$

由式(1-71a)中看出，在一定的原始条件下，气体的绝对温度 T 随气体压力 P 的变化而变化。由于气体压力 P 在流动过程中逐渐降低，所以气体的绝对温度在流动过程中也逐渐降低。此为气体温度在流动过程中的定性变化规律。

当原始条件 P_1 和 T_1 以及绝热指数 k 已知时，任意点 P 处的绝对温度 T 可用式(1-71a)进行定量计算。但为了方便，已将式(1-71b)中 $\frac{T}{T_1}$ 和 $\frac{P}{P_1}$ 的函数关系绘成图表。附图 1-1 中为 $k = 1.4$ 时的关系图表。当气体种类一定（即 k 已知）并已知原始参数 P 和 T_1 时，可借图表简单地求出任意点 P 的绝对温度 T 值。其计算方法见下例。

【知识点训练二】 在知识点训练二的条件下，并知原始温度 $T_1 = 293K$。试求氧气喷出时的绝对温度 T_0（K）。

解：当压力比 $\frac{P_0}{P_1} = 0.1$ 时，查附图 1-1 得温度比 $\frac{T_0}{T_1} = 0.517$。则得

$$T_0 = 0.517 T_1 = 0.517 \times 293 = 151 \ (K)$$

计算表明，氧气由 10 个大气压降至 1 个大气压时，氧气的温度由 20℃降至 -122℃，共下降 142℃。

（4）速度的变化规律

压缩性气体在流动过程中的速度也不断变化。速度变化的关系式需用伯努利方程式推导。对于压缩的高压气体而言，伯努利方程的微分形式如式(1-32c)所示，即为

$$dHg + \frac{dP}{\rho} + d\left(\frac{\omega^2}{2}\right) = 0$$

将式(1-68)和式(1-69b)代入上式，并由原始状态 1 积分到任意点 P，同时认为 $\omega_1 \approx 0$，位能的变化可以忽略，则得气体在流动过程中任意点 P 处的流速为

$$\omega = \sqrt{\frac{2k}{k-1} P_1 v_1 \left[1 - \left(\frac{P}{P_1}\right)^{(k-1)/k}\right]} \ (m/s) \tag{1-72a}$$

或

$$\omega = \sqrt{\frac{2k}{k-1} R T_1 \left[1 - \left(\frac{P}{P_1}\right)^{(k-1)/k}\right]} \ (m/s) \tag{1-72b}$$

式中　P_1——原始压力，Pa；

　　　υ_1——原始比容，m^3/kg；

　　　T_1——原始温度，K；

　　　R——气体常数，由表 1-1 确定；

　　　k——绝热指数；

　　　P——所求点的压力，Pa；

　　　ω——所求点的流速，m/s。

由式(1-72a)看出，一定气体在一定原始条件下，气体的流速 ω 随气体的压力 P 而变化。由于气体压力 P 在流动过程中逐渐降低，所以气体流速 ω 在流动过程中逐渐增高。此为气体流速变化的定性规律。

下面分析流速的定量关系。

① 原始速度 ω_1　气体进入管嘴前的流速称为原始速度，其值一般较小，可以认为 $\omega_1 \approx 0$。

② 临界速度 $\omega_界$　由图 1-49 看出，气体流股有一最小断面，称其为临界断面 $f_界$。临界断面处的各物理参数分别称为临界压力 $P_界$、临界比容 $\upsilon_界$、临界密度 $\rho_界$、临界速度 $\omega_界$ 等。下面就分析这个具有代表意义的临界值，尤其是临界速度的情况。

根据式(1-27c)所表示的压缩性气体的连续方程式，气体流股的断面关系为

$$f = \frac{M}{\omega\rho}$$

将式(1-72a)和式(1-70a)代入上式并整理得

$$f = \frac{M}{\sqrt{\dfrac{2k}{k-1} \times \dfrac{P_1}{\upsilon_1}\left[\left(\dfrac{P}{P_1}\right)^{2/k} - \left(\dfrac{P}{P_1}\right)^{(k+1)/k}\right]}} \quad (m^2) \qquad (1\text{-}73)$$

这是计算气体流股断面积的基本关系式。当气体种类（k 一定）、气体的原始参数 P_1 和 υ_1、气体的质量流量 M（kg/s）已知时，可用式(1-73)计算任意点 P 处的流股断面积。

由式(1-73)可看出，数群 $\left[\left(\dfrac{P}{P_1}\right)^{2/k} - \left(\dfrac{P}{P_1}\right)^{(k+1)/k}\right]$ 具有极大值时，流股断面 f 具有极小值，即为临界断面。为此，取其一次导数为零，解之即可求出临界压力为

$$P_界 = P_1 \left(\frac{2}{k+1}\right)^{k/k-1} \quad (Pa) \qquad (1\text{-}74a)$$

此为计算临界压力的基本关系式。将气体的绝热指数代入，则得

空气和氧气　　　　　　　　　$P_界 = 0.528 P_1 \ (Pa)$ 　　　　　　　　　　　　(1-74b)

过热蒸汽　　　　　　　　　　$P_界 = 0.548 P_1 \ (Pa)$ 　　　　　　　　　　　　(1-74c)

将式(1-71b)、式(1-72a)和式(1-73a)中的 P 值分别代以 $P_界$，则可得出临界比容、临界密度和临界温度的计算关系式为

临界比容：

一般式　　　　　　　　　$\upsilon_界 = \upsilon_1 \left(\dfrac{k+1}{2}\right)^{1/(k-1)} \ (m^3/kg)$ 　　　　　　　　(1-75a)

空气和氧气　　　　　　　　$\upsilon_界 = 1.578 \upsilon_1 \ (m^3/kg)$ 　　　　　　　　　　　(1-75b)

过热蒸汽　　　　　　　　　$\upsilon_界 = 1.588 \upsilon_1 \ (m^3/kg)$ 　　　　　　　　　　　(1-75c)

临界密度：

一般式

$$\rho_界 = \rho_1 \left(\frac{2}{k+1}\right)^{1/(k-1)} \ (kg/m^3) \tag{1-76a}$$

空气和氧气

$$\rho_界 = 0.634\rho_1 \ (kg/m^3) \tag{1-76b}$$

过热蒸汽

$$\rho_界 = 0.636\rho_1 \ (kg/m^3) \tag{1-76c}$$

临界温度：

一般式

$$T_界 = T_1 \left(\frac{2}{k+1}\right) \ (K) \tag{1-77a}$$

空气和氧气

$$T_界 = 0.833T_1 \ (K) \tag{1-77b}$$

过热蒸汽

$$T_界 = 0.861T_1 \ (K) \tag{1-77c}$$

由上述各式看出，$P_界$、$v_界$、$\rho_界$ 和 $T_界$ 的大小只决定于气体种类和气体的原始条件。当气体种类和原始条件已知时，则不难求出各物理参数的临界值。

将式(1-72a)中的 P 值代以式(1-74a)中的 $P_界$，则得临界速度的基本关系式为

$$\omega_界 = \sqrt{\frac{2k}{k+1}P_1 v_1} \ (m/s) \tag{1-78a}$$

或

$$\omega_界 = \sqrt{\frac{2k}{k+1}RT_1} \ (m/s) \tag{1-78b}$$

将上式中的各原始条件分别代以各临界值，得

$$\omega_界 = \sqrt{kP_界 v_界} \ (m/s) \tag{1-78c}$$

或

$$\omega_界 = \sqrt{kRT_界} \ (m/s) \tag{1-78d}$$

这是计算临界速度的基本公式。当气体种类和原始条件已知时，可用上式计算临界速度。将气体的 k 值和 R 值代入式(1-78b) 得

氧气

$$\omega_界 = 17.41\sqrt{T_1} \ (m/s) \tag{1-78e}$$

空气

$$\omega_界 = 18.31\sqrt{T_1} \ (m/s) \tag{1-78f}$$

过热蒸汽

$$\omega_界 = 23.51\sqrt{T_1} \ (m/s) \tag{1-78g}$$

显然，气体临界速度的大小仅取决于气体种类和气体的原始温度。在相同温度下，过热蒸汽的临界速度大于空气更大于氧气的临界速度。对同一种气体而言，温度愈高则其临界速度愈大。表 1-11 列出了一些计算数据。

表 1-11　一些气体在某些温度下的临界速度

气体温度/℃	20	100	200	300	400	500	700
氧气的 $\omega_界$/(m/s)	298	336	379	416	—	—	—
空气的 $\omega_界$/(m/s)	314	354	398	438	475	509	571
过热蒸汽的 $\omega_界$/(m/s)	—	454	512	562	609	—	—

由式(1-78c) 和式(1-78d) 看出，临界速度的关系式与物理学上的音速公式完全相同，所以临界速度就是气体在临界状态下的音速。

应当指出，上述结果只适用于理想气体，由于实际气体在流动过程中存在着压头损失，故实际临界速度应为理想临界速度乘以速度系数 φ，即

$$\omega_{界实} = \varphi\omega_界 \ (m/s) \tag{1-78h}$$

式中 φ 为小于 1 的速度系数，其值一般为 0.96～0.99。

③ 极限速度 $\omega_限$　下面分析气体在流动过程中流速的最大极限值，即极限速度。

由式(1-72b) 看出，当原始压力 P_1 极大或气体流向周围介质压力 P_0 极小时，则 $\left(\dfrac{P_0}{P_1}\right) \rightarrow 0$。因此，此气体的极限速度为

$$\omega_{\text{限}} = \sqrt{\frac{2k}{k-1}RT_1} \text{ (m/s)} \tag{1-79a}$$

将 k 值和 R 值代入，则得

氧气 $\qquad\qquad\qquad \omega_{\text{限}} = 42.7\sqrt{T_1} \text{ (m/s)} \tag{1-79b}$

空气 $\qquad\qquad\qquad \omega_{\text{限}} = 44.8\sqrt{T_1} \text{ (m/s)} \tag{1-79c}$

过热蒸汽 $\qquad\qquad \omega_{\text{限}} = 61.1\sqrt{T_1} \text{ (m/s)} \tag{1-79d}$

表 1-12 是这三种气体的具体计算值。

表 1-12　一些气体在某些温度下的极限速度

气体温度/℃	20	100	200	300	400	500	700
氧气的 $\omega_{\text{限}}$/(m/s)	730	824	928	1021	—	—	—
空气的 $\omega_{\text{限}}$/(m/s)	767	865	975	1072	1162	1246	1396
过热蒸汽的 $\omega_{\text{限}}$/(m/s)	—	1178	1328	1461	1582	—	—

显然，气体的极限速度取决于气体种类和气体温度。

应当指出，气体都不能达到极限速度，所以以极限速度的概念只是给出极限量的参考。

④ 任意点的速度 ω 和马赫数 M　流股内任意点（包括临界点）的流速都可用式(1-72a) 或式(1-72b) 计算。将任意的压力 P 以及其他已知参数代入上述两式，可以得到该点的气体流速 ω 的定量数值。

为了计算方便，将式(1-72c) 和式(1-78a) 相比可得

$$\frac{\omega}{\omega_{\text{界}}} = \frac{\sqrt{\dfrac{2k}{k-1}P_1 \upsilon_1 \left[1 - \left(\dfrac{P}{P_1}\right)^{(k-1)/k}\right]}}{\sqrt{\dfrac{2k}{k+1}P_1 \upsilon_1}}$$

$$= \sqrt{\frac{k+1}{k-1}\left[1 - \left(\frac{P}{P_1}\right)^{(k-1)/k}\right]}$$

当气体种类一定（k 已知）时，$\dfrac{\omega}{\omega_{\text{界}}}$ 仅随 $\dfrac{P}{P_1}$ 而变。因此，可给出这两者的关系图表。附图 1-1 中绘有 $k=1.4$ 的气体的 $\dfrac{\omega}{\omega_{\text{界}}}$ 和 $\dfrac{P}{P_1}$ 的关系曲线，附图 1-2 中绘有 $k=1.33$ 的气体的 $\dfrac{\omega}{\omega_{\text{界}}}$ 和 $\dfrac{P}{P_1}$ 的关系曲线。根据已知的 $\dfrac{P}{P_1}$ 值查相应图表的相应曲线可求得 $\dfrac{\omega}{\omega_{\text{界}}}$ 的数值。所得值乘以气体的临界速度 $\omega_{\text{界}}$ 则可求得任意点 P 处的气体流速 ω 之值。显然，这种计算方法比直接按式(1-72a) 和式(1-72b) 计算要简单得多。

应当指出，所求结果仍为理想流速。考虑到压头损失，则应作如下校正

$$\omega_{\text{实}} = \varphi\omega \text{ (m/s)} \tag{1-80}$$

式中，φ 为速度系数，其值为 $0.96 \sim 0.99$。

气体在某点的速度与该点同条件下的音速之比称为气体在某点的马赫数 M。根据这个定义，可找出马赫数 M 随 $\dfrac{P}{P_1}$ 的变化。将它们的关系制成图或列成表格，可进行有关计算。

这种图和表可从有关的设计资料中找到。

上述分析表明，在流股收缩段内，气流的马赫数 $M<1$，气体流速为亚音速，常称该段为亚音速区。在流股的收缩段和扩张段的交接处，气流的马赫数 $M=1$，常称该处为音速点。在流股扩张段内，气流的马赫数 $M>1$，气体流速为超音速，常称该段为超音速区。

【知识点训练三】 根据知识点训练一和知识点训练二的条件，试求氧枪喷头的临界速度 $\omega_界$ 和喷出速度 ω 之值？

解： 已知氧气的原始温度 $T_1=293K$，根据式(1-78e) 可得氧气的临界速度为

$$\omega_界 = 17.41\sqrt{T_1} = 17.41\sqrt{293} = 298 \ (m/s)$$

根据式(1-78h)，并取速度系数 $\varphi=0.97$，则可得实际临界速度为

$$\omega_{界实} = \varphi\omega_界 = 0.97 \times 298 = 289 \ (m/s)$$

当气体由 $P_1=10at$ 降为 $P_0=1at$ 时，压力比 $\dfrac{P_0}{P_1}=0.1$。查附图 1-1 得 $\dfrac{\omega}{\omega_界}=1.695$，则在喷出压力 P_0 为 1at 时喷出速度为

$$\omega = 1.695\omega_界 = 1.695 \times 298 = 505 \ (m/s)$$

根据式(1-80)可得实际喷出速度为

$$\omega_实 = \varphi\omega = 0.97 \times 505 = 490 \ (m/s)$$

计算表明，氧气在该原始条件下被喷向一个大气压的炉膛时，其实际临界速度 $\omega_{界实}=289m/s$，实际喷出速度 $\omega_实=490m/s$。

（5）流股断面的变化规律

由图 1-43 看出，在一定的质量流量 M 时，流股断面 f 的大小取决于流速 ω 和密度 ρ 的变化。由于在流动过程中流速 ω 不断增加，密度 ρ 不断降低，所以流速 ω 和密度 ρ 对流股断面 f 起着相反的影响。理论计算和实验测定表明，在流股的开始阶段，流速的增高率大于密度的降低率，所以在流动过程中二者的乘积是逐渐增加，从而使流股的断面逐渐减小，形成流股的收缩段。流股断面收缩到临界断面后，流速的增高率开始小于密度的降低率，所以在流动过程中二者的乘积逐渐降低，从而使流股的断面逐渐增大，形成流股的扩张段。显然，先收缩后扩张是气体内部各物理参数客观变化的综合结果。

当气体种类、气体的原始参数和气体的质量流量已知时，流股中任意点 P 的断面积都可用式(1-73) 计算。

如果式(1-73) 中的 P 代以临界压力 $P_界$，则可得临界断面的关系式为

$$f_界 = \cfrac{M}{\sqrt{\dfrac{2k}{k-1} \times \dfrac{P_1}{v_1}\left[\left(\dfrac{2}{k+1}\right)^{2/k-1} - \left(\dfrac{2}{k+1}\right)^{(k+1)/(k-1)}\right]}} \ (m^2) \qquad (1\text{-}81a)$$

将气体的 k 值代入后可得

空气和氧气 $$f_界 = \cfrac{M}{0.68 \times \sqrt{\dfrac{P_1}{v_1}}} \ (m^2) \qquad (1\text{-}81b)$$

过热蒸汽 $$f_界 = \cfrac{M}{0.67 \times \sqrt{\dfrac{P_1}{v_1}}} \ (m^2) \qquad (1\text{-}81c)$$

显然，对一定气体而言，其临界断面较易于计算。但是，任意点 P 处的断面 f 用公式

（1-73）计算时却比较麻烦。为此，取式（1-73）和式（1-81a）的 f 和 $f_界$ 的比值，并经整理得

$$\frac{f}{f_界}=\sqrt{\frac{\left(\frac{2}{k+1}\right)^{2/(k-1)}-\left(\frac{2}{k+1}\right)^{(k+1)/(k-1)}}{\left(\frac{P}{P_1}\right)^{2/k}-\left(\frac{P}{P_1}\right)^{(k+1)/k}}}$$

显然，气体种类一定（k 一定）时，比值 $\frac{f}{f_界}$ 仅随比值 $\frac{P}{P_1}$ 而变。因此可绘这两个比值关系的图表。附图 1-1 和附图 1-2 中分别绘有 $k=1.4$ 和 $k=1.33$ 的气体的 $\frac{f}{f_界}$ 和 $\frac{P}{P_1}$ 关系曲线。根据已知 $\frac{P}{P_1}$ 值查相应图表的相应曲线可求得比值任意点 P 处的流股断面 f（m^2）之值。

应当指出，前述所求得的临界断面 $f_界$ 和任意点的断面 f 都是在理想流速下所求得的结果，对实际气体而言，应进行如下校正

$$f_{界实}=\frac{f_界}{\varphi}\text{（}m^2\text{）} \tag{1-82a}$$

$$f_实=\frac{f}{\varphi}\text{（}m^2\text{）} \tag{1-82b}$$

式中，φ 为速度系数，其值为 $0.96\sim0.99$。

【知识点训练四】　根据知识点训练三的条件，并知氧气的体积流量 $V_0=7200m^3/h$，试确定该氧枪喷头的临界断面 $f_界$ 和喷口断面 f？

解： 氧气的质量流量为

$$M=\frac{V_0\rho_0}{3600}=\frac{7200\times1.429}{3600}=2.86\text{（}kg/s\text{）}$$

将各已知值代入式（1-81b）可得临界断面为

$$f_界=\frac{M}{0.68\times\sqrt{\dfrac{P_1}{v_1}}}=\frac{2.86}{0.68\times\sqrt{\dfrac{980660}{0.0775}}}=0.00118\text{（}m^2\text{）}$$

当压力比 $\frac{P_0}{P_1}=0.1$ 时，查附图 1-1 得断面比 $\frac{f}{f_界}=1.9$。所以喷口断面为

$$f=1.9f_界=1.9\times0.00118=0.00224\text{（}m^2\text{）}$$

取 $\varphi=0.97$，则根据式（1-82a）和式（1-82b）得

$$f_{界实}=\frac{f_界}{\varphi}=\frac{0.00118}{0.97}=0.00122\text{（}m^2\text{）}$$

$$f_实=\frac{f}{\varphi}=\frac{0.00224}{0.97}=0.0023\text{（}m^2\text{）}$$

2. 管嘴的设计和计算

压缩性气体流出的基本规律为设计管嘴提供了理论基础，下面根据这些理论基础研究管嘴的形状和主要尺寸的确定方法。

高压流股本身存在着一定的形状和尺寸。管嘴的形状和尺寸必须与流股的形状和尺寸相适应。这是管嘴设计的基本原则。

由于流股的存在特点不同，管嘴也有不同类型。下面仅介绍音速管嘴和超音速管嘴。

图 1-50　音速流股

（1）音速管嘴

如图 1-50 所示，当高压气体由开始断面 Ⅰ 流至其临界断面 Ⅱ 时，气体的压力已由原始压力 P_1 降至临界压力 $P_界$。如果临界压力 $P_界$ 恰好等于周围介质压力 P_0 时，则流股在临界断面处便开始向周围介质内散失。在这种情况下，流股可保持流股收缩段的完整形状。根据管嘴形状与流股形状相适应的原则，这种管嘴的形状也应是与流股形状相一致的收缩形管嘴。这种管嘴的出口断面就是流股的临界断面，气体由管嘴出口的喷出速度即为气体的临界速度或音速。因此，常称这种管嘴为音速管嘴。显然，$P_界 = P_0$ 是设计音速管嘴的根据，采用收缩形管嘴是设计音速管嘴的结果。

由式（1-74b）和式（1-74c）看出，当 $P_界$ 代以 P_0 时，则设计管嘴的原始压力条件是：

空气和氧气
$$P_1 = \frac{P_0}{0.528} \approx 2P_0$$

过热蒸汽
$$P_1 = \frac{P_0}{0.548} \approx 2P_0$$

上述关系表明，当气体的原始绝对压力 P_1 两倍于周围介质压力 P_0 时可用收缩形的音速管嘴使气体由原始设备内流出。

音速管嘴的主要尺寸包括原始直径、出口直径（即临界直径）、收缩角度和收缩管长度。下面介绍这些尺寸的确定方法。

由图 1-51 看出，管嘴的原始直径即为原始管道的直径。原始管道的直径可用下式计算

$$f_始 = \frac{M}{\omega_0 \rho_0} \quad (\text{m}^2) \tag{1-83a}$$

$$d_始 = \sqrt{\frac{4 f_始}{\pi}} \quad (\text{m}) \tag{1-83b}$$

式中　M——气体的质量流量，kg/s；

　　　ω_0——气体在标准状态下的流速，由表 1-7 取之，m/s；

　　　ρ_0——气体在标准状态下的密度，kg/m³。

图 1-51　音速管嘴

管嘴的出口断面即为临界断面 $f_{界实}$，它可用式（1-81b）或式（1-81c）以及式（1-82a）计算。

管嘴的出口直径即为临界直径，即

$$d_界 = \sqrt{\frac{4f_{界实}}{\pi}}\ (m) \tag{1-83c}$$

管嘴的收缩角度即为流股的收缩角度 β，其实验值为 $\beta = 30° \sim 60°$。

管嘴的长度为

$$L_始 = \frac{d_始 - d_界}{2\tan\dfrac{\beta}{2}} \tag{1-83d}$$

如此，音速管嘴的形状和主要尺寸皆可确定。

（2）超音速管嘴

如图 1-52 所示，高压气体由开始断面 Ⅰ 流至临界断面 Ⅱ 时，其压力已由原始压力 P_1 降至临界压力 $P_界$，但由于临界压力 $P_界$ 仍大于周围介质压力 P_0。所以流股继续前进到断面 Ⅲ，此时因流股压力 P 等于周围介质压力 P_0 而流股向周围介质内散失。在这种情况下，流股具有全部收缩段和一定的扩张段。根据管嘴形状与流股形状相适应的原则，管嘴形状也应是先收缩后扩张型管嘴。此种管嘴的出口断面大于流股的临界断面，此种管嘴的气体喷出速度大于流股的临界速度即大于音速。因此，常称这种管嘴为超音速管嘴（亦称拉伐尔管嘴）。显然，$P_界 > P_0$ 是设计超音速管嘴的根据，先收缩后扩张型管嘴是设计超音速管嘴的结果。

图 1-52　超音速流股

由式（1-74a）和式（1-74c）看出，当 $P_界$ 代以 P_0 时，则设计超音速管嘴的原始压力条件是：

空气和氧气　　　　　　$P_1 > \dfrac{P_0}{0.528}(\approx 2P_0)$

过热蒸汽　　　　　　　$P_1 > \dfrac{P_0}{0.548}(\approx 2P_0)$

上述关系表明，当气体的原始绝对压力 P_1 大于两倍周围介质压力 P_0 时，才可以采用超音速管嘴使气体由原始设备内流出。

图 1-53　超音速管嘴

如图 1-53 所示，超音速管嘴的主要尺寸包括收缩段尺寸和扩张段的出口直径、扩张角度以及扩张管长度。

超音速管嘴的收缩管尺寸的确定方法与音速管嘴相同。

超音速管嘴的出口断面即为流股压力 P 等于周围介质压力 P_0 的断面。当比值 $\dfrac{P_0}{P_1}$ 已知时，查附图 1-1 或附图 1-2 可求得出口断面 $f_出$ 与临界断面 $f_界$ 的比值 $\left(\dfrac{f_出}{f_界}\right)$ 之值。则

$$f_{出} = \left[\frac{f_{出}}{f_{界}}\right] \times f_{界} \quad (\text{m}^2) \tag{1-84a}$$

$$f_{出实} = \frac{f_{出}}{\varphi} \quad (\text{m}^2) \tag{1-84b}$$

出口直径应为

$$d_{出} = \sqrt{\frac{4f_{出实}}{\pi}} \quad (\text{m}) \tag{1-84c}$$

管嘴的扩张角度即为流股的扩张角度,其经验值为 $\alpha = 7° \sim 8°$。

扩张管的长度应为

$$L_{张} = \frac{d_{出} - d_{界}}{2\tan\dfrac{\alpha}{2}} \quad (\text{m}) \tag{1-84d}$$

如此,则超音速管嘴的形状和主要尺寸可以完全确定。

【知识点训练五】 根据本章前述各知识点训练的条件,已知该氧枪管嘴的原始条件为:原始温度 $T_1 = 293\text{K}$;原始压力 $P_1 = 10\text{at}$(绝对压力);原始比容 $v_1 = 0.0775\text{m}^3/\text{kg}$;原始密度 $\rho_1 = 12.9\text{kg/m}^3$;体积流量 $V_0 = 7200\text{m}^3/\text{h}$;质量流量 $M = 2.86\text{kg/s}$。根据上述条件确定:(1)管嘴的形式;(2)管嘴的主要尺寸;(3)管嘴的临界断面和出口断面的参数。

解:

(1)管嘴形式的确定

已知氧气的原始压力 $P_1 = 10\text{at}$,炉膛压力 $P_0 = 1\text{at}$,故 $P_1 > 2P_0$。因此,应采用超音速管嘴。

(2)管嘴主要尺寸的确定

① 收缩管尺寸的确定。已知氧气流量 $V_0 = 7200\text{m}^3/\text{h}$,取氧气在氧枪管内的流速 $\omega_0 = 40\text{m/s}$(压力为 $10 \sim 20\text{at}$ 的氧气管内经验流速为 $30 \sim 50\text{m/s}$),则管嘴的原始断面 $f_{始}$ 为

$$f_{始} = \frac{V_0}{3600\omega_0} = \frac{7200}{3600 \times 40} = 0.05 \quad (\text{m}^2)$$

按式(1-83b)得原始直径为

$$d_{始} = \sqrt{\frac{4f_{始}}{\pi}} = \sqrt{\frac{4 \times 0.05}{3.14}} = 0.252 \quad (\text{m})$$

根据知识点训练四的计算,已得临界断面 $f_{界实} = 0.00122\text{m}^2$。按式(1-83c)得临界直径为

$$d_{界} = \sqrt{\frac{4f_{界实}}{\pi}} = \sqrt{\frac{4 \times 0.00122}{3.14}} = 0.0394 \quad (\text{m})$$

取收缩角 $\beta = 40°$,则收缩管长度按式(1-83d)为

$$L_{缩} = \frac{d_{始} - d_{界}}{2\tan\dfrac{\beta}{2}} = \frac{0.252 - 0.0394}{2\tan\dfrac{40°}{2}} = 0.292 \quad (\text{m})$$

② 扩张管尺寸的确定。根据知识点训练四的计算,已知管嘴的出口断面

$f_实 = 0.0023 m^2$。

按式(1-84c) 可得出口直径为

$$d_出 = \sqrt{\frac{4 f_实}{\pi}} = \sqrt{\frac{4 \times 0.0023}{3.14}} = 0.054 \ (m)$$

取扩张角 $\alpha = 8°$，则扩张管长度为

$$L_张 = \frac{d_出 - d_界}{2\tan\frac{\alpha}{2}} = \frac{0.054 - 0.034}{2\tan\frac{8°}{2}} = 0.104 \ (m)$$

（3）气体物理参数的确定

① 临界参数。前已在各知识点训练中计算得

$$\omega_{界实} = 289 m/s$$

$$f_{界实} = 0.00122 m^2$$

其他临界参数为：

$$P_界 = 0.528 P_1 = 0.528 \times 980660 = 517788 \ (Pa)$$

$$\upsilon_界 = 1.578 \upsilon_1 = 1.578 \times 0.0775 = 0.122 \ (m^3/kg)$$

$$\rho_界 = 0.634 \rho_1 = 0.634 \times 12.9 = 8.17 \ (kg/m^3)$$

$$T_界 = 0.833 T_1 = 0.833 \times 293 = 244 \ (K)$$

② 喷出参数。前述知识点训练已得：

$$T_0 = 151 K$$

$$P_0 = 1 at$$

$$\upsilon_0 = 0.403 m^3/kg$$

$$\rho_0 = 2.49 kg/m^3$$

$$\omega_实 = 490 m/s$$

$$f_实 = 0.0023 m^2$$

【知识拓展】

1. 为什么喷射管能够抽气？在喷射管后加一个扩散管的作用是什么？

2. 从管嘴喷出的高压气流与普通低压气体流出相比，有何特点？

3. 为什么超音速流动时速度随截面的扩大而增加，低于音速流动时则随截面的扩大而降低？

4. 对提高气流速度起主导作用的是喷嘴的形状，还是气体本身的状态变化？

5. 获得超音速的条件有哪些？

6. 拉伐尔喷嘴为什么能获得超音速的喷出速度？

7. 当喷嘴外界压力 P_0 大于、等于和小于临界压力时，音速管嘴和超音速管嘴的流速和流量如何变化？

【自测题】

图1-54 为一超音速高压油枪，以蒸汽作雾化剂，其过热温度 $t_0 = 250℃$，绝对压力 $R_0 = 10at$，雾化剂质量流量 $M = 0.0875 kg/s$，油枪出口处压力为一大气压，如果不计重油参加流动的影响，试计算高压油枪的临界断面直径 $d_界$ 和出口断面直径 $d_出$ 各为多少？

图 1-54　超音速高压油枪

任务六　炉内气体的流动

【任务描述】

根据气体在炉内运动的特征和使用的燃料不同，可将冶金炉分为火焰炉、转炉、竖炉等类型。气体在炉内的运动规律，对炉内的燃烧过程和传热过程有着重要影响。

【任务分析】

在冶金炉生产过程中，要对进入到炉内的气体和燃料燃烧后产生的烟气运动进行有效的控制，需要掌握气体在各种类型的冶金炉内运动的规律，为冶金炉的传热传质以及节能降耗服务。

项目一　气体流动		
任务六 炉内气体的流动	基　本　知　识	技能训练要求
学习内容	1. 火焰炉内气体流动：火焰充满炉膛的原理；分流定则 2. 射流及射流作用下的炉气流动：自由射流的定义及基本规律；限制射流的定义及基本规律 3. 转炉内的气体流动 4. 竖炉内的气体流动	1. 对于火焰炉要求掌握火焰充满炉膛的原理以及分流定则 2. 掌握自由射流几种情况以及这几种情况的特点；掌握限制射流的基本特征，在生产上如何消除射流产生的二次环流和应采取的相应措施 3. 掌握转炉内气体流动的规律，尤其是氧气射流对于转炉生产的影响 4. 掌握竖炉内气体流动的规律：物料的下降运动与上升气流的相互作用的规律以及炉内物料的透气性和进风条件对于气流分布的影响规律

【知识链接】

钢铁和有色金属的冶炼过程，由于选用的燃料和熔炼工艺不同，使用的炉子类型有很大差别。根据气体在炉内运动的特征和使用的燃料不同，可分为火焰炉、转炉、竖炉等类型。气体在炉内的运动规律，对炉内的燃烧过程和传热过程有着重要影响，本章将扼要介绍这几种炉子的炉内气体流动规律。

1. 火焰炉内的气体流动

（1）位压头作用下的炉气流动

根据一般分析，在火焰炉内，影响气流方向和气流分布的因素主要是气流所具有的位压头、动压头、静压头和所遇到的阻力。而对于某一具体炉型来说，主要的决定性因素往往是炉气本身所具有的位压头的作用和烧嘴、炉头等所喷出的射流的作用。在现代化的火焰炉内，由于射流作用的加强，位压头的作用就相对减弱，有的甚至可予以忽略。但是在燃煤加热炉、热风炉、蓄热室、倒焰窑等没有射流作用或射流作用很小的热设备内，位压头作用便相对加大，有时可起到主要的作用。这种靠位压头作用下的炉气流动又叫炉气的自然流动。位压头作用的一般规律，已包含在前述的压头方程式和烟囱工作等部分内容中，这里只讲几个特殊的问题。

① 火焰充满炉膛的问题　为了使炉内传热的效果良好，应该使高温的热流贴近被加热物的表面，而且不断更新。但由于炉气比周围的冷空气轻，所产生的位压头的作用将使热气体上浮，贴近炉顶而流动，相反较冷的气体密度大，则将贴近被加热物料的表面。换言之，即炽热的火焰没有"充满"炉膛，在被加热物料表面是较冷的气层。这种现象的出现显然对于炉内传热是很不利的。所以这类炉气自然流动的炉子如何使炽热的火焰充满炉膛具有重要的意义。

凡炉顶逐渐上升的（燃烧室一端炉顶低，另一端高）的炉子，由于位压头的作用，其中热气层的流速比水平炉顶时要高一些，在其他条件一定的情况下，这种炉子里的热气层厚度较小，火焰不易充满炉膛。把炉顶做成逐渐下降的，可使火焰充满炉膛并且贴近被加热物料表面，对提高炉子生产率和降低燃料消耗都有好处。

炉膛内热气层厚度与炉宽也有直接关系，当炉气量一定时，炉宽与热气层厚度是成反比的。所以为了保证炉气充满炉膛，还必须有足够的热负荷（足够的炉气流量）和适当的炉子宽度。

把烟道口开在炉底上，有利于使火焰贴附被加热物料表面。上排烟的炉子尾部火焰不易充满炉膛，也不易贴附被加热物料表面。

对于以射流作用为主的炉子，在火焰可以加热物料表面的情况下，则不一定要求火焰充满炉膛。因为在火焰与炉子之间的冷气层虽然也不利于物料加热，但危害较小；在有的炉子（比如平炉）上反而起到了保护炉顶的作用。

② 分流定则　在冶金炉的蓄热室、热风炉和某些换热器内，被加热物体几乎摆满空间，气体的流动可以看作是通过许多并联管路的流动，而且在流动过程中与周围物体（格子砖或物料）进行热交换。这时，要求气体在通道内分布均匀，以便使格子砖或物料得到均匀的加热或冷却。

怎样的流动方向才能使气流在各通道间分布均匀呢？根据"热气受有浮力，因而具有向上升的趋势（位压头）"这一原理，确定了如下的原则，即"在位压头起重要作用的情况下，为了使气流在各通道内分布均匀，必须使逐渐冷却的气体（热气）由上向下流动；逐渐被加热的气体（冷气）由下向上流动"。这就是分流定则。

现在对这一定则做如下的解释。

在位压头起重大作用的情况下，显然，水平流动将不会得到均匀的气流分布，所以应该使气流垂直流动。

如图 1-55 所示，气体垂直流过 a、b 两个并联管路。假如违反分流定则，使渐冷的热气由下向上流动。虽然为了使气流分布均匀两个管路的断面和阻力系数做得尽可能相等，但由于任何的偶然原因都可能使气流在某一个管路中流过的稍多一些。比如在 a 中流的稍多一

图 1-55　气体的分流

些。因为是渐冷的热气，流量多的通道 a 内通道壁的温度升高得快，热气的温度降低得慢，其结果将使 a 中的温度稍高一些，即 $t_a > t_b$，则 a 中气体的位压头（或理解为气体所受的浮力）将比 b 中大一些。而位压头是帮助气体上升的，它将使 a 中的气体流量比 b 中更加增多一些。这一结果又将使 a 中的温度更高些，位压头更大些，流量更多些。如此恶性循环，直到由于 a 中流量增加使阻力加大（阻力总是对气流分布起自动调节作用的）和位压头增大的作用达到平衡为止。结果，这样的流动方向使气流分布极不均匀。

相反，如果渐冷的热气由上向下流动，由于偶然的原因使 a 中的气流稍多时，则 a 中位压头将大些，但因热气体向下流时的位压头相当于"阻力"，故 a 中气流所受的"阻力"比 b 中大些，它将抑制 a 中气流的增加，很快达到平衡。这时位压头将和阻力损失一起，起到气流分布自动调节的作用。所以，渐冷热气应该由上向下流动，以便使气流分布均匀。

用同样的方法也可以说明渐热冷气应该由下往上流动的道理。

必须指出，上述分流定则主要是考虑位压头的作用，因此只适于位压头起重要作用的流动。如果系统的阻力大得多，而流动中位压头的增量相对微小时，分流定则就完全不适用。比如高炉中的气体流动与分流定则完全相反，因为那里的阻力损失有几万帕，而由炉顶到炉底的位压头增量才只有几百帕。

③ 火焰上浮问题　前面所讲的是在没有射流的作用下气体在炉膛中的自然流动。但在大多数燃烧煤气或燃烧重油的炉子中是靠射流的作用使火焰具有一定的方向，这种人为地使火焰具有一定方向的办法通常叫做"组织火焰"。

但是由烧嘴或炉头喷出的火焰（射流），由于位压头的作用，将发生向上弯曲，即所谓"上浮"的现象。这种火焰上浮往往不利于组织火焰。

有人曾将这种上浮的火焰形状比作"倒转的抛物线轨迹"。即将物体沿一定方向抛出时，在忽略阻力的情况下，由于受到重力的作用其运动轨迹是抛物线。同理，热气喷出后，由于受到浮力的作用，将呈现倒转的抛物线形轨迹。如果喷出口向下倾斜，与水平线交角为 α，气体喷速度为 ω，则气流抛物线可达到的深度为

$$H = \frac{\omega^2 \sin^2\alpha}{2g} \times \frac{\rho}{\rho_0 - \rho} = \frac{\omega'^2 \sin^2\alpha}{2g} \times \frac{273 + t_0}{t - t_0} \tag{1-85}$$

式中　ρ，ρ_0——热气体和周围冷气体的密度，kg/m^3；

　　　t，t_0——热气体和周围冷气体的温度，℃。

实际上炉内火焰的运动规律与上述规律极为近似，在组织炉内气体流动时，它是重要的依据。

（2）射流（流股）及射流作用下的炉气流动

射流是指由管嘴喷射到大的空间并带动周围介质流动的气流，也称流股。在使用烧嘴的火焰炉内，气体的流动与火焰的组织都靠烧嘴喷出的射流作用，与炉气的自然流动完全不同。

① 自由射流的基本规律　气体由管嘴喷射到一个无限大的空间内，该空间充满了静止的并与喷入气流物理性质相同的介质，这种射流叫自由射流。

自由射流的示意见图 1-56。

图 1-56　自由射流

当射流喷出管嘴后，由于气体质点的脉动扩散和分子的黏性作用，气体质点把动量通过碰撞传给了周围静止的介质，带动了介质一起运动，同时被带动的介质质点也参加到射流中来，并向射流中心扩散，因为射流中心的压力比周围的压力低，这样沿运动方向上射流截面不断扩张，流量逐渐加大，速度随之降低。所以自由射流的喷出介质与周围介质同时进行动量交换和质量交换，也是两种介质的混合过程。

由图 1-56 可以看到，自由射流沿长度方向的动量不变，这表示喷出介质的质点在与周围介质碰撞以后，虽然造成动量的减小，但被碰撞质点却得到了动量而运动，所以二者动量的总和保持不变。至于动能的减少，是由于运动快的气体与被带动起来的运动较慢的介质之间因碰撞而造成动能的损失，损失的动能转变成了热。

由于射流流量的不断增加，射流各断面上速度的分布也发生变化，靠近静止介质边缘的速度下降较快，而中心的流速下降较慢。气体射流起始直径越大，中心流速的下降越慢。把管嘴出口一段距离内，被带入的质点还未扩散到射流中心，中心流速没有减慢的这一段，称为始段（或首段），长度大约是喷口直径 d_0 的 6 倍。在始段以后的部分叫主段，这时中心流速开始降低。自由射流的张角为 18°～26°。

射流中心线上任意一点的流速都和初始速度 ω_0 有关，如果以射流中心流速 $\omega_{中}$ 与初速 ω_0 的比值 $\dfrac{\omega_{中}}{\omega_0}$ 为纵坐标，以射程距离 x 与喷口直径 d_0 的比值 $\dfrac{x}{d_0}$ 为横坐标，根据实验可以得到中心线上相对速度变化的曲线，如图 1-57 所示。

对于圆形射流符合下列关系式

$$\frac{\omega_{中}}{\omega_0}=\frac{0.96}{\dfrac{ax}{r_0}+0.29} \tag{1-86}$$

式中　a——实验常数，等于 0.07～0.08；

　　　r_0——喷口断面半径，$r_0=\dfrac{d_0}{2}$。

在自由射流主段内，任意截面上速度分布曲线以无因次坐标表示都是相同的。图 1-58 是圆形射流主段内断面上的速度分布，其中纵坐标为 ω 与 $\omega_{中}$ 之比值 $\dfrac{\omega}{\omega_{中}}$，横坐标为 r 与任

一截面半径 r_x 之比 $\dfrac{r}{r_x}$，并符合下列关系式

$$\frac{\omega}{\omega_{\text{中}}} = \left[1 - \left(\frac{r}{r_x}\right)^{3/2}\right]^2 \tag{1-87}$$

式中　r_x——某一截面的半径；

　　　ω——某一截面上距中心线 r 处的流速。

图 1-57　自由射流中心线上相对速度的变化

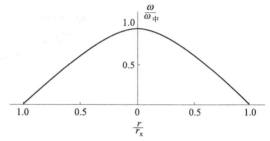

图 1-58　自由射流断面上的速度分布

圆形射流在任意截面上的平均速度（以该截面的中心速度表示）等于

$$\omega_{\text{均}} = 0.257\omega_{\text{中}}$$

通过任意截面的射流流量可用该截面的平均流速乘以截面积表示，但射流的边界不易准确地确定，r_x 不易测得，所以不便应用。一般可用下式表示

$$\frac{V_x}{V_0} = 0.207\frac{x}{d_0} + 1 \tag{1-88}$$

式中　V_0——喷出气体的体积流量，m^3/s；

　　　V_x——通过距喷口距离为 x 的截面处的体积流量，m^3/s。

如果周围介质和喷出介质的物理性质不完全相同，也可以近似地当作自由射流。此时 x 截面处的混合气体流量，可由下式求出

$$V_x = (0.315 \sim 0.33)V_0\frac{x}{d_0} \times \frac{\rho_0}{\rho_{\text{混}}} \tag{1-89}$$

式中　ρ_0——喷出气体的密度，kg/m^3；

　　　$\rho_{\text{混}}$——喷出气体与周围介质混合后气体的密度（距离喷口 x 远的截面上），kg/m^3。

② 两自由射流相遇　两自由射流相遇有各种不同情况，下面分别介绍相交射流、平行射流和反向射流。

a. 相交射流　两相交射流相遇后，由于相互作用而发生射流变形，首先被压扁，展宽，然后又逐渐形成一个圆形射流，见图 1-59。

对相交射流相遇前后的情况全面观察后，可以将射流分为三个不同的区段，即开始段、过渡段和主段。开始段是指相交射流外部边缘没有相遇以前的一段，它们各自保持原有形状及方向。这一段的长度决定于喷管间的距离和各射流的张角和交角（α）的大小。主段是指射流汇合成单一射流，它已不再受到变形的作用力。过渡段是指射流外边缘开始接触处到射流不再受到变形作用力为止的区段。在这一区段内，射流受到相互的冲击作用而使截面发生变形（图 1-59），射流在垂直方向上压扁，水平方向上展宽，外边界呈曲线形。两射流的交角（α）愈大，射流的压扁变形愈大。

相交射流汇合后射流的流动方向，决定于原有两射流的方向和动量比。可用动量矢量的平行四边形法则求得，即汇合射流的方向为各射流动量矢量的平行四边形的对角线。

汇合射流的射程（通常用相对中心速度 $\omega_中/\omega_0$ 衰减到某一数值的射流长度来表示），可能大于或小于各单一射流的射程，取决于碰撞时能量的损失和射流变形的大小。

b. 平行射流　平行射流（$\alpha=0$）由于没有产生使两射流变形的力，因此汇合射流的边界是直线形。

图 1-60 所示是直径各为 36.3mm 和 24.1mm 的两圆形平行射流形成汇合射流

图 1-59　相交射流变形简图

的边界和速度场，汇合射流的张角比单一射流稍小一些（14°～15°），这是由于射流从各方吸入周围静止介质的接触面相对地缩小，故从周围带入的气体较少，形成了较小的张角。但射流的射程加大了。

图 1-60　两平行射流汇合的简图

1—截面在距离为 $8.3d_0$ 处；2—在 $12.4d_0$ 处；3—在 $18.6d_0$ 处（虚线表示单一射流）

c. 反向射流　图 1-61 是两个动量相等同一轴线的反向射流相碰撞时的情况，射流顺着与开始方向垂直的方向均匀流去。

当不同轴线的反向射流相遇时，在两射流的中间形成强烈的循环区（图 1-62）。而且由汇合射流外边形成的张角，小于此两射线单独存在时的张角（虚线）。这与同向平行射流一样，是由于从周围介质往射流中心带入的气体量较少的缘故。

③ 同心射流的混合　同心射流的混合对煤气和空气在炉内边混合边燃烧的扩散燃烧过程起着重要的作用。混合是

图 1-61　同一轴线反向射流相撞的流动情况

两种气体间的动量和质量的交换过程，即相互扩散过程。

同心射流的混合过程是极其复杂的，根据紊流理论，可以把混合过程看作是可能同时发生的三个过程。

图 1-62　两轴线错开的反向射流流动情况

a. 分子扩散。由于分子热运动而引起气体分子迁移的现象。又称为黏性扩散。这种扩散的速度很小，一般只发生在自由射流的边界上，因此处的速度和速度梯度都等于零，没有脉动扩散，主要靠分子扩散来进行混合。分子扩散速度决定于浓度梯度和扩散系数的大小，但因扩散速度小，所以对混合影响很小。

b. 脉动扩散。在紊流时，由于气体质点不规则的脉动（涡动）而引起的分子扩散，当射流的平均流速增加时，紊流脉动速度也会增加，脉动扩散愈强烈，气流的混合进行愈快。根据实验分析，气流的脉动速度 ω' 与气流本身速度 $\omega^{0.5}$ 成正比，其比值可用卡尔曼常数 K 来表示，即

$$K = \sqrt{\frac{(\omega')^2}{\omega}} \tag{1-90}$$

c. 机械涡动。由于存在着大的旋动物质（称"机械旋涡"，而不是像脉动所引起的那种小的"物理旋涡"）而发生的混合，这种大的旋动物质，是由于气流的旋转、互相冲击以及在混合过程中碰撞固体表面、受到机械搅动等造成的机械涡动而产生的。它将加速气流的混合。

这三个过程，特别是后两个过程进行的快慢，决定了同心射流的混合速度。

图 1-63　当中心流速（$\omega_{0,1}$）与外层流速（$\omega_{0,2}$）的比值不同时，中心射流轴线上浓度的变化
C—某点浓度；C_0—开始浓度；
$1-\dfrac{\omega_{0,2}}{\omega_{0,1}}=0$；$2-\dfrac{\omega_{0,2}}{\omega_{0,1}}=\dfrac{1}{3}$；$3-\dfrac{\omega_{0,2}}{\omega_{0,1}}=2$；$4-\dfrac{\omega_{0,2}}{\omega_{0,1}}=3$

煤气烧嘴是最常见的同心射流的混合。而最有意义的是在煤气流（中心射流）中心线上的混合过程，因为煤气的燃烧过程，要求煤气和空气在中心线上达到完全燃烧所需要的煤气、空气的配比之后才能完成。

为了加速同心射流的混合，缩短混合路程的长度（即缩短煤气烧嘴的火焰长度），根据实验研究的结果，找到了以下规律和措施。

a. 中心射流轴线上的混合过程，随着外层同心气流的相对速度的增加而加快。即当外层气流的速度 $\omega_{0,2}$ 与中心气流的速度 $\omega_{0,1}$ 之间的比值（$\omega_{0,2}/\omega_{0,1}$）增加时，中心轴线上的浓度 C 降低较快（图 1-63），说明混合速度大，且混合速度仅与速度比有关，而与两射流的绝对速度无关。这是因为射流速度增加时，气体质点的紊流扩散速度加快，使混合路程缩短。然而由于质点向前运动的速度也同时加快，使质点在一定时间内向前运动的距离增加。当两射流的速度比值增加时，紊流扩散加快，使混合路程缩短的幅度大于质点向前运动的距离增加的幅度，使达到一定混合程度所需的路程缩短了，也就是混合加快了。当提高两射流的绝对速度，而速度比保持不变时，上述两种幅度（指混合路程缩短和质点运动的距离）变化大体一致。因而使混合速度变化不大。

b. 减小中心射流喷口直径有利于气流的混合。这是缩短混合路程最有效的方法（图

1-64)。因为当中心射流直径减小时，外层射流的质点达到射流轴线所要穿过的路程缩短了，有利于加快混合速度。

　　c. 使同心射流具有一定交角，则混合强度增加（图1-65）。这是因为在射流互撞处形成了强化混合过程的新旋动物质。同时由于射流的交角增大，射流的射程也有所增加。

　　d. 在喷管处安装导向叶片，使内外层气流产生旋转，则混合强度增加。特别是二者同向旋转的作用比逆向旋转的作用大，因为同向旋转速度衰减较慢。

图 1-64　离喷口不同距离处中心射流的直径 d_0 与混合程度（混合物之比为 1∶1）的关系

　　从上述分析中看出，采取上述措施都是为了加强脉动扩散和机械涡动，因此有利于加速两同心射流的混合。

　　④ 射流与平面相遇　射流与平面相遇时，由于射流对平面的冲击作用，将发生射流的变形、速度分布的变化，并在表面上产生局部压力，这种一面受限制的射流叫半限制射流。研究射流与平面相遇的流动，在炉子的实际使用中有重要意义。

图 1-65　混合程度（混合物之比
为 1∶1）与交角 α 的关系

实线表示 $\omega_{0,2}/\omega_{0,1}=1$；虚线表示 $\omega_{0,2}/\omega_{0,1}=0.64$

图 1-66　射流与平面相遇时
的速度分布

　　气体从管嘴喷出以后，在未与平面相遇以前是自由射流，而一经和平面接触以后，射流就发生铺展现象，变得又扁又宽。射流截面上的速度分布也发生变化，速度最大处不在射流中心线上，而在靠近平面处。这就是说在相应截面上，半限制射流的最大速度比自由射流大，因为半限制射流靠平面这一面不受静止介质的影响。射流与平面的交角越大，这种现象越明显。图1-66是射流与平面成30°交角时射流中的速度分布。

　　射流在平面上宽度的张角随交角的增加而增大，根据实验它们的关系为

$$\alpha' = 30° + 3\alpha \tag{1-91}$$

式中　α'——射流在平面上的张角；

α——射流与平面的交角。

射流对平面冲击造成局部的压力，压力的大小与气流速度的平方成正比，并和交角的正弦平方也成正比。平均压力等于

$$P = \rho \omega^2 \sin^2 \alpha \ (\text{Pa}) \tag{1-92}$$

式中　ρ——气体的密度，kg/m^3。

射流在平面上的铺展，射流接近平面处是截面上速度最大的，以及射流在固体平面上产生的压力，这几点对于炉内传热都是有利的。因为物料表面的气流速度大和产生的压力都有利于对流传热，并驱散物料表面上的低温气层。

⑤ 弯曲管道中射出的射流　由弯曲管道中射出的射流具有重要的特点：一是在射流中有气流的旋转现象，二是射流有偏歪现象，如图 1-67 所示。在设计炉子时，需要考虑到这些特点。

图 1-67　弯曲管道中的气体流动

当气流沿固体表面流动时，如果表面急剧弯曲，就会使气流受到固体表面的作用而改变方向，造成气流的冲击作用而使流体中压力分布发生变化。在固体表面法线方向上形成压力梯度；愈靠近气体所冲向的表面，气体的压力愈大。而且当拐弯愈急，气流速度愈大时，这种压力梯度愈大。所以被冲击表面附近的气体具有离开它的趋向。同时黏性流体在靠近固体表面附近有边界层，气流速度较小，惯性也必然较小，在压力梯度的作用下，这部分流速较小的流体必然改变原有流动方向，以更大的角度向气流中心偏转。这种偏转气流叫"二次气流"。

如果这个弯曲的表面是弯曲管道时，在拐弯处速度较小的部分气流在 A 处受到压力差的作用要往中心偏转（图 1-67 向 B 的方向），但因中心有速度较大的主气流阻挡，故不能从中心转过来，而两边（C、D 处）气流速度较小，所以只能沿管道两侧边沿偏转过来。由于气流的连续性，流到 B 处的气流必然又从中间补充向上流动。这样在拐弯处的管路断面上，就形成了两个环流，叫做"二次环流"。

产生二次环流后，管内气流的最大速度将不在管子中心线上，而偏转到一侧面靠近 A 处的表面。如果管子拐弯后经很短距离就喷出射流，此时射流的最大速度将不在管子中心线上而发生射流的偏斜。而且在射流开始一段距离内仍保持着环流的特点。在射流中有旋转和偏斜现象时，自由射流的基本规律，便不能适用了。

这种弯头管嘴喷出射流的偏斜和环流现象，对组织火焰有较大影响。如平炉炉头水套长度太短时，火焰将向上冲起并有旋转现象，影响火焰"刚性"，不利于提高炉子生产率。为了消除二次环流对射流的影响，必须增加拐弯以后的管道长度。

在其他各种火焰炉上，火焰的转动和偏斜也是经常能见到的，凡是气流方向（火焰）有改变的地方，就有可能产生这种现象。

⑥ 限制射流的特点　火焰炉内气体流动可以看成是射流在四周为炉墙所包围的限制空间内的流动，这种射流叫做限制射流。如果这个限制空间较大，即射流喷口截面比限制空间的截面小得多，壁面对射流实际上起不了限制作用，则可看成是自由射流。如果喷口截面积很大，限制空间截面相对较小，则喷出气流很快充满限制空间，这时就变成了管道内的气体

流动。我们所要讨论的限制射流是介于自由射流与管道内气流之间的气体流动，它既受到里面的限制作用，但又不能将截面空间充满。

a. 限制射流的基本特征。在限制空间内的射流运动可以分为两个主要区域（图 1-68），即射流本身的区域和射流周围的循环区（回流区）。此外，在限制空间的死角处因空间局部变形而引起的局部循环区（旋涡区）。

图 1-68 是限制射流示意。以平行于轴线的射流分速度 $\omega_x = 0$ 作为射流与回流区的分界面。从喷出口流出射流截面，沿 x 方向上逐渐扩大，但没有自由射流那样显著。后来由于流量减小使截面不再扩大，因此一直到流出这个空间，都不与壁面接触，

图 1-68 限制射流简图
Ⅰ—射流本身；Ⅱ—回流区；Ⅲ—旋涡区

似乎是射穿了限制空间。在射流从喷出口流出不远一段内，射流由回流区带入气体，流量增大，使周边速度降低，速度沿 x 方向趋于不均匀化，与自由射流的开始段相似，此段内各截面上的动量保持不变。后来，由于从周围带入的气体受到限制，特别是在射流的后半段，射流还要向回流区分出一部分气体，射流本身的流量反而减少，故速度分布趋于均匀化，因此沿流动方向动量逐渐减小，压力逐渐增加。最后当气流由截面很小的出口排出时，因为速度增大，气流的动量又增加，压力下降。这一特征对炉膛内压力分布有实际意义，它是造成炉内气流循环的主要原因。

b. 限制空间内的气体循环。限制射流的一个特点就是射流靠边缘速度较小的一部分将会由于与周围介质的摩擦而与射流主流分开，回到静压较低的地方即返回喷口的地方去，这样就在射流周围发生了循环现象，并形成了循环区。环流区的位置和其中气体流动的方向，射流的入口、出口位置、射流主流的运动方向都有关系。图 1-69 可以帮助定性地了解射流在限制空间内形成环流区的几种不同情况。

图 1-69 射流在限制空间中的流动情况

c. 限制空间内的涡流区。当气流遇到障碍物或通道突然变形（如扩张、拐弯）时，它将脱离固体表面，而产生旋涡。一般都在炉内的"死角"处产生旋涡，而形成局部的回流区。旋涡产生的原因与循环气流相似。但是许多旋涡的流动方向是不规则的，它不像循环气流那样，有一定的回路。在高温火焰炉内，旋涡区的存在对炉子工作带来以下几个有害的作用。

ⅰ. 不利于炉内传热过程。旋涡区中气体的更新慢，温度低，如存在于火焰与物料之间，对传热的影响更为显著。

ⅱ. 旋涡区易于沉渣。因气流方向和速度的突然改变，使熔渣和灰尘与气流分离而沉降下来，这些沉渣对炉子砌砖体有侵蚀作用。

ⅲ. 由于旋涡区的存在，增加了气流的阻力。

为此对于高温的火焰炉，应恰当地改进炉子内形，减少旋涡区，可以收到较好的效果。如一座反射炉，设计成图 1-70（a）所示那样，则必然在许多地方形成旋涡区，给炉子工作带来不利的影响。如把它改成图 1-70（b）那样，便会十分有利于炉子的工作，这一点已被生产实践所证明。

图 1-70　反射炉内的气体流动

2. 转炉内的气体流动

在氧气顶吹转炉的冶炼过程中，氧气喷枪将高速氧气射流冲击转炉熔池表面，形成图 1-71 所示的曲面。引起熔池铁水运动，起到机械搅拌作用。同时，氧气沿着熔池产生的凹坑曲面流动，并逐渐被铁水吸收。与铁水中的碳反应生成 CO，因而使转炉熔池上面的空间形成以 CO 为主的气体。此时，在凹坑界面附近被吸收的氧，将与铁水中的 Si、C、Fe 反应

图 1-71　氧气射流冲击熔池
表面形成凹坑曲面示意

放出大量热能，随着铁水的运动，液态金属内的温度分布基本上是均匀的。当氧气射流对熔池铁水的机械搅拌作用既强烈而又均匀时，则化学反应过程亦快而平稳。冶炼过程必将迅速而稳定，可以提高各项生产经济技术指标。因此控制好转炉内的气体运动规律，特别是射流对熔池的作用，是十分重要的。

转炉熔池内搅拌作用的强弱和均匀程度，主要取决于氧气射流对熔池的冲击。具体说来，就是用在熔池中产生的凹坑深度（又称冲击深度）和凹坑面积（又称冲击面积）来衡量，同时也要观察熔池的运动状况。

由于氧气射流对熔池的冲击是在高温下进行的，实际测量有不少困难。为了研究射流对熔池的作用机理，多数工作是在冷态模型中进行的。

（1）氧气射流对熔池表面的冲击深度和冲击面积

氧气射流冲击在熔池表面上，由于氧气射流的动量而必然产生一个力作用在铁水表面上。当冲击面上液体所受的力大于冲击区以外熔池液面静平衡状态时所受的炉内压力，就在铁水表面形成凹坑。凹坑底部铁水的压力，必然与整个熔池内同样深度上的压力相等。

对于射流冲击液面产生的稳定凹坑来说，射流冲击在液面上的中心线速度 $\omega_{中}$ 被滞止为零。射流在滞止点上的压力就应与熔池液体在这点上的浮力和凹坑表面张力在轴线方向的分力相平衡。于是有

$$g\rho_{余}h_0+\frac{2\sigma}{r_0}=\frac{\omega_{气}^2}{2}\rho_{气} \tag{1-93}$$

式中　h_0——冲击深度，m；

$\rho_{铁}$——熔池中铁水密度，kg/m^3；

σ——熔池铁水表面张力，N/m；

r_0——凹坑底部的曲率半径，m；

$\omega_{气}$——氧气射流冲击液面时所具有的速度，m/s；

$\rho_{气}$——氧气射流冲击液面时的密度，kg/m^3。

当氧枪给定，氧枪的使用枪位确定后，根据射流衰减规律，就可确定 $\omega_{气}$ 及 $\rho_{气}$。同时假定冲击凹坑具有与射流速度剖面相似的剖面形状（图 1-71），则可根据射流与铁水接触面位置的速度剖面确定 r_0。对铁水而言，σ 是一确定值，应用式(1-93)即可求出冲击深度 h_0。式(1-93)已通过水力模型实验证实与实际情况相符合。

关于凹坑面积（冲击面）的计算比较困难。当前用分析方法尚不能计算冲击面积，但通过实测某一射流截面的总压分布，绘制总压分布图，可以找出凹坑的近似面积。

当氧气射流的冲击压力增大时，凹坑曲面就产生波动，液滴开始飞溅，凹面的纵向和横向发生振动。

在吹炼过程中，随着射流周围转炉空间内气体的温度 $T_{气}$ 变化而引起凹坑深度和凹面形状的变化，如图 1-72 所示。由图中看出，温度对凹面形状有显著影响。温度增高，凹坑曲面的冲击深度也增加，引起喷枪出口处到凹坑最低点间的距离 (h_0+L) 增大。由于核心部分长度的激烈增加，导致凹坑最低点的马赫数也增加。

在给定的操作条件下（即 P_0、$D_{临}$、$T_{气}$ 一定时），如降低喷枪高度，凹坑最低点的马赫数 $M_{气}$ 亦逐渐增加。因而可以推断，当氧枪高度 L 降低到 $M_{气}=1$ 时，再降低高度，就会在凹坑最低点附近产生激波（超音速气流在前进过程中受到突然压缩或遇到障碍物时而出现的冲击波）。图 1-73 所示为 $M_{气}=1$ 时，不同炉气温度 $T_{气}$ 下的 L 和 $D_{临}$ 之间的线性关系。从图可知，当喷枪临界直径 $D_{临}$ 和炉气温度一定时，就可确定喷枪高度 L。当喷枪高度低于此值时，马赫数 $M_{气}$ 将大于1，在这种条件下吹炼，将产生激波。此外吹炼初期在一定的操作条件下（如 L 和 P_0 一定时）假定不产生激波，以后保持枪位高度，但随着炉气温度逐渐上升，也有可能产生激波。

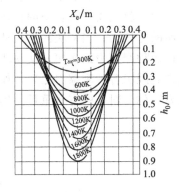

图 1-72　射流周围气体温度变化对冲击深度的影响

$P_0=785kPa$；$L=1.6m$；$D_{临}=0.05m$；

$Y_{CO}=0.85$；$Y_{CO_2}=0.1$；$Y_{N_2}=0.05$

图 1-73　不同炉气温度下喷枪
临界直径与喷枪高度的关系

（2）射流冲击引起的炉内液体运动

气体射流冲击熔池液面，形成凹坑，沿凹坑边界气体有流动现象。如果不考虑吹炼过程的化学反应，则从凹坑中流出的气体量，应该与吹入的气体量处于同一量级。但在冶炼过程中，由于化学反应的结果，从凹坑中流出的气体体积比吹入的气体体积要多，而凹坑的中心部分被吹入的气体所占据，所以排除的气体必然沿凹壁面流出。排出气流层的一边与来流的边界接触，另一边与凹坑壁面接触。由于排出气体的速度较大，因此对凹坑壁面有一种牵引作用，其结果使邻近凹坑的液体层获得速度，沿坑底流向四周，随后沿坑壁向上和向外运动。由于其向上运动的分速度，这种液体将会跑到熔池液面以上，向外流动的液体将在液坑周围形成一圈突起的环（如图1-71所示），然后在熔池上层内继续向四周流动。从凹坑内流出的铁水，必须由四周给予补充，以保持平衡。于是就引起熔池内液体运动，其总的趋势是朝向凹坑中心的。这样，熔池内铁水就形成了以射滞止点（凹坑最低点）为中心的环状流，起到对熔池的搅拌作用。当射流冲击熔池产生的冲击深度小时，这种环状流较弱，而且环截面半径亦小，处于环状流中的铁水层较薄。因此对熔池底层铁水被搅拌作用很弱，不利于冶炼。只有当冲击深度达到一定数值时，产生的环流才能促使熔池底部的铁水被搅拌而运动，这种搅拌作用如果适宜，冶炼效果亦较好。如果冲击深度过大，将会损伤炉衬，影响炉衬寿命，不利于冶炼。所以从熔池搅拌角度来看，冲击深度应处在一定范围内。

3. 竖炉内的气体流动

竖炉是一种垂直放置的炉子，整个炉膛空间充满各种物料（散料）。当物料垂直向下运动时，与上升的气体介质相遇而进行热交换和化学反应。由于料层有相当的厚度，气体通过料层时，不仅与物料进行强烈的化学反应，而且高温的气流在与物料进行充分的热交换过程中被冷却。由于燃料利用效率比较高，竖炉被广泛用于矿物原料的熔炼、煅烧等方面，炼铁的高炉、炼铜、炼铅、炼锡的鼓风炉，都属于这一类炉子。

竖炉内物料的运动和上升气流的运动十分复杂。这是因为散料层本身的结构复杂，而在运动过程中又伴随着化学反应和散料的物态变化。因此要寻求散料层中气体流动的规律还有许多困难，这里只能就较为理想和简化了的情况阐述其一般规律。

（1）物料运动与上升气流的相互关系

竖炉内促使物料向下运动的力是靠物料自身的重力作用而产生的。但是由于物料颗粒之间的内摩擦作用，在颗粒间形成摩擦阻力，运动较慢的料块，就阻碍运动较快的料块向下运动。同时由于料柱重量沿水平方向传给侧墙而形成对侧墙的旁压力。当料块向下运动时，在旁压力的作用下，料块与侧墙之间形成摩擦阻力。由于这两种摩擦力的作用，使料块自身的重力作用在炉底上的垂直压力减小。即料柱本身的重量在克服了各种摩擦力之后，作用于炉底的重量要比实际重量小得多，这部分重量（即垂直压力）称为料柱的有效重量。用公式表示为

$$G_{效} = G_{料} - P_{墙} - P_{料} \tag{1-94a}$$

或写为

$$G_{效} = KG_{料} \tag{1-94b}$$

式中　$G_{效}$——料柱的有效重量；

$G_{料}$——料柱自身的重量；

$P_{墙}$——炉料与炉墙之间摩擦力的垂直分量；

$P_{料}$——料块相对运动时，料块间摩擦力的垂直分量；

　K——料块下降时的有效重量系数。

K 值取决于炉子形状。向上扩张的炉子 K 值最小，而且随炉墙扩张角增大而变小。向上收缩的炉型中，K 值最大。在炼铁高炉内测得的 K 值为 0.18。

当下降的物料与上升气流相遇时，气流受到物料的阻碍而产生压头损失。这种压头损失就转化为对下降物料的反压力（或称气流对物料表面的动压力），它决定于气流的动量，并等于

$$\Delta P = K \frac{\omega_{气}^2}{2} \rho_{气} F_{料} \ (\text{N}) \tag{1-95}$$

物料下降时，其降落速度不仅与有效重量有关，还取决于上升气流的反压力，或称为气流对物料的支撑力。这两者的关系，用公式表示为

$$F = G_{效} - \Delta P$$

式中　F——决定物料下降的力。

若 $G_{效} > \Delta P$，即下落力 F 为正，则物料能顺利自由下落。

若 $G_{效} = \Delta P$，即下落力 $F=0$，物料下落力和支撑力处于平衡状态，物料停止自由下降。

若 $G_{效} < \Delta P$，即下落力 F 为负，物料将被气流抛出料层，使料层由稳定状态变为不稳定状态。

为了保证物料顺利下降，就必须在竖炉内保持 $G_{效} > \Delta P$，为此应增大物料有效重量 $G_{效}$，相对地减小散料层中的压头损失。

适当增大炉腹角和减小炉身角，增加风口数量，有利于减少炉墙对物料的摩擦力，相应地提高有效重量。增大物料的平均堆比重，可以增大风口平面上料柱的有效重量系数，喷吹燃料后，随焦炭负荷提高，物料平均堆比重增大，有利于物料顺行。

影响压头损失 ΔP 的因素，主要是物料的透气性和上升气流的速度和密度。改善物料的粒度，使物料粒度均匀，可以提高物料的空隙度，从而改善料柱的透气性。粒度不均，空隙度就会减小。但生产中要保持物料粒度完全一样是困难的，一般只能将物料粒度分级入炉，这样可以提高粒度的均匀性，使 ΔP 减小。

散料层的反压力与上升气流速度的平方成正比，因此有人认为提高冶炼强度，气流速度过高会破坏物料顺行。但冶炼实践表明，ΔP 大体只与风量的一次方成正比。冶炼强度达到一定水平后，ΔP 几乎不再增高。这是由于冶炼强度提高以后，炉缸工作更活跃，物料的空隙度相应增大，提高了物料的透气性。所以气流速度增加后，ΔP 不会明显升高。采用富氧鼓风的高压操作，是保证顺行而又不降低气体流量的有效措施。富氧鼓风时，由于带入的氮量降低，使焦炭燃烧生成的煤气量减少，因而流速变小，ΔP 降低。采用高压操作，可以降低气体的实际流速，因而有助于物料顺行。

提高气流速度不仅要保证物料顺行，还要保持料层的稳定性，否则上层物料将被气流抛出。决定料层稳定状态（即达到稳定性极限）时的气流速度，称为极限速度。竖炉内最大允许速度，不应超过极限速度，一般操作上取为极限值的 80%～90%。

极限速度的计算方法如下，当气流达到极限速度时，气流对物料的动压力（或称反压力）ΔP，应等于物料颗粒的相对重量（$G'_{料} - G_{气}$）与向下运动的惯性力之和，即

$$\Delta P = (G'_{料} - G_{气}) + \frac{G_{料}}{g} \times \frac{\mathrm{d}^2 H}{\mathrm{d}\tau^2} \tag{1-96}$$

85

式中 $\dfrac{\mathrm{d}^2 H}{\mathrm{d}\tau^2}$——颗粒下降的加速度，$\mathrm{d}H$ 为在 $\mathrm{d}\tau$ 时间内的单位位移；

$G'_{料}$——物料颗粒的重量；

$G_{气}$——与颗粒体积相同的气体重量。

将式(1-95) 代入式(1-96) 中整理得

$$\frac{\mathrm{d}^2 H}{\mathrm{d}\tau^2}=K\frac{\omega_{气}^2}{2}\rho_{气}F_{料}\frac{g}{G'_{料}}-g\left(\frac{G'_{料}-G_{气}}{G'_{料}}\right) \tag{1-97}$$

对球形物料 $\qquad\qquad F_{料}=\dfrac{\pi d^2}{4}, G'_{料}=\dfrac{1}{6}\pi d^3\rho_{料}g$

代入上式得

$$\frac{\mathrm{d}^2 H}{\mathrm{d}\tau^2}=\frac{3}{2}\times\frac{K}{d}\times\frac{\omega_{气}^2}{2}\times\frac{\rho_{气}}{\rho_{料}}-\left(1-\frac{\rho_{气}}{\rho_{料}}\right)g \tag{1-98}$$

式中 d——颗粒直径；

$\rho_{气}$，$\rho_{料}$——气体密度和颗粒的体积密度。

当 $\omega_{气}=\omega_{限}$ 时，物料重量与气流反压力达到平衡，向下运动的惯性力等于零，即 $\dfrac{\mathrm{d}^2 H}{\mathrm{d}\tau^2}=0$，上式变为

$$K\frac{\omega_{限}^2}{dg}\times\frac{\rho_{气}}{\rho_{料}-\rho_{气}}=\frac{4}{3} \tag{1-99}$$

式(1-99)的左边是表征物料由稳定状态向不稳定状态过渡的准数。对不规则形状料块，通过试验得出上述准数的值为

$$K\frac{\omega_{限}^2}{dg}\times\frac{\rho_{气}}{\rho_{料}-\rho_{气}}=0.042 \tag{1-100}$$

从式(1-99)和式(1-100)中，即可求出极限速度 $\omega_{限}$，假定鼓入 $1\mathrm{m}^3$ 空气在竖炉内形成 $\varphi\mathrm{m}^3$ 煤气，则极限鼓风量与 $\omega_{限}$ 有如下关系

$$V_{限}=\omega_{限}\frac{60F_{气}}{\varphi}\ (\mathrm{m}^3/\mathrm{min}) \tag{1-101}$$

式中 $F_{气}$——物料间自由通道面积，以炉子横截面百分数表示。

应用式(1-100)求出的 $\omega_{限}$ 代入式(1-101)中则得

$$V_{限}=\frac{12.3F_{气}}{\varphi}\times\sqrt{\frac{dg}{K}\times\frac{\rho_{料}-\rho_{气}}{\rho_{气}}}\ (\mathrm{m}^3/\mathrm{min}) \tag{1-102}$$

从上式可见，增大料块间自由通道断面，料块直径及物料密度，有利于提高极限鼓风量，亦即料层稳定性愈高，有利于提高炉子生产率。前面所述的保证物料顺行的途径也是提高料层稳定性、增大极限鼓风量的途径。实际上，在熔炼竖炉（鼓风炉）内，由于物料的熔化，压碎或彼此黏结，而大大减小了按固体料层测得的自由通道断面，即实际的 $V_{限}$ 将较计算值小很多。

（2）竖炉内物料的透气性和进风条件对气流分布的影响

竖炉内气流沿料层截面均匀上升，是使炉气与炉料均匀进行反应，从而获得炉子截面上

温度均匀分布，保证炉料均匀下降的首要条件。要使炉气均匀分布，就要保证料层空间有均匀的透气性。为此应尽量使料块块度和分布均匀，料层高度相等，从而获得均匀的空隙度。

影响气流分布的另一因素，就是进风条件的不同。向竖炉内送风，一般是从炉子两侧或周围，通过若干风口将空气鼓入料层。由于送风条件不同，炉内气流分布也不一样。

进风速度不大时，气流不改变风口附近的料层情况，这时气流形成的空洞较小。当料层透气性均匀，高度相等时，气流将以风口为中心，形成放射形气流（图1-74），由于左侧气流由风口到顶间的距离较小，即阻力较小，故气流速度较大，右侧离风口较远，流速较小。因而沿风口一侧炉壁的气体流量较多，而中心部分流量较少。在风口附近等压线也较密集，即压力变化较大，且与距离不成正比。当采用两个风口相对送风时，情况有所改善（图1-75），气流之间发生相互干扰，这时两侧的气流量仍然较大，中心部分仍然有风量不足的可能。增加送风口与炉料顶面间的压力差，不仅增加两侧的流量，同时也使中心部分的流量有所增加。气流向炉料中心推进的原因，不是由于风口出口的气体所具有的动能造成的，而是由于压力的作用造成的。气体流出风口以后的一段距离内，气流的截面逐渐扩大，假定速度逐渐减小。因此风口附近压力梯度最大，以后逐渐减小，就在风口附近区域形成较大的压差而促使部分气体向中心推进。

图1-74　单一进风口所形成的放射形气流

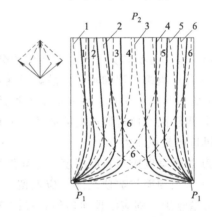

图1-75　两个送风口所形成的放射气流
虚线—每个风口单独工作时的气流图形；实线—两个
风口同时工作时的气流图形（在各虚线交点利用
平行四边形原理求该点之速度向量）

进风速度较大时，气体给风口附近的动能，足以推动炉料运动使其松散而形成空洞，称为风口气袋（图1-76）。在风口气袋内气体与部分炉料形成循环区，它使气流向炉子中心和风口两旁扩展。如果风口气袋逐渐扩大，直到占满整个炉子截面，放射形气流逐渐变为平行向上升的气流（图1-77），这就大大促进了炉气的均匀分布。由于气袋向中心伸展，气流就容易到达料层中心。气袋附近的表面积增大了，它附近的流向线也就松散一些，压力梯度的变化也缓和一些。

风口气袋向中心及两旁扩展的深度，主要取决于进风的开始动量，同时在一定的程度上也取决于风嘴向炉内伸出的程度。保持一定进风量时，要增加进风速度可以减小风口直径。其他条件不变时，提高风口前鼓风压力，也会增加鼓风量。因此在料层稳定的范围内，提高鼓风压力能促进炉气分布均匀。但是当鼓风量为定值和炉顶为常压的情况下，风口前鼓风压力仅决定于通过风口阻力和料层阻力之和。若风口直径及炉料透气性已定，风口前压力仅决定于料层高度。加大料层高度，就可以提高风压，这就有利于增加风口气袋向中心扩展，即使炉子宽度有所增加，也能保持气流均匀分布。这样就明显地看出了料层高度、鼓风压力和炉子宽度三者之间的密切关系及对气流分布均匀的影响。

图 1-76　风口气袋

图 1-77　风口气袋扩大后气流分布情况

根据以上分析，为了使竖炉内气流分布均匀，必须采取以下措施。

① 合理组织炉顶加料，使沿炉子横截面料层阻力大致相等。一般希望较小颗粒停留在边缘而大块料居于中央。并在靠炉壁处适当形成料坡，以便减少气流向边缘发展。

② 用提高风口进风速度的办法，使风口气袋向中心适当扩展，或适当增加料层高度以提高风口前鼓风压力。

③ 炉子宽度应与料层高度（即与鼓风压力）相适应，不能过分加宽。

④ 料层顶面与炉顶之间，应保留一定空间，以维持炉顶断面上气体静压力分布相等，对于大型竖炉，则应沿顶面匀称布置排气管道。

【知识拓展】

1. 自由射流的一般特性有哪些？
2. 两自由射流相遇后将发生哪些变化？
3. 举例说明在现实生活中限制射流的现象。
4. 在高温火焰炉内，限制射流中的漩涡区的存在对炉子正常工作存在哪些危害？
5. 在设计炉子时，由弯曲管道中射出的射流需要考虑哪些重要的特点？
6. 加速同心射流混合的措施有哪些？这在冶金炉上有何种意义？
7. 半限制射流和弯曲管道中的射流有哪些特点？
8. 限制射流的基本特征是什么？

【自测题】

根据下列条件计算氧气顶吹转炉氧枪喷头的主要尺寸。已知条件为：平均装入量为33t，供氧强度标准状态下为 3.28m³/(min·t)，供氧压力（原始绝对压力）为 9 个大气压，氧气工作温度为 40℃。

※项目任务实施

一、任务内容

雷诺实验。

二、任务目的

① 观察流体在管道中的流动状态；

② 测定几种状态下的雷诺数；

③ 了解流态与雷诺数的关系。

三、相关知识

1. 实验装置

在流体力学综合实验台中，雷诺实验涉及的部分有高位水箱、雷诺数实验管、阀门、伯努利方程实验管道、颜料水（蓝墨水）盒及其控制阀门、上水阀、出水阀、水泵和计量水箱等，秒表及温度计自备。

2. 实验准备

① 将实验台的各个阀门置于关闭状态。开启水泵，全开上水阀门，把水箱注满水，再调节上水阀门，使水箱的水有少量溢流，并保持水位不变。

② 用温度计测量水温。

流体力学综合实验台如图 1-78 所示。

图 1-78　流体力学综合实验台结构示意

1—储水箱；2—上水管；3—电源插座；4—恒压水箱；5—墨水盒；

6—实验管段组；7—支架；8—计量水箱；9—回水管；10—实验台

3. 实验方法

① 观察状态。打开颜料水控制阀,使颜料水从注入针流出,颜料水与雷诺实验管中的水迅速混合成均匀的淡颜色水,此时雷诺实验管中的流动状态为紊流;随着出水阀门不断关小,颜料水与雷诺实验管中的水掺混程度逐渐减弱,直至颜料水在雷诺实验管中形成一条清晰的线流,此时雷诺实验管中的流动为层流。

② 测定几种状态下的雷诺系数。全开出水阀门,然后再逐渐关闭出水阀门,直至能开始保持雷诺实验管内的颜料水流动状态为层流状态。按照从小流量到大流量的顺序进行实验,在每一个状态下测量体积流量和水温,并求出相应的雷诺数。

③ 测定下临界雷诺数。调整出水阀门,使雷诺实验管中的流动处于紊流状态,然后缓慢地逐渐关小出水阀门,观察管内颜色水流的变动情况。当关小到某一程度时,管内的颜料水开始成为一条线流,即从紊流转变为层流的下临界状态。记录下此时相应的数据,求出下临界雷诺数。

④ 观察层流状态下的速度分布。关闭出水阀门,用手挤压颜料水开关的胶管使颜料水在一小段管内扩散到整个断面。然后微微打开出水阀门,使管内呈层流流动状态,这时即可观察到水在层流流动时呈抛物状,演示出管内水流流速分布。

注:每调节阀门一次,均需等待稳定几分钟。关小阀门过程中,只许渐小,不许速闭。随着出水流量减小,应当调小上水阀门,以减少溢流流量引发的振动。

4. 实验原理

设某一工况下,体积流量 $V=3.467\times10^{-5}\,\mathrm{m^3/s}$,雷诺实验管内径 $d=0.014\mathrm{m}$,实验水温 $t=5\mathrm{℃}$,查水的运动黏度与水温曲线,可知 $\nu=1.519\times10^{-6}\,\mathrm{m^3/s}$。

流速:$W=\dfrac{V}{A}=\dfrac{3.467\times10^{-5}}{\dfrac{\pi}{4}\times0.014^2}=0.255(\mathrm{m/s})$

雷诺数:$Re=Wd/\nu=0.014\times0.225/1.519\times10^{-6}=2075$

根据实验数据和计算结果,可绘制出雷诺数与流量的关系曲线,如图 1-79 所示。不同温度下,对应的曲线斜率不同。

图 1-79　雷诺数与流量的关系曲线

5. 数据分析及讨论

① 根据数据绘出雷诺数与流量的关系曲线,列出下表。

次序	时间/s	Δh/mm	流量/$m^3 \cdot s^{-1}$	流速/$m \cdot s^{-1}$	Re

② 分析雷诺数与流量的关系。

6. 完成实验报告

① 观察流体流经能量方程实验管的能量转换情况,对实验中出现的现象进行分析,加深对伯努利方程的理解。

② 掌握一种测量流体流速的方法。

【任务评价】

项目名称					
开始时间		结束时间		学生签名	
				教师签名	
项目	技术要求			分值	得分
	(1)方法得当 (2)操作规范 (3)正确使用工具与设备 (4)团队合作				
任务实施报告单	(1)书写规范整洁,内容关翔实具体 (2)实训结果和数据记录准确、全面,并能正确分析 (3)问题回答正确,完整 (4)团队精神考核				

项目二　燃料及燃烧

【情景描述】

将你自己化身为一名刚进入某冶金企业的员工，已经进行了一段时间的实习，对整个生产过程有了一定的了解，你会发现冶金工业生产是燃料的巨大消耗者，燃料费用在生产成本中占有较大的比例，同时燃料燃烧过程对产品产量、质量也有较大的影响。为了降低燃料消耗、提高产品的产量和质量、提高冶金炉使用寿命、防止环境污染，冶金工作者必须熟悉各种燃料的性质、燃烧的机理以及燃烧计算，会正确选用燃料，并能合理组织燃烧过程。

【知识目标】

(1) 掌握燃料的特性及燃料的种类；
(2) 掌握燃料的组成、性质及表示方法；
(3) 掌握发热量的概念及计算；
(4) 掌握燃料燃烧所需空气量和生成烟气量计算；
(5) 掌握燃料燃烧温度的计算及提高燃烧温度的措施；
(6) 掌握过剩空气系数的计算；
(7) 了解常见燃料燃烧的过程及设备。

【能力目标】

(1) 能根据燃料特性正确合理选择燃料；
(2) 能进行不同种类燃料的燃烧计算；
(3) 能根据测定的烟气成分调整生产中的送风量；
(4) 能合理组织燃烧过程，提出强化冶金过程的措施。

【素质目标】

具有良好的职业道德和敬业精神；具有团结协作和开拓创新的精神；具有环保和节能的意识。

任务一　认识燃料

【任务描述】

在熟悉冶金燃料种类和特性的基础上，学会进行不同种类燃料的比较和选择。

【任务分析】

要达到进行不同种类燃料的比较和选择，需先熟悉燃料的定义与种类；其次要明确冶金用燃料的基本要求；然后掌握燃料的特性，在此基础上找出冶金常用燃料的种类，最后才能进行选择和比较。

【任务基本知识与技能要求】

基 本 知 识	技 能 要 求
1. 燃料的定义；燃料的分类；冶金用燃料的要求；燃料的特性 2. 气体燃料的化学组成与干湿成分换算 3. 液体和固体燃料的化学组成及各成分的换算；元素分析法和工业分析法 4. 燃料发热量的定义；高发热量和低发热量的定义与区别；燃料低发热量的计算；标准燃料的定义 5. 冶金工业常用燃料知识；常用煤气的种类和性质以及煤气使用安全知识；重油的牌号与黏度、闪点和凝固点；煤的分类与特点，冶金用焦炭的要求，煤粉的定义与特点	1. 能够理解与掌握燃料的定义与分类，掌握冶金用燃料的选用要求 2. 掌握气体燃料的干湿成分换算 3. 掌握液体和固体燃料元素分析法四种表示方法的换算 4. 能正确理解燃料发热量的定义，区别高低发热量，并根据给出的公式进行计算低发热量 5. 能理解冶金常用燃料的特性，为不同要求的冶金炉选用合适燃料

【知识链接】

凡燃烧时能放出大量的热，该热量能经济而有效地用于现代工业生产或日常生活的所有物质，统称燃料。

根据这一概念，常见的木柴、煤、焦炭、重油、煤气等物质都是燃料。燃料的种类很多，按物态可分为固体燃料、液体燃料和气体燃料三类；按来源可分为天然产品和加工产品两种。工业用燃料分类见表2-1。

表 2-1　燃料的一般分类

燃料的物态	来　源	
	天然产品	加工产品
固体燃料	木柴、煤、油页岩等	木炭、焦炭、煤粉
液体燃料	石油	焦油、重油、煤油、汽油等
气体燃料	天然煤气	高炉煤气、焦炉煤气、发生炉煤气等

冶金工业与燃料的关系尤为密切。因为冶金生产大多数需要在高温下进行，其所需热量，除电炉外，大部分仍靠燃烧燃料供给，所以燃料是冶金生产不可缺少的重要原材料之一。

冶金生产所使用的燃料，一般应具备如下条件：

① 燃烧所放出的热量必须满足生产工艺要求；

② 便于控制和调节燃烧过程；

③ 蕴藏量丰富，成本低，使用方便；

④ 燃烧产物必须是气体，对人、动植物、厂房、设备等无害。

冶金工业生产是燃料的巨大消耗者，燃料费用在生产成本中占用较大的比例，同时燃料燃烧过程对产品产量、质量也有较大的影响。为了降低燃料消耗、提高产品的产量和质量、提高冶金炉使用寿命、防止环境污染，冶金工作者必须熟悉各种燃料的性质、燃烧机理和燃烧计算，会正确选用燃料，并能合理组织燃烧过程。

常用燃料的特性主要包括以下两方面。

① 燃料的化学组成。必须分清哪些组成物是发热的，哪些组成物是有害的。

② 燃料的发热能力。这是评价燃料质量的重要指标。

1. 燃料的化学组成及其成分换算

（1）气体燃料的化学组成及干湿成分换算

气体燃料是由几种较简单的化合物所组成的机械混合体。其中：CO、H_2、CH_4、C_2H_4、C_mH_n、H_2S 等是可燃性气体成分，能燃烧放出热量；CO_2、N_2、SO_2、H_2O、O_2 等则是不可燃成分，不能燃烧放热，故其含量均不宜过多，以免降低燃料的发热能力。

气体燃料中各可燃成分的燃烧反应如下：

$$CO + \frac{1}{2}O_2 \longrightarrow CO_2 + 285624kJ$$

$$H_2 + \frac{1}{2}O_2 \longrightarrow H_2O + 242039kJ$$

$$CH_4 + 2O_2 \longrightarrow CO_2 + 2H_2O + 803455kJ$$

$$C_2H_4 + 3O_2 \longrightarrow 2CO_2 + 2H_2O + 1341459kJ$$

$$H_2S + \frac{3}{2}O_2 \longrightarrow H_2O + SO_2 + 518996kJ$$

C_mH_n 总称为重碳氢化合物，包括 C_3H_6、C_2H_6、C_2H_2 等。每单位体积（m^3）重碳氢化合物燃烧，约放出71176kJ热量。

气体燃料中的氧，在高温预热的情况下，能与可燃成分作用，从而降低气体燃料燃烧时的放热量。若氧的含量超过一定数量，则有爆炸危险。因此，氧的含量应受到限制，一般应小于0.2%。

气体燃料的成分系以各组成物的体积分数表示。具体表示方法有湿成分和干成分两种。

湿成分（用角标 v 表示）包括水分在内，即

$$\varphi(CO^v) + \varphi(H_2^v) + \varphi(CH_4^v) + \varphi(C_mH_n^v) + \varphi(H_2S^v) + \varphi(CO_2^v) +$$

$$\varphi(N_2^v) + \varphi(SO_2^v) + \varphi(O_2^v) + \varphi(H_2O^v) = 100\%$$

干成分（用角标 d 表示）不包括水分在内，即

$$\varphi(CO^d) + \varphi(H_2^d) + \varphi(CH_4^d) + \varphi(C_mH_n^d) + \varphi(H_2S^d) + \varphi(CO_2^d) +$$

$$\varphi(N_2^d) + \varphi(SO_2^d) + \varphi(O_2^d) = 100\%$$

式中，$\varphi(CO^v)$、$\varphi(H_2^v)$ 等表示湿气体燃料中各成分的体积百分含量；$\varphi(CO^d)$、$\varphi(H_2^d)$ 等表示干燥气体燃料中各成分的体积百分含量。

气体燃料的水分含量可以认为等于在该温度下的饱和水蒸气量。当气体燃料的温度变化时，饱和水蒸气含量发生变化，因而整个燃料的湿成分亦将发生变化。因此，气体燃料的湿成分只能代表某一固定温度下气体燃料的成分。气体燃料的湿成分不具有代表性，在一般情况下气体燃料的化学组成用干成分表示。而气体燃料在使用时所具有的实际成分为湿成分，所以在进行燃烧计算时必须以湿成分为依据。

气体燃料的干、湿成分之间可以进行换算，其换算式以 CO 为例，则

$$\varphi(CO^v) = \varphi(CO^d)[1 - \varphi(H_2O^v)] \tag{2-1}$$

式中　$\varphi(H_2O^v)$——湿气体燃料中水分的体积百分含量。

气体燃料中的其他各项成分均可依照类似的公式进行换算。

从饱和水蒸气表中（见表 2-2）所查到的水蒸气含量不是用 $1m^3$ 湿气体中所含水蒸气的体积来表示，而是用 $1m^3$ 干气体所能吸收的水蒸气的质量（克）来表示。换句话说，如果用符号 $g_{H_2O}^d$ 代表饱和水蒸气的含量，则 $g_{H_2O}^d$ 的单位是 g/m^3 干气体。进行干湿成分的换算时，必须首先把 $g_{H_2O}^d$ 变成 $\varphi(H_2O^v)$。

$$\varphi(H_2O^v) = \frac{\text{水蒸气的体积}}{\text{湿气体的总体积}} = \frac{\dfrac{g_{H_2O}^d}{1000 \times 18} \times 22.4}{1 + \dfrac{g_{H_2O}^d}{1000 \times 18} \times 22.4} \tag{2-2}$$

$$= \frac{0.00124 g_{H_2O}^d}{1 + 0.00124 g_{H_2O}^d}$$

式中　0.00124——1g 水蒸气的体积（m^3）。

表 2-2　不同温度下的饱和水蒸气量

温度 /℃	饱和蒸汽分压力 /Pa	$1m^3$ 干气体含水量 /(g/m³)	温度 /℃	饱和蒸汽分压力 /Pa	$1m^3$ 干气体含水量 /(g/m³)
20	2335	19.0	39	6991	59.6
21	2522	20.2	40	7378	63.1
22	2642	21.5	41	—	—
23	2815	22.9	42	8205	70.8
24	2989	24.4	44	9112	79.3
25	3175	26.0	46	10100	88.8
26	3362	27.6	48	11169	99.5
27	3562	29.3	50	12341	111
28	3776	31.1	52	13622	125
29	4003	33.1	54	15009	140
30	4243	35.1	56	16517	156
31	4496	37.3	58	18158	175
32	4763	39.6	60	19932	197
33	5030	42.0	62	21854	221
34	5323	44.5	64	23922	248
35	5897	47.3	66	26163	280
36	5950	50.1	68	28578	315
37	6284	53.1	70	31179	357
38	6631	56.2	72	33968	405

【知识点训练一】　将下列发生炉煤气的干成分换算成湿成分。

$$\varphi(CO^d) = 29.8\% ; \quad \varphi(H_2^d) = 15.4\% ; \quad \varphi(CH_4^d) = 3.08\% ;$$
$$\varphi(C_2H_4^d) = 0.62\% ; \quad \varphi(CO_2^d) = 7.71\% ; \quad \varphi(O_2^d) = 0.21\% ;$$
$$\varphi(N_2^d) = 43.18\% ; \quad g_{H_2O}^d = 22.3 g/m^3 \text{ 干气体。}$$

解： 水蒸气的湿成分为

$$\varphi(H_2O^v) = \frac{0.00124 \times g_{H_2O}^d}{1 + 0.00124 \times g_{H_2O}^d}$$

$$= \frac{0.00124 \times 22.3}{1 + 0.00124 \times 22.3} = 2.7\%$$

将各干成分换算为相应的湿成分。

CO 的湿成分为

$$\varphi(CO^v) = \varphi(CO^d)[1 - \varphi(H_2O^v)] = 29.8\% \times 0.973 = 29\%$$

同理得

$$\varphi(H_2^v) = 15.4\% \times 0.973 = 15\%$$

$$\varphi(CH_4^v) = 3.08\% \times 0.973 = 3\%$$

$$\varphi(C_2H_4^v) = 0.62\% \times 0.973 = 0.6\%$$

$$\varphi(CO_2^v) = 7.71\% \times 0.973 = 7.5\%$$

$$\varphi(O_2^v) = 0.21\% \times 0.973 = 0.2\%$$

$$\varphi(N_2^v) = 43.18\% \times 0.973 = 42\%$$

(2) 液体和固体燃料的化学组成及各成分的换算

液体和固体燃料的组成用质量百分数表示比较方便。需要先对液体和固体燃料进行成分分析才能表示其组成。常见的分析方法有元素分析法和工业分析法两种。元素分析法对液体和固体燃料均适用，而工业分析法仅适用于固体燃料。

① 元素分析法 固体和液体燃料虽然物理状态及化学分子结构不同，但它们的化学元素成分都相同，都是由碳、氢、氧、氮、硫五种元素所组成。此外，固体和液体燃料中还含有水分和一些矿物杂质（通常统称灰分）。上述七种物质就是固体和液体燃料的化学组成。其中碳与氢燃烧并大量放热是主要组成物，硫虽能燃烧放热，但生成物 SO_2 有害，氮、氧、灰分、水分则都不能放热。分述如下。

a. 碳 [C] 碳是固体和液体燃料的主要成分。常以其含量评价燃料的质量。在固体燃料中碳的含量变动在 $50\% \sim 90\%$ 之间，在液体燃料中碳含量一般在 85% 以上。碳完全燃烧生成 CO_2，氧气不足时则不完全燃烧生成 CO，其化学反应式如下：

$$C + O_2 \longrightarrow CO_2 + 408841kJ$$

$$C + \frac{1}{2}O_2 \longrightarrow CO + 123218kJ$$

根据化学反应式可看出：氧充足时，碳完全燃烧，所放出的热量多。因此不需要 CO 气氛（即还原性气氛）的情况下，应避免碳不完全燃烧。

b. 氢 [H] 氢是固体和液体燃料的第二主要成分。在燃烧中有两种存在形式：一种叫可燃氢，燃烧时能大量放热；另一种叫化合氢，与氧结合为水，不能燃烧放热。单位质量的氢燃烧所放出的热量，比单位质量的碳多几倍，但氢在固、液体燃料中的含量少，故起作用仍次于碳。氢燃烧生成水，水呈蒸汽状态时，其化学反应式如下：

$$H_2 + \frac{1}{2}O_2 \longrightarrow H_2O + 242039kJ$$

c. 氮 [N] 氮不参加燃烧反应，不能放热，是燃料中的惰性物质。氮存在时相对降低了碳、氢等可燃物的含量，但因含量较少，通常只有 $1\% \sim 2\%$ 左右，故危害不大。燃料燃烧后氮仍以本身形态进入废气。

d. 氧 [O] 氧是固、液体燃料中的有害组成物，它不能燃烧，也不能助燃。因为它已和燃料中的碳、氢等可燃物形成 H_2O、CO_2 等氧化物，使这部分可燃物不能燃烧放热，从而降低了燃料的发热能力。所以含氧量高是燃料局部氧化的标志，也是质量低劣的标志。故希望燃料中的含氧量愈少愈好，但在固体燃料中有时含氧量高达 10％，这是不利因素。

e. 硫 [S] 硫是有害组成物，在燃料中有三种存在形式：有机硫，黄铁矿硫，硫酸盐硫。前两种硫能燃烧放热，计算中把它们当作自由存在的硫，并统称挥发硫。最后一种硫不能燃烧，它以各种硫酸盐的形式存在于燃料中，硫燃烧的化学反应式如下：

$$S+O_2 \longrightarrow SO_2 + 409930kJ$$

硫燃烧生成 SO_2 气体。SO_2 在一定条件下能生成酸根，对设备有腐蚀作用，SO_2 是有毒气体，超过一定浓度，对人的身体健康有影响，对动植物生长亦有影响。因此，固体、液体燃料中的含硫量应受到限制，一般只允许含 0.5％，含硫高的燃料价值大为降低。为了防止污染，应将废气中的 SO_2 回收制造硫酸，这样可变害为利。

f. 水分 [M] 水分是有害组成物。本身不能放热，还要吸收大量热以加热其蒸汽至燃烧产物的温度。水分含量高，相对降低其他可燃物的含量，也就是降低燃料的发热能力。液体燃料中水分含量较少，一般在 2％ 以下。固体燃料的水分含量较高，其存在形式，主要是机械地附着在燃料块的表面或因毛细作用吸附于燃料的内部，也有极少量的水分存在于矿物杂质的结晶水中（如 $CaSO_4 \cdot 2H_2O$）。

g. 灰分 [A] 灰分是最有害的组成物。燃料中的灰分就是一些不能燃烧的矿物杂质，如 SiO_2、Al_2O_3、CaO、Fe_2O_3 等。冶金所使用的液体燃料灰分含量很低，一般在 0.3％ 以下。固体燃料中灰分比较多，波动范围较大，其危害表现在，灰分多相对降低了其他可燃物的含量；灰分本身升温及分解消耗热量；灰渣中不可避免地夹杂有未燃烧的燃料，造成机械性不完全燃烧损失；灰分多燃烧过程不易控制，灰分进入炉膛，影响工艺操作，灰分多，渣多，清灰渣消耗大量人力，影响劳动条件。此外，还要求灰分的熔点高，因灰分熔点低，会结成较大渣块，堵塞通风，使燃烧过程遭到破坏，熔渣易将可燃物包裹，使燃烧不能进行完全。所以选用燃料时必须考虑灰分的含量及其熔点。

② 工业分析法 煤是很复杂的有机化合物，要进行元素分析，比较困难。故工业上经常采用工业分析法，即将煤分成四个组成物，即挥发物、固定碳、灰分及水分。实践证明，这种分析方法不仅简单方便，且能很好地说明煤的使用特性。

a. 挥发分 [V] 煤是复杂的有机化合物，加热到一定温度，就会分解放出气体，这些加热分解出来的气体，通常称为挥发分或挥发物。

挥发分的化学成分仍然是复杂的，主要是 H_2 以及 CH_4、C_2H_4 等各种碳氢化合物气体的混合物。这些气体都是可燃的，而且发热能力高。所以，挥发分高低是选用煤时必须考虑的重要指标，挥发分高的煤燃烧时速度快，温度高，火焰长。

煤在高温下分解出来的挥发物，经过冷凝后，能分离出煤焦油，从煤焦油中可提炼出许多有用的化工原料。因此，挥发分多的煤适宜于综合利用。

b. 固定碳 [FC] 固定碳就是煤分解出挥发分以后，残留下来的固体可燃物质（不包括灰分）。固定碳的主要成分是 C，但不是纯 C。还残留有少量其他元素如 H、O、N 等。固定碳是可以燃烧的，它在煤里的含量一般超过挥发分的含量，所以它是煤中的重要发热成分，也是衡量煤使用特性的指标之一。

c. 灰分 [A] 煤完全燃烧以后，残留下来的固体矿物灰渣，称为灰分。

d. 水分 [M] 煤在加热过程中溢出的自然水分，不包括化合结晶水。

煤的工业分析方法：取一定量粒度小于 6mm 的煤样，在空气流中，加热至 $105 \sim 110℃$

干燥至质量恒定，称量以测定水分的含量；再在隔绝空气的情况下（将坩埚盖盖上）加热到900℃左右，使挥发物全部溢出后称其质量，可测得挥发分的含量；然后通以空气（打开坩埚盖）在815℃下加热灼烧至质量恒定，使固定碳全部燃烧再称其质量，便可测出灰分及固定碳的含量。

综上所述，工业分析成分对煤的选择使用很有实际意义，故工业上一般只给出煤的工业分析结果。

③ 成分表示及换算

a. 表示方法 在所有的固体和液体燃料的成分表示中，煤是最具代表性的，因而以下的成分表示是以煤为例来说明的。

由于煤的开采、运输、储存的条件不同，煤的成分，尤其是煤中的水分和灰分往往有较大的变动，以至影响煤的元素分析和工业分析的结果。因此表示燃料的组成，必须指明所选用的基准，才能确切说明问题。所谓"基准"（简称"基"），就是分析结果是以什么状态下的煤样为基础而得出的。基准若不一致，同一分析项目的计算结果会有很大的差异。

对煤进行元素分析之后，按用途不同可有四种常用的"基"：收到基、空气干燥基、干燥基、干燥无灰基。

ⅰ. 收到基。指以收到状态的煤为基准，表示了煤的实际组成。其右下角标用"ar"表示。煤的七种成分 C、H、O、N、S、A 和 M 的质量百分含量总和应等于100%，即

$$w_{ar}(C)+w_{ar}(H)+w_{ar}(O)+w_{ar}(N)+w_{ar}(S)+A_{ar}+M_{ar}=100\%$$

式中，$w_{ar}(C)$、$w_{ar}(H)$、$w_{ar}(O)$ 等为实际燃料中各成分的质量分数。

收到基表示了煤的实际组成，是进行物料平衡、热平衡、燃料燃烧计算的依据。

ⅱ. 空气干燥基。简称空干基。煤中水分含量受季节及其他外界条件的影响较大，因此，煤的收到基成分往往受水分的影响而不能反映出煤的本质。若煤与实验状态的空气湿度达到平衡，则煤中的水分含量也将保持稳定，以这样的煤为基准表示煤的组成，称为空气干燥基。其右下角标用"ad"表示。

$$w_{ad}(C)+w_{ad}(H)+w_{ad}(O)+w_{ad}(N)+w_{ad}(S)+A_{ad}+M_{ad}=100\%$$

式中，$w_{ad}(C)$、$w_{ad}(H)$、$w_{ad}(O)$ 等为燃料中各成分的空气干燥基质量分数。

上述空气干燥基煤样是指在20℃，相对湿度为70%的空气中连续干燥1h后，质量损失不超过0.1%的煤样。即认为已经达到空气干燥状态，此时煤中水分已与大气达到平衡。

将收到基与空气干燥基比较，可见煤中的水分可分为两部分：外在水分 $M_{ar,f}$（即在空气干燥中溢出的水分）及内在水分 $M_{ar,inh}$ [即 $M_{ad}(1-M_{ar,f})$]。内在水分与外在水分之和称全水分，即收到基水分 M_{ar}

$$M_{ar}=M_{ar,f}+M_{ad}(1-M_{ar,f})$$

ⅲ. 干燥基。以假想无水状态的煤为基准。其右下角标用"d"表示。一般在生产中用煤的灰分、硫分、发热量来表示煤的质量时，应采用干燥基。干燥基彻底消除了燃料中水分含量的影响，对于干燥燃料来说，它们的总和也应当等于100%，即

$$w_d(C)+w_d(H)+w_d(O)+w_d(N)+w_d(S)+A_d=100\%$$

式中，$w_d(C)$、$w_d(H)$、$w_d(O)$ 等为燃料中各成分的干燥基质量分数。

ⅳ. 干燥无灰基。以假想无水、无灰状态的煤为基准。其右下角标用"daf"表示。在研究煤的有机物质特性时，常采用干燥无灰基。干燥无灰基仅把 C、H、O、N、S 五种成分的总和作为 100%。

$$w_{daf}(C)+w_{daf}(H)+w_{daf}(O)+w_{daf}(N)+w_{daf}(S)=100\%$$

上述基准中，由实验室直接测定出的结果一般均是空气干燥基，用户可根据需要换算成其他基准。

一般同一矿井的煤的干燥无灰基组成不会发生很大变化，因此煤矿的煤质资料常以干燥无灰基表示。

上述四种基准的表示方法，可用图 2-1 表达其含义。

图 2-1　常用基准间的相互关系

煤的工业分析成分质量分数表示方法，类似于元素成分表示。

b. 换算方法　在固体、液体燃料中，同一种成分（例如碳）可以用上述四种基表示其百分含量。成分的绝对质量虽然不变，但表示方法不同，它们的百分含量显然不同。根据物料平衡原理，上述四种成分表示方法之间可以利用图 2-1 相互换算。

例如：已知 $w_d(C)$ 和 M_{ad}，求 $w_{ad}(C)$。

由于空气干燥基含碳量＝干燥基含碳量，取 1kg 空气干燥基煤样，则

$$w_{ad}(C)=w_d(C)(1-M_{ad}) \tag{2-3}$$

$$w_d(C)=w_{ad}(C)[1/(1-M_{ad})] \tag{2-4}$$

其他转换系数以此类推，具体换算关系见表 2-3。

表 2-3　不同基燃料组成的换算系数

已 知 的 基	所要换算的基			
	收到基(ar)	空气干燥基(ad)	干燥基(d)	干燥无灰基(daf)
收到基(ar)	1	$\dfrac{1-M_{ad}}{1-M_{ar}}$	$\dfrac{1}{1-M_{ar}}$	$\dfrac{1}{1-(M_{ar}+A_{ar})}$
空气干燥基(ad)	$\dfrac{1-M_{ar}}{1-M_{ad}}$	1	$\dfrac{1}{1-M_{ad}}$	$\dfrac{1}{1-(M_{ad}+A_{ad})}$
干燥基(d)	$1-M_{ar}$	$1-M_{ad}$	1	$\dfrac{1}{1-A_d}$
干燥无灰基(daf)	$1-(M_{ar}+A_{ar})$	$1-(M_{ad}+A_{ad})$	$1-A_d$	1

【知识点训练二】　已知某空气干燥煤样 $M_{ad}=2.0\%$，$A_{ad}=25.6\%$，$w_{ad}(C)=67.5\%$，求 $w_{daf}(C)$？

解：由表 2-3 得

$$w_{daf}(C) = w_{ad}(C) \times \frac{1}{1 - M_{ad} - A_{ad}} = 67.5\% \times \frac{1}{1 - 2.0\% - 25.6\%} = 93.23\%$$

【知识点训练三】 已知某种煤样 $M_{ad} = 2.9\%$，$A_{ad} = 11.5\%$，$V_{ad} = 23.4\%$，求其 w_{ad}(FC)、w_d(FC) 和 w_{adf}(FC)。

解： ① 由 $M_{ad} + A_{ad} + V_{ad} + w_{ad}(FC) = 100\%$ 得

$$w_{ad}(FC) = 1 - M_{ad} - A_{ad} - V_{ad} = 1 - 2.9\% - 11.5\% - 23.4\% = 62.2\%$$

② 由表 2-3 得

$$w_d(FC) = w_{ad}(FC) \times \frac{1}{1 - M_{ad}} = 62.2\% \times \frac{1}{1 - 2.9\%} = 64.06\%$$

③ 由表 2-3 得

$$w_{daf}(FC) = w_{ad}(FC) \times \frac{1}{1 - M_{ad} - A_{ad}} = 62.2\% \times \frac{1}{1 - 2.9\% - 11.5\%} = 72.66\%$$

2. 燃料的发热量

燃料燃烧的主要目的是获取热能，因而燃料在燃烧时能放出热量多少是冶金工作者所关心的问题，燃料发热量的高低是衡量燃料价值的重要指标。

（1）发热量的定义

单位质量或单位体积的燃料在完全燃烧情况下所能放出热量的千焦数称为燃料的发热量。

对固体、液体燃料而言，发热量的单位是 kJ/kg；对气体燃料而言则以 kJ/m³ 表示，发热量的代表符号一般以 Q 表示。

燃料的发热量只取决于燃料内部的化学组成，不取决于外部的燃料条件。

燃料中含有水和氢，氢燃烧后也生成水，燃料燃烧后该两部分水均进入废气。由于废气中水的存在状态不同，放出的热量不一样。如果废气中的水均冷却成 0℃ 的液态水，则放出的热量多。故发热量分为高发热量和低发热量。

① 高发热量（Q_{gr}） 是指单位燃料完全燃烧后，燃烧产物冷却到反应前的室温，而燃烧产物的水蒸气冷凝成 0℃ 的水时所放出的热量。

② 低发热量（Q_{net}） 是指单位燃料完全燃烧后，燃烧产物中的水蒸气不是冷凝为液态水，而是冷却为 20℃ 的水蒸气时所放出的热量。

在冶金生产的实际条件下，由于温度高，水蒸气不会冷凝为水，所以低发热量是实际应用的概念。

固、液体燃料的高低发热量可用下式进行换算

$$Q_{gr,ar} - Q_{net,ar} = 2500[M_{ar} + 9w_{ar}(H)] \quad (kJ/kg) \tag{2-5}$$

汽体燃料的高低发热量可用下式进行换算

$$Q_{gr,v} - Q_{net,v} = 2500 \times \frac{18}{22.4} \left[\varphi(H_2^v) + \varphi(H_2S^v) + \right.$$

$$\left. \frac{m}{2} \varphi(C_mH_n^V) + \varphi(H_2O^v) \right] \quad (kJ/m^3) \tag{2-6}$$

（2）发热量计算式

根据燃料中各可燃成分的燃烧热，乘以相应成分的百分数，加起来就等于整个燃料的发热量。

固体、液体的低发热量计算式如下

$$Q_{net,ar} = 33900w_{ar}(C) + 103000w_{ar}(H) - 10900[w_{ar}(O) - w_{ar}(S)] - 2500M_{ar} \quad (kJ/kg) \tag{2-7}$$

式中，$w_{ar}(C)$、$w_{ar}(H)$ 等分别代表收到基燃料中各组成的质量分数。

气体燃料的低发热量计算式如下

$$Q_{net}=12770\varphi(CO^v)+10800\varphi(H_2^v)+35960\varphi(CH_4^v)+59870\varphi(C_2H_4^v)+$$
$$71180\varphi(C_mH_n^v)+23100\varphi(H_2S^v) \ (kJ/m^3) \tag{2-8}$$

从发热量计算式可看出，燃料的发热量大小取决于燃料中可燃成分的含量及各种不同可燃成分的比例。燃料发热量的大小影响燃料的燃烧温度，欲提高燃烧温度，其措施之一就是提高燃料的发热量。例如，高炉要求热风温度提高时，热风炉采取的措施之一，就是提高热风炉所用煤气的发热量。

（3）标准燃料

为了对各种燃料进行对比，并用来作为表示燃料用量的单位，引用标准燃料这一概念。规定发热量等于 29308kJ/kg（7000kcal/kg）的煤作为标准煤。发热量等于 41870kJ/kg（10000kcal/kg）的燃料油作为标准燃料油。例如，某燃料的发热量为 26377kJ/kg，则它的发热量相当于 $26377 \div 29308 = 0.9kg$ 标准煤。因此，消耗 1t 该种燃料相当于消耗了 0.9t 标准煤。

【知识点训练四】 已知高炉煤气的湿成分为：

$\varphi(CO^v)=25.96\%$，$\varphi(H_2^v)=6.12\%$，$\varphi(CH_4^v)=0.29\%$，$\varphi(CO_2^v)=10.55\%$，

$\varphi(N_2^v)=53.0\%$，$\varphi(H_2O^v)=4.18\%$，求低发热量是多少？

解： 将上列各湿成分体积百分含量的绝对值代入公式即得

$$Q_{net}=12770\varphi(CO^v)+10800\varphi(H_2^v)+35960\varphi(CH_4^v)+59870\varphi(C_2H_4^v)+$$
$$71180\varphi(C_mH_n^v)+23100\varphi(H_2S^v)$$
$$=12770\times25.96\%+10800\times6.12\%+35960\times0.29\%$$
$$=4080 \ (kJ/m^3)$$

3. 冶金工业常用燃料

（1）气体燃料

冶金生产常用气体燃料有高炉煤气、焦炉煤气、发生炉煤气及天然气。

① 高炉煤气　高炉煤气是炼铁生产的副产品，冶炼每吨生铁大约得到 4000m³ 的高炉煤气。其中主要可燃成分为 CO，含量随着炼铁生产波动而波动，一般不超过三分之一；大量是不可燃的 N_2，含量超过 50%；CO_2 含量超过 10%。高炉煤气发热量很低，仅 3560～3980kJ/m³，一般与焦炉煤气混合使用。

② 焦炉煤气　焦炉煤气是炼焦生产的副产品，每炼一吨焦炭大约得到 300～380m³ 的焦炉煤气。其中主要成分是 H_2，含量超过 50%；其次是 CH_4，含量占 25%；其余是少量 CO、N_2、CO_2、H_2S 等。焦炉煤气发热量比较高，可达 15490～16750kJ/m³，一般作为民用燃料，也可与高炉煤气混合使用。

③ 发生炉煤气　在没有高炉煤气和焦炉煤气的地区，可以将固体燃料直接加工得到发生炉煤气。其中主要成分是 CO，含量不到三分之一；其次是 H_2，含量可达 10%，不燃成分主要是 N_2，含量超过 50%。发生炉煤气发热量比较低，仅 4820～6490kJ/m³。

④ 天然气　天然气是一种发热量很高的优质燃料，它的主要可燃成分是 CH_4，含量在 80% 以上，发热量为 33490～35590kJ/m³，理论燃烧温度高达 1090℃。

有的天然气和石油产在一起，叫做伴生天然气，它的主要可燃成分除了甲烷以外，还含有较多的不饱和烃（约占 30%），发热量高达 41870kJ/m³。

几种常用气体燃料的性质见表 2-4。

表 2-4　常用气体燃料的性质

气体燃料名称		高 炉 煤 气	焦 炉 煤 气	天 然 气	发生炉煤气
气体燃料干成分/%	CO^d	23～31	4～8	—	24～30
	H_2^d	10～15	53～60	0～2	12～15
	CH_4^d	0.1～2.6	19～25	85～97	0.5～3
	$C_2H_4^d$	—	1.6～2.3	0.1～4	0.2～0.4
	H_2S^d	—	—	0～5	0.04～1
	$CO_2^d+SO_2^d$	8～18	2～3	0.1～2	5～7
	O_2^d	0～1	0.7～1.2	—	0.1～0.3
	N_2^d	48～60	7～13	0.2～4	46～55
$Q_{net}/(kJ/m^3)$		3560～3980	15490～16750	33490～35590	4820～6490
注意事项		易中毒	易爆炸	易爆炸	易中毒

⑤ 使用煤气安全知识

a. 使用煤气要注意安全。输送管道要严密无缝隙。防毒、防爆，严格遵守煤气安全制度。

b. 煤气能和空气构成爆炸性混合物，所以煤气管道要避免混入空气，一般保持煤气管内是正压，以免在管内发生爆炸事故。由于输送管道保持正压，煤气管道必须严防漏气，以免煤气逸出，引起中毒或厂房内形成爆炸性混合物。一般有煤气设备的厂房内必须装抽风机以改善通风条件，严禁烟火，采取措施预防某些机器开动时火花的形成。

c. 煤气设备及管道上应安装发声、发光或其他低压警报器或指示仪器，以提醒工作人员及时处理。一般指示灯亮或煤气降压铃响后，应立即关闭阀门，防止回火。

d. 为了减轻爆炸的破坏力，煤气设备上应安装安全阀。在煤气管道的个别地方应设有放散管，直通车间房顶外，以便发现可疑情况时能将煤气放散到大气中。煤气管道在与煤气系统接通时，应首先用蒸汽将管道内的空气经放散管吹净。

e. 冶金工厂使用煤气的车间，均制定有煤气使用制度及安全操作规程，这些合理的规章制度是前人丰富实践的总结，必须认真严格执行。

（2）液体燃料

液体燃料包括汽油、煤油、柴油及重油等。冶金炉及其他工业炉用的液体燃料主要是重油。重油较稠浓，为黑褐色或绿褐色，发热量高达 39780～41870kJ/kg。

随着我国石油工业的飞速发展，石油加工产物——重油就成为冶金炉的优良燃料。目前许多原来烧煤或煤气的炉子改烧重油，如炼铜反射炉等，此外重油还是高炉较为理想的喷吹燃料。

我国商品重油共分 4 个牌号，即 20、60、100 和 200 号重油。每个牌号的命名是按照该重油在 50℃时的恩氏黏度来确定的。例如，20 号重油在 50℃时的恩氏黏度为 20。

为了能够安全和有效地使用重油，必须掌握下列几点。

① 重油的黏度　黏度是表示流体质点之间内摩擦力大小的一个物理指标。黏度的大小对重油的输送和雾化都有很大影响，因黏度愈大流动性愈小。

重油的黏度随温度的升高而显著降低。我国石油多是石蜡基石油，含蜡多、黏度大，所以我国重油的黏度也比较大，凝固点一般都在 30℃以上，因此在常温下大多数重油都处于凝固状态。为了便于输送和燃烧，必须把重油加热，以便降低黏度，提高其流动性和雾化性。

通常把重油加热到 70~80℃ 以便于输送，为了提高雾化质量，在重油进入喷嘴前，需要进一步加热。一般加热到 110~120℃。在实际生产中，一般都用控制油温来调节重油的黏度。

重油黏度表示的方法很多，我国通常用恩氏黏度（°E）表示，它是用恩格拉黏度计测出的黏度，其定义是

$$°E_t = \frac{t℃时200mL\ 油的流出时间}{20℃时200mL\ 水的流出时间}$$

② 重油的闪点　将重油在规定条件下加热，重油随温度的升高有可燃蒸气挥发出来，可燃蒸气与周围空气混合后，当接触外界火源时，能发生闪火现象，也就是爆炸燃烧的现象。这时的温度就叫重油的闪点。不同产地和不同牌号的重油，其闪点温度不同，通常从原油中提炼出来的石油产品越多，重油越重，黏度越大，闪点温度就越高。

重油的闪点温度对安全生产和保证生产正常进行有很大关系，闪点低的重油如果加热温度过高，则容易引起火灾，所以重油的闪点是控制加热温度的依据。

重油的闪点比它的着火温度（指能够使重油连续燃烧的温度）低得多，一般着火温度在500~600℃左右。

③ 重油的凝固点　重油冷却到一定温度时，就会凝固而失去流动性，开始凝固的温度称为凝固点。在气温较低的地区，宜选用凝固点较低的重油，以免容易凝固而不利于输送。为防止重油凝固，有必要采取保温和加热措施。

（3）固体燃料

木材、木炭、煤、焦炭、煤粉等都是固体燃料，在冶金生产中有实用意义的是煤、焦炭和煤粉。

① 煤　我国煤的特点是煤质优良，储量丰富，分布普遍。

煤是上古时代的植物被埋在地层下面，经过复杂的物理化学变化后生成的，按照煤的生成过程，煤可分为四类：泥煤、褐煤、烟煤及无烟煤，泥煤年龄最轻，无烟煤最老。工业上应用最多的是烟煤。

a. 烟煤。烟煤是化学工业的重要原料，也是冶金工业和动力工业不可缺少的燃料，应合理使用。烟煤的化学特点是挥发分含量比无烟煤高，作冶金燃料时，燃烧生成的火焰较长，有利于炉内温度的分布。烟煤的固定碳含量，大约为 50%~60%。灰分随产地而异，一般波动于 10%~30% 之间。水分因产地、运输及储存等条件的不同而不同，通常在 2%~10% 范围内。

烟煤的发热量在各类煤中是最高的，低发热量大多介于 27210~31400kJ/kg 之间，最高可达 33400kJ/kg 左右。

在选用烟煤作冶金炉燃料时，主要考虑以下几方面的指标：挥发分及发热量（这是保证炉内温度所必需的）；其次是灰分含量及其熔点；在某些情况下还必须考虑含硫量。此外，还应考虑煤的粒度大小，因粒度对煤的燃烧影响很大。

根据烟煤中挥发分及固定碳的含量不同，烟煤可细分为长焰煤、气煤、肥煤、结焦煤、瘦煤等五种。前两种适用于冶金炉中需要长火焰的时候；肥煤适于直接燃烧，可作无特殊要求的一般冶金炉燃料；结焦煤有很强的结焦性，用以炼冶金焦炭；瘦煤含挥发物很少，性质

接近无烟煤。

烟煤在工业上用途广泛，其挥发分中含有许多宝贵的化工原料，当作燃料直接燃烧在经济上不合理，所以应尽量做到综合利用，以节约国家资源。

b. 无烟煤。无烟煤是煤中埋藏年代最久，碳化程度最高的煤，几乎全部由碳组成，所以无烟煤的特点是含固定碳最多达 90％以上，挥发分极少，仅 3％～9％。无烟煤组织致密、坚硬、不易吸水，便于长期保存，发热量可达 32660kJ/kg 左右，是一种很好的民用燃料。

无烟煤的某些性质与焦炭近似（低的挥发物，高含碳量，燃烧时火焰集中等）。因此焦炭缺乏时，可用无烟煤代替焦炭。无烟煤具有热裂性，遇热后即爆裂成粉末，但经过热处理后，可得到热稳定性好的无烟煤（也叫白煤）。其方法是将无烟煤逐渐加热到 1150℃，保温 12～14h，再经 6～8h 的冷却，以缓慢除去无烟煤内部的结晶水、碳化物及挥发物特别是氢，经过这样的加热处理之后，可得到热稳定性好，不易崩裂的无烟煤，可用作小型高炉或鼓风炉的燃料。近来高炉喷吹煤粉也多由无烟煤磨制而成。

② 焦炭　焦炭是冶金工业的重要固体燃料，广泛用于高炉、鼓风炉、化铁炉及竖炉。

焦炭是结焦性烟煤在隔绝空气的条件下加温至 900～1000℃进行高温干馏的产品。焦炭是银灰色或没有光泽的灰黑色块状物，每块焦炭上有许多孔隙。冶金焦炭孔隙度为 40％～55％，各孔隙分布均匀。铸造焦炭孔隙度为 40％左右，各孔隙分布不均匀。

焦炭质量好坏对炉子热工作影响很大，故对冶金焦炭提出如下要求。

a. 化学成分。根据国家标准 GB 1996—80 的规定，供高炉冶炼用的焦炭在化学成分上必须满足以下技术条件：V_{daf} 不大于 1.9％；M_{ar} 不大于 12％；A_d 在 15％以下；w_d（S）不大于 1.0％。鼓风炉焦炭亦应满足上述条件。

b. 机械强度。冶金焦炭必须具有一定的机械强度，能承受炉内料柱的压力和抵抗料块间的摩擦冲击等作用而不碎裂，否则将影响炉内工作的正常进行。工业上一般用转鼓指数来说明焦炭机械强度的大小。

c. 块度。焦炭的块度会影响炉料层的透气性，炉料层透气性好，气流上升均匀，化学反应及燃烧进行充分，有利于提高生产率。冶金焦炭的块度一般规定为 25～125mm，小于 25mm 者不超过 2％。

d. 灰分。冶金焦炭中灰分应尽量少，因为在鼓风炉、高炉及其他竖炉中，焦炭与物料同时加入，燃烧后的灰分要吸收大量的热来熔化，既消耗了热，又增加了渣量。渣多时，随渣带走的金属损失也增加，金属直接回收率降低。根据统计，焦炭中灰分如降低 1％，在其他条件相同时，焦炭消耗量减少 2.2％～2.3％，高炉生产率提高 2.3％，供炼焦的原煤中若灰分含量过高，通常要经过选煤，减少灰分。

e. 反应能力。冶金焦炭的反应能力是指高温下焦炭还原 CO_2 的能力，其反应为：

$$C + CO_2 = 2CO - 162410kJ$$

一般焦炭的孔隙度大则反应能力强，在还原性的鼓风炉中，焦炭不仅是热能来源，并且起还原剂作用，以保证工艺过程在还原性气氛中进行。在中性或氧化性的炉中则要求焦炭的反应能力小。

冶金焦炭的发热量低，一般为 26590～27420kJ/kg。对冶金焦炭的各种质量指标，要求保持相对的稳定性。因焦炭质量波动将造成操作上的困难，甚至影响生产率降低。

焦炭是消耗量大、成本高的冶金燃料。为了节约焦炭和降低冶炼成本，我国近几年来采用高炉风口喷油或喷煤粉代替部分焦炭，使用焦化煤球炼铁等先进技术。

③ 煤粉 将块煤或碎煤磨至 0.05～0.07mm 的粒度即称煤粉。

煤粉能在较小的空气消耗系数下完全燃烧，能使用预热空气，所以燃烧时能得到较高的温度。冰铜反射炉、烧结回转窑均使用煤粉作燃料，高炉则使用煤粉作喷吹燃料。

煤粉的碾磨粒度，与炉子对火焰长度的要求及原煤挥发物含量有关。炉子燃烧空间较小，火焰要求较短时，应磨细一些。挥发物多，煤粒较易燃烧，可磨粗些。煤粉因表面积很大，吸附空气的能力很强，有流动性，一般使用空气输送。空气中悬浮一定浓度的煤粉时极易发生爆炸，故使用煤粉应注意安全。煤粉输送管或储粉管是容易发生爆炸的地方，发生爆炸的基本原因是煤粉析出的挥发物与空气形成遇火源即行爆炸的混合物。所以挥发物含量愈高的煤，爆炸危险性愈大。为防止爆炸，要求输送时空气煤粉混合物的温度不超过 100～150℃，不允许在运输系统中长期停积煤粉。储粉仓在长期中断使用时应倒空。在输送管道和设备上均应安装安全阀，以防止爆炸的破坏作用。

【知识拓展】

1. 1kg 碳燃烧生成 CO_2 比生成 CO 多放出多少千焦热量？

2. 为什么说在各种煤中烟煤的工业价值最高？烟煤根据挥发物和固定碳的不同又可分为哪几种？

【自测题】

1. 某烟煤成分如下：

成分	$w_{daf}(C)$	$w_{daf}(H)$	$w_{daf}(O)$	$w_{daf}(N)$	$w_{daf}(S)$	A_d	M_{ar}
%	85.32	4.56	4.07	1.80	4.25	7.78	3.0

求该烟煤的收到基成分含量？该煤的低发热量为多少？

2. 喷吹用的重油的供用成分如下：

成分	$w_{ar}(C)$	$w_{ar}(H)$	$w_{ar}(O)$	$w_{ar}(N)$	$w_{ar}(S)$	A_{ar}	M_{ar}
%	85.48	11.98	0.17	0.42	0.15	0.0003	1.8

求此重油的低发热量为多少？

任务二 燃烧计算

【任务描述】

在掌握了冶金常用燃料种类和特性之后，我们发现要想组织好燃烧，保证燃烧温度符合工艺要求，燃料完全燃烧达到节能降耗，对实际燃烧操作炉况进行监督反馈等工作，必须学会进行燃料燃烧的计算。

【任务分析】

在学会进行不同种类燃料选择后，要保证燃料完全燃烧，必须供给足够的空气量，但空气量过多反而会降低燃烧温度，因此，一定量燃料燃烧所需空气量应以燃烧计算为依据。同时，计算燃烧所需空气量及生成的烟气量也是选择通风设备的依据。根据已知燃料组成，判断能否达到预期的燃烧温度，进行生产工艺调控，也需要进行计算。此外，根据测定的烟气组成进行空气过剩系数的计算，是对燃烧操作进行监督的重要方面。因此，不论从合理组织燃烧、对燃烧操作进行监督，还是从设备的设计计算来看，燃烧计算都是重要的。按照计算的前后顺序，将分别进行燃烧所需空气量、生成烟气量、烟气成分、烟气密度、燃烧温度和空气过剩系数计算的学习。

【任务基本知识与技能要求】

基 本 知 识	技 能 要 求
1. 燃烧的几个基本概念：燃烧、完全燃烧与不完全燃烧、空气消耗系数 2. 燃烧计算的内容及假设条件 3. 气体燃料燃烧理论空气需要量和燃烧理论生成烟气量的计算；液体和固体燃料燃烧理论空气需要量和燃烧理论生成烟气量的计算；燃料燃烧的实际空气需要量和实际燃烧生成烟气量的计算 4. 燃烧生成烟气成分和密度的计算 5. 燃烧温度的概念；燃烧温度的计算；提高燃烧温度的措施 6. 空气消耗系数的计算	1. 能掌握燃烧的基本概念，区分完全燃烧与不完全燃烧 2. 能够进行燃料燃烧理论空气需要量和燃烧理论生成烟气量的计算以及燃料燃烧的实际空气需要量和实际燃烧生成烟气量的计算 3. 能够进行燃烧生成烟气成分和密度的计算 4. 明确燃烧温度的概念，并能在生产中提出提高燃烧温度的措施 5. 掌握空气消耗系数的概念，并根据烟气成分进行空气消耗系数计算，对炉况进行监控

【知识链接】

1. 概述

燃烧计算的目的是为了给炉子设计和炉子热工管理提供必要的数据。这些数据是选择风机、确定烟道和烟囱尺寸以及进行传热计算时不可缺少的依据。

（1）有关燃烧计算的几个基本概念

① 燃烧 燃烧实质上是一种快速的氧化反应过程，要使燃烧稳定进行，其必不可少的条件是：连续不断地供给足够的空气，其中的氧与燃料接触良好；燃料必须加热到一定温度，氧化反应才能自动加速进行。

燃料开始燃烧的最低温度叫着火温度。常见燃料的着火温度见表2-5。

表 2-5 各种燃料的着火温度

燃 料 种 类	着火温度/℃	燃 料 种 类	着火温度/℃
木柴	300	焦炭	700
烟煤	400～500	重油	580
无烟煤	700	高炉煤气	700～800

② 完全燃烧与不完全燃烧 燃料中的可燃物全部与氧发生充分的化学反应，生成不能燃烧的产物 CO_2、H_2O、SO_2 等叫完全燃烧，例如

$$C + O_2 \longrightarrow CO_2$$

$$H_2 + \frac{1}{2}O_2 \longrightarrow H_2O$$

$$S + O_2 \longrightarrow SO_2$$

燃料的不完全燃烧存在以下两种情况。

a. 化学性不完全燃烧。燃烧时燃料中的可燃物质没有得到足够的氧，或者与氧接触不

良，因而燃烧产物中还含有一部分能燃烧的可燃物 H_2、CO 等被排走，这种现象叫化学性不完全燃烧。

燃烧产物中的一部分 CO_2 和 H_2O，在 1600℃以上时热分解显著进行，增加了燃烧产物中可燃物的含量，造成不可避免的化学性不完全燃烧。

$$2CO_2 \Longrightarrow 2CO + O_2$$

b. 机械性不完全燃烧。指燃料中的可燃物未参加燃烧反应就损失掉的那部分。例如，煤未燃烧就从炉条间掉落，被煤渣带走的；被废气带走的细粒燃料；沿输送管道系统漏掉的煤气和重油等。

不论是哪种情况的不完全燃烧都造成燃料的损失，降低燃烧温度。所以必须分析原因，掌握其内部规律，采取可行的措施，主动地避免不完全燃烧损失。

③ 空气消耗系数　燃料燃烧所需的氧，工业上绝大部分来源于空气。燃料中可燃物燃烧时根据化学反应计算出来的空气量，叫做理论空气需要量，用 L_0 表示。为了保证燃料完全燃烧，实际供给燃烧的空气量需大于理论空气需要量。实际空气需要量用 L_n 表示，它与理论空气需要量的比值叫空气消耗系数（也称为空气过剩系数），用 n 表示，即

$$n = \frac{L_n}{L_0} \tag{2-9}$$

下面对 n 值进行分析。

a. $n>1$ 时，说明燃烧所供给的空气量比化学反应所需要的多，燃烧产物中有过剩的氧气，这种火焰称氧化焰。过多的这部分空气，燃烧后进入燃烧产物，增大了燃烧产物的体积数量，降低了炉温，对某些附属设备的容量也有所影响，所以 n 值愈大愈不利于冶金炉供热。此外，还会由于燃烧产物的氧化性增强而使钢大量的氧化和脱碳，进而影响产品质量。所以 n 值过大不好，原则上应当是在保证燃料完全燃烧的基础上使空气过剩越小越好。

b. $n=1$ 时，供给的空气量正好满足化学反应的需要，燃烧产物中无过剩氧气，也无 CO、H_2 等可燃性气体，这种火焰称中性焰。只要采取措施使燃料与空气混合均匀，接触良好，这种理想情况也是可以争取实现的。

c. $n<1$ 时说明供给的空气不足，不能满足化学反应所需的氧，燃烧不能充分进行，燃烧产物中含有可燃物 H_2、CO 等，造成化学性不完全燃烧损失，这种火焰称还原焰。若冶金的某些工艺过程需要在还原性气氛中进行，则以满足工艺技术要求为主。

空气消耗系数的大小与燃料种类、燃烧方法以及燃烧装置的结构特点有关。气体燃料的空气消耗系数一般在 1.05～1.15 之间；液体燃料为 1.10～1.25；固体燃料则更大一些，约为 1.20～1.50；人工加煤的小炉子可达 2。

实践证明，燃料与空气混合愈好，n 值愈小，n 值适当能得到较高的炉温，n 值过大或过小都将影响炉温降低。

（2）燃烧计算的内容及假设条件

燃料燃烧的系统理论计算基础是化学计算，根据化学反应式找出反应物和生成物相互间量的变化规律。一般燃料燃烧计算包括下列内容：

① 燃料燃烧时所需要的空气量的计算；

② 燃烧产物量的计算；

③ 燃烧产物的成分和密度的计算；

④ 燃烧温度的计算；

⑤ 空气消耗系数的计算。

工程上为了适用、简便起见，燃烧计算在准确度允许的范围内采取以下假定。

① 燃料中可燃成分完全燃烧。元素的相对分子质量取近似整数计算。例如氢的相对分子质量为 2.16，计算时相对分子质量取整数 2。

② 气体的体积都按标准状态（0℃和 101325Pa）计算。任何气体在标准状态下的千摩尔体积都是 22.4m³。

③ 当温度不超过 2100℃时，在计算中不考虑燃烧产物的热分解，亦不考虑固体燃料中灰分的热分解产物。

例如：$CaCO_3 \longrightarrow CaO + CO_2$，计算中不考虑这部分 CO_2 体积。

④ 计算空气量时，忽略空气中的微量稀有气体及 CO_2，认为干空气中 O_2 和 N_2 的比例为

干空气中	按体积/%	按质量/%
O_2	21.0	23.2
N_2	79.0	76.8

$$\frac{N_2}{O_2} = \frac{79}{21} = 3.762$$

$$\frac{空气}{O_2} = \frac{100}{21} = 4.762$$

2. 燃料燃烧的分析计算法

燃料燃烧的分析计算法是根据化学反应进行计算的。计算中的关键是计算燃烧所需的氧，然后按空气中 N_2 和 O_2 比例就可求出所需的空气量和燃烧产物量。

（1）气体燃料燃烧理论空气需要量和燃烧产物量的计算

气体燃料燃烧计算除上述共性外，还具有下列特殊点。

① 气体燃料的 L_0 及 V_0 指的是 1m³ 气体燃料完全燃烧时所需要的空气量和生成的燃烧产物量，其单位为 m³/m³。

② 因为任何气体的千摩尔体积在工程计算中都可以看成 22.4m³，所以燃烧反应方程式中反应物与生成物之间的摩尔比就是体积比。

例如：$CO + \frac{1}{2}O_2 \longrightarrow CO_2$，既可以说是 1 摩尔 CO 需要½摩尔 O_2，生成 1 摩尔 CO_2；也可以说是 1m³ CO 需要 0.5m³ O_2，生成 1m³ CO。因此，对于气体燃料来说，可以直接根据体积比进行计算。

气体燃料的组成成分以体积百分数表示。燃烧计算时用湿成分。计算过程中取 1m³，故各成分体积百分含量的绝对值，与其体积数相等。例如 1m³ 的煤气中含 CO 为 30%，CO 的数量就是 0.3m³。

气体燃料中可燃成分有 CO、H_2、CH_4、C_2H_4、H_2S，其化学反应式如下

$$CO + \frac{1}{2}O_2 \longrightarrow CO_2$$

$$H_2 + \frac{1}{2}O_2 \longrightarrow H_2O$$

$$CH_4 + 2O_2 \longrightarrow CO_2 + 2H_2O$$

$$C_2H_4 + 3O_2 \longrightarrow 2CO_2 + 2H_2O$$

$$H_2S+1\frac{1}{2}O_2 \longrightarrow H_2O+SO_2$$

根据上述反应即可求得燃烧所需的氧为

$$\frac{1}{2}\varphi(CO^v)+\frac{1}{2}\varphi(H_2^v)+2\varphi(CH_4^v)+3\varphi(C_2H_4^v)+1\frac{1}{2}\varphi(H_2S^v)-\varphi(O_2^v)\ (m^3/m^3)$$

则 $1m^3$ 的气体燃料燃烧，理论空气需要量为

$$L_0=4.762\times\left[\frac{1}{2}\varphi(CO^v)+\frac{1}{2}\varphi(H_2^v)+2\varphi(CH_4^v)+3\varphi(C_2H_4^v)+1\frac{1}{2}\varphi(H_2S^v)-\varphi(O_2^v)\right]\ (m^3/m^3)$$

$$(2-10)$$

气体燃料中的 CO_2、N_2、H_2O 及少量 SO_2，燃烧过程中不反应，燃烧后直接进入废气。故 $1m^3$ 气体燃料燃烧的燃烧产物量为

$$V_0=\varphi(CO^v)+\varphi(H_2^v)+3\varphi(CH_4^v)+4\varphi(C_2H_4^v)+2\varphi(H_2S^v)+\varphi(CO_2^v)+$$
$$\varphi(N_2^v)+\varphi(SO_2^v)+\varphi(H_2O^v)+0.79L_0\ (m^3/m^3)$$

$$(2-11)$$

【知识点训练一】 已知湿煤气的成分为：

成分	CO	H₂	CH₄	C₂H₄	CO₂	O₂	N₂	H₂O
%	29	11	3	1.0	4	0.3	50	2.7

求该煤气燃烧的理论空气需要量及燃烧产物量。

解： 取 $1m^3$ 煤气计算

$$L_0=4.762\times\left[\frac{1}{2}\varphi(CO^v)+\frac{1}{2}\varphi(H_2^v)+2\varphi(CH_4^v)+3\varphi(C_2H_4^v)+1\frac{1}{2}\varphi(H_2S^v)-\varphi(O_2^v)\right]$$

$$=4.762\times\left[\frac{1}{2}\times0.29+\frac{1}{2}\times0.11+2\times3+3\times1-0.003\right]$$

$$=1.36\ (m^3/m^3)$$

$$V_0=\varphi(CO^v)+\varphi(H_2^v)+3\varphi(CH_4^v)+4\varphi(C_2H_4^v)+2\varphi(H_2S^v)+\varphi(CO_2^v)+\varphi(N_2^v)+$$

$$\varphi(SO_2^v)+\varphi(H_2O^v)+0.79L_0$$

$$=0.29+0.11+3\times0.03+0.04+0.04+0.5+0.027+0.79\times1.36$$

$$=2.17\ (m^3/m^3)$$

【知识点训练二】 已知混合煤气干成分为：

成分	CO	H₂	CH₄	C₂H₄	CO₂	N₂	O₂
%	11.7	27.7	12.8	1.0	7.3	33.2	0.4

其中 $g_{H_2O}^d=35.1g/m^3$ 干气体。求该煤气的 L_0、V_0 各为多少？

解： 首先将干成分换算成湿成分。

水蒸气的湿成分为

$$\varphi(H_2O^v)=\frac{0.00124g\frac{d}{H_2O}}{1+0.00124g\frac{d}{H_2O}}$$

$$=\frac{0.00124\times35.1}{1+0.00124\times35.1}=4.16\%$$

将各干成分换算为相应的湿成分。

CO 的湿成分为

$$\varphi(CO^v) = \varphi(CO^d)[1 - \varphi(H_2O^v)] = 17.6\% \times 0.958 = 16.86\%$$

同理得
$$\varphi(H_2^v) = 27.7\% \times 0.958 = 26.54\%$$

$$\varphi(CH_4^v) = 12.8\% \times 0.958 = 12.28\%$$

$$\varphi(C_2H_4^v) = 1\% \times 0.958 = 0.96\%$$

$$\varphi(CO_2^v) = 7.3\% \times 0.958 = 7\%$$

$$\varphi(O_2^v) = 0.4\% \times 0.958 = 0.38\%$$

$$\varphi(N_2^v) = 33.2\% \times 0.958 = 31.82\%$$

$$L_0 = 4.762 \times \left[\frac{1}{2}\varphi(CO^v) + \frac{1}{2}\varphi(H_2^v) + 2\varphi(CH_4^v) + 3\varphi(C_2H_4^v) + 1\frac{1}{2}\varphi(H_2S^v) - \varphi(O_2^v) \right]$$

$$= 4.762 \times \left[\frac{1}{2} \times 0.1686 + \frac{1}{2} \times 0.2654 + 2 \times 0.1228 + 3 \times 0.0096 - 0.0038 \right]$$

$$= 2.32 \ (m^3/m^3)$$

$$V_0 = \varphi(CO^v) + \varphi(H_2^v) + 3\varphi(CH_4^v) + 4\varphi(C_2H_4^v) + 2\varphi(H_2S^v) + \varphi(CO_2^v) +$$

$$\varphi(N_2^v) + \varphi(SO_2^v) + \varphi(H_2O^v) + 0.79L_0$$

$$= 0.1686 + 0.2654 + 3 \times 0.1228 + 4 \times 0.0096 + 0.07 + 0.3182 + 0.0416 + 0.79 \times 2.32$$

$$= 3.1 \ (m^3/m^3)$$

（2）固体和液体燃料燃烧理论空气需要量和燃烧产物量的计算

固体和液体燃料燃烧计算除与气体燃料燃烧计算具有共性外，其独自的特点是计算过程是以千摩尔数作为计算单位，其最终结果仍应换算为体积表示。固体和液体燃料燃烧的理论空气需要量及理论空气燃烧产物量，仍分别用 L_0 和 V_0 代表，单位是 m^3/kg，它表示 1kg 固体或液体燃料完全燃烧时所需的空气和生成的燃烧产物的体积。

固体和液体燃料的可燃成分为碳、氢、硫，其完全燃烧时的化学反应方程式为：

可燃成分　　完全燃烧时的化学反应方程式

碳（C）
$$C \ + \ O_2 \ == \ CO_2$$
$$12kg \quad 32kg \quad\quad 44kg$$
$$22.4m^3 \quad 22.4m^3$$

氢（H）
$$H_2 + \ \frac{1}{2}O_2 \ == \ H_2O$$
$$2kg \quad 16kg \quad\quad 18kg$$
$$\frac{1}{2} \times 22.4m^3 \quad 22.4m^3$$

硫（S）
$$S \ + \ O_2 \ == \ SO_2$$
$$32kg \quad 32kg \quad\quad 64kg$$
$$22.4m^3 \quad 22.4m^3$$

根据碳的燃烧反应式可以看出，碳在完全燃烧时，反应物与生成物之间的分子数之比

$$C + O_2 == CO_2$$
$$1 : 1 : 1$$

也就是 1kmol 的碳（12kg），需要 1kmol 的氧（32kg），生成 1kmol 分子的二氧化碳（44kg）。在标准状态下，1kmol 的任何气体，其体积均为 $22.4m^3$。

以其中的可燃元素碳的燃烧为例叙述如下。

设有 24kg 碳，求其完全燃烧时的理论空气需要量及理论燃烧产物量。

首先写出碳燃烧的化学反应式

$$C + O_2 =\!=\!= CO_2$$

根据以上反应式得知反应物与生成物之间量的关系是，1kmol 的碳燃烧，需要 1kmol 的氧，生成 1kmol 的二氧化碳。

将 24kg 碳换算成千摩尔数，即

$$\frac{质量(kg)}{分子千摩尔质量(kg/kmol)} = \frac{24}{12} = 2(kmol)$$

根据化学反应式所提供的分子数之比得，2kmol 碳燃烧需要 2kmol 的氧，生成 2kmol 的二氧化碳。

氧来源于空气，干空气中 $N_2 : O_2 = 79 : 21 = 3.762$。即 1kmol 的氧，同时带入 3.762kmol 的氮。所以 24kg 碳燃烧所需的空气量为

$$O_2 + N_2 = 2 + 2 \times 3.762 = 2 \times 4.762 = 9.524(kmol)$$

气体习惯以体积作单位，故 9.524kmol 应为

$$9.524 \times 22.4 = 213.3 \; (m^3) \; 空气$$

综上所述，则

$$L_0 = \frac{22.4}{24} \times 2 \times 4.762 = 8.89 \; (m^3/kg)$$

24kg 碳燃烧所生成的理论燃烧产物量为

$$CO_2 + N_2 = 2 \times 4.762 = 9.524kmol = 9.524 \times 22.4 = 213.3 \; (m^3)$$

$$V_0 = \frac{22.4}{24} \times 2 \times 4.762 = 8.89 \; (m^3/kg)$$

这里 L_0 与 V_0 数值上虽相等，但所表示的具体内容不同，不能混淆。

只要懂得了一种可燃物的燃烧计算方法，实际所使用的固体、液体燃料燃烧计算也就容易明白了。因为实际使用的燃料只不过组成成分多一些，计算复杂一些，但基本方法是一致的。

工业上所使用的固体或液体燃料组成成分共有七种，即

$$w_{ar}(C) + w_{ar}(H) + w_{ar}(O) + w_{ar}(N) + w_{ar}(S) + A_{ar} + M_{ar} = 100\%$$

上述七种组成物性质不同，燃烧计算时的处理情况也不同。灰分不参加燃烧反应，也不变成气态燃烧产物，所以不计算它。碳、氢、硫均系可燃成分，能燃烧放热，燃烧所需的氧就是根据它们的燃烧反应来计算的。氮、水分不发生变化，燃烧后直接进入废气中。w_{ar} (O)是指燃料中原有的氧，因其和碳、氢形成氧化物，故计算时要将此部分氧从所需氧气中扣除。

为方便起见，取 1kg 燃料进行燃烧计算，先将各组成成分的质量换算成千摩尔数

$$\frac{w_{ar}(C)}{12}; \; \frac{w_{ar}(H)}{2}; \; \frac{w_{ar}(O)}{32}; \; \frac{w_{ar}(N)}{28}; \; \frac{w_{ar}(S)}{32}; \; \frac{M_{ar}}{18}$$

根据前述方法，可得出 1kg 燃料燃烧时所需要的氧千摩尔数为

$$\frac{w_{ar}(C)}{12} + \frac{1}{2} \times \frac{w_{ar}(H)}{2} + \frac{w_{ar}(S)}{32} - \frac{w_{ar}(O)}{32} \; (kmol)$$

1kg 燃料燃烧所需的理论空气量为

$$4.762 \times \left[\frac{w_{ar}(C)}{12} + \frac{1}{2} \times \frac{w_{ar}(H)}{2} + \frac{w_{ar}(S)}{32} - \frac{w_{ar}(O)}{32} \right] \; (kmol)$$

将上式以千摩尔数表示的理论空气量换算成体积，即 1kg 燃料燃烧的理论空气量为

$$L_0 = 22.4 \times 4.762 \times \left[\frac{w_{ar}(C)}{12} + \frac{1}{2} \times \frac{w_{ar}(H)}{2} + \frac{w_{ar}(S)}{32} - \frac{w_{ar}(O)}{32} \right] \ (m^3/kg) \quad (2\text{-}12)$$

燃烧产物由燃料燃烧后所生成的气体与空气中的氮两部分组成，所以 1kg 燃料燃烧的理论燃烧量的千摩尔数为

$$\left[\frac{w_{ar}(C)}{12} + \frac{w_{ar}(H)}{2} + \frac{w_{ar}(S)}{32} + \frac{w_{ar}(N)}{28} + \frac{M_{ar}}{18} \right] +$$

$$3.762 \times \left[\frac{w_{ar}(C)}{12} + \frac{w_{ar}(H)}{4} + \frac{w_{ar}(S)}{32} - \frac{w_{ar}(O)}{32} \right] \ (kmol)$$

加号之前括号内的数值是燃烧后所生成的气体产物，加号以后的数值为空气中的氮。

将上式以千摩尔数表示的理论燃烧产物量换算成体积，则 1kg 燃料燃烧的理论燃烧产物量为

$$V_0 = 22.4 \times \left[\left(\frac{w_{ar}(C)}{12} + \frac{w_{ar}(H)}{2} + \frac{w_{ar}(S)}{32} + \frac{w_{ar}(N)}{28} + \frac{M_{ar}}{18} \right) + \right.$$

$$\left. 3.762 \times \left(\frac{w_{ar}(C)}{12} + \frac{w_{ar}(H)}{4} + \frac{w_{ar}(S)}{32} - \frac{w_{ar}(O)}{32} \right) \right] \ (m^3/kg) \quad (2\text{-}13)$$

在理论空气量 L_0 已知时，也可以用下式计算：

$$V_0 = 22.4 \times \left[\frac{w_{ar}(C)}{12} + \frac{w_{ar}(H)}{2} + \frac{w_{ar}(S)}{32} + \frac{w_{ar}(W)}{28} + \frac{M_{ar}}{18} + \right] + 0.79 L_2^0 \ (m^3/kg) \quad (2\text{-}14)$$

【知识点训练三】 某煤矿精煤的供用成分如下：

成分	$w_{ar}(C)$	$w_{ar}(H)$	$w_{ar}(N)$	$w_{ar}(S)$	$w_{ar}(O)$	M_{ar}	A_{ar}
%:	84.43	5.03	1.39	1.9	2.36	0.4	4.49

求该煤燃烧时的理论空气需要量及理论燃烧产物量。

解： 该煤可燃成分的燃烧反应如下

$$C + O_2 = CO_2$$

$$H_2 + \frac{1}{2}O_2 = H_2O$$

$$S + O_2 = SO_2$$

根据上述反应计算 1kg 煤燃烧时所需氧的千摩尔数为

$$\frac{0.8443}{12} + \frac{0.0503}{4} + \frac{0.019}{32} - \frac{0.0236}{32} = 0.0829 \ (kmol)$$

等号前最后一项系燃料中原有氧（即有些可燃成分已经氧化的千摩尔数），减去该项，就是由空气供给氧的千摩尔数。空气中氮气是氧气的 3.762 倍，所以燃烧所需空气的千摩尔数为

$$4.762 \times 0.0829 = 0.3948 \ (kmol)$$

将空气的千摩尔数换算成体积，求出 1kg 煤燃烧所需的理论空气量为

$$L_0 = 0.3948 \times 22.4 = 8.84 \ (m^3/kg)$$

燃料燃烧后所生成的气体有化学反应生成的 CO_2、H_2O、SO_2 及燃料中原有的氮和水分，加上空气中的氮就得到燃烧产物的总千摩尔数为

$$\left(\frac{0.8443}{12} + \frac{0.0503}{4} + \frac{0.019}{32} + \frac{0.0139}{28} + \frac{0.004}{18} \right) + 0.0829 \times 3.762 = 0.4088 \ (kmol)$$

将废气的千摩尔数换算成体积，求出 1kg 煤燃烧所生成的理论燃烧产物量为

$$V_0 = 0.4088 \times 22.4 = 9.16 \quad (m^3/kg)$$

【知识点训练四】　已知烟煤的可燃质成分如下：

成分	$w_{daf}(C)$	$w_{daf}(H)$	$w_{daf}(O)$	$w_{daf}(N)$	$w_{daf}(S)$	A_d	M_{ar}
%	80.67	4.85	13.10	0.80	0.58	10.93	3.20

求理论空气需要量及理论燃烧产物量。

解：首先将已知的烟煤成分换算为收到基成分

$$A_{ar} = A_d(1 - M_{ar}) = 0.1093 \times (1 - 0.032) = 10.58\%$$

$$w_{ar}(C) = w_{daf}(C)(1 - A_{ar} - M_{ar}) = 0.8067 \times (1 - 0.1058 - 0.032)$$

$$= 0.8067 \times 0.862 = 69.55\%$$

同理

$$w_{ar}(H) = w_{daf}(H) \times 0.862 = 0.0485 \times 0.862 = 4.18\%$$

$$w_{ar}(O) = w_{daf}(O) \times 0.862 = 0.1310 \times 0.862 = 11.30\%$$

$$w_{ar}(N) = w_{daf}(N) \times 0.862 = 0.0080 \times 0.862 = 0.69\%$$

$$w_{ar}(S) = w_{daf}(S) \times 0.862 = 0.0058 \times 0.862 = 0.50\%$$

$$L_0 = 22.4 \times 4.762 \times \left[\frac{w_{ar}(C)}{12} + \frac{1}{2} \times \frac{w_{ar}(H)}{2} + \frac{w_{ar}(S)}{32} - \frac{w_{ar}(O)}{32} \right]$$

$$= 22.4 \times 4.762 \times \left(\frac{0.6955}{12} + \frac{0.0418}{4} + \frac{0.0050}{32} - \frac{0.1130}{32} \right)$$

$$= 6.94 \quad (m^3/kg)$$

$$V_0 = 22.4 \times \left[\left(\frac{w_{ar}(C)}{12} + \frac{w_{ar}(H)}{2} + \frac{w_{ar}(S)}{32} + \frac{w_{ar}(N)}{28} + \frac{M_{ar}}{18} \right) + \right.$$

$$3.762 \times \left(\frac{w_{ar}(C)}{12} + \frac{w_{ar}(H)}{4} + \frac{w_{ar}(S)}{32} - \frac{w_{ar}(O)}{32} \right) \right]$$

$$= 22.4 \times \left[\left(\frac{0.6955}{12} + \frac{0.0418}{2} + \frac{0.0050}{32} + \frac{0.0069}{28} + \frac{0.032}{18} \right) + \right.$$

$$3.762 \times \left(\frac{0.6955}{12} + \frac{0.0418}{4} + \frac{0.0050}{32} - \frac{0.1130}{32} \right) \right] = 7.15 \quad (m^3/kg)$$

则 $L_0 = 6.94 m^3/kg$，$V_0 = 7.15 m^3/kg$。

（3）燃料燃烧的实际空气需要量和实际燃烧产物量的计算

在实际生产条件下，为了保证燃料的完全燃烧，一般都要比理论空气需要量多供给一些空气，即空气消耗系数 $n > 1$。此外，空气中都含有一些饱和水蒸气。因此需要进一步讨论实际空气需要量和实际燃烧产物量的计算问题。

① 当空气消耗系数 $n > 1$ 时

实际空气需要量为
$$L_n = nL_0 \tag{2-15}$$

式中　L_n——空气消耗系数为 n 时的实际空气需要量，m^3/kg 或 m^3/m^3；

n——空气消耗系数；

L_0——理论空气需要量。

实际燃烧产物量为

$$V_n = V_0 + (n-1)L_0 \quad (m^3/kg) \quad 或 \quad (m^3/m^3) \tag{2-16}$$

② 当考虑到空气中的饱和水蒸气时

如果用符号 $g_{H_2O}^d$ 代表 $1m^3$ 干空气在该温度下所能吸收的饱和水蒸气的克数，则这些水蒸气的体积应当是

$$\frac{22.4}{1000 \times 18} \times g_{H_2O}^d = 0.00124 g_{H_2O}^d \quad (m^3)$$

所以这种情况下的实际空气需要量应为

$$L_n^v = L_n^d + 0.00124 g_{H_2O}^d \times L_n^d = L_n^d (1 + 0.00124 g_{H_2O}^d) \quad (m^3/kg) \quad 或 \quad (m^3/m^3) \quad (2\text{-}17)$$

实际燃烧产物量

$$V_n^v = V_n^d + 0.00124 g_{H_2O}^d \times L_n^d \quad (m^3/kg) \quad 或 \quad (m^3/m^3) \quad\quad\quad (2\text{-}18)$$

【知识点训练五】 求 $n=1.2$ 时知识点训练三所示精煤的实际空气需要量及实际燃烧产物量。

解：根据知识点训练三的计算结果得知

$$L_0 = 8.84 m^3/kg; \quad V_0 = 9.16 m^3/kg$$

$$L_n = nL_0 = 1.2 \times 8.84 = 10.6 \quad (m^3/kg)$$

$$V_n = V_0 + (n-1)L_0 = 9.16 + (1.2-1) \times 8.84 = 10.93 \quad (m^3/kg)$$

当燃料的化学组成无法知道时，可根据燃料种类及低位发热量利用经验公式来近似计算空气量及烟气量，见表 2-6 及表 2-7。

表 2-6　燃烧计算的经验公式

燃料种类	理论空气量 L_0	实际烟气量 V_n
煤	$L_0 = 0.241 \dfrac{Q_{net,ar}}{1000} + 0.5$	$V_n = 0.213 \dfrac{Q_{net,ar}}{1000} + 1.65 + (n-1)L_0$
液体燃料	$L_0 = 0.203 \dfrac{Q_{net,ar}}{1000} + 2.0$	$V_n = 0.265 \dfrac{Q_{net,ar}}{1000} + (n-1)L_0$
煤气（$Q_{net} < 12560 kJ/m^3$）	$L_0 = 0.209 \dfrac{Q_{net}}{1000}$	$V_n = 0.173 \dfrac{Q_{net}}{1000} + 1.0 + (n-1)L_0$
煤气（$Q_{net} > 12560 kJ/m^3$）	$L_0 = 0.26 \dfrac{Q_{net}}{1000} - 0.25$	$V_n = 0.272 \dfrac{Q_{net}}{1000} + 0.25 + (n-1)L_0$
焦炉与高炉混合煤气	$L_0 = 0.239 \dfrac{Q_{net}}{1000} - 0.2$	$V_n = 0.226 \dfrac{Q_{net}}{1000} + 0.765 + (n-1)L_0$
天然煤气（$Q_{net} < 34540 kJ/m^3$）	$L_0 = 0.264 \dfrac{Q_{net}}{1000} + 0.02$	$V_n = 1.0 + (n-1)L_0$
天然煤气（$Q_{net} > 34540 kJ/m^3$）	$L_0 = 0.264 \dfrac{Q_{net}}{1000} + 0.02$	$V_n = 0.018 \dfrac{Q_{net}}{1000} + 0.38 + (n-1)L_0$

表 2-7　不同燃料燃烧时 L_0 及 V_0 的数值范围

L_0 及 V_0 的值	烟煤/(m^3/kg)	重油/(m^3/kg)	发生炉煤气/(m^3/m^3)	天然气/(m^3/m^3)
理论空气量 L_0	$6\sim8$	$10\sim11$	$1.05\sim1.4$	$9\sim14$
理论烟气量 V_0	$6.5\sim8.5$	$10.5\sim12$	$1.9\sim2.2$	$10\sim14.5$

（4）燃烧产物成分和密度的计算

燃烧产物的成分是指燃烧产物中各种组分所占的体积分数。

燃烧产物的密度是指 $1m^3$ 燃烧产物所具有的质量，单位是 kg/m^3。

燃烧产物的成分和密度都是进行热工计算时必须知道的原始数据。其中燃烧产物成分是计算炉气黑度的依据，燃烧产物密度在气体力学方面的计算中要经常用到。

① 固体和液体燃料的燃烧产物成分和密度的计算

a. 燃烧产物成分。固体和液体燃料的燃烧产物由 CO_2、H_2O、SO_2、N_2 和 O_2 所组成。根据燃烧产物成分的定义，上述气体在燃烧产物中的成分可用下列公式计算

$$\varphi'(CO_2) = \frac{燃烧产物中 CO_2 的体积}{燃烧产物的总体积} \times 100\% = \frac{\dfrac{w_{ar}(C)}{12} \times 22.4}{V_n} \times 100\% \quad (2\text{-}19)$$

$$\varphi'(H_2O)=\frac{\text{燃烧产物中 }H_2O\text{ 的体积}}{\text{燃烧产物的总体积}}\times100\%=\frac{\left[\dfrac{w_{ar}(H)}{2}+\dfrac{M_{ar}}{18}\right]\times22.4}{V_n}\times100\% \quad (2\text{-}20)$$

$$\varphi'(SO_2)=\frac{\text{燃烧产物中 }SO_2\text{ 的体积}}{\text{燃烧产物的总体积}}\times100\%=\frac{\dfrac{w_{ar}(S)}{32}\times22.4}{V_n}\times100\% \quad (2\text{-}21)$$

$$\varphi'(N_2)=\frac{\text{燃烧产物中 }N_2\text{ 的体积}}{\text{燃烧产物的总体积}}\times100\%=\frac{\dfrac{w_{ar}(N)}{28}\times22.4+0.79L_n}{V_n}\times100\% \quad (2\text{-}22)$$

$$\varphi'(O_2)=\frac{\text{燃烧产物中 }O_2\text{ 的体积}}{\text{燃烧产物的总体积}}\times100\%=\frac{0.21(n-1)L_0}{V_n}\times100\% \quad (2\text{-}23)$$

b. 燃烧产物的密度。有两种计算方法。

ⅰ. 当已知燃烧产物的成分时，燃烧产物的密度 ρ 可用下式计算

$$\rho=\frac{44\varphi'(CO_2)+18\varphi'(H_2O)+64\varphi'(SO_2)+28\varphi'(N_2)+32\varphi'(O_2)}{22.4}\ (kg/m^3) \quad (2\text{-}24)$$

ⅱ. 当不知燃烧产物的成分时，可以根据物质不灭定律（参加燃烧反应的原始物质的质量应等于燃烧反应生成物即燃烧产物的质量），用下式计算燃烧产物的密度

$$\rho=\frac{(1-A_{ar})+1.293L_n}{V_n}\ (kg/m^3) \quad (2\text{-}25)$$

式中，A_{ar} 是燃料中灰分的质量分数；1.293 是空气的密度，kg/m^3。

② 气体燃料的燃烧产物成分和密度的计算

a. 燃烧产物成分。根据气体燃料的燃烧反应方程式和燃烧产物成分的定义，不难得出下列计算公式

$$\varphi'(CO_2)=\frac{\varphi(CO^v)+\varphi(CH_4^v)+m\varphi(C_mH_n^v)+\varphi(CO_2^v)}{V_n}\times100\% \quad (2\text{-}26)$$

$$\varphi'(H_2O)=\frac{\varphi(H_2^v)+2\varphi(CH_4^v)+\dfrac{n}{2}\varphi(C_mH_n^v)+\varphi(H_2S^v)+\varphi(H_2O^v)}{V_n}\times100\% \quad (2\text{-}27)$$

$$\varphi'(SO_2)=\frac{\varphi(H_2S^v)}{V_n}\times100\% \quad (2\text{-}28)$$

$$\varphi'(N_2)=\frac{\varphi(N_2^v)+0.79L_n}{V_n}\times100\% \quad (2\text{-}29)$$

$$\varphi'(O_2)=\frac{0.21(n-1)L_0}{V_n}\times100\% \quad (2\text{-}30)$$

b. 燃烧产物的密度。

ⅰ. 当已知燃烧产物成分时，计算方法与固体和液体燃料相同。

ⅱ. 当不知燃烧产物成分时，其计算公式为

$$\rho=\frac{28\varphi(CO^v)+2\varphi(H_2^v)+(12m+2n)\varphi(C_mH_n^v)+34\varphi(H_2S^v)+44\varphi(CO_2^v)+28\varphi(N_2^v)+18\varphi(H_2O^v)}{22.4V_n}+$$

$$\frac{1.293L_n}{V_n}\ (kg/m^3) \quad (2\text{-}31)$$

【知识点训练六】　已知发生炉煤气的湿成分如下：

成分	CO	H_2	CH_4	C_2H_4	CO_2	N_2	O_2	H_2O
%	29.0	15.0	3.0	0.6	7.5	42.0	0.2	2.7

并知 $L_0 = 1.41 m^3/m^3$；$V_0 = 2.19\ m^3/m^3$。求空气消耗系数 $n = 1.2$ 时的空气需要量，燃烧产物量，燃烧产物成分和密度。

解：
$$L_n = nL_0 = 1.2 \times 1.41 = 1.69\ (m^3/m^3)$$
$$V_n = V_0 + (n-1)L_0 = 2.19 + 0.2 \times 1.41 = 2.47 (m^3/m^3)$$

燃烧产物成分为

$$\varphi'(CO_2) = \frac{\varphi(CO^v) + \varphi(CH_4^v) + \varphi(C_mH_n^v) + \varphi(CO_2^v)}{V_n} \times 100\%$$

$$= \frac{(0.29 + 0.03 + 2 \times 0.006 + 0.075)}{2.47} \times 100\% = 16.5\%$$

$$\varphi'(H_2O) = \frac{\varphi(H_2^v) + 2\varphi(CH_4^v) + 2\varphi(C_2H_4^v) + \varphi(H_2S^v) + \varphi(H_2O^v)}{V_n} \times 100\%$$

$$= \frac{0.15 + 2 \times 0.03 + 2 \times 0.006 + 0.027}{V_n} \times 100\%$$

$$= 10.1\%$$

$$\varphi'(N_2) = \frac{\varphi(N_2^v) + 0.79L_n}{V_n} \times 100\% = \frac{0.42 + 0.79 \times 1.69}{2.47} \times 100\% = 71\%$$

$$\varphi'(O_2) = \frac{0.21(n-1)L_0}{V_n} \times 100\% = \frac{0.21 \times 0.2 \times 1.41}{V_n} \times 100\% = 2.4\%$$

燃烧产物密度

$$\rho = \frac{44\varphi'(CO_2) + 18\varphi'(H_2O) + 28\varphi'(N_2) + 32\varphi'(O_2)}{22.4}$$

$$= \frac{44 \times 0.165 + 18 \times 0.101 + 28 \times 0.71 + 32 \times 0.024}{22.4}$$

$$= 1.33\ (kg/m^3)$$

3. 燃烧温度

(1) 燃烧温度的概念

燃料燃烧放出的热量，全部被燃烧产物所吸收，燃烧产物所能达到的温度叫燃料的燃烧温度。

燃烧温度既与燃料内部的化学组成有关，又受外部燃烧条件的影响。化学组成相同的燃料，燃烧条件不同，燃烧产物的数量也不同，燃烧产物中所含的热量也就不同。所以燃烧温度的高低，取决于燃烧产物中所含热量的多少。燃烧产物中所含的热量越多，它的温度就越高。燃烧产物中所含热量的多少，取决于燃烧过程中热量的收入和支出。

根据能量守恒和转化定律，燃烧过程中燃烧产物的热量收入和热量支出之间必然相等。因此，只要找出燃料燃烧时的这个热量平衡关系，也就是写出它的热平衡方程式，就可以算出它的燃烧温度。

在生产实际条件下，燃料燃烧时，热量的来源（即燃烧过程热平衡方程式的收入项）有：

① 燃料的化学热 Q_{net}（kJ/kg 或 kJ/m^3）；

② 空气的物理热 Q_a（kJ/kg 或 kJ/m^3）；

③ 煤气的物理热 Q_f（kJ/kg 或 kJ/m³）。

热量的支出项有：

① 燃烧产物得到的热量 Q_L（kJ/kg 或 kJ/m³）；

② 传给周围介质的热量 Q_s（kJ/kg 或 kJ/m³）；

③ 由于不完全燃烧所损失的热量 Q_m（kJ/kg 或 kJ/m³）；

④ 由于燃烧产物的热分解而损失的热量 Q_c（kJ/kg 或 kJ/m³）。

因此，燃烧过程的热平衡方程式为

$$Q_{net} + Q_a + Q_f = Q_L + Q_s + Q_m + Q_c$$

根据热平衡方程式，可求出燃烧产物所含的热量为

$$Q_L = Q_{net,ar} + Q_a + Q_f - Q_s - Q_m - Q_c$$

又因为

$$Q_L = V_n C_L t_L$$

$$t_L = \frac{Q_{net,ar} + Q_a + Q_f - Q_s - Q_m - Q_c}{V_n C_L} \qquad (2\text{-}32)$$

式中　V_n——燃烧产物的体积，m³/kg 或 m³/m³；

　　　C_L——燃烧产物的平均热容量，kg/(m³·℃)；

　　　t_L——燃烧产物的温度，即燃烧温度，℃。

t_L 反映了在生产实际条件下燃烧产物所能达到的实际温度，所以叫做"实际燃烧温度"，并用符号 t_L 表示。

从上式可以看出：燃料的实际燃烧温度不仅和燃料本身的性质有关（例如燃料的发热量 Q_{net}，燃烧产物量 V_n），而且还和燃烧条件有关（例如空气消耗系数，空气及煤气的预热温度，传给周围介质的热量，不完全燃烧所损失的热量）。因此在生产条件下，为了提高燃料的实际燃烧温度，应当尽量提高空气和煤气的预热温度，减少炉墙的散热损失和保证燃料的完全燃烧，并且在保证完全燃烧的基础上尽量减小空气消耗系数。

在完全燃烧和绝热条件下，也就是当 Q_m 和 Q_s 都等于零时，燃烧产物所能达到的温度叫做"理论燃烧温度"，即

$$t_L^0 = \frac{Q_{net} + Q_a + Q_f - Q_c}{V_n C_L} \quad (℃) \qquad (2\text{-}33)$$

可见，理论燃烧温度是当燃烧条件一定时（即 Q_{net}、Q_a、Q_f 等已定），燃烧产物所能达到的最高温度。

根据生产实践和科学实验所积累的经验知道，在一定条件下，实际燃烧温度和理论燃烧温度之间存在一定关系，即

$$t_L = \eta \, t_L^0 \qquad (2\text{-}34)$$

上式中的比例系数 η 叫做炉温系数，它主要和炉子的温度制度、炉子生产率的大小、炉子的结构和形状等因素有关。炉温系数 η 的经验值见表 2-8。

表 2-8　炉温系数 η 的经验值

炉子形式	炉温系数 η
缓慢装料封闭结构的隧道窑	0.75～0.82
带材加热炉	0.75～0.80
直通式炉	0.72～0.76
连续加热炉	0.70～0.75
室状炉	0.65～0.70
水泥煅烧回转窑	0.65～0.75
冰铜反射炉	0.75～0.85

当生产条件一定时，为了保证生产工艺所需要的炉温（即实际燃烧温度 t_L），燃料的理论燃烧温度必须达到

$$t_L^0 = \frac{t_L}{\eta} \tag{2-35}$$

因此，燃料的理论燃烧温度是设计炉子时选择燃料和确定燃烧条件的重要依据。

（2）燃烧温度的计算

燃料的实际燃烧温度 t_L 只能通过直接测量来确定，这主要是因为有些项目（例如不完全燃烧所造成的热损失 Q_m，散失到周围介质中的热量 Q_s 等）很难精确计算。

对于新设计的炉子，所能达到的实际燃烧温度则可以间接地根据式 $t_L = \eta t_L^0$ 来判断。也就是说，只要算出理论燃烧温度 t_L^0 就可以大体上知道炉子所能达到的温度水平。

下面着重讨论理论燃烧温度的计算。

根据理论燃烧温度的概念

$$t_L^0 = \frac{Q_{net,ar} + Q_a + Q_f - Q_c}{V_n C_L}$$

可见，为了计算理论燃烧温度，必须分别求出以下各项参数。

① 燃烧产物的体积 V_n。

② 燃烧产物的平均热容量 C_L，可以根据燃烧产物的成分及每种成分的平均热容量来计算，计算方法详见【知识点训练七】。

③ 燃料的低发热量 Q_{net}。

④ 空气的物理热 Q_a，可用下式计算

$$Q_a = L_n C_a t_a \tag{2-36}$$

式中　L_n——燃料燃烧时所需要的空气量，m^3/kg 或 m^3/m^3；

C_a——空气在 $0 \sim t_a$ 范围内的平均热容量，$kJ/(m^3 \cdot ℃)$，可从表 2-9 中查到有关数值；

t_a——空气的预热温度，℃。

⑤ 煤气的物理热 Q_f，计算公式为

$$Q_f = L_n C_f t_f \tag{2-37}$$

式中　C_f——煤气在 $0 \sim t_f$ 范围内的平均热容量，$kJ/(m^3 \cdot ℃)$，可根据煤气成分及每种成分的热容量求出，详见【知识点训练七】；

t_f——煤气的预热温度，℃。

⑥ 由于燃烧产物的热分解所损失的热量 Q_c，它指的是燃烧产物中三原子以上的气体（主要是 CO_2 和 H_2O）在高温下发生分解时所消耗的热量，其分解反应方程式是

$$CO_2 \!=\!=\!= CO + \frac{1}{2}O_2 - 12770 kJ/m^3$$

$$H_2O \!=\!=\!= H_2 + \frac{1}{2}O_2 - 10800 kJ/m^3$$

可见，由于 CO_2 和 H_2O 的分解，燃烧产物的体积和成分都要跟着发生变化。而且，CO_2 和 H_2O 的分解度还和燃烧产物的温度有关，而这个温度正是我们所求的未知数。因此，Q_c 的计算就变得非常繁琐。它需要先假设一个燃烧温度，根据这个温度下的分解度求出 Q_c，然后代入公式中算出理论燃烧温度，如果算出的燃烧温度与假设的燃烧温度不符，

则要重新假设和另行计算。

表 2-9 空气、煤气及燃料灰分的平均热容量（平均比热容）

温度 /℃	热容量/[kJ/(m³·℃)]													热含量 /(kJ/kg)
	RO₂	N₂	O₂	H₂O	干空气	湿空气	CO	H₂	H₂S	CH₄	C₂H₂	灰分	产物	
0	1.6202	1.2991	1.3075	1.4913	1.3008	1.3247	1.3020	1.2769	1.5156	1.5658	1.7668	0.7285	1.4235	0.0
100	1.7199	1.3012	1.3192	1.5018	1.3050	1.3288	1.3020	1.2895	1.5407	1.6537	2.1059	0.7619	1.4235	75.3
200	1.8078	1.3029	1.3368	1.5172	1.3096	1.3339	1.3104	1.2979	1.5742	1.8505	2.3278	0.7954	1.4235	159.0
300	1.8807	1.3079	1.3581	1.5378	1.3180	1.3427	1.3188	1.3020	1.6077	1.8924	2.5288	0.8289	1.4402	247.0
400	1.9435	1.3171	1.3628	1.5591	1.3301	1.3552	1.3314	1.3020	1.6454	2.0222	2.7214	0.8624	1.4570	343.3
500	2.0452	1.3293	1.4004	1.5830	1.3439	1.3695	1.3439	1.3439	1.6872	2.1436	2.8930	0.8959	1.4737	447.9
600	2.0590	1.3418	1.4193	1.6077	1.3581	1.3837	1.3607	1.3104	1.7207	2.2692	3.0479	0.9294	1.4905	556.8
700	2.1076	1.3552	1.4369	1.6336	1.3724	1.3983	1.3732	1.3146	1.7584	2.3822	3.1903	0.9629	1.5072	674.0
800	2.1515	1.3682	1.4528	1.6600	1.3862	1.4126	1.3900	1.3188	1.7961	2.4953	3.3410	0.9922	1.5198	795.4
900	2.1913	1.3816	1.4662	1.6864	1.3992	1.4260	1.4025	1.3230	1.8296	2.5958	3.4499	1.0215	1.5323	921.0
1000	2.2265	1.3927	1.4800	1.7132	1.4117	1.4390	1.4151	1.3272	1.8631	2.6962	3.5671	1.0467	1.5449	1046.7
1100	2.2591	1.4055	1.5336	1.7396	1.4235	1.4511	1.4276	1.3355	1.8924	2.7842	0.0000	1.0676	1.5574	1176.4
1200	2.2885	1.4163	1.5022	1.7655	1.4343	1.4624	1.4402	1.3439	1.9217	4.1281	0.0000	1.0885	1.5658	1306.2
1300	2.3157	1.4289	1.5122	1.7906	1.4452	1.4737	1.4486	1.3523	1.9468	0.0000	0.0000	1.1053	1.5784	1436.0
1400	2.3404	1.4373	1.5219	1.8149	1.4549	1.4838	1.4611	1.3607	1.9719	0.0000	0.0000	1.1178	1.5909	1565.8
1500	2.3634	1.4469	1.5311	1.8388	1.4641	1.5059	1.4695	1.3690	1.9971	0.0000	0.0000	1.1304	1.6035	1695.6
1600	2.3848	1.4553	1.5380	1.7362	1.4729	1.5026	1.4779	1.3774	0.0000	0.0000	0.0000	1.1429	1.6286	1829.6
1700	2.4040	1.4624	1.5482	1.8840	1.4808	1.5110	1.4863	1.3858	0.0000	0.0000	0.0000	1.1513	1.6286	1959.4
1800	2.4224	1.4704	1.5558	1.9054	1.4888	1.5193	1.4946	1.3492	0.0000	0.0000	0.0000	1.1597	1.6142	2089.2
1900	2.4392	1.4779	1.5637	1.9250	1.4959	1.5269	1.4988	1.3983	0.0000	0.0000	0.0000	1.1681	1.6537	2219.0
2000	2.4551	1.4850	1.5713	1.9447	1.5030	1.5340	1.5072	1.4067	0.0000	0.0000	0.0000	1.1723	1.6663	2344.6
2100	2.4697	1.4913	1.5784	1.9631	1.5093	1.5407	1.5114	1.4151	0.0000	0.0000	0.0000	1.1764	0.0000	2470.2
2200	2.4836	1.4980	1.5851	1.9811	1.5172	1.5478	1.5198	1.4235	0.0000	0.0000	0.0000	1.1848	0.0000	2608.3
2300	2.4970	1.5030	1.5922	1.9983	1.5219	1.5537	1.5239	1.4318	0.0000	0.0000	0.0000	1.1890	0.0000	2733.9
2400	2.5095	1.5085	1.5989	1.0146	1.5273	1.5595	1.5281	1.4402	0.0000	0.0000	0.0000	1.1932	0.0000	2863.7
2500	3.7773	1.5143	1.6056	1.0305	1.5340	1.5658	2.3739	1.4486	0.0000	0.0000	0.0000	1.1932	0.0000	2985.1

在炉子设计等工程计算中，为了避免 Q_c 的繁琐计算，可以利用现成的图表来求理论燃烧温度，其中应用比较广泛的是罗津和费林格编制的 i-t 图（见图 2-2）。

i-t 图的纵坐标是燃烧产物的热含量 i（kJ/m³ 及 kcal/m³），横坐标是理论燃烧温度 t（℃），它的用法如下。

① 求出燃烧产物的热含量 i。所谓燃烧产物的热含量，指的是 1m³ 燃烧产物所含有的热量，它来自三个方面，即

$$i = C_L t_L = i_{net} + i_a + i_f \tag{2-38}$$

式中

$$i_{net} = \frac{Q_{net}}{V_n}$$

$$i_a = \frac{Q_a}{V_n} = \frac{L_n}{V_n} C_a t_a$$

$$i_f = \frac{Q_f}{V_n} = \frac{1}{V_n} C_f t_f$$

图 2-2 计算理论燃烧温度用的 i-t 图 （1kcal×4.187＝1kJ）

② 求出燃烧产物中过剩空气的体积百分数 φ (V_L)，即

$$\varphi(V_L)=\frac{V_n-V_0}{V_n}\times100\%$$
（2-39）

【知识点训练七】 根据知识点训练六的已知条件及计算结果，并知该煤气的低发热量为6762kJ/m³。

求：① 空气消耗系数 $n＝1.2$ 时的理论燃烧温度；

② 空气消耗系数 $n＝1.2$ 时，空气预热到300℃，煤气预热到200℃的理论燃烧温度。

解： ① 空气与煤气不预热时，燃烧产物的热含量为

$$i=i_{net}=\frac{Q_{net}}{V_n}=\frac{6762}{2.47}=2738\ (\text{kJ/m}^3)$$

燃烧产物中过剩空气的体积百分数为

$$\varphi(V_L)=\frac{V_n-V_0}{V_n}\times100\%=\frac{2.47-2.19}{2.47}\times100\%=11\%$$

查 i-t 图，得到

$$t_L^0=1640℃$$

② 当 $n＝1.2$，$t_a＝300℃$，$t_f＝200℃$ 时，该发生炉煤气的理论燃烧温度的计算如下

$$i=C_Lt_L=i_{net}+i_a+i_f$$

$$i_{net}=\frac{Q_{net}}{V_n}=\frac{6762}{2.47}=2738\ (\text{kJ/m}^3)$$

根据表 2-9，300℃时干空气的平均热容量为 1.318kJ/（m³·℃）。

$$i_a=\frac{L_n}{V_n}C_at_a=\frac{1.69}{2.47}\times1.318\times300=271\ (\text{kJ/m}^3)$$

从表 2-9 中查到，当煤气温度为 200℃时，各种煤气组成成分的平均热容量为：

C_{CO}	C_{H_2}	C_{CH_4}	$C_{C_2H_4}$	C_{CO_2}	C_{N_2}	C_{O_2}	C_{H_2O}
1.310	1.298	1.851	2.328	1.808	1.308	1.337	1.517

根据煤气成分及各种成分的平均热容量，可以算出该发生炉煤气在 200℃时的热容量为

$$C_f = C_{CO} \times \varphi(CO^v) + C_{H_2} \times \varphi(H_2^v) + C_{CH_4} \times \varphi(CH_4^v) + C_{C_2H_4} \times \varphi(C_2H_4^v) + C_{CO_2} \times \varphi(CO_2^v) +$$
$$C_{N_2} \times \varphi(N_2^v) + C_{O_2} \times \varphi(O_2^v) + C_{H_2O} \times \varphi(H_2O^v)$$
$$= 1.310 \times 0.29 + 1.298 \times 0.15 + 1.851 \times 0.03 + 2.328 \times 0.006 + 1.808 \times 0.075 +$$
$$1.303 \times 0.42 + 1.337 \times 0.002 + 1.517 \times 0.027$$
$$= 1.371 \ [kJ/(m^3 \cdot ℃)]$$

$$i_f = \frac{Q_f}{V_n} = \frac{1}{V_n} C_f t_f = \frac{1}{2.47} \times 1.371 \times 200 = 111 \ (kJ/m^3)$$

$$i = i_{net} + i_a + i_f = 2738 + 271 + 111 = 3120 \ (kJ/m^3)$$

$$\varphi(V_L) = \frac{V_n - V_0}{V_n} \times 100\% = 11\%$$

查 i-t 图，得到 $t_L^0 = 1840℃$。

（3）提高燃烧温度的途径

提高燃烧温度是强化冶金过程的重要措施之一。通过实际燃烧温度的热平衡方程进行分析，显然要提高 t_L 的数值，必须增大下式中分子的数值，或者减小下式中分母的数值。

$$t_L = \frac{Q_{net} + Q_a + Q_f - Q_s - Q_m - Q_c}{V_n C_L}$$

增大式中分子的数值可以从下面几点考虑。

① 提高燃料的发热量。燃料发热量高低，取决于燃料内部的化学组成，在燃料已选定的情况下，发热量也就定了。一般随发热量增加，燃烧产物的量也增加，所以对提高炉温所起的作用不是很显著。在符合经济原则的前提下，可选用优质燃料。

② 实现燃料的完全燃烧。采用合理的燃烧技术，实现燃料的完全燃烧，加快燃烧速度，是提高燃烧温度的基本措施。

③ 降低炉体散热损失。冶金炉炉体散热损失数值较大，冶金工作者应引起足够的重视，要做到冶金炉绝热好，保温好，气密性好，把炉体散热损失降至最低。

④ 预热燃料和空气。预热燃料和空气是提高燃烧温度的有效途径。因为这部分物理热不会引起燃烧产物体积增加。燃烧固体燃料一般不预热，但燃烧气体燃料则可预热至较高温度。

减小式中分母的数值可从下面两点考虑。

① 降低空气消耗系数。在保证燃料完全燃烧的前提下，采用最小的空气消耗系数，以减少分母中 V_n 的数值，从而有利于提高燃烧温度。

② 富氧鼓风和氧气助燃。富氧鼓风就是增加空气中氧的浓度，相对降低氮的含量，n 数值亦随之减少，有利于提高燃烧温度。增加空气中氧的浓度，一般低于 $28\% \sim 30\%$ 效果显著。空气中氧的浓度增加，燃烧产物的热分解亦增加，燃烧温度提高有限。使用纯氧助燃，对提高燃烧温度是非常有利的，但成本高，目前除钢铁冶金使用外，有色冶金炉上使用的还不多。

生产实践中究竟采用哪种方法来提高燃烧温度，应根据冶金炉的具体情况作具体分析。

4. 空气消耗系数的计算

前已说过空气消耗系数可以根据经验数值选定，由于多种原因（如燃料量波动、漏风漏气、测量不准等），炉内实际的情况与规定的数值往往有出入。要根据燃料产物的成分来计算空气消耗系数，并且在实践中根据这个结果去调整空气量。

燃烧产物的成分可以用气体分析器测定。

设干烟气的成分为

$$\varphi'(CO_2)+\varphi'(CO)+\varphi'(H_2)+\varphi'(CH_4)+\cdots+\varphi'(O_2)=100\%$$

式中氧含量包括两部分：一部分是过剩空气中的氧 O_2；另一部分是由于 CO、H_2、CH_4 等的不完全燃烧，而未利用的氧 O_2，即

$$\varphi'(O_2)=\varphi^{过}(O_2)+\varphi^{未}(O_2) \tag{2-40}$$

式中

$$\varphi^{未}(O_2)=0.5\varphi'(CO)+0.5\varphi'(H_2)+2\varphi'(CH_4)+\cdots \tag{2-41}$$

令 $L_过$ 代表过剩空气量，即

$$L_过=L_n-L_0$$

$$n=\frac{L_n}{L_0}=\frac{L_n}{L_n-L_过}=\frac{1}{1-\dfrac{L_过}{L_n}} \tag{2-42}$$

过剩空气中的氧量

$$\varphi^{过}(O_2)\times V_n=0.21L_过$$

或

$$L_过=\frac{\varphi^{过}(O_2)\times V_n}{0.21} \tag{2-43}$$

L_n 可以根据氮的平衡关系求得，即

烟气中的氮量＝空气带进的氮＋燃料中的氮

$$\varphi'(N_2)V_n=0.79L_n+V_{N燃}$$

$$L_n=\frac{\varphi'(N_2)V_n-V_{N燃}}{0.79} \tag{2-44}$$

将式(2-43)、式(2-44)代入式(2-42)中，可得

$$n=\frac{1}{1-\dfrac{L_过}{L_n}}=\frac{1}{1-\dfrac{\varphi^{过}(O_2)\times V_n}{0.21}\times\dfrac{0.79}{\varphi'(N_2)V_n-V_{N燃}}}=\frac{1}{1-\dfrac{79}{21}\times\dfrac{\varphi^{过}(O_2)}{\varphi'(N_2)-\dfrac{V_{N燃}}{V_n}}} \tag{2-45}$$

式中的 V_n 和燃烧产物成分有一定关系。

燃烧产物中二氧化物的体积为

$$V_{RO_2}=V_n[\varphi'(CO_2)+\varphi'(CO)+\varphi'(CH_4)+\cdots]$$

即

$$\frac{1}{V_n}=\frac{\varphi'(CO_2)+\varphi'(CO)+\varphi(CH_4)+\cdots}{V_{RO_2}} \tag{2-46}$$

将式(2-40)、式(2-41)、式(2-46)代入式(2-45)中，可得

$$n=\frac{1}{1-\dfrac{79}{21}\times\dfrac{\varphi'(O_2)-0.5\varphi'(CO)-0.5\varphi'(H_2)-2\varphi'(CH_4)-\cdots}{\varphi'(N_2)-\dfrac{V_{N燃}[\varphi'(CO_2)+\varphi'(CO)+\varphi'(CH_4)+\cdots]}{V_{RO_2}}}} \tag{2-47}$$

上式便可用来计算在空气中燃烧时的空气消耗系数。式中除包含烟气成分外，还包含 $V_{N燃}$ 和 V_{RO_2}，它们可根据燃料成分确定，即

对于气体燃料

$$V_{N燃}=\varphi(N_2) \tag{2-48}$$

$$V_{RO_2}=\varphi(CO_2)+\varphi(CO)+\sum n\varphi(C_nH_m)+\varphi(H_2S) \tag{2-49}$$

对于固体燃料

$$V_{N燃} = \frac{w(N)}{14} \times 22.4 \tag{2-50}$$

$$V_{RO_2} = \left[\frac{w(C)}{12} + \frac{w(S)}{32} \right] \times 22.4 \tag{2-51}$$

如对含氮很少的燃料（固体燃料、液体燃料、天然煤气、焦炉煤气等），$V_{N燃}$ 可忽略不计，令 $V_{N燃} = 0$，则

$$n = \cfrac{1}{1 - \cfrac{79}{21} \times \cfrac{\varphi'(O_2) - 0.5\varphi'(CO) - 0.5\varphi'(H_2) - 2\varphi'(CH_4) - \cdots}{\varphi(N_2')}} \tag{2-52}$$

若是完全燃烧时，燃烧产物中没有 CO、H_2、CH_4，则

$$n = \cfrac{1}{1 - \cfrac{79}{21} \times \cfrac{\varphi'(O_2)}{\varphi'(N_2)}} \tag{2-53}$$

对于氧含量很少的燃料，如焦炭、无烟煤等，计算可知，$\varphi'(N_2) \approx 79\%$，则

$$n = \frac{0.21}{0.21 - \varphi'(O_2)} \tag{2-54}$$

上两式中仅包含烟气成分，便于应用，但要注意它们各自的应用条件，否则将造成大的计算误差。

【知识点训练八】 已知高炉煤气成分为：$\varphi(RO_2) = 10.66\%$；$\varphi(CO) = 29.96\%$；$\varphi(CH_4) = 0.27\%$；$\varphi(H_2) = 1.65\%$；$\varphi(N_2) = 57.46\%$。设在空气中燃烧，测得烟气成分为：$\varphi'(RO_2) = 14.00\%$；$\varphi'(O_2) = 9.00\%$；$\varphi'(CO) = 1.2\%$。求燃烧时的空气消耗系数。

解：根据已知条件显然是气体燃料的不完全燃烧，则

$$V_{N燃} = \varphi(N_2) = 0.5746$$

$$V_{RO_2} = \varphi(CO_2) + \varphi(CO) + \varphi(CH_4) = 0.1066 + 0.2996 + 0.0027 = 0.4089$$

$$\varphi'(N_2) = 1 - \varphi'(RO_2) - \varphi'(O_2) - \varphi'(CO) = 1 - 0.14 - 0.09 - 0.012 = 0.758$$

$$n = \cfrac{1}{1 - \cfrac{0.79}{0.21} \times \cfrac{0.09 - 0.5 \times 0.012}{0.758 - \cfrac{0.5746 \times (0.14 + 0.012)}{0.4089}}} = 2.38$$

【知识拓展】

1. 气体燃料为什么可以直接用体积作单位进行计算？固体和液体燃料为什么不直接用重量计算，而必须换算成千克分子数？

2. 空气消耗系数的大小对燃烧过程有何影响？

3. 实际燃烧温度与理论燃烧温度有何区别？从生产角度如何提高燃烧温度？

【自测题】

1. 某燃料含碳 72%，含氢 8%，问 100kg 该种燃料中碳和氢各有多少千摩尔？

2. $10m^3$ CO 燃烧，需要多少氧，生成多少 CO_2？

3. 氢燃烧需空气 $53.334m^3$，问有多少千克氢燃烧？

4. 某煤矿的精煤成分为：

成分	$w_{ar}(C)$	$w_{ar}(H)$	$w_{ar}(N)$	$w_{ar}(S)$	$w_{ar}(O)$	M_{ar}	A_{ar}
%	69.28	4.16	0.69	0.5	11.25	10.92	3.20

求：（1）该煤燃烧时的理论空气量；

（2）理论燃烧产物量；

（3）$n=1.2$ 时的实际空气需要量与实际燃烧产物量。

5. 某厂用煤气的成分为：

成分：	CO	CO_2	CH_4	H_2	N_2	O_2	H_2O
%	30	4	1	12	50	0.5	2.5

求该煤气燃烧的 L_0、V_0 以及 $n=1.1$ 时的 L_n 和 V_n。

6. 已知发生炉煤气干成分如下

成分：	CO	H_2	CH_4	C_2H_4	O_2	N_2
%：	30	16	4	1	0.2	48.8

其中 $g_{H_2O}^d = 26g/m^3$ 干气体。求该煤气的 L_0、V_0 各为多少？

任务三　燃料燃烧过程及技术

【任务描述】

在掌握了冶金常用燃料种类和特性及燃烧计算之后，为实际的生产操作选择合适的燃烧设备，同时防止燃烧所产生的污染，并最大限度地进行节能。

【任务分析】

要为不同的燃料选择合适的燃烧设备，必须先学会每一类燃料的燃烧机理，具体的燃烧过程不简单等同于以前所学习的化学反应，是个非常复杂的过程，甚至有些机理并不是很明确，我们在学习时要搞清楚影响燃烧的主要因素，组织好燃烧过程，最大限度上节约燃料。其次要学习不同的燃烧设备的构造和使用原理，针对气体、液体和固体燃料其燃烧过程不同，合理选择相应设备，做好燃烧污染的防治，真正为实际生产操作中的节能降耗打好基础。

【任务基本知识与技能要求】

基 本 知 识	技 能 要 求
1. 燃料燃烧的基本条件：着火温度、着火浓度范围、火焰传播速度 2. 燃料燃烧的基本过程：可燃气体的燃烧、固定碳的燃烧 3. 气体燃料的燃烧技术：气体燃料燃烧过程与燃烧设备 4. 液体燃料的燃烧技术：重油的燃烧方法与过程，重油的雾化、乳化与磁化技术，燃油喷嘴，重油的供油系统 5. 固体燃料的燃烧技术：固体燃料的燃烧过程，块煤的层燃与燃烧设备，煤粉的燃烧过程与燃烧设备，沸腾燃烧室 6. 燃烧的污染及防治：二氧化硫、氮氧化物、烟尘、含酚废水、热污染；燃料燃烧的节能	1. 掌握燃料燃烧的着火浓度范围防止爆炸，掌握火焰传播速度防止回火和脱火的现象 2. 理解并熟悉气体燃料燃烧过程与燃烧设备 3. 理解并熟悉重油的燃烧方法与燃油喷嘴以及供油系统 4. 理解并熟悉块煤和煤粉的燃烧过程与燃烧设备 5. 能够进行燃烧的污染及防治，并能根据生产实际提出燃料燃烧的节能措施

【知识链接】

1. 燃料燃烧过程的基本理论

燃烧是指燃料中的可燃物与空气中的氧气发生剧烈的氧化反应，产生大量热量并伴随有强烈的发光现象。

燃料燃烧过程可分为两种基本燃烧过程：气相可燃物燃烧过程及固相碳的燃烧过程。例如液体燃料，由于加热，首先气化形成气态烃类，以后在高温缺氧时，有一部分烃类裂解生成固态碳粒后燃烧；而固体燃料在受热时逸出挥发分，余下的可燃物是固态碳。

燃烧必须满足三个条件，即燃料、空气（或氧气）及达到燃烧的最低温度——着火温度。

（1）着火温度

燃料受热时，温度逐渐升高，氧化及放热反应速度逐渐增大，当温度升高到某一温度时，燃料只靠本身氧化放出的热量，而不再需要外面加热便能持续地进行燃烧。此时的温度称为燃料的着火温度或着火点。

燃料的着火温度并不是一个定值。它与燃料的组成、空气用量、受热速度及氧气浓度、周围温度、燃烧室的结构等诸多因素有关。当氧化放热反应速度或散热速度变化时，均能使着火温度改变。因此对某种燃料一般只能给出一个着火温度范围或最低着火温度，它们一般由实验求得。

某些燃料在1atm下在空气中的着火温度范围或最低着火温度如表2-10所示。

表2-10　某些燃料的着火温度范围或最低着火温度

燃料种类	着火温度/℃	燃料种类	着火温度/℃
H_2	530～590	天然气	530
CO	610～658	石油	360～400
CH_4	537～680	重油	300～350
C_2H_6	530～594	烟煤	400～500
C_2H_2	335～500	无烟煤	600～700
焦炉煤气	500	褐煤	250～450
发生炉煤气	530		

（2）着火浓度范围

研究表明，当气体燃料与空气的比例在一定的范围内时，不管混合物是否达到着火温度，只要其遇到明火就能开始燃烧，这一范围称着火浓度范围。

可燃气体与空气在容器内混合均匀，又在着火浓度范围以内，当有火花或明火存在时，由于瞬时产生了温度很高的燃烧产物，压力急剧增加，可产生爆炸现象，故着火浓度范围又叫爆炸极限。

混合气体中可燃气体的含量低于着火浓度范围下限或高于上限时，均不能着火燃烧。低于下限或高于上限时，由于可燃气体量太少或氧气量太少，局部点燃时，其氧化反应所产生的热量不足以使邻近层气体加热至着火温度以上而燃烧，不能使燃烧传播，所以燃烧不能继续进行。当煤气与空气的混合物喷入高温炉中时，由于混合物的温度能很快加热到着火温度，则不受此着火浓度范围的限制。

气体燃料在空气中的着火浓度范围见表2-11。掌握气体燃料的着火温度和着火浓度范围，对冶金炉的正常操作管理及防爆、防火有重要的意义。天然气及石油气的着火浓度范围较窄，必须保证它们的含量在此范围内才能够着火燃烧。另外，天然气、石油气在空气中浓

125

度达到 3%～4% 时就有爆炸的危险，因此输送气体的管道、测量仪表及燃气装置等必须封闭严密，不能漏气。在气体燃料的储存和输送管道附近决不允许明火或高温热源存在。

当气体燃料与空气的混合物预热时，随着预热温度提高，着火浓度范围逐渐扩大。当气体燃料与纯氧混合时，其着火浓度范围亦比与空气混合时扩大。

表 2-11　气体燃料在空气中的着火浓度范围　　　　　　　　　　%

燃料种类	着火浓度范围		燃料种类	着火浓度范围	
	下限	上限		下限	上限
H_2	4.0	75	焦炉煤气	5.6	31
CO	12.5	75	发生炉煤气	21	74
CH_4	5	15	天然气	4	15
C_2H_6	3.2	12.5	石油气	3	13

（3）火焰传播速度

在可燃气体与空气的混合物中，当某一局部地区着火燃烧，在燃烧处就形成了燃烧焰面。由于燃烧产生大量的热，使该处温度提高并传给邻近一层的气体，使其达到着火温度以上而燃烧，并形成新的燃烧焰面，这种焰面不断向未燃气体方向移动的现象叫火焰的传播（扩散）现象，传播的速度称火焰传播（扩散）速度。其方向与焰面垂直，故又称法向火焰传播速度（m/s）。

各种气体燃料和空气混合物的火焰传播速度与混合物的组成、温度及燃烧管道的尺寸等有关。火焰传播速度随着气体混合物中可燃气体的含量而变化，有一最大值，常在过剩空气系数 n 值略小于 1 时；提高气体混合物的初温，使邻近层的混合气体较早地达到着火温度而燃烧，可以提高火焰传播速度；增加燃烧管的尺寸，使单位体积气体的散热量相对地减少，亦可提高火焰的传播速度。

当气体燃料与空气的混合物经烧嘴喷入燃烧室内，气体流速逐渐降低，同时由于接受燃烧室内燃烧产物传给的热量，温度逐渐升高至着火温度以上而燃烧。若在点燃处气体的流速大于其火焰传播速度时，则火焰根部不断向前移动，最后火焰根部将稳定于两者速度相等处；若气体喷出速度较火焰传播速度小得很多时，则火焰根部将移至烧嘴中，发生"回火"现象而有产生爆炸的危险；若气体喷出速度较火焰传播速度大得很多时，则火焰根部将远离烧嘴，使气体混合物喷出后不能预热至着火温度以上而燃烧，产生"脱火"现象，火焰可能被吹灭。因此，火焰传播速度是决定可燃气体与空气混合物最合适的喷射速度的必要参数。

（4）可燃气体（H_2、CO 及烃类）的燃烧

研究证明，可燃气体的燃烧过程并不像化学反应式（如 $H_2 + 1/2O_2 = H_2O$，$CO + 1/2O_2 = CO_2$）表示的那样简单，而是一个复杂的链锁反应过程，链锁反应的产生必须要有链锁刺激物（中间活性物）的存在，如 H、O 及 OH，它们是由于分子间的互相碰撞、气体分子在高温下的分解，或电火花的激发而产生的。

氢的燃烧是典型的链锁反应过程，是按分支链锁过程进行的，H 为链锁刺激物，其链锁反应过程如图 2-3 所示。

总的反应是 $H + O_2 + 3H_2 \longrightarrow 2H_2O + 3H$，即一个活性氢原子经反应可产生三个活性氢原子，因此燃烧速度增加很快。

一氧化碳的燃烧与氢相似，是按分支链锁过程进行的。其链锁反应过程如图 2-4 所示。

图 2-3 H 的燃烧的链锁反应过程

图 2-4 CO 的燃烧的链锁反应过程

从上述反应中可知，H_2 或 CO 的燃烧，需要 H、OH 等链锁刺激物，因此必须要有氢气或水气的存在来产生刺激物，以加速反应的进行。氢燃烧时，反应本身产生水气；而 CO 的燃烧，加入适量的水气是有利的。

气态烃的燃烧，比氢或一氧化碳更复杂些，以甲烷为例，其链锁反应过程如图 2-5 所示。

图 2-5 甲烷的燃烧的链锁反应过程

由以上分析可知：可燃气体的燃烧，是按链锁反应进行的，当可燃气体与空气的混合物加热至着火温度后，要经过一定的感应期后，才能迅速燃烧，在感应期内不断生成含有高能量的链锁刺激物（中间活性物），此时并不放出大量热量，故不能立即使临近层气体温度升高而燃烧，这一现象叫延迟着火现象。延迟着火时间不仅与可燃气体的种类有关，也与温度及压强有关。温度越高，压强越大，延迟着火时间越短。

（5）固态碳的燃烧

固态碳的燃烧是两相（气-固相）反应的物理-化学过程。氧气扩散至碳粒表面与它作用，生成 CO 及 CO_2 气体再从表面扩散出来。

关于固态碳和氧反应的机理，由于受实验条件限制，直到现在为止，仍有不同的说法。

有些学者认为，氧气扩散至炭表面，首先氧化成 CO_2。当碳表面温度很高时，则 CO_2 可以被碳还原为 CO，其过程

$$C+O_2=\!\!=\!\!=CO_2（一次反应）$$

$$C+CO_2=\!\!=\!\!=2CO（二次反应）$$

有些学者认为，氧气扩散至碳表面时，先氧化生成 CO，CO 在扩散过程中遇到氧又生成 CO_2，其过程是

$$2C+O_2=\!\!=\!\!=2CO（一次反应）$$

$$O_2+2CO=\!\!=\!\!=2CO_2（二次反应）$$

有的学者认为，氧气扩散至碳表面时，并不立即产生化学反应，而是被碳吸附生成结构不确定的吸附配合物 C_xO_y，当温度升高时，或在新的氧分子的冲击下，可分解放出 CO 及 CO_2，生成的 CO 与 CO_2 的比例与温度有关。从实验得知，在 900～1200℃之间，生成 CO 与 CO_2 的比例是 1：1，在 1450℃以上时生成的 CO 与 CO_2 的比例为 2：1。

不管碳和氧的反应过程按照哪一种过程进行，有一点是共同的，即要使碳迅速燃烧，必须是氧气扩散到碳的表面上，在高温下与碳氧化生成碳的氧化物，而后这些碳的氧化物必须迅速从碳的表面扩散出去，好让新的氧气再扩散到碳的表面。因此，固态碳的燃烧速度与化

127

学反应速度及扩散速度均有关系。

化学反应速度可近似地按下式进行

$$V_g = kc(O_2)$$

式中　V_g——单位时间单位碳粒表面上氧化反应消耗的氧量，$kg/(m^2 \cdot s)$；

　　$c(O_2)$——碳粒表面气相中氧的浓度，kg/m^3；

　　　　k——化学反应速度系数。

扩散速度可按下式计算

$$V_d = d[c'(O_2) - c(O_2)]$$

式中　V_d——单位时间扩散至单位碳粒表面上的氧量，$kg/(m^2 \cdot s)$；

　　$c'(O_2)$——气流中心氧的浓度，kg/m^3；

　　$c(O_2)$——碳粒表面气相中氧的浓度，kg/m^3；

　　　　d——扩散速度系数。

低温时（约 800℃ 以下），化学反应速度系数相当小，$k \ll d$，燃烧速度决定于化学反应速度系数 k（化学反应能力）。此时，燃烧速度随温度升高而急剧增加，而气流速度影响很小，这一阶段称动力燃烧区。

当温度升高至一定程度时（约 1000℃ 以上），$k \gg d$，燃烧速度决定于扩散速度系数 d（扩散能力），因此燃烧速度不随燃料性质而改变，和温度的关系也不大，而和气流速度的关系却很大，燃烧速度服从于扩散规律，这一阶段叫扩散燃烧区。

处在动力区与扩散区两种情况之间叫过渡区，此时扩散速度与化学反应速度相差不大，燃烧速度与化学反应能力及扩散能力均有关系，此时情况最复杂，所有影响化学反应速度及扩散速度的因素都对燃烧速度有影响。

实际情况下固态碳的燃烧过程是很复杂的，它不仅是氧化反应，还有二次反应（C+CO$_2$ ══2CO）。不仅在碳的表面燃烧，也可能在内部孔隙中燃烧。而且碳粒的形状、气流的性质均对燃烧速度有影响。

燃料在窑炉中燃烧时，固态碳的燃烧一般是在扩散区内进行的，因此空气与煤粉很好地混合，或与煤块很好地接触，并具有较大的相对速度是强化燃烧的重要途径。

2. 气体燃料的燃烧技术

（1）气体燃料的燃烧过程

气体燃料的燃烧过程可分为混合（燃料与空气的混合）、着火及燃烧三个阶段。其中着火和燃烧的速度是很快的，因而混合的过程成为影响气体燃料燃烧的主要环节，混合速度和混合均匀程度对燃烧速度及燃烧完全程度起决定性作用，另外，稳定的点火源亦是保证燃烧稳定的重要条件。

根据气体燃料与空气混合的情况不同，煤气的燃烧方式可分为三种：长焰燃烧，短焰燃烧及无焰燃烧。

① 长焰燃烧（扩散式燃烧）　煤气在烧嘴内完全不与空气混合，煤气喷出后外界空气靠扩散作用与之进行混合和燃烧，这种燃烧方式称为扩散式燃烧。它的主要特点是煤气与空气边混合边燃烧，其长度、宽度及火焰内的温度分布，主要决定于煤气与空气的混合条件，如煤气的喷出速度、煤气与空气的相对速度、二者喷出方向的交角及旋流强度等。这种燃烧方式的燃烧速度受到空气与煤气混合速度的限制，因而火焰较长，故又称长焰燃烧。

在长焰燃烧方式中，由于煤气中的部分碳氢化合物不能立即与空气混合而燃烧，使它在高温下受热而裂化，析出微小碳粒，这种碳粒能辐射出可见光波，呈现出明亮的火焰，因此，长焰燃烧又称有焰燃烧。

图 2-6 所示为煤气从喷管中喷出，形成扩散式燃烧火焰的情况。图中火焰分为三个区。

火焰中心冷核心区：由于未与空气接触，这一区由纯煤气组成（$n=0$），温度最低。

煤气和燃烧产物混合内区：这一区位于核心区外层，能和空气混合燃烧，但因空气不足（$n<1$），所以是由煤气和燃烧产物组成的。

空气和燃烧产物混合外区：这一区位于火焰的最外层，空气过剩（$n>1$），所以是由空气和燃烧产物组成的。

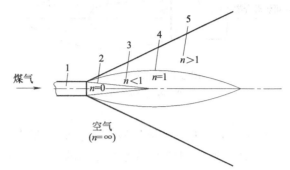

图 2-6　扩散式燃烧火焰

1—单管喷嘴；2—火焰冷核心（纯煤气）；3—煤气与燃烧产物的混合内区（$n<1$）；4—燃烧焰面（$n=1$）；5—空气与燃烧产物混合外区（$n>1$）

在内区和外区的交界面处是 $n=1$ 的火焰燃烧面，它是一层很薄的火焰燃烧层，这一薄层内温度很高，形成发光的火焰，有明显的火焰轮廓。其轮廓形成一个锥体，锥顶到喷口的距离称为火焰长度，用 L_f 表示。

扩散式燃烧火焰的长度 L_f（m）与喷管直径 d_0（m）、煤气密度 ρ（kg/m³）、空气过剩系数 n 有关，下式是在窑炉中燃烧的实验式

$$L_f = 7.63(0.77\rho + nL_0)d_0/\rho$$

式中　L_0——理论空气量，m³/m³。

长焰燃烧与其他燃烧方法相比有如下特点。

a. 因为煤气和空气是边混合边燃烧，所以燃烧速度较慢，它的燃烧速度主要决定于空气与煤气的混合速度。要求空气过剩系数大（$n=1.2\sim1.6$），否则容易出现不完全燃烧现象。

b. 烧嘴的结构对空气煤气的混合速度起着决定性的作用。因此通过改变烧嘴的结构，就能得到不同的燃烧速度和火焰长度。

c. 火焰较长，沿火焰长度方向的温度分布较均匀，在边混合边燃烧时易析出固体小碳粒，使火焰的黑度和辐射能力提高。

d. 使用煤气的压力不需很高，在一般情况下，只要有 500～3000Pa 即可，所以常把长焰烧嘴称为低压烧嘴。

e. 由于空气、煤气不预先混合，所以允许把空气、煤气预热到较高的温度，有利于回收热量和节约燃料。

f. 燃烧火焰的稳定性好，不会回火或脱火。

② 短焰燃烧　煤气和一部分空气在烧嘴内预先混合，喷出后再进一步与空气混合并燃烧，这种燃烧方式产生的火焰较短，称为短焰燃烧。图 2-7 所示为短焰燃烧的火焰结构。火焰由内焰与外焰两个锥体组成。内外锥的交界面是预混物的燃烧焰面。因为预混物 $n<1$，在内锥燃烧焰面上没有燃烧的燃料，要靠与外界的空气扩散混合后，才继续燃烧，所以又形成了外锥燃烧焰面。

与长焰相比，短焰燃烧的特点是：火焰较短，燃烧速度较快，燃烧温度较高，易燃烧完

图 2-7　短焰燃烧火焰
1—喷嘴；2—内焰（$n<1$）；3—外焰

全，空气过剩系数较小，但燃烧的稳定性较差。若气体喷出速度较火焰传播速度小时，则火焰根部将移至烧嘴中，发生"回火"现象而有产生爆炸的危险；若气体喷出速度较火焰传播速度大很多时，则火焰根部将远离烧嘴，使气体混合物喷出后不能预热至着火温度以上而燃烧，产生"脱火"现象，火焰可能被吹灭。

图 2-8 所示为城市煤气短焰燃烧时，脱火、回火速度与喷嘴直径及一次空气系数 n_1（n_1＝一次空气量/理论空气量）之间的关系，图中离焰曲线 2 与回火曲线 3 之间的三角形区域是燃烧的安全工作区。

从图 2-8 中可以看出：

a. 回火速度与火焰传播速度的变化情况相一致，即开始时随着一次空气系数 n_1 增加而增加，至 n_1 值接近 1 时达最大值，再继续增加 n_1 值时，则回火速度反而下降；

b. 脱火速度随着一次空气系数 n_1 增加而减小；

c. 回火速度越大，越易发生回火现象；脱火速度越小，越易发生脱火现象。所以 n_1 值接近 1 时最易发生回火现象；而随着 n_1 的增加，越易发生脱火现象；

d. 烧嘴出口直径越大，越容易发生回火而不易脱火。

另外煤气的组成、压力、预热温度等亦均对回火与脱火速度有影响。

③ 无焰燃烧　将煤气与空气在烧嘴内完全混合（$n>1$）喷出后立即燃烧的方式称为无焰燃烧。在无焰燃烧火焰中无内外锥之分，只有一个锥形燃烧焰面，在燃烧焰面上大部分煤气被烧掉，剩余的小部分煤气在燃烧焰面后继续燃烧。由于燃烧迅速完成，火焰短而透明，无明显轮廓，因此这种燃烧方式被称为无焰燃烧。

无焰燃烧方式 n 值接近 1，最易发生回火现象与脱火现象。一般应控制最高预热温度与最小喷出速度，以防止回火。为防止脱火，常设置某种形式的稳燃装置，如燃烧道、挡墙、多孔陶瓷板及金属网等。

图 2-8　城市煤气脱火、回火速度与喷嘴直径及一次空气系数的关系

无焰燃烧的优点是：空气过剩系数较小（$n=1.05$ 左右），燃烧温度高，燃烧热力强度大，不完全燃烧损失很小。但燃烧的稳定性较差。

近年来陶瓷高速烧嘴的出现，使煤气与空气不仅在烧嘴内混合，而且亦在烧嘴内燃烧，这对于控制喷出气流的速度和温度可以不受限制。

（2）气体燃料的燃烧设备

气体燃料的燃烧设备主要有煤气燃烧器，简称煤气烧嘴或煤气喷嘴。根据煤气与空气在烧嘴内的混合情况不同而产生的火焰状态，可分为长焰烧嘴、短焰烧嘴及无焰烧嘴三种类型。

① 长焰烧嘴 长焰烧嘴中煤气与空气不相混合，燃烧时产生长火焰。因其靠气体分子的扩散作用进行混合、燃烧，故又称扩散式烧嘴，其主要类型分单管式及双管式两种。

a. 单管式煤气烧嘴。单管式煤气烧嘴的结构较简单，如图 2-9 所示，图中煤气烧嘴结构分三种：图 2-9(a) 为渐缩形喷嘴；图 2-9（b）为直筒形喷嘴；图 2-9（c）为具有稳流网的扩散式喷嘴，煤气经稳流网被分散成小流股喷出，与空气能较好地混合，因而可以提高燃烧速度及燃烧完全程度。

b. 双管式煤气烧嘴。双管式煤气烧嘴的结构如图 2-10 所示。

图 2-9 单管式煤气烧嘴

1—煤气入口；2—烧嘴喷出口；

3—稳流网；4—隔热层

图 2-10 双管式煤气烧嘴

煤气及空气分别从各自的管道中喷出，在窑炉内扩散、混合、燃烧。按空气与煤气的位置及结构的不同，又可将双管式烧嘴分为四种形式。

A 型：煤气与空气分别在圆形或扁平形管内，平行喷入燃烧炉。由于空气的密度略大于煤气，故空气管常设置在煤气管的上方，以利于两者的混合。

B 型：煤气管套在空气管内，空气与煤气的混合情况比 A 型好，火焰较前者短。

C 型：煤气管仍套在空气管内，但空气管内设有旋流叶片（又称风翅），使空气形成旋流，可加速煤气与空气的混合过程，使火焰更短些。也可在空气和煤气管内均设旋流叶片。

D 型：煤气与空气流以一定的角度相交，也可加速混合过程，缩短火焰长度。

长焰烧嘴有如下特点。

a. 结构简单，调节方便，工作可靠。

b. 要求煤气和空气的压力较低，一般为 800～1500Pa 即可，混合气体喷出速度约 15～50m/s，火焰较长。

c. 煤气和空气可分别预热到 400℃ 和 800℃，无回火的危险。

d. 需要较大的燃烧空间及较大的过剩空气系数，因此燃烧温度不高。

长焰煤气喷嘴通常用于要求火焰长、温度分布均匀、宜于烧热煤气的窑炉。

② 短焰烧嘴 煤气与部分空气在烧嘴内预先混合后喷出，燃烧产生的火焰较短的烧嘴

称短焰烧嘴。

常用的短焰烧嘴有低压涡流式烧嘴（DW-1 型）、扁缝涡流式烧嘴（DW-2 型）和套管式烧嘴。

a. 低压涡流式烧嘴（DW-1 型）。这种烧嘴适用于烧多种煤气，如烧净化发生炉煤气、混合煤气及焦炉煤气。可以烧冷煤气，亦可以烧预热后煤气。使用煤气的压力可较低（400～800Pa），当烧天然气时，可先将天然气减压。可在煤气喷出前加一涡流叶片，以改进煤气与空气间的混合，便可使用，如图 2-11 所示。

b. 扁缝涡流式烧嘴（DW-2 型）。图 2-12 所示为扁缝涡流式烧嘴的结构。这种烧嘴是短焰烧嘴中混合最好、火焰最短的一种，它适合燃烧热值低的煤气（$Q_{net}=5400～8400kJ/m^3$），烧嘴能力从 $45m^3/h$ 至 $1000m^3/h$，烧嘴前煤气与空气的压力要求在 1500～2000Pa 之间，当混合气体喷出速度为 10～12m/s 时，火焰长度约为喷嘴直径的 6～8 倍，如果喷出速度过低，将发生回火，喷速高于 15m/s 时，会产生脱火现象。

图 2-11　低压涡流式短焰烧嘴（DW-1 型）

图 2-12　扁缝涡流式烧嘴（DW-2 型）

1—锥形煤气分流管；2—涡形空气室；

3—缝状空气入口；4—混合室

c. 套管式烧嘴。其结构如图 2-13 所示。套管式烧嘴要求空气及煤气的压力较低（800～1000Pa）。结构较简单，加工较方便。不会产生回火现象。火焰较其他短焰烧嘴为长。煤气与空气混合较差。要求燃烧室的容积较大，适合于要求还原性火焰的场合。

图 2-13　套管式烧嘴

1—混合室；2—空气入口；3—锥形煤气喷嘴

图 2-14　冷风吸入式烧嘴

1—煤气喷嘴；2—空气吸入口；

3—混合管；4—燃烧通道

短焰烧嘴有以下两个重要特点：

a. 通过改变烧嘴喷口的形状或尺寸以及调节煤气与空气的配合比，可灵活调节火焰的长度，以适应煅烧工艺的需要；

b. 煤气与空气的预热温度受到限制。

短焰烧嘴的应用较广。

③ 无焰烧嘴　无焰烧嘴是指煤气和空气在烧嘴内完全混合，燃烧时几乎无明亮火焰的烧嘴。常用的无焰烧嘴为喷射式烧嘴，利用煤气喷射时所形成的抽力吸入空气，所用煤气压力较高，约为 10^4 Pa 左右，故又称高压煤气烧嘴。当吸入的空气为冷空气时，称冷风吸入式烧嘴，由于不需设置专门空气管道，故又称单管喷射式烧嘴。当吸入的空气为热空气时，称热风吸入式烧嘴，因设置有专门的热空气管道，故又称双管喷射式烧嘴。此外，还有利用压缩空气喷射以吸入煤气的喷嘴。

图 2-14 所示为冷风吸入式烧嘴的结构，煤气从喷嘴以高速喷出，吸入冷空气，两者在混合管内混合，混合管呈扩散形，使部分动压头转变为静压头，将混合气体压向燃烧通道。燃烧通道的作用是点火、稳焰，形成稳定的高温着火区，保证无焰燃烧。燃烧通道中的缩口是控制混合气体的喷出速度大于火焰传播速度，以防止回火现象。这种烧嘴常用于燃烧热值较低的煤气（$Q_{net}<9200$kJ/m³），煤气可以是经过预热的，也可是冷的。

无焰烧嘴有如下特点：

a. 煤气与空气在喷嘴内充分混合，过剩空气系数可较小（$n=1.05$），不完全燃烧热损失少；

b. 燃烧速度快，燃烧强度高，所需的燃烧空间较小；

c. 煤气及空气不能预热至 400℃ 以上，以防止爆炸；

d. 燃烧的火焰短而透明，无明显轮廓，火焰辐射能力较小。

3. 液体燃料的燃烧技术

液体燃料有汽油、柴油和各种牌号的重油。这里重点讨论重油的燃烧过程及其设备。

（1）重油的燃烧方法与燃烧过程

重油是比较容易燃烧的，但要合理燃烧却不容易，要采取合适的燃烧方法。目前硅酸盐工业中主要采用雾化燃烧法与气化燃烧法。

雾化燃烧法是将重油喷成细小雾滴，再与空气混合燃烧。雾化的目的是为了增大油滴与空气的接触面积。经估算，1cm³ 的油分散成直径为 $40\mu m$ 的雾滴时，其表面积将增加 250 倍，这样重油就容易受热蒸发及与空气混合，使燃烧迅速、完全。

雾化燃烧法的燃烧过程一般可分为四个阶段，即：

① 重油被雾化成微小液滴；

② 液滴受热蒸发成为油蒸气；

③ 油蒸气与燃烧空气混合；

④ 油气着火及燃烧。

上述③、④阶段与气体燃料燃烧过程相同。

燃油喷进炉膛后，如果未能及时供给空气它就会分解为碳粒或重碳氢化合物，它们较难燃烧，常常没有烧完就离开炉膛从烟囱飞出去，形成浓黑的烟；如果空气供给得适当，油滴又雾化得很细，油进入炉膛后，就可以与空气很好地混合，这样，油就会迅速蒸发、氧化而很少分解为重碳氢化合物。因此，使油良好燃烧的另一个重要条件，就是供给适量的空气，并使油雾与空气很好地混合。

所以，保证重油雾化燃烧过程强化和稳定的三个关键是：

① 改善雾化质量；

② 保证燃烧室内的高温，以加快蒸发、热分解和着火燃烧；

③ 供给足够的空气，强化混合过程。

气化燃烧法是将重油加热蒸发、高温裂化成油气，再按煤气那样来燃烧。气化燃烧法需另建一个车间，设置一整套设备，制气过程中还要损失不少热量，所以只在某些制品的加工工序中当缺乏净化煤气时采用。如果改用汽油或柴油，过程可以简化，设备也少得多，但因价格昂贵，极少采用。

（2）重油的雾化

① 工业窑炉对重油的雾化要求

a. 雾滴要细。经实验，最合适的雾滴（即雾状油滴）直径为 $50\mu m$ 或比 $50\mu m$ 稍细些，这样大小的雾滴已能达到受热面积大、受热量多、气化迅速、燃烧均匀的目的，过细并无必要，反而会耗掉较多的能量。

b. 油流股中各雾滴直径要均匀。按现用的雾化方法，得到的是直径为 $10\sim100\mu m$ 的雾滴群。在此雾滴群中要求直径为 $50\mu m$ 或小于 $50\mu m$ 的雾滴占 85% 以上。

c. 油流股断面上雾滴的分布要均匀。不希望出现边缘密集、中间空心的现象。

② 雾化机理及雾化方法　重油喷进炉膛后，重油的黏度和表面张力等内力保持油流股表面状态不被破坏，只有当施加的外力超过此内力时，才能使油流股分散。当剩余的外力仍大于分散后油流股的内力时，油流股能继续变细成雾。直至外力等于内力，达到相对平衡，油流股才不再变细，形成大量具有一定直径的雾滴。

根据雾化机理，目前采用两类雾化方式：机械雾化（间接法）和介质雾化（直接法）。

a. 机械雾化。机械雾化是将重油加以高压（一般为 $1\sim3.5MPa$），以较大的速度并以旋转运动的方式从小孔喷入气体空间使油雾化。由于是依靠油本身的高压，故称油压雾化。

这种方式造成雾化的作用：高压下油流股内部的波形振动；高压旋转运动产生离心力；油流股通过气体空间时遇到的摩擦力；由气穴现象产生的局部气化和沸腾。

由于以上各力，使喷出的油流形成薄膜增长到顶峰时破裂，很快收敛成为韧带状的液条，再破裂为液滴。

机械雾化的雾滴较粗（直径约 $100\sim200\mu m$），喷出的火焰较瘦长（长约 $2\sim3m$，扩散角约 $45°\sim50°$），刚性较好，喷油量大，设备简单紧凑，动力消耗低，在可调范围内调节方便，运转时无噪声。

b. 介质雾化。介质雾化是利用以一定角度高速喷出的雾化介质（或称雾化剂），使油流股分散成细雾。这种方式造成雾化是由于雾化介质对油流股的机械作用，当摩擦力或冲击力大于油的表面张力时，油流先分散成夹有空隙气泡的细流，继而破裂成细带或细线，后者又在油本身表面张力作用下形成雾滴。

在一定范围内，油的黏度与雾滴细度成反比关系，油黏度愈大，破裂成的油带、油线愈粗，形成的雾滴愈大。由于重油的黏度随温度变化而改变，所以在操作时应正确确定油温并严格保持不变。

油流股在力的作用下被破裂的程度与表面张力有关。若表面张力大，则细带在其尚未伸展、达到所需薄的程度之前就折断，分离出来的雾滴就粗。若表面张力小，产生的雾滴就细。不同牌号的重油的表面张力相差不大，且其随温度的变化又很小，所以表面张力的影响是有限的。

在一定程度上油与雾化介质的相交角度愈大，相对速度愈大，接触时间愈长和接触面积愈大，则雾滴愈细。

雾化介质用量增加时，动量增大，雾滴变细。但当雾化介质用量增到一定限度后，其对雾化的效果就不显著了，却反而使动力消耗增大，产品成本提高。

雾化介质密度与雾滴细度成正比。雾化介质的密度愈大，它对油流股的冲击力愈大，雾滴就愈细。

一般，雾化的油滴愈细，雾滴直径的均一性和雾滴分布的均匀性也愈好。

根据雾化介质的压力可分为低压雾化、中压雾化和高压雾化三种。

低压雾化介质时雾化介质的压力为 2～12kPa（0.02～0.12atm），可用鼓风机鼓入的空气作雾化介质。当雾化介质的压力为 3～7kPa 时，其流速可达 70～100m/s，喷出的雾滴比机械雾化小 10 倍左右，低压雾化喷出的火焰长度中等（最长约 3m），扩散角范围很大（20°～90°），具有一定刚性，喷油量小（最小为 1～3kg/h），仅适用于中、小型窑炉。

中压雾化时雾化介质的压力为 10～100kPa（0.1～1atm），用压缩空气或蒸汽作雾化介质，雾化介质用量约占燃烧空气量的 15% 左右。

高压雾化时雾化介质的压力为 100～700kPa（1～7atm），用预热压缩空气或过热蒸汽作雾化介质，雾化介质的流速达 300～400m/s，喷出的雾滴直径可达 10μm 以下。火焰较长（2～6m），扩散角小（15°～30°），呈圆锥形。由于雾化介质压力大，流速快，属于高压气体的流出，所以，雾化介质用量很少。

用预热的压缩空气雾化时火焰较短，刚性较强，火焰根部温度较高，火焰行程上温差较大，而用过热蒸汽雾化时则相反。

（3）重油的乳化与磁化

① 乳化油技术　部分水以 1～3μm 的微粒均匀分散于重油中，形成的乳白色液体称为乳化油。乳化油有三种类型：一是油包水型，即 1～3μm 的水微粒外包有一层油膜；二是水包油型；三是多重型，即水相中有油珠，而此油珠中又包有水膜。目前所得乳化油主要是油包水型。

油包水型的乳化油喷入窑内后，由于水比油的沸点低得多，骤然受热后，水先汽化，体积膨胀，发生爆炸，使外围的油膜进一步分裂为更小的颗粒，形成二次雾化，从而增大燃烧表面，使燃烧更完全；另外水汽和油裂解产物在高温下会发生下列反应

$$C + H_2O \longrightarrow CO + H_2$$
$$CH_4 + H_2O \longrightarrow CO + 3H_2$$

上列反应吸收的热量使火焰温度不致局部过高而趋于均匀；促使火焰内热解出的碳氢化合物及微小碳粒在缺氧的条件下也能转化成燃烧速度较快的 CO 和 H_2，继续燃烧放热，提高了重油的完全燃烧程度。

采用乳化油燃烧技术的效果如下。

a. 节油。目前掺水率达 13%～15%，节油率 8%～10%。

b. 火焰变短发亮，刚性增强，火焰的温度稍有增高。

c. 基本消除了化学不完全燃烧。烟气内只有微量的 CO 存在，而烟囱冒黑烟的现象也可大为减轻。

　　d. 减轻公害，如烟气内烟尘和 NO 等含量的减少以及噪声的降低。

　　乳化油燃烧要获得理想的效果，关键在于乳化质量要高。对乳化油的质量要求有：绝大部分水珠直径在 $3\mu m$ 以下，允许少量水珠大于 $3\mu m$，但最大亦不能超过 $10\mu m$。还要保证在乳化油储存和输送过程中油水不分层。

　　欲达到上述要求，必须采用合适的乳化技术。超声波乳化器是利用发射超声波达到乳化，能得到质量好的乳化油（水珠直径 $1\mu m$ 左右），并且设备简单，经济可靠，所以是目前最常用的乳化技术，超声波之所以能起乳化作用主要是由于超声空化作用。

　　为了贯彻中国以煤为主的能源政策，可采用以煤代油措施，将粉碎至 200 目的煤粉与重油混合或将油-水-煤粉三者混合，通过搅拌、乳化，有时还加入稳定剂制成混合燃料（称作 COM 燃料）。使用混合燃料可以利用原有的燃油设备，有利于燃油窑炉的改造。

　　② 磁化油技术　将重油在可控强磁场的 N 极、S 极中间流过时，在磁力线的作用下，重油分子中的碳氢键、碳氧键会产生变形，使得分子内结合能下降，分子间凝聚力减弱。从而降低了重油的黏度与表面张力，为提高重油的雾化质量创造了条件，燃烧速度与燃烧温度都有所提高。

　　(4) 燃油喷嘴

　　① 工业窑炉对燃油喷嘴的一般要求

　　a. 喷出的雾滴细而均一，黑区尽量短，不沾污制品或物料，油流股断面上不能有空心，雾化介质用量要少。

　　b. 形成的火焰要符合工艺要求，能够方便地调节控制。

　　c. 结构简单，便于控制同轴度和扩散角，便于制造、拆装、清洗和检修，并要坚固、耐用、不漏油、不堵塞、不结焦。

　　② 喷嘴分类　与雾化方式相对应，燃油喷嘴分为机械雾化喷嘴、低压雾化喷嘴、中压雾化喷嘴和高压雾化喷嘴四类。

　　低压和高压喷嘴又可按下列特征分类：

　　a. 按油流与雾化介质相对流向分为直流式(接近平行相遇)、涡流式(切线方向相遇) 和交流式(以一定角度相遇)；

　　b. 按雾化级数分为一级、二级和多级雾化；

　　c. 按油流与雾化介质形成混合物的位置分为外混式(在喷嘴外面混合) 和内混式(在喷嘴内部混合)。

　　③ 几种喷嘴的结构及特征简介

　　a. 机械雾化喷嘴

　　ⅰ. S_2 型机械喷嘴如图 2-15 所示。它由旋流室和喷嘴两部分构成。在旋流室周围设有 3～5 条可调节开度的切向进油槽。具有压力的油从进油管通过切向进油槽进入圆柱形旋流室。油在旋流室内成回转运动，按旋转和轴向两个方向迅速前进，然后经喷油嘴喷出。调节切向槽开度可以调节喷油量和扩散角，改变火焰形状。喷出火焰长 2～3m，扩散角 $45°～60°$。S_2 型喷嘴结构简单，操作可靠。缺点是调节范围较小。

　　ⅱ. 转杯式机械雾化喷嘴，其工作原理如图 2-16 所示，重油通过空心轴 1 从弯管 3 进入转杯 2，转杯固定在空心轴上，空心轴由电动机通过传动装置带动，使转杯以 3000～5000r/min的高速转动，使重油在转杯中变成一层紧贴在杯壁上的薄膜；然后在离心力的作用下，以放射状飞离杯口，并在一、二次空气作用下进一步雾化，混合。

这种喷嘴雾化后的油粒径约为 $30\sim50\mu m$，且较均匀，油雾流股扩张角为 $60°\sim70°$，燃烧能力调节比可达 $1:3$。一次空气是由固定在空心轴上的叶轮来供应的，并通过导向叶片而作旋转运动。一次风量约占燃烧空气总量的 $15\%\sim20\%$。

A—A　　　B—B　　　C—C(3个进油槽)　　　C—C(4个进油槽)

图 2-15　S_2 型机械喷嘴

1—固定套；2—喷嘴；3—切向进油管；4—接头；5—调节套；6—塞杆
7—切向槽；8—旋流室1；9—旋流室2；10—喷出管

图 2-16　转杯式机械雾化喷嘴的结构

1—空心轴；2—转杯；3—弯管；4—涡流器

这种喷嘴的特点是结构紧凑，机动性较好，可燃用劣质油和高黏度重油，燃烧能力为 $30\sim300kg/h$，火焰长度 $2\sim4m$，目前主要用于锅炉、加热炉和退火窑等窑炉上。

b. 低压介质雾化喷嘴　目前国内常见的低压介质雾化喷嘴有 B 型、C 型、K 型、RC 型、RK 型等。图 2-17 所示为 B 型喷嘴。

B 型喷嘴是一种三级雾化的低压油喷嘴，它能在喷嘴内按比例调节油量和空气量，按喷油量和空气管直径不同，B 型喷嘴可分为：B-40-1/2，B-40，B-50，B-80，B-100 和 B-150 6 种规格。B 型喷嘴的特点是可改变油与空气的比例，雾化质量良好，与空气混合均匀，燃烧能力调节范围可达 $1:8$，气氛容易控制，操作简单，易实现自动调节，故而应用较广。缺点是结构复杂，加工装配精度高，需配各稳压器和过滤器，以保证正常工作。

B 型喷嘴的操作参数为油压（表压）40kPa，空气压强（表压）4～12kPa，油的恩氏黏度 3.7～5°E。

图 2-17　B（或 R）型比例调节三级雾化式低压油喷嘴

1——一次空气入口；2—二次空气入口；3—调节油量旋塞芯；4—回油通路；5—离合器连接；6—调节空气量操纵杆；7—导向螺钉；8—调节油量手枪；9—比例联动调节螺母；10—油量调节盘；11—空气调节盘；12—空气滑动套管

c. 高压介质雾化喷嘴　主要有以下几种。

ⅰ. GNB-Ⅲ型内混式喷嘴由油嘴、内混室、外套管、油管等组成，如图 2-18 所示。雾化剂从若干小孔中以高速冲击从油嘴中喷出的油流股，进行一级雾化；一级雾化后油雾在内混室中形成泡沫状，然后再由喷口喷入窑炉中，雾化剂的剩余压力突然膨胀而使油滴进行二级雾化。

由于有了内混室，喷嘴帽上喷孔的开设可以不受油嘴的约束，灵活性大，喷孔可以是单孔或多孔，可以是扁平口或圆口，可在中心或四周，可以布置成排或辐射状，视对火焰要求而定。用多孔喷出口时能增大油雾同燃烧空气间的接触面积，加速混合及燃烧，因而得到短而宽的火焰。

图 2-18　GNB-Ⅲ型内混式喷嘴

1—雾化介质出口；2—油嘴；3—内混室；4—油嘴帽；5—喷孔

ⅱ. GZP 型高压喷嘴属于外混、直流、一级雾化式高压喷嘴。图 2-19 所示为这种喷嘴的结构。

GZP 型喷嘴的特点是结构简单、紧凑，工作可靠，拆装方便，缺点是火焰瘦长，扩张

图 2-19 GZP 型外混、直流高压雾化喷嘴

角不大于 30°，火焰根部有 20cm 左右的黑区，因此火根与火梢有较大的温差，工作时噪声较大。

如果在 GZP 直流喷嘴雾化剂出口处安装涡流片或导向槽，使雾化剂出口时呈现螺旋形运动，则直流外混式喷嘴就成为涡流外混式喷嘴。与直流式喷嘴相比，涡流外混式喷嘴火焰根部黑区明显缩短或消失，火根与火梢之间温度差减小，火焰缩短，扩散角增大。

ⅲ. 比例式多级雾化高压喷嘴。图 2-20 是 R 型比例调节式高压喷嘴，喷嘴内油与雾化空气相遇三次，属多级雾化型。多级雾化能改善雾化质量和调节火焰长度。空气量可借改变第二次和第三次空气的出口断面来调节。转动操纵杆 23，可使传动套管 25 上的螺旋导向槽在导向销 9 上前后移动，从而改变第二、三次空气的出口断面。油量借改变旋塞芯 5 上 V 形油槽的可通断面来调节。将空气套管和进油管 8 通过连杆 22 及螺母 19 连接，从而实现油和空气的比例调节。如果将操纵杆与自动调节系统联动，则可实现炉温自动调节。

图 2-20 R 型比例调节式高压喷嘴

1—空气喷嘴；2—喷嘴本体；3—油喷嘴；4—旋塞体；5—旋塞芯；6—活接头；7—弹簧；
8—进油管；9—导向销；10—圆柱头螺钉；11—沉头螺钉；12—套管；13—密封圈用弹簧；
14—垫片；15—密封挡环；16—垫圈；17—弹簧销；18—压盖；19—蝶形螺母；
20—油指针柄；21—圆柱头螺钉；22—连杆；23—操纵杆；24—O 形密封圈；
25—传动套管；26—清扫顶丝；27—沉头螺钉

这种喷嘴雾化质量好，火焰较短（1～2.5m）而清亮，扩张角大，噪声较小，火焰温度较高（1600℃以上），分布较均匀，燃烧能力调节倍数大。

这种喷嘴的缺点是结构较复杂，加工精度要求高，拆装不便，对油质要求严格，需配置油压调节器及油过滤器，以保证正常操作。

（5）重油的供油系统

供油系统是重油燃烧的重要组成部分，它是指在重油进喷嘴之前的一系列处理过程。包括卸油、储油、加热、过滤、输送及加压等过程，是保证喷嘴正常工作的一个重要前提，也是实现窑炉热工制度稳定和自动调节的重要条件。

① 供油流程　供油系统的流程布置要根据本厂的规模、工艺要求及重油自身的特点而定，一般分为一段供油和两段供油两种方式（图 2-21）。

图 2-21　供油系统示意

1—储油罐；2—过滤器；3—油泵；4—加热器；5—喷油嘴；6—油罐车；7—工作油罐

一段供油的方式适用于规模较小的工厂，它的特点是可以省去专门的工作油罐和油泵，而是用油泵直接从储油罐中把重油抽出，经过滤，加热而供给喷嘴。

两段供油系统则适用于耗油量大、窑炉多、车间分散或者窑炉距储油罐较远的工厂，这种供油方式是将整个油处理系统分为两部分：第一部分是储油系统，负责卸油、储油和向中间油罐送油；第二部分是供油系统，在炉前设置工作油罐从油泵向喷嘴供油。这种供油方式较好，使储油、供油分开，可以使供油较为稳定，缺点在于设备较多，费用大，占地广。

② 供油主要设备

a. 卸油设备。重油运到后，必须先用蒸汽将重油加热到 60～80℃，然后启动卸油泵，将油抽吸至储油罐内储存。卸油泵可用蒸汽往复泵，也可用齿轮泵，但卸油泵的容量要求比较大，确定它的能力时一般按 2h 内能把油车内的重油全部卸完为标准。

b. 储油设备。储油罐是供全厂储存重油的设备，它因所用材料的不同，分为金属钢板与非金属（钢筋混凝土、砖砌等）两类，前者又可分为立式圆筒形与卧式圆筒形两种，后者则可分为圆池形和方池形两种。按安装高度的不同，分为地下、半地下和地上三类。为使重油在储油罐中不致凝固，便于输送，重油在储油罐中应用蒸汽排管进行初步的加热。加热温度一般在 60～80℃之间，为了减少热损失，在油罐外应用绝热材料设置保温层。

储油罐的储油量应根据油的消耗量、油源的远近以及交通运输条件等来确定。一般储油量应为全厂一个月以上的用油量。

c. 工作油罐。工作油罐是设置在窑炉附近的供油设备，它的容量较储油罐小，储油量一般为 4～6 天的用油量。其结构形式与储油罐类似，罐内温度宜保持在 60～80℃之间。

　　d. 油泵。油泵是用来输送重油和使重油加压的设备。常用的油泵有两类，一类是汽泵，一类是电泵。汽泵即汽动往复泵，这种泵工作可靠，不易损坏，油量、油压调节比较方便，可输送高黏度的油；缺点是泵的体积大，投资大，耗汽量及维护费均较高，油压往复波动。电泵又可分为电动往复泵和齿轮泵等。目前硅酸盐工厂的供油泵大都采用齿轮泵。这种泵体积小，质量轻，结构简单，动力消耗小，流量较均匀，压力波动小，能连续供油。但不宜在较高温度（80℃）下连续工作，供油压力和流量的选择范围不够广；当负荷变化时，泵出口压力波动大。

　　e. 过滤器。重油常含有一些机械杂质，如果不通过过滤予以清除，就会堵塞管道及喷嘴。按过滤的程度分为三级：第一级过滤，称为粗过滤，滤网约为 $5\sim20$ 孔/cm^2，设置在卸油泵前；在工作油泵前设置第二级过滤，也称中过滤，滤网约为 $30\sim60$ 孔/cm^2；喷嘴前设置第三级过滤，也称精过滤，滤网约为 $70\sim2000$ 孔/cm^2。过滤设置几级，以及每级的筛目，要根据重油含杂质的情况来决定。

　　过滤器的结构形式一般分为两种，即多层筛网的片状过滤器（图 2-22）与筒网状过滤器（图 2-23）。

图 2-22　片状过滤器

图 2-23　筒网状过滤器

　　筒网状过滤器的滤网一般用铜丝或合金丝编成，最好选用镍丝，以防腐蚀；外壳用钢板焊接而成，也有采用铸铁的；滤网中间可设蒸汽冲洗管，以冲刷掉附于网上的杂质，免得打开顶盖取出滤网清洗（对于较牢固地黏附在滤网上的纤维状杂质，还是需要打开顶盖取出滤网，彻底清洗）。

　　片状过滤器为精过滤用过滤器，通过过滤器的重油恩氏黏度要求大于 $10\sim20°E$，经过滤网的流速为 $0.1\sim0.3m/s$，滤片间隙为 $0.1\sim0.2mm$。操作时只要将手柄扭转一周，即可清除滤片间杂物。这种过滤器一般装在喷嘴入口前的管道上作精过滤用。

　　过滤器一般都成对并列装置在管路中，一个使用，另一个备用或清洗。

　　f. 加热器。重油的输送、雾化，需要在一定的黏度下进行。泵送时重油的恩氏黏度一般为 $20\sim60°E$；机械雾化时，要求重油的恩氏黏度不大于 $40°E$。要使重油的黏度保持一定数值，需对重油进行加热。加热方法有蒸汽加热、电加热及载热液体（如过热水、汞、盐溶液）加热三种，电加热目前多用于小型窑炉，大中型窑炉则多用蒸汽加热。

　　蒸汽加热器的种类常用的有排管加热器、蛇管加热器、套管加热器和壳管式加热器等。

　　电加热器常与蒸汽加热器联合使用于重油炉前加热，使油温调节较灵便，或单独用于小型窑炉，电加热器可做成管状或罐状形式。管状电加热器是在金属管内放入螺旋形的镍铬合金电阻丝，管内的空隙部分紧密地填满导热性和绝缘性好的结晶氧化镁，通过一定电流时即成为发热元件，SRY 型电加热器如图 2-24 所示。

(a) 俯视放大   (b) 侧视   (c) 安装在油槽上

图 2-24　SRY 型电加热器

电加热器在安装使用时，应注意如下几点。

ⅰ. 安装前要进行电阻试验。电加热器的冷态绝缘电阻应大于 50～100MΩ。若绝缘电阻低于此值时，就要将加热器放在温度为 100～200℃的干燥箱中 7～8h，以使其恢复正常。如果烘干时间延长至 72h，仍不能达到要求，就应放弃不用。

ⅱ. 安装时，必须严格注意浸入油中的深度，使液面不低于加热器上的最低液面线（加热器常用红漆标志）。应使管状电加热器有效长度全部浸入油内，以防加热器本身烧坏。

ⅲ. 加热器管表面应保持清洁，不得有结炭情况，否则会影响效率。所以，要经常检查，如有结炭，立即清除。

ⅳ. 加热器安装完毕后应接地，并注意不得安在超过额定电压 10%的电源上使用。

g. 供油管道。管道是输送燃油的通道，它的布置是否合理对喷嘴的工作性能影响很大，因此，对管道布置有如下几点要求。

ⅰ. 管路简单、阻力小、转弯力求圆滑。

ⅱ. 管径选择合理，重油流速范围一般采用 0.1～1.0m/s。为避免管道堵塞和沥青沉淀，输油管道直径一般不应小于 10mm。

ⅲ. 安装拆卸方便，检修维护容易。

ⅳ. 在工作压力下，严密不漏油。

ⅴ. 窑前管道尽量靠墙排列；油管与其他管道一起架设时，应考虑温度的互相影响。

ⅵ. 为了排放管内存油和便于清扫管线，管道沿油罐方向有 0.5%的坡度，最高点应设排空阀，最低点应装带旋塞的排油口，同时设蒸汽吹扫装置。

ⅶ. 重油管道一定要采用保温措施，以避免因温度下降而使重油凝固堵塞。通常采用蒸汽伴管保温和套管保温两种方式，伴管保温与套管保温如图 2-25 所示，套管保温的传热效率比伴管保温高，但检修较为困难，安装施工较复杂。

③ 供油系统的回油方式　为使供油稳定和便于调节喷嘴油压，通常使供油量大于用油量，用调节回油量的方法来实现目的。不同情况下的回油量不同，一般回油量约为用油量的 0.5～4 倍，回油量大，对稳定油压有利，但增大了泵送工作量及能耗。

回油方式一般有以下几种。

a. 泵后回油。这种回油方式，是在工作油泵进出油管上接一旁路油管，如图 2-26 所示，回油可以接到泵前，也可接管返回油罐。这种回油方式，管路简单，材料节省，加热器只需

(a) 外伴管保温　　(b) 内套管保温　　(c) 外套管保温

图 2-25　油管保温方式

1—油管；2—保温材料；3—蒸汽管

要加热喷油耗用的那部分重油，耗热量少，但其供油的稳定性差，总管油压可以靠在回油管上安装溢流阀、安全阀来控制调节。对于用油点少、输送距离短、负荷变化较少的窑上采用这种回油方式是比较适合的。

b. 循环回油。这种回油方式是将重油泵送到窑上总管后，从总管引出来支管供喷嘴用油，总管内未用完的油，经回流阀和回油管道返回油罐，形成总管大循环系统，如图 2-27所示。其优点是各喷嘴油压、油量调节比较可靠、稳定，特别是在用油点多的情况下，可排除互相干扰的现象，缺点在于管路用量多，热耗量大，若回油量多而且油温较高时，还要注意避免油罐冒油。

图 2-26　泵后回油　　　　　　　　　图 2-27　循环回油

c. 喷嘴后回油。如果使用 B 型、R 型喷嘴，因其内部有回油结构，就可以采用喷嘴后回油方式。未喷燃完的重油经各喷嘴的回油针型阀、回油支管与回油总管返回工作油罐，形成一个大循环系统，如图 2-28 所示。这种方式能保证每一个喷嘴前的供油压力稳定，但管道较多，投资较大。

在实际生产中，多采用前两种回油方式，而且往往把这两种方式结合起来使用，使回油系统更灵活，更可靠。

图 2-28　喷嘴后回油

4. 固体燃料的燃烧技术

（1）固体燃料的燃烧过程

固体燃料的燃烧过程可以分为准备、燃烧和燃尽三个阶段。

① 准备阶段　准备阶段包括燃料的干燥、预热和干馏。当固体燃料受热后，首先是其中所含水分蒸发，大约在 110～150℃左右，物理水分全部逸出，干燥结束。显然，水分越多，干燥消耗的热量越多，所需要的时间也越长。

燃料干燥后，继续受热，当温度上升到一定程度，燃料开始分解，放出挥发物，最后剩下固体焦炭，这一过程又称为干馏。燃料挥发分越多，开始放出挥发物的温度就低。如褐煤大约在 130℃开始放出挥发物；无烟煤最高，约 400℃；烟煤介于两者之间。

在准备阶段，由于燃烧反应尚未开始，基本上不需要空气，但燃料干燥、预热、干馏等过程都是吸热过程，需要大量热量。热量的来源是燃烧室内灼热火焰、烟气、炉墙以及邻近已经燃着的燃料。一般希望这个阶段所需的时间越短越好，而影响它的主要因素除煤的性质和水分含量之外，还有燃烧室内温度和燃烧室的结构等。

② 燃烧阶段　燃烧阶段包括挥发物燃烧和焦炭的燃烧。挥发物中主要是碳氢化合物，比焦炭容易着火，因此当逸出的挥发物达到一定温度和浓度时，它将先于焦炭着火燃烧。通常把挥发物着火燃烧的温度看作固体燃料的着火温度。挥发分多的燃料，着火温度低；相反挥发分较少的，着火温度较高。各种固体燃料的着火温度见表 2-10。应当指出的是，通常所说的着火温度只是固体燃料着火的最低温度条件，在该温度下燃料虽能着火，但燃烧速度较低，实际生产中，为了保证燃烧过程稳定，加快燃烧速度，往往要求把燃料加热到较高的温度，例如褐煤要加热到 500～600℃，烟煤 750～800℃，无烟煤 900～950℃。

对煤来说，焦炭的发热量一般占总发热量的一半以上，是煤燃烧过程中放出热量的主要来源；而且，焦炭燃烧所需的时间比挥发物长得多，由于焦炭的燃烧是多相反应，完全燃烧也要比挥发物困难。因此，如何保证焦炭迅速完全的燃烧，是组织燃烧过程的关键之一。为此要保证较高的温度条件，供给充足的空气，并且要使空气和燃料很好地混合。

③ 燃尽阶段　当焦炭将烧完时，由于焦炭的外壳上面包了一层较厚的灰渣，使空气难以渗入里面进行燃烧，从而使燃烧进行缓慢，尤其是高灰分燃料更难燃尽。这个阶段的放热量不大，所需的空气量也小，但仍然需保持较高温度，并给予一定时间，尽量使灰渣中的可燃物完全燃烧。

工业用的固体燃料主要是煤，采用的燃烧方法主要有层状燃烧、喷流燃烧和沸腾燃烧。所谓层状燃烧，就是把块煤放在炉箅上铺成一定厚度的煤层进行燃烧。而喷流燃烧则是先把原煤经过破碎、烘干和粉磨，制成一定细度的煤粉，然后用空气喷射到燃烧室或窑内进行悬浮燃烧。沸腾燃烧是处于层状燃烧与喷流燃烧之间的一种燃烧方式。它是原煤破碎成 8mm以下（多数为 2～3mm）的碎粒，喂入沸腾燃烧室中，燃烧空气用风压较高的鼓风机由炉底向上鼓入，使燃料在沸腾状态下进行燃烧。燃烧方法不同，燃烧过程也各有特点。

（2）块煤的层状燃烧（层燃）

块煤在层燃时，燃料被周期地或连续地投入燃烧室的炉箅上，形成层状堆积，如图 2-29

图 2-29　人工操作燃烧室的燃烧层结构与燃料层中烟气的成分与温度的变化
Ⅰ—灰渣层；Ⅱ—氧化层；Ⅲ—还原层；Ⅳ—新燃烧层

所示。新的燃料被投到正在燃烧的燃料层上面，吸收下层燃料的热量和燃烧室内壁的辐射热量而进行干燥和干馏。干馏所得挥发物中的 CO、H_2 和气态烃在燃烧室空间与二次空气混合后燃烧，余下的焦炭逐渐下移后继续燃烧，直至燃尽成为灰渣，炉算上的一部分灰渣通过炉算的空隙掉入灰坑被周期或连续地清除。炉算上的灰渣保留一定的厚度以保护炉算，并起预热一次空气和使空气分布均匀的作用，从炉算下进入燃料层的空气称为一次空气，一次空气主要供焦炭燃烧之用。根据燃料层的厚度及一次空气量的比例不同，块煤的层燃有以下三种方式。

① 完全燃烧式　完全燃烧式又称直火式，其特征是炉算上的燃料层比较薄（烟煤约 100～200mm，无烟煤约 60～150mm），一次空气量充足，在燃料层中基本上是下列氧化放热反应：

$$C+O_2 \longrightarrow CO_2+Q$$
$$2C+O_2 \longrightarrow 2CO+Q$$
$$2CO+O_2 \longrightarrow 2CO_2+Q$$

这就是说燃料层基本上只有氧化层，层内燃烧温度可达 1300℃ 以上，燃烧后的产物主要是 CO_2，几乎没有其他可燃气体。直接进入燃烧室空间的空气称为二次空气，二次空气供给煤的挥发分燃烧。挥发分与二次空气在燃烧室空间混合并燃烧，其燃烧产物与从燃料层内逸出的燃烧产物混合后排出燃烧室。

直火式层燃的特点如下：

a. 燃料层薄，燃料在炉算上和燃烧室内完全燃烧；

b. 所需的二次空气量少，二次空气量约占总空气量的 10％～15％；

c. 由于挥发物与二次空气需在燃烧室空间混合和燃烧，所以要求有较大的燃烧室空间。

② 半煤气式　在炉算上燃料层的厚度为直火式的 2～3 倍，一次空气量不足，称为半煤气式层燃。一次空气中的氧气在燃料底层的 100～200mm 厚范围内已基本消耗完。这一层与直火式的氧化层相同，主要是放热的氧化反应。氧化层中产生的 CO_2 向上通过灼热的焦炭层时，发生吸热的还原反应

$$CO_2+C \longrightarrow 2CO-163kJ/mol$$

发生还原反应的焦炭层称为还原层。还原层中 CO_2 不断减少而 CO 则不断增加。还原反应是吸热过程，气体温度逐渐降低，随着温度的降低，还原反应也逐渐减慢，以致最后停止。气流再往上，进入新煤层，一方面把煤加热使之干燥、干馏，另一方面把燃料放出的水汽、挥发物等带离煤层进入炉膛空间。半煤气式层燃的燃烧产物中含有较多的可燃气体，可燃气体的含量和成分与燃料的性质、燃料层的厚度等因素有关。用烟煤时，半煤气的成分和热值为：CO 7％～20％；H_2 5％～12％；CH_4 0～2％；N_2 50％～60％；CO_2 10％～15％；低热值 2500～4000kJ/m^3。

在燃烧室中的半煤气，根据需要可在燃烧室中或在窑炉内与二次空气混合并燃烧。图 2-29 是半煤气层燃时，燃料层中烟气的成分与温度的变化情况。

半煤气层燃的特点是：

a. 燃料层比较厚，一次空气量不足，二次空气量较直火式大，约占空气总量的 30 ％～60％；

b. 由于有还原层的吸热反应，燃料层的温度比直火式低；

c. 大多数半煤气燃烧室所产生的半煤气并不在燃烧室内燃烧而是在窑炉内与二次空气

混合并燃烧，因此半煤气燃烧室的空间比直火式小，燃烧室内的温度也较低。半煤气产物的平均温度约为 1000～1100℃。

③ 全煤气式　当炉箅上的燃料层厚度为直火式的三倍以上，一次空气量不足，燃烧室中的二次空气为零时，块煤层燃的燃烧产物中，可燃成分占 35%～48%，这种情况称为煤的气化。

（3）块煤的燃烧设备

在层燃燃烧室中，块煤是在具有炉箅的燃烧室内进行的，主要操作有加煤、拨火和除灰渣三项。根据操作是人工还是机械化，可分人工操作燃烧室和机械化燃烧室两类。

① 人工操作燃烧室　人工操作的块煤燃烧室的形式多样，以常用的为例加以说明。

a. 水平炉箅燃烧室（图 2-30）。它由加煤口、炉箅、炉膛、挡火墙、喷火口（燃烧产物出口）、灰坑、看火孔等几部分组成。燃料由加煤口 3 送入炉膛 1 中的炉箅 6 成层状堆积，一次空气用一次风机吹入或借排风机的抽力由炉箅下方进入，并通过炉箅的空隙进入燃料层，燃烧产物由炉膛 1 进入混合室 8 与冷风门 7 进入的调节冷风混合后，翻过挡火墙 9，再从喷火口 10 进入回转烘干机。

炉箅是燃烧室的重要部分，其作用是支承燃烧的燃料层，使一次空气均匀地在燃烧层中分布，并使灰分与炉渣从炉箅的缝隙中落入灰坑。炉箅是由许多单独的炉条组成的，炉条具有一定的机械强度和耐热强度，通常用铸铁制成，炉条有各种不同的形状和尺寸。炉箅通风孔隙的数量和大小，对燃烧室的操作，特别是通风的均匀性有较大的影响。

通常把通风孔隙的总面积称为炉箅的有效截面积或通风面积。炉箅通风孔隙的大小，应根据燃烧室的通风条件、煤粒大小、煤质特性等因素综合考虑确定。自然通风的燃烧室，为了减少通风阻力，有效面积与炉箅的总面积之比就要大一些，约 20%～25%。空气通过炉箅缝隙的速度约为 0.75～2m/s。

燃用碎煤或易烧散的煤，通风孔隙的宽度就小一些，如果煤粒较大或易烧结的煤，通风孔隙的宽度就应当大些。

b. 倾斜炉箅燃烧室。图 2-31 所示为一种倾斜炉箅半煤气燃烧室。

图 2-30　水平炉箅燃烧室

1—炉膛；2—看火孔；3—加煤口；4—清灰门；5—灰坑；
6—炉箅；7—冷风门；8—混合室；9—挡火墙；10—喷火口

图 2-31　倾斜炉箅燃烧室

1—炉膛；2—板状炉条；3—梁状炉条；4—水池；
5—横梁；6—加煤口；7—观察或清灰孔；8—横梁

这种燃烧室的炉箅由阶梯倾斜炉条和水平炉条组成。阶梯式倾斜炉箅的炉条是铸铁的板状炉条。厚约 12mm，宽约 150mm，长为 500～1000mm。板状炉条的数目从 3 条、5 条、7 条至 9 条不等。它们被一块一块地横放在倾斜梁上，梁板被固定在燃烧室侧墙上的横梁所支承。上下两块炉条之间有一部分重叠，所以两条板间虽有 60～80mm 左右的空隙，碎煤也不会直落到灰坑中去。炉算倾斜度约 30°～45°，约等于煤块的自然休止角。燃料从上而下借本身的重力堆积成均匀厚度的燃料层。这种燃烧室的灰坑中储有水，水蒸发成水蒸气随一次空气进入燃料层，与灼热的炭起还原作用。这不仅能降低氧化层的温度，使其不至过高而结渣，还能提高半煤气的质量，当煤层较薄（100～200mm）时，这种燃烧室就成为直火式燃烧室。

　　此种人工操作燃烧室的优点是着火条件好，因此对燃料的适应性强，设备简单，金属耗量少。其缺点是加煤、拨火、清灰等操作全靠人工进行，劳动强度较大；煤的机械与化学不完全燃烧损失大，空气过剩系数大（$n=1.3～1.7$），因此热效率较低；由于间歇加煤，所以燃烧不够稳定；炉温呈周期性波动等。

　　② 机械化燃烧室　机械化燃烧室的种类很多，有回转炉算、振动炉算及倾斜推动炉算等几种。

　　a. 倾斜推动炉算机械燃烧室。如图 2-32 所示，倾斜推动炉算机械燃烧室借助炉算的推动作用进行加煤、拨火和除渣的操作。这种燃烧室的炉算由板状活动炉条和固定梁状炉条两部分组成，均为铸铁制成，前者倾斜安装在一个框架上，由传动机构带动可作往复运动。倾斜的角度小于燃料的自然休止角，因此炉条上的燃料层可较厚，梁状炉条组成水平炉算，供灰渣燃尽之用。

　　燃烧操作时，煤由煤斗中喂入，由推煤板推至倾斜炉算上，加煤量可由推煤板的行程来调节。活动炉条的往复运动，使煤沿着炉算面缓缓地向炉算下端移动，在移动过程中依次进行干燥、预热、燃烧和燃尽，燃尽之后的灰渣从清灰门排除至炉外，空气可以从倾斜炉算下面鼓入或吸入。

图 2-32　倾斜推动炉算机械燃烧室
1—煤斗；2—推煤板；3—活动算条；4—固定箅条；5—活动箅条框架；6—传动机构；7—水平炉算；8—清灰门；9—鼓风口；10—看火孔

　　因炉算与燃料之间有相对运动，它类似耙拨动作，能挤碎焦炭块，剥落包裹在焦炭表面上的灰层，起到拨火的作用，因而改善燃料层的透气性。因此推动炉算燃烧室能适用燃用有黏结性、高灰分、难以着火的劣质烟煤。此外，它的构造较简单，金属耗量较少，这是它的优点。但燃烧地段的炉算，总是直接与高温煤层接触，容易被烧坏。所以，这种燃烧室的燃烧强度不宜提得太高，使用或操作时必须注意。

　　b. 回转炉算机械燃烧室。回转炉算燃烧室又称为链条炉，是一种使用历史悠久的机械化燃烧室。它的主要结构部分是条无端的链状炉算（图 2-33），如同板式给料机一样，当炉算自左向右缓缓回转时，便把煤由煤斗下部经过煤闸门带进燃烧室进行燃烧，灰渣由尾部排出。这种构造既是承托燃烧层的装置，又是加煤和除渣设备。燃烧用的一次空气，首先送至装在回转炉算腹中的风舱，然后自下而上穿过炉算通风孔隙进入燃烧层中。空气的流动方向与煤层的运动和方向互相垂直交叉。

　　回转炉算燃烧室内，燃料的燃烧过程如图 2-33 所示，区域Ⅰ是新燃料区，燃料在这里进行干燥预热。由于该区燃料层底面不存在灼热的焦炭层，而从炉算下面送来的空气温度一般也不高。因此煤层干燥预热所需要的热量，主要依靠炉内火焰和高温炉墙的辐射热供给，所以，燃料的加热和点燃是从燃料层上表面开始，然后慢慢向下传递，着火条件比人工操作燃烧室差。区域Ⅱ是挥发物逸出、燃烧区。区域Ⅰ和区域Ⅱ的界面 A—A' 是挥发物逸出的前沿，它的斜度取决于炉箅的移动速度和由上而下燃烧的传播速度。燃烧层的导热性很差，因此燃烧的传播速度仅 0.2～0.5m/h，只相当于炉箅移动速度的几十分之一。界面 A—A' 也几乎是燃料着火的前沿。从点 A 向右，挥发物逸出层的厚度逐渐增大，至点 B 开始进入焦炭燃烧氧化区Ⅲa，从点 B 向右，达到 C 点时，超过了氧化层的厚度（燃料颗粒直径的 3～5 倍），便进入焦炭燃烧还原区Ⅲb。到点 D 时，上表面的燃料首先燃尽形成灰渣，这是由于燃料是从上部点燃的缘故，同时由于大部分空气是从燃料下部供入，故紧靠炉箅面上的燃料也比它上面的燃料先形成灰渣，到点 E，还原层厚度为零，而氧化层仍存在，直至点 F 才全部燃尽，在灰渣燃尽区，焦炭的燃尽是夹在上、下灰渣层中间进行的，这对多灰分燃料的燃尽非常不利。

图 2-33　回转炉箅机械燃烧室中燃料燃烧过程

Ⅰ—干燥预热区；Ⅱ—挥发物溢出、燃烧区；

Ⅲa—焦炭燃烧氧化区；Ⅲb—焦炭燃烧还原区；Ⅳ—灰渣燃尽区

综上所述，在回转炉箅燃烧室中，燃料是在随炉箅不断运动过程中依次进行干燥、预热、着火、燃烧、燃尽等过程的，沿炉箅长度方向上，各区段的燃烧层结构和逸出的气体成分各不相同，这与人工操作燃烧室的情况有显著差别。

③ 层燃燃烧室主要尺寸计算　层燃燃烧室计算主要有燃烧室的容积、炉箅面积及炉膛高度。计算时需引用生产实践中总结出来的燃烧室热强度的数据。

a. 燃烧室的热强度。热强度也称热力强度。一般用炉箅面积热强度 q_F 和炉膛容积热强度 q_v 两个指标表示。

ⅰ. 炉箅面积热强度 q_F 是指单位面积炉箅在单位时间内燃烧燃料所放出的热量，即

$$q_F = \frac{BQ_{net}}{3600F}$$

式中　q_F——炉箅面积热强度，kW/m²；

　　　B——每小时进入燃烧室的燃料量，kg/h；

　　Q_{net}——燃料的低发热量，kJ/kg；

　　　F——炉箅面积（包括炉条及通风孔隙面积在内，并按其在水平面上的投影面积计算），m²。

可以看出，炉箅面积 F 与炉箅面积热强度 q_F 成反比。q_F 小，则 F 大；q_F 大，则 F 小。但是，对于一定形式的燃烧室，在燃用某一种燃料时，q_F 有一个合理的数值范围，如果过分

提高 q_F，炉算面积固然可以缩小，但会使空气通过燃烧层时流速过高，并使燃料燃烧时间缩短，这会导致飞灰增多，灰渣燃尽程度降低，从而增大不完全燃烧损失，各种燃烧室的 q_F 经验值列于表 2-12。

表 2-12　燃烧室热强度的经验值

燃烧室形式	炉算面积热强度/(kW/m²)		炉膛容积热强度/(kW/m³)	燃烧室热效率
	炉算下鼓风	炉算下不鼓风		
人工加煤	810	580	340	0.80
倾斜推动炉算	930	520	340	0.85
煤粉燃烧室			190	0.90

ⅱ. 炉膛容积热强度 q_V 是指单位炉膛空间容积在单位时间内燃料燃烧所放出的热量，即

$$q_V = \frac{BQ_{net}}{3600V}$$

式中　q_V——炉膛容积热强度，kW/m³；

V——炉膛空间容积，m³。

同样，过分提高 q_V，也会导致不完全燃烧损失的增加。因而它也有一个合理的数值范围，见表 2-12。

b. 燃烧室的计算步骤。其步骤如下。

ⅰ. 首先根据窑或烘干机每小时需要供给多少热量，并考虑燃烧室热效率，确定燃烧室需要发出多少热量或燃煤量。

ⅱ. 根据工艺要求选择燃烧室的形式。一般燃煤量小于 200kg/h 可以采用人工操作燃烧室。燃煤量大于 200kg/h 的则应尽量采用机械化燃烧室。

ⅲ. 计算炉算面积（m²）

$$F = \frac{BQ_{net}}{3600q_F}$$

定出炉算面积后，即可进一步确定炉算的宽度和深度。对于人工操作燃烧室，炉算宽度不宜超过 1.2m，以便于操作，需要较宽炉算时，则应每隔 1.0～1.2m 设一个炉门，深度不宜大于 2m。机械化燃烧室炉算的尺寸应尽量符合国家定型产品的尺寸。

ⅳ. 计算炉膛容积及高度

$$V = \frac{BQ_{net}}{3600q_V}$$

炉膛容积 V 是指燃料层以上炉墙所围成的空间。

炉膛容积 V 求出后，除以炉算面积 F，即可估算炉膛的高度 H(m)。

$$H = \frac{V}{F}$$

煤层上自由空间的高度，自然通风时一般不应小于 0.3～1.0m，机械通风时还要大些，以免大量燃料细屑被烟气带出燃烧室。

【知识点训练一】　某回转烘干机用烟煤作为燃料，机械通风、人工操作，采用水平炉算燃烧室。已知烟煤耗量 180kg/h（已考虑了该燃烧室的热效率），烟煤的发热量为 26000kJ/kg。试确定燃烧室的主要尺寸。

解：取 $q_V = 340kW/m^3$，$q_F = 810kW/m^2$。

燃烧室空间容积

$$V = \frac{BQ_{net}}{3600q_V} = \frac{180 \times 26000}{3600 \times 340} = 3.82 \ (m^3)$$

炉算面积

$$F = \frac{BQ_{net}}{3600q_F} = \frac{180 \times 26000}{3600 \times 810} = 1.60 \ (m^2)$$

考虑到操作上的方便，炉膛深度取 1.50m，则宽为 1.10m。燃烧室的高度 H 为

$$H = \frac{V}{F} = \frac{3.82}{1.60} = 2.40 \ (m)$$

（4）煤粉的燃烧过程

将块煤磨成煤粉进行喷燃，使煤粉在悬浮态进行燃烧，具有燃烧速度快、效率高、煤耗低、温度高、调节方便等优点。我国高炉通常采用喷吹煤粉。

① 煤粉制备　煤粉制备一般采用钢球磨或立式磨作粉磨设备。钢球磨的结构简单，操作可靠，对煤种的适应性较好；立式磨单位电耗低，设备体型小，系统简单，噪声小，但不宜粉磨硬质煤。因此，对于易磨系数 $K_B < 1.2$ 的硬质煤或煤矸石等杂质多的煤，宜选用钢球磨；立式磨则适用于粉磨 $K_B > 1.2$ 的烟煤、贫煤和瘦煤。煤粉制备通常采用烘干兼粉磨的工艺流程。

② 煤粉的燃烧过程　煤粉采用喷流燃烧法进行燃烧。煤粉随空气喷入窑炉后，呈悬浮状态，一边随气流继续流动，一边依次进行干燥、预热、分解、挥发物燃烧及焦炭燃烧等过程。煤粉燃烧所需的空气通常分为两部分：一部分吹送煤粉入炉，称一次空气（或一次风）；另一部分另外单独进入窑炉，称为二次空气（或二次风）。

根据煤粉在悬浮态燃烧的特点，将煤粉进行喷燃时应注意以下方面。

a. 一次风、二次风的温度。适当提高一次风温度，对煤粉着火及燃烧均有利，但为了防止煤粉发生爆炸，一般一次风温度控制在 150℃ 以下。二次风温度则不受限制，二次风往往由冷却机或预热室引来，风温愈高，愈有利于燃烧及热的回收利用。

b. 一次风、二次风的比例。一次风的作用有三种：一是携带煤粉入炉；二是形成风、煤流股，造成一次风、二次风混合及风煤相对运动；三是待挥发物从煤中逸出并达到着火温度时，供它立即迅速燃烧。一般一次风量的比例应能大体上满足煤粉挥发物燃烧的需要，煤中挥发物多时，一次风占总风量的比例也应高些。

c. 合理的过剩空气系数。控制合理的过剩空气系数是提高炉膛温度，防止不完全燃烧的重要措施之一。回转窑的 n 值一般为 $1.05 \sim 1.15$。烘干机为了满足对烟气温度的要求而掺入的冷风，应在煤粉基本燃尽之后的地段再掺入。

d. 合适的一次风喷出速度。煤粉和空气的混合物从烧嘴喷出到着火燃烧所走过的路程形成黑火头；着火以后，高温碳粒所走过的路程，形成明亮的火焰。当其他条件不变，增大一次风喷出速度，黑火头将延长。一次风速也不能过小，它必须大于煤粉的火焰传播速度，以防止发生回火的危险。火焰传播速度与煤中挥发分、灰分的含量有关，挥发分含量低不易着火的煤，一次风速可小些，以免黑火头拉得很长；挥发分含量高、容易燃烧的煤，一次风速应大一些。

一次风速增大，一方面增大煤粉的射程，可能使火焰伸长，另一方面强化了焦碳粒子与

二次风的混合，有利于加速碳粒燃烧，又可能使火焰缩短。因此，一次风速变化时，火焰长度如何变化，要看上述互为消长的两种因素的综合结果。

此外，确定一次风速时，还要考虑输送煤粉的要求，即保证大部分煤粉在燃尽之前保持悬浮状态，不从气流中沉降分离而造成不完全燃烧。

e. 煤粉细度合格，粒度均匀。煤粉粒度越细，比表面积越大，越易与空气混合，燃烧越迅速完全。但要求煤粉过细则会明显降低煤磨产量，增加煤磨电耗，且在储存时容易自燃，甚至爆炸。水泥回转窑用的煤粉细度一般控制在 0.08mm 方孔筛，筛余为 8%～15%，煤粉挥发物含量高的取高值，反之取低值。

f. 适当的煤粉燃烧设备。采用结构合理的煤粉烧嘴，能更好地加强一次、二次空气与煤粉的混合，加快煤粉的燃烧速度，得到形状合理的火焰。有适当大小和形状的炉膛空间，保证煤粉在其中有足够的停留时间。

（5）煤粉的燃烧设备

煤粉的燃烧设备主要有煤粉烧嘴（喷煤嘴）及煤粉燃烧室，煤粉烧嘴可以分为旋流式和直流式两大类。

① 旋流式烧嘴　旋流式烧嘴内设置有旋流叶片，使空气喷出时产生强烈的旋转。有的是一次风或二次风单独旋转，有的是一次风与二次风同时旋转。

图 2-34 所示为一种可调的轴向叶片旋流式烧嘴。由于它的一次风壳 1 的出口处装有蘑菇形的扩散锥，当一次风携带煤粉流经一次风壳进入炉膛时便向四周扩散，二次风壳 3 的锥体内装有二次风叶轮 4，它使二次风流过时产生强烈的旋转。叶轮的位置可以通过拉杆 2 进行调整。当叶轮拉出时，叶轮和二次风壳的圆锥形壳壁之间出现了间隙，一部分二次风就从间隙里直流而过，因而它就不旋转，这股直流二次风和从叶轮中流出来的旋转二次风混合在一起，使其旋转强度有所减弱。因此，通过调节叶轮位置，可以调节二次风的旋转强度。喷油嘴 5 供燃烧室点火用。

图 2-34　可调旋流式烧嘴

1——一次风壳；2—拉杆；3—二次风壳；4—二次风
叶轮；5—喷油嘴；6—扩散锥

图 2-35　旋流式烧嘴的空气动力工况

1——一次风；2—二次风

二次风旋转流股出了烧嘴后，就带动一次风一起流动，由于气流转动的离心力作用，流股便迅速扩张形成圆锥面（图 2-35）。旋转流股的扩展，使火焰在炉膛中充满程度好，另一方面流股的内缘和外缘都会带动周围气流一起向前流动，形成卷吸现象。由于卷吸作用，就在烧嘴中心线附近造成了负压区，于是离烧嘴远处的高温气体便回流到煤粉气流根部来，促使煤粉着火燃烧，旋转流股由于卷吸了气体，其轴向速度迅速减慢，切向速度也由于流股的扩展使转动半径加大而减慢，因而它的射程较短。这种旋流式烧嘴的旋流强度易于调节，有利于燃烧的调整。这种烧嘴较适于煤粉燃烧室使用。

(a) 直筒式

(b) 拨哨式

(c) 拨哨导管式

(d) 带风翅

图 2-36　直流式烧嘴（喷煤嘴）的形式

② 直流式烧嘴（喷煤嘴）　直流式烧嘴的助燃空气在喷出时，不产生强烈的旋转，一般形成比较瘦长的火焰。其二次风管可与一次风管做成同心套管，用二次风外包一次风供入燃烧室；也可将其分别从两处供入。

喷煤嘴的构造如图 2-36 所示。目前国内外常用以下几种形式。

a. 直筒式。其出口风速较小，风与煤的混合较差，形成黑火头较长而火焰较短，适用于燃烧速度较慢的煤。

b. 拨哨式。其出口缩小，因而喷出速度较大，由于喷射流股的作用，一、二次风与煤粉的混合较好，燃烧速度较快，火焰形状较短粗，不大规则，有时会损伤窑皮及衬料。

c. 拨哨导管式。即在拨哨式喷嘴前加整流导管，使喷出的风煤整流，因而火焰比较规则且加长。

d. 带风翅的喷煤嘴。前面三种喷嘴喷出的煤粉流缺少旋流扰动因而煤粉与二次风间的相对运动较少，不利于煤粉的燃烧。为克服上述缺点，在喷煤嘴的内部装上一定角度的风翅，使喷出的风煤旋转。它吸取了旋流式烧嘴的优点，可增强风煤与二次风的混合，有利于燃烧。它的缺点是火焰往往短粗而刷窑衬，使水泥回转窑窑皮温度过高而损伤。

e. 多风道喷嘴。近年来国内外逐渐在一些窑炉上采用多风道喷煤嘴，它有三风道及四风道之分。三风道喷嘴的构造如图 2-37（a）所示，图中 1 为外流风，是轴流风；2 为煤粉及其输送空气风道；3 为内流风道，是旋流风，由其端部装的导流螺旋叶片造成。风煤喷出时的示意如图 2-37（b）所示。轴流风和旋流风由同一风机供给，通过改变二者风门的开度，可任意调节外流风与内流风的比例及风量。煤风由另一单独风机供风。

(a) 三风道喷嘴的结构

(b) 三风道喷嘴出口风煤混合示意

图 2-37　三风道喷嘴的结构及出口风煤的混合

三风道喷嘴具有如下特点。

ⅰ. 风煤出口风速较大，一般可在 70～150m/s 的范围调节。比单风道煤嘴喷出速度提高 1 倍，与二次空气间的混合由于速度差增大而变得迅速，有利于提高煤粉的燃烧速度及燃尽程度。

ⅱ. 内流风的旋转，有利于增大煤粉与空气间的相互运动，因而有利于煤粉的燃烧，又由于外流风的轴向流动，对旋流的煤粉流予以整流，阻止煤粉飞向窑衬，防止煤粉在窑壁上燃烧而损伤窑皮与衬料。

ⅲ．外层轴流风的高速喷出，是利用罗茨风机产生的高压风，经由小截面喷嘴喷出，一次风的风量不但未增加，反而减少，这样可提高二次风的利用率，并有利于燃烧温度的提高及热的有效利用。

ⅳ．火焰形状调节灵活，可调幅度大，对煤质的适应性强。

四风道喷煤嘴是在三风道喷煤嘴的基础之上，进一步对一次风进行合理分配，增加外旋风或内轴流风，使火焰形状更加合理并且更易于调节（图2-38）。

图2-38 四风道煤粉燃烧器

③ 煤粉燃烧室 一般煤粉燃烧室可分为立式和卧式两种。燃料由燃烧室顶部喷入时为立式（图2-39）。由侧壁喷入时为卧式（图2-40）。卧式占地较大，但散热面积较立式为小。

图2-39 立式煤粉燃烧室
1—煤粉烧嘴；2—防爆阀；3—风量调节器；
4—炉门；5—除灰门；6—混合室

图2-40 卧式煤粉燃烧室
1—煤粉烧嘴；2—除灰门；3—防爆阀；
4—风量调节器；5—热风管；6—混合室

煤粉燃烧室装有风量调节装置，可把热烟气的温度降到干燥所需的温度。燃烧室上部装有防爆阀，当发生爆炸时，高压气流可以由此排出，以防燃烧室内被破坏；有时为了有效利用热量并降低燃烧室周围环境的温度，还在燃烧室的砖墙内砌有通道，使冷空气流过通道预热后再经风机送入喷煤管。

煤粉燃烧室一般采用1～2个煤粉烧嘴，燃烧室较小时可采用一个；燃烧室较大时，在同样的燃煤量情况下，采用2个烧嘴可以比采用1个烧嘴时缩短喷燃方向的深度。布置烧嘴时，应注意使烧嘴与炉墙、烧嘴与烧嘴之间保持一定距离。

煤粉的燃烧全部在炉膛空间进行，因此燃烧室燃烧的强烈程度一般用炉膛容积热强度 q_V 表示，q_V 一般为 $140\sim230kW/m^3$。除了容积大小之外，还应注意燃烧室的形状，可采用炉膛断面热强度 q_F 作为另一个控制指标，q_F 一般为 $1900\sim2300kW/m^2$。

（6）沸腾燃烧室

固体燃料的沸腾态燃烧是处于层状燃烧与喷射燃烧之间的一种燃烧方式。它是将固体燃料特别是劣质固体燃料，用破碎机破碎成 8mm 以下（多数为 $2\sim3mm$）的碎粒，喂入沸腾燃烧室中。燃烧空气用风压较高的鼓风机，由炉底向上经过气体分布器，穿过燃料层，供给燃料燃烧。燃料层中的气流速度，应达到能使燃料颗粒翻腾而又不吹出燃烧室，使燃料在沸腾状态下进行燃烧。沸腾燃烧室的结构如图 2-41 所示。

图 2-41　沸腾燃烧室的结构

1—煤斗；2—电磁振动喂煤机；3—下煤管；4—观察孔；5—炉门；
6—分布器座；7—电磁阀门；8—排渣管；9—分布器；
10—下料管；11—回转烘干机；12—下料板；13—热
电偶；14—溢流管；15—鼓风机；16—风室

经过破碎的煤块，用输送机送入煤斗 1，用电磁振动喂煤机 2 将煤送入下煤管 3。通过下煤管进入燃烧室的煤进行沸腾燃烧，热烟气进入回转烘干机 11。大部分灰渣从溢流管 14 排出，细小的颗粒随气流进入回转烘干机，结成块的灰渣沉降在分布器 9 上，从分布器中部的排渣管 8 排出。排渣管口有电磁阀门 7，人工控制开闭，只有在排渣时才打开，平时经常关闭，防止漏风。空气从鼓风机 15 鼓入，经风室 16、分布器 9 进入燃烧室，料层阻力约为 $4\sim5kPa$。

沸腾燃烧室利用流态化技术使燃料在沸腾状态下进行燃烧，此时煤粒与煤粒之间的相对运动十分剧烈。它们相互碰撞，使煤粒表面的灰层产生脱落，露出新的燃烧层；而煤粒与空气的混合也非常充分，这使得燃烧速度极其迅速。新加入的煤粒被大量燃烧着的炙热煤粒所包围，能迅速地预热、着火与燃烧。所以沸腾燃烧室是一种强化燃烧设备，它具有以下优点。

① 热强度高，容积热强度为 $120\sim240kW/m^3$；传热系数为 $255\sim290W/(m^2\cdot℃)$。

② 燃烧温度较低而且稳定，保持在 $850\sim1050℃$ 的范围。因此烟气中 NO_x 的含量低；在此温度适当加入石灰石等添加剂，脱硫效果较佳。

③ 能充分利用燃料资源。发热量在 $4200kJ/kg$ 以上的劣质煤可单独使用，热值在 $3300kJ/kg$ 的劣质煤可掺少量（约 $1/3$）的优质烟煤使用。

④ 变废为宝，劣质煤经燃烧后，其灰渣可以当活性混合材使用。

但沸腾燃烧室也具有一些缺点，主要有鼓风动力消耗较大，烟气中飞灰量较多，且飞灰中的可燃物含量较高。另外运行的控制和检测手段也比较复杂。

5. 燃烧的污染及防治

当前，在我国大气环境中，具有普遍影响的污染最主要的来源是燃料的燃烧。影响较大的污染物有飘尘、二氧化硫、氮氧化物、一氧化碳等。各种污染物的浓度超过大气质量标准，就会导致对环境污染，损害人的健康，造成对自然生态的严重破坏。

（1）二氧化硫

大气中的二氧化硫主要是燃烧含硫煤和石油等燃料所产生的。一般 1t 煤中约含有 $5\sim50kg$ 硫，1t 石油约含有 $5\sim30kg$ 硫。

二氧化硫为无色有刺激性气体，主要导致呼吸道疾病。大气中 SO_2 的平均浓度达到 $3.5mg/m^3$，将诱发气喘、呼吸道感染，引起肺功能的损伤。此外，SO_2 对动植物也会造成损害，对金属、建材都有腐蚀作用。

对 SO_2 污染可采取以下防治方法。

① 提高窑炉热效率，降低燃料消耗。

② 高烟囱排放，可降低污染源区域的污染物浓度。

③ 燃烧脱硫，即在燃烧过程中脱硫。一般采用沸腾脱硫，即细碎煤沸腾燃烧时加入一定量脱硫剂（石灰石或白云石），在灼热的沸腾燃料层中边燃烧边脱硫，使 SO_2 与脱硫剂形成 $CaSO_4$ 随灰渣排出。

④ 燃料脱硫，指在燃烧前把燃料的硫除去。如将固体燃料转换为气体燃料，在转换过程中脱硫。还可采用洗煤、重油加氢脱硫等。

⑤ 排烟脱硫，可用活性炭法。利用活性炭的活性和比表面积大的特点，对烟气中 SO_2 进行吸附，再用水脱吸附回收副产品硫酸。

（2）氮氧化物（NO_x）

NO_x 是 NO、NO_2、N_2O、NO_3、N_2O_3、N_2O_4、N_2O_5 等的总称。造成大气污染的 NO_x 主要是指 NO 和 NO_2。

由燃烧过程生成的 NO_x，有两类：一类是在高温燃烧下，由空气中的 N_2 和 O_2 反应生成的，由此而生成的 NO_x 叫热 NO_x；另一类是由于燃料中含有 C_6H_5N、$C_{12}H_9N$ 及氨基化合物（RNH_3）等氮化物，在燃烧时分解出的 N_2 和 O_2 形成 NO_x，由此生成的 NO_x，叫燃料 NO_x。由燃料生成的 NO_x，主要是 NO。其主要反应是：

$$N_2 + O_2 =\!=\!= 2NO$$
$$N + O_2 =\!=\!= NO + O$$
$$N_2 + O =\!=\!= NO + N$$
$$2NO + O_2 =\!=\!= 2NO_2$$

生成的 NO 量与燃烧温度、燃烧气体中氧的浓度以及气体在高温区停留的时间等有关。根据实验可知，NO 的生成速度随燃烧温度的增高而加快。温度在 300℃ 以下时，NO 的生成量很少，燃烧温度高于 1500℃，NO 生成量显著增加。为了减少在燃烧过程生成 NO，应尽可能降低燃烧温度，减少过剩空气量（降低燃烧气体中 O_2 的浓度）和缩短气体在高温区的停留时间。

燃料 NO 生成量除取决于燃烧工况外，还取决于燃料的种类和含氮化合物的量。在燃料重油中，一般含有 $0.1\%\sim0.4\%$ 的氮化物，燃烧转换率为 $30\%\sim50\%$。

在一般情况下，NO_x 排放率按煤—重油—煤气顺序而减小。

NO_x 对人体和牲畜有较大危害。NO 对人体和动物体内的血色素有强烈的亲和力，比 CO 大 1000 倍，人和动物吸入 NO，会引起血液严重缺氧，损坏中枢神经系统，引起麻痹症状。当 NO 浓度为 $0.12×10^{-6}$ 时有臭味；浓度为 $8×10^{-6}$ 经 $3～5min$ 胸部出现绞痛感；浓度为 $300×10^{-6}～500×10^{-6}$ 经数分钟会引起支气管炎和肺水肿而死亡。

NO_2 对人体有强烈的刺激作用。NO_2 的浓度为 $1mg/m^3$ 时，连续吸入 4h，肺细胞组织将发生变化。NO_2 的浓度达 $100mg/m^3$ 时，1min 内人的呼吸发生异常。浓度达 $200～300mg/m^3$ 时，人在 $0.5～1.0h$ 内就会死亡。大气中 NO_2 的最高允许浓度为 $0.15mg/m^3$。

据统计，大气中 NO_x 的含量有 50% 是燃烧产物排放的。要减少燃烧时 NO_x 的生成量可采用控制燃烧的方法，特别是在保证燃料完全燃烧的前提下，采用低的空气消耗系数时，由于氧几乎全部与燃料化合，使氮没有和氧结合的机会，从而达到降低 NO_x 的目的。

（3）烟尘

烟尘是指没有完全燃烧的微小碳粒及随废气排出的灰分。直径大于 $10\mu m$ 的烟尘在大气中容易沉降，通常称为降尘；直径小于 $10\mu m$ 的烟尘不易沉降，长时间飘浮于大气中，称为飘尘。直径小于 $0.01～0.1\mu m$ 的烟尘，会在肺的深部沉积下来，难以排出，严重危害人体健康。

消除烟尘一方面要合理地选择燃料，一方面要组织好燃烧过程。当气体燃料燃烧时烟尘甚少；液体燃料在燃烧不完全时，烟囱冒出大量黑烟，造成环境污染，浪费燃料，破坏窑炉的正常热工制度；固体燃料燃烧室在加煤、拨火时易生成大量烟尘，因此，要改进操作和燃烧室结构。

（4）含酚废水

把煤加以气化，以煤气作燃料，能减少烟气中二氧化硫和烟尘的排放。但在煤气的净化过程中，洗涤水中酚的含量会比较高，这些有毒废水如果直接外排，就会污染水源，危害人体健康，危害渔业、农业等。

酚类属于有较高毒性的有机化合物，主要破坏细胞原浆，低浓度酚使蛋白质变性，高浓度酚使蛋白质沉淀，对各种细胞有直接损害，对皮肤、黏膜有强烈的腐蚀作用。长期饮用含酚污染的水，可能引起头昏、贫血、皮疹和各种神经系统症状。

含酚废水的处理较难解决，工厂的发生炉废水处理一般采用废水完全封闭循环，即使用竖管冷却器，洗涤塔的用水要封闭循环使用，不让其外流污染环境。

要做到废水完全封闭循环，可以采取下列措施。

① 严格清污分流。将煤气洗涤冷却用水与生活污水、煤气设备冷却水和蒸汽冷凝水严格分开。前者纳入循环水系统，后者外排。

② 厂区和站区的煤气管道及设备冷凝下来的煤气中的水，应定期集中，纳入循环水系统。

③ 防止雨水或其他用水进入循环系统。

④ 设置循环水调节池，作为清理池内污物和特殊情况的备用池以防止废水外泄。

但废水完全循环法还存在许多问题，有待于进一步改进。一是存在投资费用大的问题，同时经长时间封闭循环后，废水中的挥发酚含量渐趋饱和，煤气中的酚不再溶于水，而是被煤气带走；循环水质恶化，易于堵塞设备，对金属设备还有腐蚀作用。水中的挥发酚也会弥散到大气中污染环境。

对于含酚废水，经过溶剂萃取脱酚和活性污泥生化处理后，可以向外排放。溶剂萃取脱酚是选用一种与水互不相溶但对酚有较大溶解能力的有机溶剂，将水中的酚绝大部分转移到溶剂中，从而将酚水中的酚脱除。活性污泥生化处理是利用活性污泥中的好氧微生物，在有氧条件下将酚氧化分解成二氧化碳、铵盐和水。

（5）热污染

热污染多发生在城市、工厂、火电站等人口稠密和能源消耗大的地区。当前世界各国能源消费正在不断地增加，由此而引起的热污染问题也日趋严重，对地球上的生物将会产生直接或潜在的威胁。

① 大气中二氧化碳的温室效应　随着能源消费量的增加，尤其是大量石油、煤等化石燃料的燃烧，向大气中释放出大量的二氧化碳，使大气中的二氧化碳浓度增大。

大气中的二氧化碳不仅能选择性地吸收太阳的辐射能，还大量地吸收地球表面辐射出的红外线，使大气升温。吸热后的二氧化碳再将能量逆辐射到地面。因此，大气中的二氧化碳就像是个防止把热散射到宇宙的盖子，增强了近地层的热效应，这如同在冬季农村所建的温室一样，所以把大气中二氧化碳对环境的效应叫做"温室效应"。

美国基贝特·普拉斯博士在 1956 年发表论文提出：若大气中的二氧化碳浓度近于现在（1956 年）的两倍（600×10^{-6}）时，全球地面平均气温将比 300×10^{-6} 时上升 3.6℃；如果大气中的二氧化碳的浓度为 150×10^{-6} 时，全球地面上的平均气温将下降 3.8℃。

② "热岛"效应　由于城市（特别大城市）消耗大量的燃料，在燃烧过程中产生的能量一部分转变成废热，有一部分转变为有用功，最终也成为废热向环境散发，使城市的气温升高。市区与郊区的气温差显著增大，市中心区温度最高，往市郊逐渐减低，农村的温度最低。据一些城市监测结果表明，在数百万人口的大城市，市内外气温差 5℃以上，数十万人口的中等城市气温差在 4～5℃。

"热岛效应"对环境产生污染效应，并使城市上空云雾和降水量有所增加。

③ 水体的热污染　由于向水体排放废热水及其他形式的"废热"，使水体温度升高，影响水生生物的生存，破坏原有的生态平衡，使水质恶化，影响人类生产和生活的使用，这就称为水体的热污染。

如一些鱼类仅适应于在较低水温中生长，水温超过其产卵和孵化的温度，使鱼类繁殖率降低。此外，水温提高后，水中溶解氧减少，影响鱼类生长和其他生物生存。水温增高可使一些藻类繁殖，加速水体的"富营养化"过程，影响水体利用。

水温升高，会使水的蒸发速度加快，使空气中的水蒸气和二氧化碳大量增加而加剧温室效应，使地表和大气下层温度升高，影响大气循环，以致气候异常。热污染和气候异常又能助长病原体的繁殖和迁移，引起疾病蔓延，危害人体健康。

④ 热污染的防治

a. 减少能源消耗量。与国外先进技术相比，我国工业企业的能源消耗明显偏高。冶金工业正处在新老工艺技术交替、新老并存的阶段。不论是从节约能源还是保护环境来讲，都必须积极采用新工艺、新技术来降低能源的消耗量。这也是从根本上减少热污染的产生。

b. 加强废热的综合利用。充分利用工业的余热，是减少热污染的最主要措施。生产过程中产生的余热种类繁多，有高温烟气余热、高温产品余热、冷却介质余热和废气废水余热等。这些余热都是可以利用的二次能源。我国每年可利用的工业余热相当于 $5 \times 10^7 t$ 标煤的发热量。在冶金、发电、化工、建材等行业，通过热交换器利用余热来预热空气、原燃料、干燥产品、生产蒸汽、供应热水等。对于压力高、温度高的废气，要通过汽轮机等动力机械直接将热能转为机械能，如新型干法水泥厂利用余热发电。

c. 加强隔热保温，防止热损失。在工业生产中，有些炉体要加强保温、隔热措施，以降低热损失。

d. 寻找新能源。利用水能、风能、地能、潮汐能和太阳能等新能源，既解决了污染物，又是防止和减少热污染的重要途径。特别是在太阳能的利用上，各国都投入了大量人力和财力进行研究，取得了一定的效果。

6. 燃料燃烧的节能

冶金生产中要消耗大量的热能，这些热能是由燃料燃烧所提供的，现从燃烧技术的角度来探讨节能的一般途径。

（1）合理组织燃烧

① 合理组织炉内燃料燃烧　不同的工业产品有不同的加热工艺，有的要求高温加热；有的要求中、低温加热；有的炉子既有高温区，又有中温区；有的炉子要求短火焰加热；有的炉子要求温度分布均匀。同时还要求在满足加热工艺的条件下使燃料燃烧放出的热量最大限度地传给被加热物料。所以，各种窑炉都要根据工艺要求合理组织燃烧过程。

② 合理选用燃料　节能，不能单纯理解为降低产品的能耗，我国煤炭资源丰富，以煤代油，以劣质燃料代优质燃料，也是节能的重要方面。但燃料的选用要满足不同产品的工艺要求。如高炉炼铁时可通过喷吹煤粉代替焦炭。但在其他一些场合，煤的燃烧在火焰性能、热能利用、产品质量和环境污染方面均不如气、液体燃料优越，一些发达国家已很少采用直接燃煤的方式，而是将煤转化为煤气燃烧。

（2）改进燃烧技术，提高燃烧效率

燃烧效率是燃料燃烧的质量指标，用以评价燃烧质量与能源利用的合理性。

① 合理选择燃烧设备　一个性能良好的燃烧设备，应具有良好的空气与燃料的混合条件和较低的空气消耗系数，燃烧火焰稳定，易于调节，安全可靠，污染小，故生产企业应淘汰耗能高的设备，采用新型节能燃烧设备。

② 保持助燃空气与燃料的恰当比例　燃料完全燃烧必须供给一定量的助燃空气，但不同的燃料所需助燃空气的量是不同的，在保证各种燃料完全燃烧的前提下，过剩空气量应控制在最小，以减少烟气量，从而减少烟气带走的热量，提高燃烧温度，节约燃料消耗。据测定，当炉膛内过剩空气量增加1%时，就要多耗燃料3%。

③ 采用燃烧新技术

a. 重油乳化燃烧技术。重油掺水乳化燃烧是水在燃烧中起二次雾化作用，可减小空气消耗系数，节约燃料消耗。据报道，国外某些国家采用此项技术可节约燃料22%～33%，且减少对环境的污染。我国目前掺水率可达13%～15%，节油率达8%～10%。

b. 磁化油技术。将重油在0.14～0.5T的磁场中流过，进行磁化处理后能改善雾化质量，提高燃烧效率，达到节油目的，一般节油率为3%～5%。

c. 富氧燃烧。在助燃空气中增加氧气的含量，可节约燃料或增加产量。据报道，助燃空气里含氧达30%，就可节约燃料10%～15%。

d. 沸腾燃烧法。沸腾燃烧法能使煤粒与空气之间充分混合，当空气消耗系数达1.1时就能得到充分的氧气供应，且燃烧反应速度极其迅速使燃烧得到强化。各种煤种（包括劣质煤及某些工业废渣）均可在沸腾燃烧室得到稳定燃烧，料层温度均匀，一般控制在850～1050℃，故烟气中 NO_x 含量较低，有利于环境保护。

④预热助燃空气　提高助燃空气温度，一般有利于提高燃料的燃烧温度，加快燃烧速度，稳定燃烧过程，并可提高燃烧效率，促进完全燃烧，从而达到节约燃料的目的。

（3）提高操作与管理水平，实现全面能源管理

为了更好地节约能源，除了实施各项节能技术外，全面加强能源管理也是非常重要的。其主要内容是：建立健全能源管理机构，对企业用能情况进行全面调查和分析，有计划地开展企业热平衡工作，对重点耗能设备进行测试，发现问题，分析问题，找出解决的方法。对各种设备的操作要反映节能的要求。通常采取如下措施。

① 对燃烧设备制定合理的温度制度　在生产过程中应控制窑炉的最高温度，使窑炉保持在热耗最低的高效率区内生产，并根据生产情况（如加入窑炉内物料数量、规格、品种改变或设备事故等）及时调整供热量，对间歇式窑炉，应在最佳热负荷条件下指定升温速度。

② 配备必要的热工参数检测及控制仪表　实现燃烧过程的自动控制，如自动调节空气与燃料的比例，就可实现低空气消耗系数燃烧。

③ 控制炉膛压力　一般控制窑炉底部为零压，实现微正压操作，以防止大量热气体外溢或吸入冷空气，防止热量损失。

【知识拓展】

1. 如何在生产中防止回火、脱火现象？

2. 生产中的一次空气和二次空气如何区分，各起什么作用？

※项目任务实施

一、任务内容
煤的工业分析。

二、任务目的
煤的工业分析是测定煤的水分、灰分、挥发分和固定碳的质量分数的一种重要的定量分析。从广义上讲，煤的工业分析还包括煤的发热量、硫分、焦渣特性以及灰的熔点的测定，它为锅炉的设计、改造、运行模式和实验研究提供必要的原始数据。本任务旨在培养学生的动手能力，并掌握煤的工业分析方法与原理。

三、任务设备
烘干箱 1 台；马弗炉 2 台；玻璃称量瓶 2 个；灰皿 2 个；挥发分坩埚 2 个；坩埚架 2 个；坩埚架夹 2 个；电子秤 1 个；干燥器 1 台

四、任务原理
根据不同温度操作下，不同的物质析出，通过称重，根据结果进行计算。

五、任务步骤

1. 水分的测定

（1）方法提要

称取一定量的空气干燥煤样，置于 105～110℃ 干燥箱内，于空气流中干燥到质量恒定。根据煤样的质量损失计算出水分的质量分数。

（2）仪器设备

① 鼓风干燥箱，带有自动控温装置，能保持温度在 105～110℃ 范围内。

② 玻璃称量瓶，直径 40mm，高 25mm，并带有严密的磨口盖。

③ 干燥器，内装变色硅胶或粒状无水氯化钙。

④ 分析天平，感量 0.1mg。

（3）分析步骤

① 在预先干燥并已称量过的称量瓶内称取粒度小于 0.2mm 的空气干燥煤样（1g±0.1g），称准至 0.0002g，平摊在称量瓶中。

② 打开称量瓶盖，放入预先鼓风并已加热到 105～110℃ 的干燥箱中。在一直鼓风的条件下，烟煤干燥 1h，无烟煤干燥 1～1.5h（注：预先鼓风是为了使温度均匀。将装有煤样的称量瓶放入干燥箱前 3～5min 就开始鼓风）。

③ 从干燥箱中取出称量瓶，立即盖上盖，放入干燥器中冷却至室温（约 20min）后称量。

④ 进行检查性干燥，每次 30min，直到连续两次干燥煤样的质量减少不超过 0.0010g 或质量增加时为止。在后一种情况下，采用质量增加前一次的质量为计算依据。水分在 2.00% 以下时，不必进行检查性干燥。

2. 灰分的测定

采用缓慢灰化法。

（1）方法提要

称取一定量的空气干燥煤样，放入马弗炉中，以一定的速度加热到（815±10）℃，灰化并灼烧到质量恒定。以残留物的质量占煤样质量的百分数作为煤样的灰分。

（2）仪器设备

① 马弗炉：炉膛具有足够的恒温区，能保持温度为（815±10）℃。炉后壁的上部带有直径为 25～30mm 的烟囱，下部离炉膛底 20～30mm 处有一个插热电偶的小孔，炉门上有一个直径为 20mm 的通气孔。马弗炉的恒温区应在关闭炉门下测定，并至少每年测定一次，高温计（包括毫伏计和热电偶）至少每年校准一次。

② 灰皿：瓷质，长方形，底长 45mm，底宽 22mm，高 14mm。

③ 干燥器：内装变色硅胶或粒状无水氯化钙。

④ 分析天平：感量 0.1mg。

⑤ 耐热瓷板或石棉板。

（3）分析步骤

① 在预先灼烧至质量恒定的灰皿中，称取粒度小于 0.2mm 的空气干燥煤样（1±0.1）g，称准至 0.0002g，均匀地摊平在灰皿中，使其每平方厘米的质量不超过 0.15g。

② 将灰皿送入炉温不超过 100℃ 的马弗炉恒温区中，关上炉门并使炉门留有 15mm 左右的缝隙。在不少于 30min 的时间内将炉温缓慢升至 500℃，并在此温度下保持 30min。继续升温到（815±10）℃，并在此温度下灼烧 1h。

③ 从炉中取出灰皿，放在耐热瓷板或石棉板上，在空气中冷却 5min 左右，移入干燥器中冷却至室温（约 20min）后称量。

④ 进行检查性灼烧，每次 20min，直到连续两次灼烧后的质量变化不超过 0.0010g 为止。以最后一次灼烧后的质量为计算依据。灰分低于 15.00% 时，不必进行检查性灼烧。

3. 挥发分的测定

(1) 方法提要

称取一定量的空气干燥煤样，放在带盖的瓷坩埚中，在 (900±10)℃下，隔绝空气加热 7min，以减少的质量占煤样质量的百分数，减去该煤样的水分含量作为煤样的挥发分。

(2) 仪器设备

① 挥发分坩埚：带有配合严密盖的瓷坩埚，形状口为 $\phi33mm$，底 $\phi18mm$，高 40mm，厚度 1.5mm，盖内层 $\phi20mm$，外层 $\phi35mm$，即厚度仍为 1.5mm，坩埚总质量为 15～20g。

② 马弗炉：带有高温计和调温装置，能保持温度在 (900±10)℃，并有足够的 (900±5)℃的恒温区。炉子的热容量为当起始温度为 920℃时，放入室温下的坩埚架和若干坩埚，关闭炉门后，在 3min 内恢复到 (900±10)℃。炉后壁有一个排气孔和一个插热电偶的小孔。小孔位置应使热电偶插入炉内后其热接点在坩埚底和炉底之间，距炉底 20～30mm 处。马弗炉的恒温区应在关闭炉门下测定，并至少每年测定一次，高温计 (包括毫伏计和热电偶) 至少每年校准一次。

③ 坩埚架：用镍铬丝或其他耐热金属丝制成，其规格尺寸以能使所有的坩埚都在马弗炉恒温区内，并且坩埚底部紧邻热电偶热接点上方。

④ 坩埚架夹。

⑤ 干燥器：内装变色硅胶或粒状无水氯化钙。

⑥ 分析天平：感量 0.1mg。

⑦ 压饼机：螺旋式或杠杆式压饼机，能压制直径约 10mm 的煤饼。

⑧ 秒表。

(3) 分析步骤

① 在预先于 900℃温度下灼烧至质量恒定的带盖瓷坩埚中，称取粒度小于 0.2mm 的空气干燥煤样 (1±0.01) g (称准至 0.0002g)，然后轻轻振动坩埚，使煤样摊平，盖上盖，放在坩埚架上 (褐煤和长焰煤应预先压饼，并切成约 3mm 的小块)。

② 将马弗炉预先加热至 920℃左右。打开炉门，迅速将放有坩埚的架子送入恒温区，立即关上炉门并计时，准确加热 7min。坩埚及架子放入后，要求炉温在 3min 内恢复至 (900±10)℃，此后保持在 (900±10)℃，否则此次试验作废。加热时间包括温度恢复时间在内。

③ 从炉中取出坩埚，放在空气中冷却 5min 左右，移入干燥器中冷却至室温 (约 20min) 后称量。

4. 焦渣特征分类

测定挥发分所得焦渣特征，按下列规定加以区分。

① 粉状——全部是粉末，没有相互黏着的颗粒。

② 黏着——用手指轻碰即成粉末或基本上是粉末，其中较大的团块轻轻一碰即成粉末。

③ 弱黏结——用手指轻压即成小块。

④ 不熔融黏结——以手指用力压才裂成小块，焦渣上表面无光泽下表面稍有银白色光泽。

⑤ 不膨胀熔融黏结——焦渣形成扁平的块，煤粒的界线不易分清，焦渣上表面有明显银白色金属光泽，下表面银白色光泽更明显。

⑥ 微膨胀熔融黏结——用手指压不碎，焦渣的上、下表面均有银白色金属光泽，但焦渣表面具有较小的膨胀泡 (或小气泡)。

⑦ 膨胀熔融黏结——焦渣上下表面有银白色金属光泽，明显膨胀，但高度不超过 15mm。

⑧ 强膨胀熔融黏结——焦渣上、下表面有银白色金属光泽，焦渣高度大于 15mm。

六、任务数据及处理

1. 水分测定的计算

空气干燥基水分：$M_{ad} = \dfrac{m_1}{m} \times 100\%$

式中　m_1——煤样烘干后的失去质量 g；

m——分析煤样的质量，g。

煤的收到基水分：$M_{ar} = M_{ar}^f + M_{ad}\left(\dfrac{100 - M_{ar}^f}{100}\right)$

水分测定的允许误差

水分 M_{ad}/%	重复性限/%	水分 M_{ad}/%	重复性限/%
<5.00	0.20	>10.00	0.40
5.00~10.00	0.30		

2. 灰分测定计算

空气干燥煤样的灰分：$A_{ad} = \dfrac{m_3 - m_2}{m_3} \times 100\%$

式中　m_2——灼烧后瓷皿中煤样减少的质量，g；

m_3——灼烧前分析煤样的质量，g；

煤的收到基灰分：$A_{ar} = A_{ad}\left(\dfrac{100 - M_{ar}}{100}\right)\%$

灰分测定的允许误差

灰分 A_{ad}/%	重复性限/%	再现性临界差/%
<15.00	0.20	0.30
15.00~30.00	0.30	0.50
>30.00	0.50	0.70

3. 挥发分测定计算

空气干燥煤样的挥发分：$V_{ad} = \dfrac{m_5}{m_4} \times 100\% - M_{ad}\%$

式中　m_4——分析煤样的质量，g；

m_5——分析煤样的灼烧后减少的质量，g。

煤的干燥无灰基挥发分：$V_{daf} = V_{ad}\left(\dfrac{100}{100 - M_{ad} - A_{ad}}\right)\%$

挥发分测定的允许误差

挥发分 V_{ad}/%	重复性限/%	再现性临界差/%
<20.00	0.30	0.50
20.00~40.00	0.50	1.00
>40.00	0.80	1.50

4. 固定碳测定计算

空气干燥基固定碳：$C_{ad}^{gd} = 100 - (M_{ad} + A_{ad} + V_{ad})\%$

煤的收到基的固定碳：$C_{ar}^{gd} = C_{ad}^{gd}\left(\dfrac{100 - M_{ar}}{100 - M_{ad}}\right)\%$

5. 原始数据及计算结果

	单位	水分 M_{ad}		灰分 A_{ad}		挥发分 V_{ad}		固定碳
		试样 1	试样 2	试样 1	试样 2	试样 1	试样 2	
器皿及试样总量	g							
器皿质量	g							
试样质量	g							
灼烧后总量	g							
灼烧后失去的质量	g							
分析结果	%							
平行误差	%							
分析结果平均值	%							

七、任务评价

项目名称			煤的工艺分析		
开始时间		结束时间		学生签名	
				教师签名	

项目	技术要求	分值	得分
	1. 方法得当 2. 操作规范 3. 正确使用工具与设备 4. 团队合作		
任务实施报告单	5. 书写规范整洁,内容翔实具体 6. 任务结果和数据记录准确、全面,并能正确分析 7. 问题回答正确,完整 8. 团队精神考核		

项目三 热量传递

【项目描述】

将你自己化身为一名刚进入某冶金企业的员工，已经进行了一段时间的实习，对整个生产过程有了一定的了解，你会发现，无论哪种冶金生产过程，都需要相应的冶金炉完成冶金任务。冶金炉正常生产后，进入炉内的燃料燃烧产生的高温火焰、高温烟气等，它们携带的热量与进入到炉内的冶金原料之间进行热量的传递，将进入炉内的冷物料逐步进行预热，而高温烟气在炉内上升的过程中将携带的热量传递给冶金原料，最后排出冶金炉。本项目中重点学习炉内热量传递的原理、规律以及传热量的计算。

【知识目标】

① 掌握传热过程的分类、性质；传热的任务。

② 掌握稳定态下的传导传热的基本原理以及相关的计算。

③ 掌握稳定态下的对流传热的基本原理以及相关的计算；掌握相似原理在对流换热系统中的应用以及对流给热系数的确定。

④ 掌握辐射传热的基本原理，基本定律；掌握两个固体间的辐射热交换计算；掌握气体与固体间的辐射热交换计算。

⑤ 掌握综合传热的概念，掌握对流和辐射同时存在的综合传热的计算；掌握火焰炉内传热的分析和计算；掌握竖炉内传热的分析和计算。

【能力目标】

① 能根据传热方式的特点正确区分生活和工程中传热的方式。

② 能进行稳定态下传导传热的相关计算以及对于日常生活和工程中常见此类现象的理解和应用。

③ 能进行稳定态下对流换热的相关计算以及对于日常生活和工程中常见此类现象的理解和应用。

④ 能进行稳定态下辐射传热的相关计算以及对于日常生活和工程中常见此类现象的理解和应用。

⑤ 能进行综合传热的相关计算以及对于日常生活和工程中常见此类现象的理解和应用。

⑥ 能够合理组织火焰炉和竖炉内的传热，达到冶金炉的合理节能。

【素质目标】

具有良好的职业道德和敬业精神；具有团结协作和开拓创新的精神；具有环保和节能的意识。

任务一 概 述

【任务描述】

只要有温度差存在的地方就有热量的传递，而且热量永远是从高温物体自发地传递给低温物体，就像水总是从高处流向低处；电流总是自发地由高电位流向低电位一样。在自然界和工程技术领域中温度差是普遍存在的，所以传热过程可以在相当广泛的范围内发生，如建材、能源、化工、动力、冶金、航空、机械、建筑等工业过程中都存在传热问题。传热过程是冶金过程热加工的重要过程。热量传递主要有三种基本方式：传导传热、对流传热、辐射传热。在工程实际中，一般所遇到的传热现象往往是两种或两种以上基本传热方式同时存在，即综合传热过程。

【任务分析】

在生产中，要对冶金炉内的高温火焰、高温烟气与进入炉内的冷物料之间设置合理的传热方式，使低温物料得到热量变为高温物料，即熔融态的物料，便于化学反应的进行，而高温的烟气在炉内的流动过程中温度得以降低，通过回收余热等装置排到炉外，为此需要学会传热的基本形式以及各种传热的特点，在此基础上掌握各个物理性质之间的相互制约和影响，从而为冶金的安全生产保驾护航。

项目三 热量传递		
任务一 概 述	基 本 知 识	技能训练要求
学习内容	1. 传热过程的三种基本形式及各种形式的特点 2. 传热过程的性质 3. 传热学的任务 4. 传热学的传热系数 5. 与传热有关的几个概念	1. 掌握传热过程的三种基本形式及各种形式的特点 2. 了解传热过程的性质并学会处理复杂传热过程的原则 3. 了解传热学的任务 4. 掌握传热公式 5. 与传热有关的几个概念：掌握温度场的概念和稳定温度场的定义；掌握等温面与等温线的概念和性质；掌握温度梯度的概念，明确温度梯度方向的规定；掌握稳定态导热与非稳定态导热得区别

【知识链接】

传热过程即热的传递过程，是自然界和工程技术领域中极为普遍的一种热量传递过程。

在冶金工业热工过程中涉及的传热问题主要有两类：一类是如何增强传热；一类是如何减弱传热。例如冶金行业的各种冶金炉在进行生产时，在炉内要将燃料燃烧产生的热有效地传给被加物料，使其进行必要的物理、化学变化而完成各种冶金过程；在水泥、陶瓷、耐火材料工业中都有烘干设备，在其中需要将烟气的热量传给湿物料，使水分蒸发变成干物料。此外，大多数窑设有余热利用装置（蓄热室、换热器、余热锅炉等），以回收废气带走的热。对以上这些传热过程都应采取有效措施加以强化。但为了减少各种冶金炉及各种冶金设备表面的散热，减少输气、输油管道的散热损失等，就要削弱这方面的传热。

研究传热的目的就是要运用传热过程的基本理论与实践知识，提出强化和削弱传热途径和措施，最大限度地提高各种冶金炉等热工设备的热效率和生产率，达到高产、优质、低耗的目的。因此，掌握冶金炉热工设备的传热过程、熟悉传热的基本原理是十分重要的。

1. 传热过程的分类

传热过程是一种复杂的物理现象，按物理本质的不同，将其分为三种基本的传热形式：传导传热、对流传热、辐射传热。

（1）传导传热

热量从物体中温度较高的部分传递到温度较低的部分，或者从温度较高的物体传送递到与之接触的温度较低的另一物体的过程称为传导传热（或热传导）。传导传热是物体中微观离子（分子、原子、电子）热运动时相互碰撞的结果。其特点是物体各部分之间不发生相对位移，也没有能量形式的转换，这种热量传递属于接触传热。例如炉墙的内表面温度高于外表面，热量通过炉墙向外传递，炉墙内部的传热就是传导传热。

固体中热量的传递是典型的传导传热。在金属导体中，导热起因于自由电子的运动，而在不良热导体的固体中，传导传热是通过晶格结点的振动（即原子、分子在其平衡位置附近的振动）来实现的；液体的传导传热类似于非导电的固体，主要依靠弹性波的作用；在气体中，热传导是由分子不规则热运动时相互碰撞而产生的。

（2）对流传热

对流传热是指流体各部分之间发生相对移动时所引起的热量传递过程。对流传热仅发生在液体和气体中，而且必然伴随着传导传热现象。

在工程实践中，大量遇到的是流体流过温度与其不同的固体表面所发生的热量传递过程。由于边界层的存在，它往往包括传导传热与对流传热两种传热形式，综合称为对流换热。在冶金炉中讨论对流换热一般是指热量由流体传到固体壁面（或反之）的过程。例如，冶金炉内高温气体与被加热物料或炉内衬之间的传热；冶金炉外表面向大气散热均属对流换热。

根据引起流体流动的原因不同，对流换热可分为自然对流换热和强制对流换热两类。自然对流换热是由于流体受热后因密度不同而引起的，如暖气片表面附近的空气因受热密度变小而向上流动，将热量带至房间的其他地方。如果流体的运动是由于外界的机械作用（风机、泵）所产生的换热叫强制对流换热。

（3）辐射传热

辐射传热是一种以电磁波的形式来传递热量的过程。它与传导传热和对流传热有着本质的区别。任何物体只要其温度在 0K 以上都会以电磁波的形式向外界发射热辐射能。当辐射能投射到另一物体时便会部分或全部地被吸收，又重新变为热能，这种传递不需要任何介质，是非接触传热，这是辐射传热区别于传导传热、对流传热的一个根本特点；另一个特点是它不仅产生能量的转移，而且还伴随着能量形式的转化，即从热能转换为辐射能以及从辐射能又转换为热能。辐射传热在生产和生活中较为常见。例如，人们站在燃烧的火焰旁（或将高温窑炉的门打开）会感到烘烤；太阳和地球相距遥远，但太阳发出的热量能够传递到地球上。

不同的传热方式有不同的传热规律，研究每一种传热规律是非常必要的。但在实际生产和生活中，上述三种传热基本方式往往不是单独进行的，多数情况是两种或三种基本传热方式同时存在，而在某种条件下，以某种传热方式为主，称为综合传热。例如回转窑内的传热，就存在着高温火焰以辐射和对流的方式传热给物料及窑内衬表面，使其温度升高；随着窑的转动，窑内衬表面被埋在物料中时，因其温度高于物料表面温度，便将热量以传导传热的方式传给物料。

由于三种传热方式的规律有较大差别，故本章将分别加以讨论，在此基础上进行综合传热的分析。

2. 传热过程的性质

实际上，很难存在某种单一的传热方式，也就是说，传热过程实际上具有复杂性。

以火焰炉为例，火焰对物料的传热，包括辐射和对流；物料内部的传热有时也很复杂，对液体金属则有对流和传导；对散状物料则可能三种传热方式都同时存在（料层料孔隙中）。有些情况下，各种传热方式的作用很难严格地划分开来。

在实际计算中，往往将这些过程当作一个整体来看待。

如流体与表面之间的传热（对流与传导的综合作用）称为"对流给热"或"对流换热"，将通过多孔物体的传热（三种传热方式的综合作用）以导热来表示。

3. 传热的表示形式

没有温度差，传热就不可能发生。温度差越大，传热过程也越强烈，因此温度差是传热的动力。

对于阻碍传热的各种因素，如传热两方的距离，物体的导热、辐射或吸收能力等，这些综合因素称为"热阻"。传热方式不同，热阻的内容和表现形式也不同。热阻越大，传热量越小。实际传热过程往往是两种或三种传热方式同时存在的综合作用，因而热阻也将是几种传热方式综合在一起的热阻。

由于热量总是自发地从高温物体流向低温物体，而电量总是从高电位流向低电位，有温度差就有热量的传递，有电位差就有电流。由此可知，热量传递现象与电量的传递现象相类似，即温度差与热阻的对比关系决定传热量的大小，类似于电路中的电流、电压与电阻的关系，即

$$电流 = \frac{电压}{电阻}$$

单位时间的传热量也可称为热流，温度差可称为热压，则热流、热压与热阻之间也呈现着同样的规律，即

$$热流 = \frac{热压}{热阻}$$

4. 传热学的任务

研究不同条件下热压和热阻的具体内容和数值，从而能计算出传热量大小，并合理地控制和改善传热过程。

在学习过程中，首先分别研究各种传热方式单独存在时的传热规律和热阻，然后再扩大到研究一般的实际传热过程。

5. 传热系数

实践证明，传热过程所传递的热量与传热体的温度差及传热面积成正比，用公式表示，即

$$Q = K\Delta t F \tag{3-1}$$

式中　Q——单位时间内，通过总传热面积 F 传递的热量，W；

　　　F——传热面积，m^2；

　　　Δt——冷热物体的温度差，℃；

　　　K——比例系数，称为传热系数，$W/(m^2 \cdot ℃)$。

当 $\Delta t=1℃$，$F=1m^2$ 时，在数值上 $Q=K$，即传热系数表示了温差为 $1℃$，传热面积为 $1m^2$ 条件下传热量数值的大小。它可反映传热过程强烈的程度。对不同传热过程进行比较时，应以传热系数作为指标，传热系数越大，传热过程越强烈，反之则越弱。

如用单位时间内通过单位面积所传递的热量表示热流量（q），式(3-1) 可写成

$$q=\frac{Q}{F}=K\Delta t \tag{3-2}$$

式(3-2) 称为传热方程式，是传热计算的基本公式，单位是 W/m^2。

6. 与传热有关的几个名词

物体的传热和温度的分布情况有着密切的关系，因此，在研究传热问题时，需首先建立与温度分布有关的基本概念。

（1）温度场

所谓温度场，是指在某一瞬间，物体内部所有各点温度的分布情况。温度场内各点的温度有可能各不相同，某一点的温度也可能随着时间的延续而变化，因此，温度场内的温度是空间和时间的函数，其数学表达式为

$$t=f(x,y,z,\tau) \tag{3-3}$$

由式(3-3) 可以看出：温度场中某一点的温度，与该点的坐标值 x、y、z 有关，同时与时间 τ 有关，这样的温度场称为不稳定温度场。例如刚点火升温的冶金炉，炉内及炉壁内各点温度随时间而变化，属于不稳定温度场。

如果温度场内各点温度不随时间而变化（$dt/d\tau=0$），这样的温度场称为稳定温度场，其数学表达式为

$$t=f(x,y,z) \tag{3-4}$$

实际上绝对稳定的温度场是不存在的，但如果在所考察的时间间隔内，温度相对地稳定，则可以近似地将其当作稳定温度场。

在实际工程上，为使问题简化往往略去次要方向温度的变化，只着重研究主要传热方向上的温度分布。若稳定温度场内只考虑两个或一个坐标方向，则称为二维或一维稳定温度场，其数学表达式为

$$t=f(x,y) \quad 或 \quad t=f(x) \tag{3-5}$$

（2）等温面与等温线

温度场中同一瞬间，由所有温度相同的点连接所构成的面称为等温面。等温面上各点连接而成的曲线称为等温线。由于物体同一点不能同时存在两个温度，所以，等温面或等温线不能相交。在连续的温度场中，等温面或等温线也是连续的。

在同一等温面上没有温度差，因此，也就没有热量传递；在不同的等温面之间，必然会有热量的传递。

（3）温度梯度

温度梯度示意见图 3-1。在温度场中，只有沿着穿过等温面的方向才会有温度差。在两个相邻的等温面之间以法线方向的距离为最短，所以沿等温面法线方向的温度变化率最大。

两个等温面之间的温度差 Δt 与其法线方向上，两个等温面距离 Δn 的比值的极限称为温度梯度。它是一个向量，正方向朝着温度增加的一方。

图 3-1　温度梯度示意

对稳定和单向温度场的温度梯度应为

$$\lim_{\Delta n \to 0} \frac{\Delta t}{\Delta n} = \frac{\mathrm{d}t}{\mathrm{d}n} \qquad (3\text{-}6)$$

温度梯度的物理意义是沿着等温线的法线方向，单位距离上温度的变化。它的正方向朝着温度升高的方向，与热流的方向正好相反。

（4）稳定态导热与非稳定态导热

在稳定的温度场中的传热为稳定态导热，稳定态导热的显著特点是传热量不随时间而变化。稳定态导热时，传入某系统的热量等于传出的热量。

在不稳定的温度场中传热为不稳定态导热。不稳定态导热的显著特点是温度和传热量随时间而变化。

稳定态导热和不稳定态导热的规律各不相同，因此，在研究传热过程时，首先要正确判断是哪种传热过程。在连续稳定作业的冶金炉壁内的传热，可近似地看成稳定态传热。一般的冶金炉热工操作都希望作业温度稳定在某一范围内，为了使问题简化，可以取平均值作为计算依据，但整个过程仍作为稳定态导热过程处理。在间歇作业的冶金炉中点火、升温、烘窑、停窑的窑炉中多为不稳定热传。

本书重点介绍稳定态导热。

任务二　传导传热

【任务描述】

在日常生活和生产中，只要存在温度差，就可以进行接触式传导传热，尤其是平壁导热和圆筒壁导热是比较常见的。对于二者的导热量如何进行计算呢？这是本次任务的重点学习内容。

【任务分析】

稳定态下的传导传热量与温度差、导热面积成正比，除了这二者，还有就是物质的热导率的影响。对于不同的物质其热导率的大小取决于材料的性质和温度，对于热导率的学习，可以了解各种物质在传热方面的应用，比如增加导热，就用热导率大的物质，减少导热就用热导率小的物质。对于连续生产的冶金炉的炉壁、热交换器的管壁等可以看成是稳定态下的导热，炉壁可以视为平壁、管壁视为圆筒壁，对于单层和多层平壁或圆筒壁的导热需要学会传热量的计算，以便于在生产上可以选取合适的绝热材料和合适的燃料，为生产正常进行提供保障。

项目三　热量传递

任务二　传导传热	基　本　知　识	技能训练要求
学习内容	1. 稳定态下的傅里叶方程式 2. 热导率的物理意义以及各种物质的热导率的性质 3. 稳定态下的平壁导热计算公式的推导以及计算 4. 稳定态下的圆筒壁导热计算公式的推导以及计算	1. 掌握稳定态下的傅里叶方程式 2. 掌握热导率的物理意义以及各种物质的热导率的变化规律，尤其是气体的热导率以及影响热导率的因素 3. 掌握稳定态下的平壁导热计算公式并会进行相关的计算 4. 掌握稳定态下的圆筒壁导热计算公式并会进行相关的计算

【知识链接】

1. 稳定态下的传导传热

导热作用是物体内部两相邻质点（如分子、原子、离子）通过热振动，将热量依次传递给低温部分，如炉壁的散热，就属于稳定态下的传导传热。

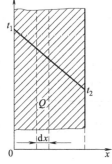

图 3-2　物体导热

稳定态导热就是指导热系统内各部分的温度不随时间发生变化，或者说同一时间内传入物休任一部分的热量与该部分物体传出的热量是相等的。

（1）导热的基本方程式（傅里叶方程式）

如图 3-2 所示，设两等温面间距离为 $\mathrm{d}x$，温度差为 $\mathrm{d}t$，则传导的热量 Q（W）应与温度差及传热面积成正比，而与距离成反比。

引入比例系数"λ"，可写成

$$Q = -\lambda \frac{\mathrm{d}t}{\mathrm{d}x} F \ (\mathrm{W}) \tag{3-7}$$

式中　Q——沿 x 轴方向的热流，W；

$\quad\quad F$——与热流垂直的传热面积，m^2；

$\quad\quad \lambda$——与物体性质有关的比例系数，称为热导率，即当温度沿 x 轴向的变化率为 1 个单位时，通过单位面积的热流。

此式就是稳定态下单向导热时的傅里叶方程式。

式中的负号是考虑到热流以温度降低的方向为正（即热流总是指向温度降低的方向）；而 $\mathrm{d}t$ 是以温度降低的方向为负，两者方向相反。

（2）热导率

热导率是衡量物质导热能力的一个物理参数，由式（3-7）可知

$$\lambda = \frac{Q}{\dfrac{\mathrm{d}t}{\mathrm{d}x} \times F} = \frac{\mathrm{W}}{\dfrac{℃}{\mathrm{m}} \times \mathrm{m}^2} = \mathrm{W}/(\mathrm{m} \cdot ℃) \tag{3-8}$$

热导率的物理意义表示传热物体厚度为 1m，两个表面的温度差为 1℃，传热面积为 $1\mathrm{m}^2$，在 1s 内所传递的热量。

热导率的大小取决于材料的性质和温度。各种物质的热导率都是由实验方法测定的。

不同的物质，其热导率相差很大，一般来说，金属的热导率最大，合金次之，再依次为非金属材料和液体，而气体的热导率最小。下面简单介绍有关材料的热导率。

① 固体的热导率　固体材料包括金属材料和非金属材料。固体的热导率比较大，其中以金属材料的热导率最大，在 2.3～427W/(m·℃) 之间，其中纯银的热导率最高，常温下可达 427W/(m·℃)，其次是铜、金、铝等。

纯金属的热导率一般随着温度的升高而降低。例如，铝在常温固态时，热导率为 230W/(m·℃)；但在 700℃ 的熔融状态下，热导率为 92W/(m·℃)。另外，当金属内含有杂质时，其热导率会降低很多，因此合金的热导率比纯金属低。一些金属材料的热导率见表 3-1。

表 3-1　几种金属材料在不同温度下的热导率　　　　　W/(m·℃)

材料名称	0℃	100℃	200℃	300℃	400℃	600℃	800℃
银	428	422	415	407	399	384	
纯铜	401	393	389	384	379	366	352
黄铜(70Cu,30Zn)	106	131	143	145	148		
青铜(89Cu,11Sn)	24	28.4	33.2				
纯铝	236	240	238	234	228	215	
纯铁	83.5	72.1	63.55	56.5	50.3	39.4	29.6
碳钢[$w(C)=1\%$]	43.0	42.8	43.2	46.5	40.6	36.7	32.2
铬钢[$w(Cr)=5\%$]	36.3	35.2	34.7	33.5	31.4	28.0	27.2
镍钢[$w(Ni)=35\%$]	13.4	15.4	17.1	18.6	20.1	23.1	
铅	35.5	34.3	32.8	31.5			

无机非金属材料中，热导率最小的是保温材料，其次是建筑材料。建筑材料的热导率在 0.2～3.0W/(m·℃) 之间。这类材料的热导率与材料的结构、空隙率、湿度、密度等有关。一般优质保温材料的热导率在 0.035～0.07W/(m·℃) 之间，耐火材料的热导率一般在 0.7～5.8W/(m·℃) 之间。

绝大多数耐火材料的热导率随温度升高而增大。但是镁砖和铬镁砖例外，其热导率随温度升高而减小，因为镁砖和铬镁砖主要由晶体组成，而晶体的热导率和温度成反比。常见建筑材料和耐火材料的热导率和温度系数见表 3-2。

② 液体的热导率　液体中，水的热导率最大，为 0.6W/(m·℃) 左右。一般液体的热导率大致在 0.07～0.7W/(m·℃) 之间。大多数液体的热导率随温度升高而略为减小，但水和甘油例外。水的热导率见表 3-3。

③ 气体的热导率　气体的热导率一般在 0.06～0.61W/(m·℃) 之间，其中以氢气的热导率最大，为 0.6W/(m·℃)。当温度升高时，气体分子的热运动速度加快，热导率增大，因此气体的热导率随温度升高而增大；在相当大的压力范围内，压力对气体的热导率无明显影响，只有当压力很低（小于 2.7kPa）或很高（大于 200MPa）时，热导率才随压力增加而增大。因此可以说，在很大的压力范围内，气体的热导率仅是温度的函数，而与压力无关。

另外，混合气体的热导率不遵循加和法则，要用实验来测定。常见的几种气体的热导率见表 3-4。

表 3-2 常见建筑材料和耐火材料的热导率和温度系数

材料名称	密度/(kg/m³)	λ_0/[W/(m·℃)]	温度系数 b	材料名称	密度/(kg/m³)	λ_0/[W/(m·℃)]	温度系数 b
半酸性砖	1600～2300	0.872	0.45×10^{-3}	炭砖	1350～1500	23.26	30.00×10^{-3}
黏土砖	2000～2100	0.697	0.55×10^{-3}	锆石英制品	3100～3400	1.303	0.55×10^{-3}
高铝砖	2190～2500	1.532	0.16×10^{-3}	高岭土砖（浇筑）	2300～2400	1.047～1.861	
莫来石砖（烧结）	2200～2400	1.686	0.20×10^{-3}	白云石砖（不浇）	2800～2900	3.256	
刚玉砖（烧结）	2600～2900	2.093	0.80×10^{-3}	氧化锆制品	3200～3300	1.075	0.64×10^{-3}
硅砖	1900	1.047	0.16×10^{-3}	锆莫来石砖（电熔）	2800～3000	2.326～2.908	
镁砖	2600～2800	4.303	-0.40×10^{-3}	锆刚玉（电熔）	3300～3700	2.326～2.908	
铬镁砖	2800	2	-0.30×10^{-3}	石英砖（电熔）	2000	2.093	
轻质黏土砖	1300	0.407	0.30×10^{-3}	膨胀蛭石	60～280	0.057～0.07	0.27×10^{-3}
	100	0.291	0.22×10^{-3}	水玻璃蛭石砖	400～450	0.081～0.105	0.22×10^{-3}
	800	0.209	0.37×10^{-3}	硅藻土石棉粉	450	<0.069	0.27×10^{-3}
	400	0.093	0.14×10^{-3}	石棉绳	800	0.073	0.27×10^{-3}
轻质高铝砖	700～1500	0.656	0.07×10^{-3}	石棉板	1150	0.057	0.16×10^{-3}
轻质硅砖	1200	0.582	0.37×10^{-3}	矿渣棉	150·-180	0.052～0.058	0.135×10^{-3}
硅藻土砖	450	0.063	0.12×10^{-3}	矿渣棉砖	350～450	0.07	0.135×10^{-3}
	650	0.100	0.196×10^{-3}	红砖	17500～2100	0.465	0.44×10^{-3}
碳化硅制品	2400～2650	9.3～13.96	-9.00×10^{-3}	珍珠岩制品	220	0.052	0.025×10^{-3}
石墨制品	1600	162.82	35.00×10^{-3}				

表 3-3　水的热导率　　　　　　　　　W/(m·℃)

温度/℃	热导率	温度/℃	热导率	温度/℃	热导率
0	0.558	30	0.643	70	0.663
20	0.596	50	0.647	100	0.681

表 3-4　几种气体的热导率　　　　　　　　　W/(m·℃)

温度/℃	空气	氧气	二氧化碳	水蒸气	烟气[①]
0	0.0244	0.0246	0.0147	0.0162	0.0228
50	0.0279	0.0291	0.0186	0.0198	0.0271
100	0.0321	0.0329	0.0228	0.0240	0.0313
200	0.0293	0.0406	0.0301	0.0330	0.0401
300	0.0460	0.0480	0.0390	0.0433	0.0484
400	0.0520	0.0550	0.0472	0.0550	0.0570
500	0.0570	0.0614	0.0548	0.0675	0.0656
600	0.0621	0.0674	0.0620	0.0820	0.0742
700	0.0665	0.0727	0.0686	0.0975	0.0827
800	0.0705	0.0775	0.0750	0.1150	0.0915
900	0.0740	0.0817	0.0808	0.1332	0.1000
1000	0.0770	0.0856	0.0860	0.1520	0.1090
1100	0.0802	0.0936	—	—	0.1170
1200	0.0843	0.0982	—	—	0.1260

① 烟气成分：CO_2 13%，H_2O 11%，N_2 76%。

④ 影响热导率的因素 总体上讲，建筑材料、绝热材料和耐火材料的特点是内部具有较多的孔隙。热量通过实体部分是靠固体的导热，而通过孔隙部分是以辐射及其中介质的对流和传导传热的复杂方式来进行的。因此各种材料的热导率相差很大，对同一种材料，热导率还受温度、湿度和密度等因素的影响。

a. 温度的影响。经验证明，对于大多数建筑材料、保温材料及耐火材料，在一定的温度范围内，其热导率与温度呈线性关系，即

$$\lambda_t = \lambda_0 + bt \tag{3-9}$$

式中 λ_0——0℃时（或常温下）的热导率，W/(m·℃)；

　　　b——温度系数，只在指定的温度范围内适用。b 值有正有负，一般气体的 b 值为正值，而大多数金属为负值。对多数耐火材料，b 值为正，即 λ 随温度升高而变大。

在工程计算中，式(3-9) 所采用的温度是取材料的算术平均值，例如求温度为 t_1 和 t_2 之间的平均热导率，可用下式

$$\lambda_t = \lambda_0 + b\frac{t_1 + t_2}{2} \tag{3-10}$$

b. 湿度的影响。自然环境下，材料因孔隙多而吸水，故总有一定的湿度。水的热导率比空气大得多，而且它将从高温区向低温区迁移而携带热量，因此湿材料的热导率一般比干燥材料和水的都要大。例如，某干砖的热导率为 0.33W/(m·℃)，水的热导率为 0.55W/(m·℃)，而该湿砖的热导率可达 1W/(m·℃) 左右，因此对这类材料应采取适当的防潮措施。

c. 密度的影响。密度小的材料内部孔隙多，因为空气的热导率很小，故密度小的材料热导率也小。但要注意其中孔隙与空洞的区别，孔隙不能引起明显的对流作用，而因孔隙连成较大的空洞则可能因其中介质的对流作用加强，反而使材料的导热能力提高，这将不利隔热保温。

总之，影响热导率的因素是复杂的，而且关于导热机理的某些方面尚待进一步探讨。

2. 稳定态下的传导传热量的计算

在连续生产的热工设备中，如窑炉的炉壁、热交换的管壁等，均可以看成是与时间无关的稳定温度场，此时的传热即为稳定传热。

（1）稳定态下的平壁导热

① 单层平壁的导热 当平壁面积较大而厚度较薄时，可忽略向周边的传热，此时可认为平壁的温度只沿着垂直于壁面的 x 轴方向发生变化，属于单向导热。设平壁两表面温度为 t_1 和 t_2，平壁厚度为 S，如图 3-3 所示。

图 3-3 单层平壁导热示意

根据傅里叶定律：

$$Q = -\lambda_均 \frac{dt}{dx} F$$

将此式进行变换：

$$q = \frac{Q}{F} = -\lambda\frac{dt}{dx} = -(\lambda_0 + bt)\frac{dt}{dx}$$

将上式分离变量并积分：

$$q\int_0^s \mathrm{d}x = \int_{t_1}^{t_2} -(\lambda_0 + bt)\mathrm{d}t$$

$$q = \int_{t_2}^{t_1} \lambda_0 \mathrm{d}t + \int_{t_2}^{t_1} bt\,\mathrm{d}t$$

$$qS = \lambda_0(t_1 - t_2) + \frac{b}{2}(t_1^2 - t_2^2) = (t_1 - t_2)\left(\lambda_0 + b\frac{t_1 + t_2}{2}\right) = (t_1 - t_2)\lambda$$

所以

$$q = \lambda\frac{t_1 - t_2}{S} \tag{3-11}$$

则

$$Q = \frac{t_1 - t_2}{\dfrac{S}{\lambda_{均}F}} \quad (\mathrm{W}) \tag{3-12}$$

热阻

$$R = \frac{S}{\lambda_{均}F} \tag{3-13}$$

由式(3-11)可见，单层平壁导热的热流量与两壁面的温度差成正比，与平壁的厚度成反比，并与平壁材料的热导率有关。

利用式(3-11)可以解决一些工程上的实际问题。

a. 计算炉墙向外界的散热损失（已知 λ、S、t_1 和 t_2，计算 q 和 Q）。

b. 计算不同材料的热导率（已知 q、S、t_1 和 t_2，计算 λ）。

c. 给定允许的热损失，计算所需的保温层厚度（已知 q、λ、t_1 和 t_2，计算 S）。

d. 推算炉壁不同厚度处的温度。

例如，假设在炉壁内 x 处取一个与表面平行的平面，此面上的温度为 t_x，因为是稳定传热，通过 S 厚层和 x 厚层的热流量是相等的，根据式(3-11)可得

$$q = \lambda\frac{t_1 - t_2}{S} = \lambda\frac{t_1 - t_x}{x}$$

$$t_x = t_1 - q\frac{x}{\lambda}$$

即

$$t_x = t_1 - q\frac{x}{\lambda} = t_1 - \frac{t_1 - t_2}{S}x \tag{3-14}$$

【知识点训练一】 试求通过某加热炉炉壁的单位面积向外的散热量。已知炉壁为黏土砖，厚为 360 mm，壁内外表面温度各为 800℃ 及 50℃。若换用轻质黏土砖作炉壁，其他条件不变，问减少热损失多少？

解：(1) 对黏土砖

$$\lambda_{均} = 0.697 + 0.00055\left(\frac{800 + 50}{2}\right) = 0.931 \ [\mathrm{W/(m \cdot ℃)}]$$

$$Q_1 = \frac{800 - 50}{\dfrac{0.36}{0.931 \times 1}} = 1939 \ (\mathrm{W})$$

(2) 对轻质黏土砖

$$\lambda_{均} = 0.29 + 0.00022\left(\frac{800 + 50}{2}\right) = 0.384 \ [\mathrm{W/(m \cdot ℃)}]$$

$$Q_2 = \frac{800 - 50}{\dfrac{0.36}{0.384 \times 1}} = 800 \ (\mathrm{W})$$

$$Q_1 - Q_2 = 1939 - 800 = 1139 \text{（W）}$$

即使用轻质黏土砖代替普通耐火黏土砖后，减少热损失约 59%。

【知识点训练二】 某窑炉耐火砖的厚度为 $1m$，内壁温度为 $200℃$，外壁温度为 $80℃$，耐火砖的热导率 $\lambda_t = 0.7 + 0.55 \times 10^{-3} t$，试求通过炉壁的热流量及炉壁 $0.5m$ 处的温度。

解： （1）耐火砖的热导率为

$$\lambda_{均} = 0.7 + 0.55 \times \left(\frac{200 + 80}{2} \right) \times 10^{-3} = 0.777 \ [\text{W/(m·℃)}]$$

由式（3-11）可知，通过炉壁向外散失的热流量为

$$q = \lambda_{均} \frac{t_1 - t_2}{S} = 0.777 \times \frac{200 - 80}{1} = 93.24 \text{（W）}$$

（2）由式（3-14）计算炉壁 $0.5m$ 处的温度

$$t_{\text{x}} = t_1 - q \frac{x}{\lambda} = 200 - 93.24 \times \frac{0.5}{0.777} = 140℃$$

② 多层平壁的稳定态导热　实际炉壁多数由两层或多层材料构成。各层材料的热导率不同，现以两层平壁为例。

如图 3-4 所示，已知壁内外两侧温度为各为 t_1、t_3，各层壁厚为 S_1 及 S_2，热导率分别为 λ_1、λ_2。假定两层壁为紧密接触，且接触面两边温度相同，并假令其为 t_2。

首先按单层平壁导热公式分别计算各层热流。

第一层平壁

$$Q_1 = \frac{t_1 - t_2}{\dfrac{S_1}{\lambda_1 F}} \text{（W）} \qquad \text{（a）}$$

第二层平壁

$$Q_2 = \frac{t_2 - t_3}{\dfrac{S_2}{\lambda_2 F}} \text{（W）} \qquad \text{（b）}$$

图 3-4　多层平壁
导热示意

假定均为稳定热态，通过物体的热流应相等，即

$$Q_1 = Q_2 = Q$$

由式（a）和式（b）得

$$Q = \frac{(t_1 - t_2) + (t_2 - t_3)}{\dfrac{S_1}{\lambda_1 F} + \dfrac{S_2}{\lambda_2 F}} = \frac{t_1 - t_3}{\dfrac{S_1}{\lambda_1 F} + \dfrac{S_2}{\lambda_2 F}} \tag{3-15}$$

对于平壁，若内外侧的面积都相等，也可将 F 提出

$$Q = \frac{t_1 - t_3}{\dfrac{S_1}{\lambda_1} + \dfrac{S_2}{\lambda_2}} F \text{（W）} \tag{3-16}$$

当 Q 求出后，可按式（a）或式（b）求出中间温度 t_2

$$t_2 = t_1 - Q \frac{S_1}{\lambda_1 F} \quad \text{或} \quad t_2 = t_3 + Q \frac{S_2}{\lambda_2 F} \tag{3-17}$$

从式（3-15）或式（3-16）可看出，通过两层平壁导热的热量等于两层的热压之和与两层热阻之和的比值，即

$$Q=\frac{\Delta t_1+\Delta t_2}{R_1+R_2}=\frac{t_1-t_3}{R_1+R_2} \tag{3-18}$$

可用同样方法证明，通过 n 层平壁的导热量为

$$Q=\frac{t_1-t_{n+1}}{\sum\limits_{i=1}^{n}R_i}（\mathrm{W}） \tag{3-19}$$

式中
$$R_i=\frac{S_i}{\lambda_i F_i} \tag{3-20}$$

应当注意，在推导多层平壁公式时，曾假定各层紧密接触，而接触的两表面温度相同。实际中往往由于表面不平滑两相邻面很难紧密贴在一起，而且由于空气薄膜的存在，将使多层热阻增加。这种附加热阻称为"接触热阻"，其数值与空隙大小、充填物种类及温度高低都有关系。当应用式(3-16)或式(3-17)时，需要确定各层的平均热导率，因而要知道各接触面的温度。但实际中往往难于测定这些温度。

为解决这一问题，一般采用试算逼近法，具体步骤如下：先假定接触面温度为两端温度的某种中间值，依此算出 Q 值后，再验算中间温度。若相差太多则以验算结果为第二次假定温度，再算一次，直至两个数值相近为止。

实际上，由于中间温度对热导率的影响程度不大，对 Q 值的影响范围更小，一般假定 1~2次就能达到要求。

【知识点训练三】 设有一炉墙，用黏土砖和红砖两种材料砌成，厚度均为230mm，炉墙内表面温度为1200℃，外表面温度为100℃，试求每秒通过每平方米炉墙的热损失。又问如果红砖的使用允许温度为800℃，那么在此条件下能否使用。

解：① 先设中间温度 $t_2=\dfrac{1200+100}{2}=650$ （℃）

根据表 3-2 查得各层的平均热导率为

$$\lambda_1=0.697+0.00055\times\left(\frac{1200+650}{2}\right)=1.206\ \left[\mathrm{W/(m\cdot℃)}\right]$$

$$\lambda_2=0.465+0.00044\times\left(\frac{650+100}{2}\right)=0.630\ \left[\mathrm{W/(m\cdot℃)}\right]$$

② 代入式(3-16) 中

$$Q=\frac{1200-100}{\dfrac{0.23}{1.206}+\dfrac{0.23}{0.630}}=1978\ （\mathrm{W/m^2}）$$

③ 验算中间温度
利用第一层导热公式

$$Q_1=\frac{t_1-t_2}{\dfrac{S_1}{\lambda_1 F}}$$

$$t_2=t_1-\frac{S_1}{\lambda_2 F}Q=1200-\frac{0.23}{1.206\times1}\times1978=822\ （℃）$$

$$t_2=t_3+\frac{S_1}{\lambda_1 F}Q=100+\frac{0.23}{0.630\times1}\times1978=822\ （℃）$$

求出的中间温度与假设的中间温度相差太远，应再次假设。

④ 第二次计算：假设 $t_2 = 828℃$

各层的 $\lambda_{均}$

$$\lambda_1 = 0.697 + 0.00055 \times \left(\frac{1200 + 822}{2} \right) = 1.253 \ [\text{W}/(\text{m} \cdot ℃)]$$

$$\lambda_2 = 0.465 + 0.00044 \times \left(\frac{822 + 100}{2} \right) = 0.668 \ [\text{W}/(\text{m} \cdot ℃)]$$

由此

$$Q = \frac{1200 - 100}{\dfrac{0.23}{1.253} + \dfrac{0.23}{0.668}} = 2083 \ (\text{W}/\text{m}^2)$$

再来验算中间温度 t_2

$$t_2 = 1200 - 2083 \times \frac{0.23}{1.253} = 817 \ (℃)$$

求出的温度与第二次假设的温度（822℃）相差不多，故第二次计算正确。

由此得出：

① 通过此炉墙的热流为 2083W/m²；

② 红砖在此条件下使用不太适宜。

（2）稳定态下的圆筒壁导热

① 单层圆筒壁导热计算　平壁导热的特点是导热面积保持不变，而对于圆筒形炉及室状炉的筒壁向外导热时，导热面积不断地增大，这时不能简单地套用上述公式。

在工程上遇到的圆筒壁，其长度远远大于其直径，因此沿其长度方向的导热可以忽略不计，而温度仅仅沿着半径发生变化。这种传热也可以认为是单向稳定传热。它的等温面是与圆筒同心的圆柱面。

为使问题简化，假定温度沿表面分布均匀，而且等温面都与表面平行。如图 3-5 所示，假设圆筒的内半径为 r_1，内壁温度为 t_1，外半径为 r_2，外壁温度为 t_2。则在半径 r 处取一个厚度为 dr 的薄层，若圆筒的长度为 L，则半径为 r 处的传热面积为 $F = 2\pi rL$。

令 $r_2 - r_1 = S$

根据傅里叶定律，对此薄圆筒层可写出传导的热量为

图 3-5　单层圆筒壁
导热示意

$$Q = -\lambda \frac{dt}{dr} \times 2\pi rL \ (\text{W})$$

以 λ 表示平均热导率，分离变量后积分得

$$\frac{\lambda}{Q} \int_{t_1}^{t_2} -dt = \int_{r_1}^{r_2} \frac{dr}{2\pi rL}$$

$$\frac{\lambda}{Q} (t_1 - t_2) = \frac{1}{2\pi rL} \ln \frac{r_2}{r_1}$$

整理后得

$$Q = \frac{t_1 - t_2}{\dfrac{S}{\lambda}} \times \frac{F_2 - F_1}{\ln \dfrac{F_2}{F_1}} \tag{3-21}$$

式中，$\dfrac{F_2 - F_1}{\ln \dfrac{F_2}{F_1}}$ 称为 F_2 与 F_1 的对数平均值。

于是式（3-21）可写作

$$Q = \frac{t_1 - t_2}{\dfrac{S}{\lambda F_{均}}} \tag{3-22}$$

与平壁导热公式比较可知：圆筒壁导热公式与平壁导热公式完全相同，只是取内外面积的对数平均值（$F_{均}$）代替平壁的传热面（F）。

② 多层圆筒壁的导热　取一段由三层不同材料组成的多层圆筒壁（图 3-6）。设各层之间接触很好，两接触面具有同样的温度。已知多层壁内外表面温度为 t_1 和 t_4，各层内、外半径为 r_1、r_2、r_3、r_4，各层热导率为 λ_1、λ_2、λ_3。层与层之间两接触面的温度 t_2 和 t_3 是未知数。

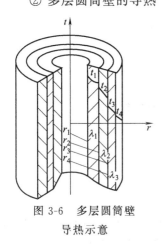

图 3-6　多层圆筒壁
导热示意

通过各层的热量为

$$Q_1 = \frac{2\pi L(t_1 - t_2)}{\dfrac{1}{\lambda} \ln \dfrac{r_3}{r_1}}$$

$$Q_2 = \frac{2\pi L(t_2 - t_3)}{\dfrac{1}{\lambda} \ln \dfrac{r_3}{r_2}}$$

$$Q_3 = \frac{2\pi L(t_3 - t_4)}{\dfrac{1}{\lambda} \ln \dfrac{r_4}{r_3}}$$

在稳定状态下，通过各层的热量都是相等的，即 $Q_1 = Q_2 = Q_3 = Q$。利用上面这些方程式可求出每一层里面的温度变化，即

$$t_1 - t_2 = \frac{Q}{2\pi L} \times \frac{1}{\lambda_1} \times \ln \frac{r_2}{r_1}$$

$$t_2 - t_3 = \frac{Q}{2\pi L} \times \frac{1}{\lambda_2} \times \ln \frac{r_3}{r_2}$$

$$t_3 - t_4 = \frac{Q}{2\pi L} \times \frac{1}{\lambda_3} \times \ln \frac{r_4}{r_3}$$

将上面方程组中各式相加得多层总温差

$$t_1 - t_4 = \frac{Q}{2\pi L} \left(\frac{1}{\lambda_1} \ln \frac{r_2}{r_1} + \frac{1}{\lambda_2} \ln \frac{r_3}{r_2} + \frac{1}{\lambda_3} \ln \frac{r_4}{r_3} \right)$$

由此求得热流 Q 的计算式

$$Q = \frac{2\pi L(t_1 - t_4)}{\dfrac{1}{\lambda_1} \ln \dfrac{r_2}{r_1} + \dfrac{1}{\lambda_2} \ln \dfrac{r_3}{r_2} + \dfrac{1}{\lambda_3} \ln \dfrac{r_4}{r_3}} \quad (\text{W}) \tag{3-23}$$

按照同样的推理，可以直接写出包含几层圆筒壁的导热计算公式为

$$Q = \frac{2\pi L(t_1 - t_{n+1})}{\displaystyle\sum_{i=1}^{n} \frac{1}{\lambda_i} \ln \frac{r_{i+1}}{r_i}} = \frac{t_1 - t_{n+1}}{\displaystyle\sum_{i=1}^{n} \frac{1}{2\pi L \lambda_i} \ln \frac{r_{i+1}}{r_i}} \tag{3-24}$$

或者写成

$$Q = \frac{t_1 - t_{n+1}}{\sum\limits_{i=1}^{n} R_i} = \frac{\Delta t}{R} \ (\text{W}) \tag{3-25}$$

式中 Δt——n 层圆筒内外表面温度差；

R——多层圆筒壁的总热阻。

$$R = \sum_{i=1}^{n} R_i = \sum_{i=1}^{n} \frac{1}{2\pi L \lambda_i} \ln \frac{r_{i+1}}{r_i} \ (\text{℃}/\text{W}) \tag{3-26}$$

可求得各层的接触面温度

$$t_2 = t_1 - \frac{Q}{2\pi L \lambda_1} \ln \frac{r_2}{r_1}$$

$$t_3 = t_2 - \frac{Q}{2\pi L \lambda_2} \ln \frac{r_3}{r_2} = t_1 - \frac{Q}{2\pi L}\left(\frac{1}{\lambda_1}\ln \frac{r_2}{r_1} + \ln \frac{r_3}{r_2}\right)$$

或 $$t_3 = t_4 + \frac{Q}{2\pi L \lambda_3} \ln \frac{r_4}{r_3}$$

多层圆筒壁中，每一层内的温度是按照对数曲线变化，而整个多层壁内温度变化曲线则是一条不连续的曲线（见图 3-6）。

为了简化计算，常把圆筒壁当作平壁计算。

对多层圆筒壁，可按多层平壁导热的原理推导出下列公式

$$Q = \frac{t_1 - t_{n+1}}{\sum\limits_{i=1}^{n} \frac{S_i}{\lambda_i F_{\text{均}i}}} \ (\text{W}) \tag{3-27}$$

式中 S_i——各层壁的厚度，m；

λ_i——各层壁的平均热导率，W/(m·℃)；

$F_{\text{均}i}$——各层内外表面的对数平均值，m^2，若 $F_2/F_1 < 2$，则对数平均值可用算术平均值代替，即

$$F_{\text{均}i} = \frac{F_i + F_{i+1}}{2}$$

【知识点训练四】 蒸汽管内外直径各为 160mm 及 170mm，管外包扎两层隔热材料，第一层隔热材料厚 30mm；第二层厚 50mm。因温度不高，可视各层材料的热导率为不变的平均值，数值如下：管壁 $\lambda_1 = 58$W/(m·℃)，第一层隔热层 $\lambda_2 = 0.175$W/(m·℃)，第二层隔热层 $\lambda_3 = 0.093$W/(m·℃)。若已知蒸汽管内表面温度 $t_1 = 300$℃，最外表面温度 $t_4 = 50$℃，试求每米长管段的热损失和各层界面温度。

解：① 求各层核算面积（对每米长管段）。由已知条件知：$S_1 = \dfrac{170 - 160}{2} = 5\text{mm} =$ 0.005m，$S_2 = 30\text{mm} = 0.03\text{m}$，$S_3 = 50\text{mm} = 0.05\text{m}$

$$F_1 = \pi D_1 = 3.14 \times 0.16 = 0.5 \ (\text{m}^2/\text{m})$$

$$F_2 = \pi D_2 = 3.14 \times 0.17 = 0.53 \ (\text{m}^2/\text{m})$$

$$F_3 = \pi(D_2 + 2S_2) = 3.14 \times (0.17 + 2 \times 0.03) = 0.72 \ (\text{m}^2/\text{m})$$

$$F_4 = \pi(D_3 + 2S_3) = 3.14 \times (0.23 + 2 \times 0.05) = 1.03 \ (\text{m}^2/\text{m})$$

因 F_2/F_1，F_3/F_2，F_4/F_3 皆小于 2，故核算面积可用算术平均值求得：

$$F_{\text{均}1} = \frac{F_1 + F_2}{2} = \frac{0.5 + 0.53}{2} = 0.515 \ (\text{m}^2/\text{m})$$

$$F_{均2}=\frac{F_2+F_3}{2}=\frac{0.53+0.72}{2}=0.625 \ (m^2/m)$$

$$F_{均3}=\frac{F_3+F_4}{2}=\frac{0.72+1.04}{2}=0.87 \ (m^2/m)$$

② 代入公式(3-22)

$$Q=\frac{t_1-t_4}{\dfrac{S_1}{\lambda_1 F_{均1}}+\dfrac{S_2}{\lambda_2 F_{均2}}+\dfrac{S_3}{\lambda_3 F_{均3}}}=\frac{300-50}{\dfrac{0.005}{58\times0.515}+\dfrac{0.03}{0.175\times0.625}+\dfrac{0.05}{0.093\times0.87}}=282 \ (W/m)$$

③ 若用对数平均值

$$F_{均1}=\frac{0.53-0.50}{\ln\dfrac{0.53}{0.50}}=0.515 \ (m^2)$$

$$F_{均2}=\frac{0.72-0.53}{\ln\dfrac{0.72}{0.53}}=0.620 \ (m^2)$$

$$F_{均3}=\frac{1.03-0.72}{\ln\dfrac{1.03}{0.72}}=0.87 \ (m^2)$$

$$Q=\frac{300-50}{\dfrac{0.005}{58\times0.515}+\dfrac{0.03}{0.175\times0.62}+\dfrac{0.05}{0.093\times0.87}}=280 \ (W/m)$$

误差小于1%。

④ 求界面温度

$$t_2=t_1-\frac{S_1}{\lambda_1 F_{均1}}Q=300-\frac{0.005}{58\times0.515}\times282=300 \ (℃)$$

$$t_3=t_4+\frac{S_3}{\lambda_3 F_{均3}}Q=50+\frac{0.05}{0.093\times0.87}\times282=222 \ (℃)$$

或 $$t_3=t_1-\left[\frac{S_1}{\lambda_1 F_{均1}}+\frac{S_2}{\lambda_2 F_{均2}}\right]\times Q=222 \ (℃)$$

【知识拓展】

1. 举例说明什么是稳定传热？什么是不稳定传热？

2. 导热的基本公式对不同情况如何应用？

3. 热导率 λ 有什么意义？如何减少炉壁的热损失？

4. 试用本任务所学知识，设想一个测定材料热导率的方法。

5. 平壁与圆管壁材料相同，厚度相同，在两侧表面温度相同条件下，圆管内表面积等于平壁表面积，试问哪种情况下导热量大？

6. 在严寒的北方地区，建房用砖采用实心砖还是多孔的空心砖好？为什么？

【自测题】

1. 试计算单层炉墙的每平方米面积上的导热热流。已知墙厚360mm，两侧表面温度为800℃与50℃，砖的热导率 $\lambda=0.465+0.000511$ ［W/(m·℃)］。

2. 某炉墙由两层耐火材料砌成，内层为硅砖，厚460mm，外层为轻质黏土砖，厚

230mm。现测得内外表面温度分别为 1000℃ 与 150℃，求通过每平方米炉墙的热损失。

3. 已知氧枪外管的外径 $d=200$mm，管壁厚 $\delta=9$mm，壁的热导率 $\lambda=52$W/(m·℃)。若枪身受热长度 $L=6$m，并知道通过管壁的导热量 $Q=2.33\times10^5$W。求氧枪管壁内外表面温度差为多少？

4. 为保护钢筋混凝土烟囱的强度及提高抽风效果，需限制混凝土内壁温度（t_2）不超过 200℃，且每米烟囱散热量不超过 2326W/m。试计算混凝土壳体内加衬耐火砖的最小厚度（S_1）及烟囱外表温度（t_3）。已知钢筋混凝土壳的内径 $d_2=800$mm，外径 $d_3=1500$mm，混凝土的 $\lambda_2=1.30$W/(m·℃)，耐火砖的 $\lambda_1=0.58$W/(m·℃)，耐火砖衬内壁温度 $t_1=450$℃。

5. 某高炉炉身上部用 920mm 厚的黏土砖砌成，并已知黏土砖的内表面温度 t_1 为 870℃，炉外大气温度 t_2 为 50℃。设黏土砖外表面到大气的外部热阻为 0.06，试求通过每平方米黏土砖炉衬所损失的热量 Q（W/m²）（注：一般炉衬外表面温度高于大气温度 50～100℃）。

6. 蒸汽管的内、外直径各为 200mm 和 220mm。管的外面裹着两层绝热材料，第一层绝热材料的厚度 $S_2=50$mm，第二层绝热材料的厚度 $S_3=60$mm。管壁和两层绝热材料的热导率各等于：$\lambda_1=58$W/(m·℃)，$\lambda_2=0.15$W/(m·℃)，$\lambda_3=0.10$ W/(m·℃)。蒸汽管的内表面温度 $t_1=350$℃，第二层绝热材料的外表面温度 $t_2=50$℃，试求每米长蒸汽管的热损失和各层之间的界面温度。

7. 某蒸汽换热器出口处的管内壁温度为 500℃，外壁温度为 510℃，换热器管子的尺寸为 $\phi45$mm×5mm，热导率为 25.55W/(m·℃)。（1）试求每米管长所传递的热量。（2）如管内结有 1mm 厚的水垢，热导率为 1.63W/(m·℃)，水垢表面温度仍为 500℃，热流强度不变时，试求此时的管外壁温度。

8. 某厂蒸汽管道为 $\phi180$mm×5mm 的钢管，外面包了一层 100mm 的石棉保护层，管壁和石棉的热导率分别为 58.15W/(m·℃) 和 0.116W/(m·℃)，管道内表面温度为 300℃，保温层外表面为 50℃，求每米管长内热损失。在计算中可否略去钢管的管壁热阻，为什么？

任务三　对流换热

【任务描述】

在寒冷的冬天，我们的楼房里采用集中供暖。房间里的暖气片（或者地暖）时刻在向房间散发热量，下面来分析暖气片里的热水、暖气片壁面、房间里的空气三者之间是如何进行换热的？由此推广到工厂里使用的冶金炉内炉壁、高温烟气、冷物料三者之间的换热以及换热器内部热流体、管壁、冷流体三者之间的换热等等，这些换热系统的换热量如何计算呢？

【任务分析】

对流换热系统不是单纯的对流传热，是属于复杂的换热系统，而工程里的对流换热系统又各不相同。对于各不相同的对流换热系统，其换热量的计算如何进行计算呢？尤其是对流换热系数的计算？我们的前辈采用相似原理巧妙地解决了这一问题。相似原理如何解决这一难题的，这是本次任务里需要大家学习的。通过本次任务的学习，可以解决工程上许多换热系统的工程计算，达到生产节能降耗的目的。

<table>
<tr><td colspan="3" align="center">项目三　热量传递</td></tr>
<tr><td rowspan="2">任务三
对流换热</td><td align="center">基　本　知　识</td><td align="center">技能训练要求</td></tr>
<tr><td rowspan="2">学习内容</td><td></td></tr>
</table>

任务三 对流换热	基　本　知　识	技能训练要求
学习内容	1. 对流换热、流体边界层、主流、传热边界层的概念以及影响对流换热的因素；边界层的介绍 2. 对流换热的基本定律 3. 对流给热系数的影响因素；相似的概念以及在对流换热系统中的几个相似准数 4. 相似定理及其在对流换热系统的物理意义 5. 几种情况下的对流给热系数的确定	1. 掌握对流换热、流体边界层、主流、传热边界层的概念以及影响对流换热的因素；边界层内层流底层对对流换热的影响 2. 了解对流换热的基本定律 3. 了解对流给热系数的影响因素；相似的概念以及掌握对流换热系统中的几何相似准数、雷诺准数、格拉斯霍夫准数、努歇尔准数、普朗特准数的物理意义 4. 掌握三个相似定理及其在对流换热系统的物理意义 5. 掌握流体在圆管内做紊流流动、流体横向掠过单管时、流体横向流过管束时、气体在蓄热时砖格子内、气体沿平面流动时这种情况下的对流给热系数的确定

【知识链接】

1. 对流换热的基本概念

（1）与对流换热有关的概念

① 对流换热的概念　运动的流体与固体表面之间通过热对流和导热作用所进行的热交换过程，称为对流换热或对流给热。它既包括流体位移时所产生的对流，又包括流体分子间的导热作用，因此，对流换热是传导传热和对流传热共同作用的结果。

② 流体边界层（动力边界层）　流体在流动时，与固体接触的表面处形成一个流速近似等于零的薄膜层，从这个薄膜层到流速恢复远方来流流速的区域就是流体边界层。

③ 主流　基本上没有速度梯度的流体部分称为"主流"或"流体核心"。

④ 传热边界层　在有放热现象的系统中，流体与表面的温度降主要集中在靠近边界的这一薄膜层内，这种有温度变化（即温度梯度）的边界层称为"传热边界层"。

（2）对流换热的影响因素

对流换热是一种很复杂的过程，影响对流换热的因素有很多，主要有以下几个方面。

① 流体的流动状态　在流体力学中已经介绍过，流体的流动有两种状态：层流与湍流（亦称紊流）。由于层流和湍流的物理状态不同，所以确定了层流与湍流热量转移规律也不同。因此，在研究对流换热问题时，区分层流和湍流具有十分重要的意义。层流时，热量的传递主要依靠传导传热；而紊流时，热量的传递除传导传热外，还同时有湍流扰动的对流传热，此时的换热强度主要取决于层流边界层中的热阻，因为这部分的热阻和湍流部分的热阻相比要重要得多。

② 流体流动的动力　流体的运动分为自然流动和强制流动两大类。凡是受外力影响，如泵、鼓风机的作用所发生的运动称为强制对流。凡是由于流体内部因温度不同造成密度不同而引起的流动，称为自然流动或自然对流。

流体作强制流动时，也会同时发生自然流动，流体内各部分间温度差越大，以及强制流动速度越小，则自然流动的相对影响也越大。但当强制流动相当强烈时，附加的自然流动影响就很小，常可略去不计。

③ 流体的物理性质　流体的物理性质与对流换热有很大的影响，影响对流换热的物理性质有流体的比热容（C_p）、密度（ρ）、热导率（λ）、黏度（μ）等。

比热容和密度大的流体，单位体积能携带更多的热量，对流转移热量的能力也大。例如常温下水的 $C_p = 4187 \text{kJ}/(\text{m}^3 \cdot \text{℃})$，空气的 $C_p = 121 \text{kJ}/(\text{m}^3 \cdot \text{℃})$，两者相差甚多，造成它们对流换热系数的巨大差别。

热导率较大的流体，层流底层的热阻较小，换热就强。以水和空气为例，水的热导率是空气的 20 多倍，这也是水的对流换热系数远比空气大的主要原因之一。

黏度大的流体，流动时黏性剪应力大，边界层增厚，换热系数将减小。除了由于流体种类不同而黏度不同外，还要注意温度对黏度的影响。液体的黏度随温度增高而降低，气体的黏度则随温度的增高而加大，都会影响对流换热系数的大小。

④ 换热面的形状和位置　换热面的形状和位置对于换热过程的影响也很大，即便是一些最简单形状的换热面，例如平板，也因平放、竖放或斜放而影响对流换热过程的强弱。换热面的形状、大小、表面粗糙度等均能影响对流换热系数的大小。

（3）边界层概述

以流体流过平壁为例，简要地讨论边界层的有关问题。

流体在边界层内的流动状态，可以是层流，也可以是湍流，在层流与旺盛湍流边界层之间的区域称为过渡流。当边界层厚度较小时，总是属于层流；当其厚度超过一定数值时，则形成湍流边界层。应该注意，在湍流边界层里，紧贴壁面的一个薄层还是层流，称为层流底层。图 3-7 所示为流体流过平壁时边界层的变化情况。

图 3-7　平壁上的层流边界层与湍流边界层
δ_{tu}—湍流边界层；δ_{b}—层流底层

在厚度为 δ 的一个薄层内，流速从壁面上的零增加到离垂直壁面方向距离为 δ 的接近主流速度。这一厚度为 δ 的薄层称为边界层，在边界层外面，可认为速度梯度等于零，因此，任何流动着的流体可被划分为两个区域，即有速度梯度存在的边界层和边界层以外的主流，在主流中可以认为是无摩擦的。

当流体为层流流动时，边界层很厚，则流体内部的混合只能靠分子扩散作用来实现。此时整个对流换热过程都表现出导热的特征。由于层流边界层内流体分子无径向位移和掺混现象，因而通过该层的换热只能靠导热来实现。即使在紊流边界层下换热也必须在层流底层内由导热来完成。

边界层虽然很薄但其热阻却相当大。这就是说高温表面向低温流体，或高温流体向低温表面进行对流换热时，热阻主要发生在边界层内，所以温度降落也主要出现在边界层内。

当流体呈紊流流动时，边界层减薄了，同时流体内部的混合作用也随着紊流程度的增大而显著加强，此时的对流换热过程仅仅在层流底层内才有导热特征。因此对流换热在紊流程度提高时得到了明显的强化。

当流体的紊乱程度较大时，边界层内的一部分流体由层流变成紊流。只是靠近固体壁面处，仍保持一个小小的作层流流动的薄膜层，即"层流底层"或叫"层流内层"。

对流换热不仅仅包括热对流作用和边界层的导热作用，同时还伴随着流体分子的扩散混合过程，即传质过程在内。所以，对流换热过程极为复杂，一切影响边界层内导热速率及流体紊乱混合强度的因素都直接影响到对流换热量的大小。

2. 对流换热的基本定律（牛顿冷却定律）

从对流换热过程的分析可知，对流换热是一个相当复杂的过程，对其作精确的理论计算比较困难。目前常采用牛顿冷却定律作为对流换热计算的基础，它的数学表达式为

$$Q = \alpha_{对}(t_1 - t_2)F \quad (W) \tag{3-28}$$

式中　t_1——流体的温度，℃；

　　　t_2——固体表面的温度，℃；

　　　$\alpha_{对}$——对流给热系数，W/(m² · ℃)。

由上式可得

$$\alpha_{对} = \frac{Q}{(t_1 - t_2)F} \tag{3-29}$$

由定义式可知 $\alpha_{对}$ 的物理意义，即当流体与壁面的温差为 1℃ 时，单位面积上单位时间内的对流给热量，它的单位是 W/(m² · ℃)。

同样也可以把对流给热量写成欧姆定律的形式

$$Q = \frac{t_1 - t_2}{\dfrac{1}{\alpha_{对}F}} \quad (W) \tag{3-30}$$

对流给热的热阻

$$R = \frac{1}{\alpha_{对}F} \quad (℃/W) \tag{3-31}$$

牛顿公式只给出了计算对流给热的方法，但未解决对流给热系数的计算问题，因此对流给热系数的计算成了关键。下面讨论如何确定对流给热系数的问题。

3. 相似理论在对流换热中的应用以及对流给热系数的确定

（1）对流给热系数的影响因素

由前面讨论可知，对流给热系数 α 是代表对流换热能力大小的一个参数，影响对流给热系数的因素有很多，它们之间的关系可用下列函数式表示

$$\alpha = f(l, \rho, \mu, \lambda, \omega, C_p, g\beta\Delta t) \tag{3-32}$$

式中　α——流体的对流给热系数，W/(m² · ℃)；

　　　l——流体流动管道尺寸，m；

　　　ρ——流体的密度，kg/m³；

　　　μ——流体的黏度，Pa · s；

　　　λ——流体的热导率，W/(m · ℃)；

　　　ω——流体的流速，m/s；

　　　C_p——流体的比热容，J/(kg · ℃)；

　　$g\beta\Delta t$——流体内部的浮升力。

由以上函数式可以看出，影响对流给热系数的因素有很多，要从理论上推导一个普遍适用的公式来计算不同情况下的对流给热系数是非常困难的。目前常用的方法有两种：一种是相似原理的应用，另一种是量纲分析法。

本书只介绍相似原理的应用。

（2）相似的概念

在几何学里，两个几何相似的图形，则必有其相对应部分的比值为同一常数。

同样可以把上述的几何相似推广到其他复杂的物理现象之中，即找出能表征物理现象相

似的相似准数。

任何物理现象相似都是在几何相似的前提下，在相对应的点或部位上和在相对应的时间内所有用以说明两个现象的一切物理量都一一对应成比例。

气体流动及热量交换过程中表征过程特征的物理量有速度（ω）、密度（ρ）、黏度（μ）、热导率（λ）和时间（τ）等。

凡在几何相似基础上的两个系统的同类物理现象中，若在相应的时刻和相应的地点上，与现象有关的物理量一一对应成比例，则这两个现象就称为彼此相似现象。比如有两个流动现象相似，则必然有流动通道的几何形状相似，速度场相似，密度分布相似等。这里各种物理现象相似倍数（如 C_l、C_ω、C_τ、C_t 等），虽然在数值上可以彼此不等，但是它们之间存在着按一定规律约束的关系。而这种约束关系完全是由该物理现象自身的规律所决定的。

（3）相似准数的物理意义

同一类物理现象总是可以找出某个无因次的准数来反映该类物理现象的本质。正如气体力学中的雷诺准数（Re）可以代表流体的"扰乱程度"一样。对每一个简单的物理现象都可以找出一个反映该现象的本质的无因次准数。把这种无因次数群称为"相似准数"或叫相似准则。

下面介绍几个相似准数的物理意义。

① 几何相似准数　若两个几何图形相似则必有同一的相似比，换言之，相似比 C_l 相等的两个三角形必相似。C_l 就称为几何相似准数，是表征体系几何形状特点的无因次数群。

② 雷诺准数 Re　在流体流动中决定流动性质的就是惯性力与黏性力之比，即

$$Re=\frac{惯性力}{黏性力}=\frac{\omega\rho L}{\mu} \tag{3-33}$$

所以把雷诺准数 Re 称为流体流动时的动力相似准数。即对于同类的空间条件下（即几何相似下）流动中的流体如果它们的 Re 相同，则它们的流动状态就是相似的。

③ 格拉斯霍夫准数 Gr　在自然流动中也可以找出类似 Re 的相似准数，即格拉斯霍夫准数 Gr。

$$Gr=\frac{浮升力}{黏性力}=\frac{l^3\rho^2 g\beta\Delta t}{\mu^2}=\frac{l^3 g\beta\Delta t}{\nu^2} \tag{3-34}$$

由上面 Gr 的计算公式可知：在系统的几何相似条件下，如果两流体的格拉斯霍夫准数 Gr 相等，则表明它们自然对流发展的程度完全相同。Gr 的物理意义就是以其值的大小来表征流体自然对流发展的程度。

④ 奴歇尔准数 Nu　奴歇尔准数 Nu 是表示对流换热强弱程度的相似准数，也表示流体层流底层的导热阻力与对流传热阻力的比例。它代表了对流换热现象的本质。

$$Nu=\frac{Q_{对}}{Q_{导}}=\frac{\alpha_{对}}{\frac{\lambda}{s}}=\frac{\alpha_{对}s}{\lambda} \tag{3-35}$$

Nu 越大说明对流给热过程越强烈。当 $Nu=1$ 时，即整个对流给热过程中，纯对流给热量与传导传热量相等，这是典型层流边界层时的给热情况，这时流体与壁面间给热主要是导热的效果。当然这时的对流给热将主要呈现出导热的特征，而这时的传热速率必然是相当缓慢的。

⑤ 普朗特准数 Pr　不同的流体本身有着自己的物理特征，Pr 数是反映流体本身物理特性的准数，它的定义式为

$$Pr = \frac{\nu}{\alpha} = \frac{\rho \nu C_p}{\lambda} \tag{3-36}$$

式中　ν——流体动黏度系数，m^2/s；

　　　C_p——流体的比热容，$J/(kg \cdot ℃)$；

　　　λ——物体的热导率，它表示物体导热能力的大小。

$$\alpha = \frac{\lambda}{\rho C_p}$$

对于一些气体而言，Pr 随气体的原子数目而异。

单原子气体　　　　　　$Pr = 0.67$

双原子气体　　　　　　$Pr = 0.72$

三原子气体　　　　　　$Pr = 0.80$

四原子以上的气体　　　$Pr = 1.0$

对原子数相同的气体，其 Pr 数也相同，反之，Pr 数相同的气体其原子数亦相同。

（4）相似定理及其意义

① 相似第一定理　如果同一类现象其代表性的相似准数相等，则这些现象在本质和发展程度上（指各个参数间的数量关系）就是相同的。即彼此相似的现象必有数值上相同的相似准数（此即相似第一定理），它说明两个现象相似的条件就是具有代表性的相似准数相等。

② 相似第二定理　描述一组相似现象的每个变量间的关系，把这种相似准数之间的函数关系叫做"准数方程"。

相似第二定理说明按照相似第一定理指导下进行模拟实验所得的数据（即结果），应当按照准数方程来进行整理。这样做可以使得实验数据的整理工作大大简化；同时经过整理所得到的准数方程的应用范围也得到扩大，即可以把准数方程推广并应用到与其相似的同类现象中去。

③ 相似第三定理　通过相似理论的第一、第二定理写出了相似准数关系式，这样就可以直接通过模拟某个过程的实验模型并用实验手段来直接测定出准数方程式的具体函数形式和所包括的物理量，最后用相似第二定理将所测出的实验结果经过整理而得出一个完全被确定的函数式。

相似第三定理的内容是：若两个现象为同一个关系方程式所描绘，其单值条件相似并且单值条件所组成的决定性准数的数值相等时，则此两个现象相似。它明确指出了所得到的经验公式的具体推广范围。

所谓的单值条件包括几何条件、物理条件、边界条件、初始条件等。如果这些条件都一一对应成比例就称为单值条件相似。单值条件相似是现象相似的必要条件。

相似第三定理明确规定了两个现象相似的充分必要条件，所以当考察从未研究过的新现象时，只要能够肯定它与某些已经研究过的现象属于同类现象，即单值条件相似，并且由单值条件所组成的决定性准数相等，就可以完全肯定这两个现象相似。

第三定理的实际意义在于从理论上允许我们把某些设备内的复杂现象采用较小的模型在实验室里进行模拟化实验，并进而把测定模型的实验结果推广应用到这些设备中去。

（5）准数方程式的确定、定性温度与定性尺寸

① 准数方程式的确定　在实际生产中，对于大量的复杂换热系统，要借助于实验。为了避免实验结果的局限性，通过相似原理的分析，可以获得适用于与实验条件相似的一整套

实验公式，即相似准数方程式。这种方法既有准确使用的特点，又避免了狭隘局限的弊病，是目前工程上使用广泛的一种实用方法。

从对流给热机理的分析中已经知道，这一复杂的对流传热过程是由许多个简单的过程（现象）所综合而构成的，即它是由流体的运动，内部的热对流及边界层的导热等过程构成，也就是说对流给热过程的特性取决于上述几个简单过程的特性和它们之间的相互关系。

从上面对相似准数的物理意义讨论中已经知道，在对流给热过程中，Nu 数代表着对流现象的本质；Re、Gr 则分别代表强制流动和自然流动的本质；Pr 数代表流体本身的热物理特征；l_1/l_2 代表系统的几何特征。

可以按照相似第二定理，把这些表征对流给热过程特征的各相似准数列成相应的函数式，即

$$Nu = f(Re, Gr, Pr, l_1/l_2) \tag{3-37}$$

a. 当给热系统的几何条件确定后，l_1/l_2 为常数，故上式可改写为

$$Nu = f(Re, Gr, Pr) \tag{3-38}$$

b. 如果流体的种类已限定（即 Pr 为常数），则上式变为

$$Nu = f(Re, Gr) \tag{3-39}$$

c. 若已知是自然流动（即可不考虑 Re），因而上式进一步简化为

$$Nu = f(Gr, Pr) \tag{3-40}$$

d. 在强制流动中的紊流状态时，自然流动因素可以不考虑，即 Gr 可以忽略，则上式为

$$Nu = f(Re, Pr) \tag{3-41}$$

将上述函数式写成幂函数的形式

强制流动 $\qquad\qquad\qquad Nu = C'(Re^{m'}, Pr^{n'}) \tag{3-42}$

自然对流 $\qquad\qquad\qquad Nu = C(Gr, Pr)^n \tag{3-43}$

上式中 C'、m'、n' 和 C、n 可用实验的方法求得。

可见，利用准数方程可将一般函数关系大为简化，由式（3-37）的复杂函数式简化成 2～3 个准数之间的函数关系，对这种经过简化了的准数方程，可以直接通过实验模型测定出准数方程式中所包含的各物理量，进一步整理就可以得到一个确定的准数方程式。

② 定性温度 在准数方程中，各个准数都含有流体的物理参数，这些参数都受温度的影响，因此，必须选定一个合适的温度来确定物理参数值，这个决定物理参数值的温度称定性温度。

定性温度可取壁面温度，流体的平均温度或流体与壁面的平均温度。

③ 定形尺寸 对流体流动有决定性意义的固体壁与流体相接触的几何尺寸称为定型尺寸。工程上常用的定型尺寸，如流体在管内流动，定形尺寸为管内径；非圆管用当量直径；流体横向流过单管或管束，取管外径为定形尺寸；流体纵向流过平板，取流动方向的壁面长度为定形尺寸。

4. 对流给热系数的确定

下面介绍几种常用的实验公式。

（1）强制对流

① 流体在圆管内作紊流流动 在此条件下适用于各种气体和液体的公式是

$$Nu = 0.023Re^{0.8}Pr^{0.4} \tag{3-44}$$

这里准数 Nu、Re 和 Pr 都是使用流体的平均温度作为计算的定性温度，并且用管子的

直径作为定性尺寸。

将 Nu，Re，Pr 代入式(3-44)得

$$\alpha_{\text{对}} = 0.023 \frac{\lambda}{d} \left(\frac{\omega d}{\nu} \right)^{0.8} \left(\frac{C_p \rho \nu}{\lambda} \right)^{0.4}$$

$$\alpha_{\text{对}} = 0.023 \lambda \left(\frac{1 + \beta t}{\nu} \right)^{0.8} \left(\frac{C_p \rho \nu}{\lambda} \right)^{0.4} \frac{\omega_0^{0.8}}{d^{0.2}}$$

令

$$A = 0.023 \lambda \left(\frac{1 + \beta t}{\nu} \right)^{0.8} \left(\frac{C_p \rho \nu}{\lambda} \right)^{0.4}$$

则

$$\alpha_{\text{对}} = A \frac{\omega_0^{0.8}}{d^{0.2}} \tag{3-45}$$

式中　ω_0——流体在管内的流速，m/s；

d——管子内径或当量直径，m；

A——因流体种类和流体温度而异的系数，常用流体在某些温度下的 A 值可查表3-5。

表 3-5　常用流体的 A 值

水	温度/℃	0	20	40	60	80	100
	A	1425	1849	2326	2756	3082	3373
重油	温度/℃	40	60	80	100	120	140
	A	31	52	88	119	147	197
空气	温度/℃	0	200	400	600	800	1000
	A	3.97	4.32	4.68	4.89	5.16	5.35
烟气	温度/℃	0	200	400	600	800	1000
	A	3.95	4.63	5.35	5.76	6.41	6.64
水蒸气	温度/℃	100	150	200	250	300	350
	A	4.07	4.13	4.30	4.52	4.71	4.98

此式适用范围是 $Re > 10^4$，$Pr = 0.7 \sim 2500$，以及 $L/d > 50$。

若 $L/d < 50$，则　$$\alpha_{\text{对}} = k_1 A \frac{\omega_0^{0.8}}{d^{0.2}} \; [\text{W/(m}^2 \cdot \text{℃)}] \tag{3-46}$$

k_1 值取决于换热管段进口处的形状、管内流动 Re 的大小等。

当换热管段进口以前没有急剧转弯或截面变化的情况下，k_1 可按表3-6选取。

表 3-6　紊流下的 k₁ 值

Re	L/d								
	1	2	5	10	15	20	30	40	50
1×10^4	1.65	1.50	1.34	1.23	1.17	1.13	1.07	1.03	1
2×10^4	1.51	1.40	1.27	1.18	1.13	1.10	1.05	1.02	1
5×10^4	1.34	1.27	1.18	1.13	1.10	1.08	1.04	1.02	1
1×10^5	1.28	1.22	1.15	1.10	1.08	1.06	1.03	1.02	1
1×10^6	1.14	1.11	1.08	1.05	1.04	1.03	1.02	1.02	1

由表3-5可知，在相同条件下水的对流给热能力大于重油的对流给热能力，更大于气体的对流给热能力。而对一定温度下的一定流体而言，流速愈大，直径愈小，则对流给热系数

愈大。

【知识点训练一】　空气以 $\omega = 5 \text{m/s}$ 的速度，流过一个直径 $d = 60 \text{mm}$ 的直管内而被加热，管段长 2.4m，空气平均温度为 100℃，试求给热系数。

解： 当 $t = 100℃$ 时，由附表 7 查得空气的 $\nu = 23.6 \times 10^{-6} \text{m}^2/\text{s}$，此时

$$Re = \frac{\omega d}{\nu} = \frac{5 \times 0.06}{23.6 \times 10^{-6}} = 12712 > 10000$$

所以属于紊流，由表 3-5 查得：$A = 4.145$，而

$$\omega_0 = \frac{\omega}{1 + \beta t} = \frac{5}{1 + \frac{100}{273}} = 3.66 \text{（m/s）}$$

则：
$$\alpha_{对} = A \frac{\omega_0^{0.8}}{d^{0.2}} = 4.145 \times \frac{3.66^{0.6}}{0.06^{0.2}} = 20.5 \text{［W/（m}^2 \cdot ℃）］}$$

因 $\dfrac{L}{d} = \dfrac{2.4}{0.06} = 40$，还需校正。

由表 3-6 查得：$k_1 = 1.03$，所以

$$\alpha_{对} = k_1 A \frac{\omega_0^{0.8}}{d^{0.2}} = 1.03 \times 20.5 = 21.1 \text{［W/（m}^2 \cdot ℃）］}$$

② 流体横向流过单管时的对流给热　流体横向流过单管表面时的流动情况如图 3-8 所示。

在管子的前后流动的情况不同，因此沿管子的周围对流给热系数的数值也不一样，如图 3-9 所示。在圆管的正面，有较多的质点透过边界层而直接冲击到壁面上，所以这里（$\varphi = 0°$）的放热系数最大；顺着流体流动的方向边界层的厚度逐渐增加，所以给热系数的数值迅速降低；而在 $90° \sim 100°$ 时降到最低值；在管的后面部分，流体具有强烈的旋涡，因而给热系数又重新变大。

此情况下的准数关系式为

$$Nu = CRe^n Pr^m \tag{3-47}$$

图 3-8　流体横向流过管面的情况

图 3-9　沿管周上对流给热系数的变化

C 和 n 的数值依 Re 的大小而定（见表 3-7），$m = 0.4$。

表 3-7　式(3-47) 中的 C 和 n 值

Re	C	n
5～80	0.93	0.40
80～5×10³	0.715	0.46
>5×10³	0.226	0.60

只有当流体流动的方向与管子轴心线之间的夹角 $\varphi=90°$ 时，上式才正确。

如果冲击角 $\varphi<90°$，则应根据式(3-47) 所得的给热系数再乘以修正系数 ε_φ （见表 3-8）。

表 3-8　不同 φ 值时的 ε_φ

φ	90°	80°	70°	60°	50°	40°	30°	20°	10°
ε_φ	1.0	1.0	0.98	0.94	0.88	0.78	0.67	0.52	0.42

将式(3-47) 按第三种情况展开（即 $Re\geq5×10³$）

$$\alpha_{对}=0.0226\frac{\lambda}{d}\left(\frac{\omega d}{\nu}\right)^{0.6}\left(\frac{C_p\rho\nu}{\lambda}\right)^{0.4}\varepsilon_\varphi$$

稍加变化则上式变为

$$\alpha_{对}=0.0226\lambda\left(\frac{1+\beta t}{\nu}\right)^{0.6}\left(\frac{C_p\rho\nu}{\lambda}\right)^{0.4}\frac{\omega_0^{0.6}}{d^{0.4}}\varepsilon_\varphi$$

令

$$B=0.0226\lambda\left(\frac{1+\beta t}{\nu}\right)^{0.6}\left(\frac{C_p\rho\nu}{\lambda}\right)^{0.4}$$

则

$$\alpha_{对}=B\frac{\omega_0^{0.6}}{d^{0.4}}\varepsilon_\varphi\quad[\mathrm{W/(m^2\cdot℃)}]\tag{3-48}$$

式中　ω_0——流体在管外的流速，m/s；

　　　d——管子外直径或外当量直径，m；

　　　B——因流体种类和流体温度而异的系数；

　　　ε_φ——流体与管子间冲击角为 φ 时的修正系数。

式(3-48) 称为准数关系式的简化公式。

常用流体在某些温度下的 B 值可查表 3-9。

表 3-9　常用流体的 B 值

水		重油		空气		烟气		水蒸气	
温度/℃	B	温度/℃	B	温度/℃	B	温度/℃	B	温度/℃	B
0	992	40	81	0	3.98	0	4.00	100	4.23
20	1192	60	94	200	4.62	200	5.30	150	4.47
40	1258	80	135	400	5.48	400	6.35	200	4.84
60	1462	100	155	600	6.00	600	7.16	250	5.18
80	1611	120	180	800	6.49	800	8.06	300	5.50
100	1663	140	207	1000	6.89	1000	8.50	350	5.78
						1600	11.05		

由表 3-9 可知，在相同条件下，水的对流给热能力大于重油的对流给热能力，更大于气体的对流给热能力。对一定温度下的一定流体而言，流速愈大，管径愈小，冲击角愈大，则

对流给热系数愈大。

【知识点训练二】 试求水横向流过单管时的对流给热系数。已知管径 $d=20\text{mm}$，水的温度为 20℃，管壁的温度为 40℃，水流速度为 0.5m/s。

解： 当水为 20℃时，查附表 8，$\nu=1.006\times10^{-6}\text{m}^2/\text{s}$

$$\omega_0=\frac{\omega}{1+\beta t}=\frac{0.5}{1+\dfrac{20}{273}}=0.47\ (\text{m/s})$$

$$Re=\frac{\omega d}{\nu}=\frac{0.5\times0.02}{1.006\times10^{-6}}=9940$$

$Re>5\times10^3$，查表 3-9，$B=1192$，而 $\varepsilon_\varphi=1$，所以

$$\alpha_{\text{对}}=B\frac{\omega_0^{0.6}}{d^{0.4}}\varepsilon_\varphi=1192\times\frac{(0.47)^{0.6}}{(0.02)^{0.4}}=3626\ [\text{W}/(\text{m}^2\cdot℃)]$$

③ 流体横向流过管束时的对流给热 管束排列方式有顺排和错排两种，见图 3-10。

流体横向冲击管束时的情况与单管类似，但影响因素更复杂。从第二排起，每排管都正处于前排产生的漩涡区的尾流内，所受到的冲击情况不如错排时强烈。错排内的给热过程一般较顺排略为强烈。另外，沿流动纵深方向管束排数多少也将影响平均给热系数。因为流体进入管束后，由于速度及方向反复变化而增加了流体的紊乱程度，因而沿着流动方向，各排管的给热系数将逐渐增加，大约到第三排以后才逐渐趋于稳定。因此，整个管束的平均给热系数将随着排数的增加而稍有增大。

(a) 顺排 　　　　(b) 错排

图 3-10 管束排列方式

流体在管外垂直管束呈强制紊流流动时，其对流给热系数的计算方法如下。

a. 错排管束 错排管束的对流给热系数的准数关系式为

$$\alpha_{\text{对}}=0.026ab\frac{\lambda}{d}\left(\frac{\omega d}{\nu}\right)^{0.6}\left(\frac{C_p\rho\nu}{\lambda}\right)^{0.4}$$

稍加变化则上式变为

$$\alpha_{\text{对}}=ab\times0.026\lambda\left(\frac{1+\beta t}{\nu}\right)^{0.6}\left(\frac{C_p\rho\nu}{\lambda}\right)^{0.4}\frac{\omega_0^{0.6}}{d^{0.4}}$$

经过变化，上式可变为

$$\alpha_{\text{对}}=abB\frac{\omega_0^{0.6}}{d^{0.4}}\ [\text{W}/(\text{m}^2\cdot℃)] \tag{3-49}$$

式中　ω_0——流体在管束间最窄通道处的流速，m/s；

　　　d——管束管子的外直径，m；

　　　B——由表 3-9 查得的系数；

　　　a——系数，可由表 3-10 查得；

　　　b——系数，可由表 3-10 查得。

公式(3-49)为流体在管外垂直流过错排管束呈强制紊流流动时对流给热系数的公式，也是准数关系式的简化公式，可用此式计算管束的任意排管子的对流给热系数。

表 3-10　系数 a 值和系数 b 值

a		b		
当 $\frac{l_1}{d} < 3$ 时	当 $\frac{l_1}{d} > 3$ 时	对第一排管子	对第二排管子	对第三排管子
$a = 1 + 0.1\frac{l_1}{d}$	$a = 1.3$	$b = 0.756$	$b = 1.01$	$b = 1.28$

管束的平均对流给热系数计算公式为

$$\alpha_{对均} = \frac{\alpha_{对1} + \alpha_{对2} + (n-2)\alpha_{对3}}{n} \quad [W/(m^2 \cdot ℃)] \tag{3-50}$$

式中　$\alpha_{对1}$——第一排管的对流给热系数，$W/(m^2 \cdot ℃)$；

　　　$\alpha_{对2}$——第二排管的对流给热系数，$W/(m^2 \cdot ℃)$；

　　　$\alpha_{对3}$——第三排管的对流给热系数，$W/(m^2 \cdot ℃)$；

　　　n——管束内管子的总排数。

当管子排数较多时，管束的平均对流给热系数可取为第三排管的对流给热系数。

b. 顺排管束　顺排的第一排管子的对流给热系数与错排的第一排管子的对流给热系数相同，可用下式计算

$$\alpha_{对} = abB\frac{\omega_0^{0.6}}{d^{0.4}} \quad [W/(m^2 \cdot ℃)] \tag{3-51}$$

顺排的第二排以后管子的对流给热系数的准数关系式为

$$\alpha_{对} = a \times 0.157\frac{\lambda}{d}\left(\frac{\omega d}{\nu}\right)^{0.65}\left(\frac{C_p \rho \nu}{\lambda}\right)^{0.4}$$

稍加变化则为

$$\alpha_{对} = a \times 0.157\lambda\left(\frac{1+\beta t}{\nu}\right)^{0.65}\left(\frac{C_p \rho \nu}{\lambda}\right)^{0.4}\frac{\omega_0^{0.65}}{d^{0.35}}$$

令　　　　　　$$C = 0.157\lambda\left(\frac{1+\beta t}{\nu}\right)^{0.65}\left(\frac{C_p \rho \nu}{\lambda}\right)^{0.4}$$

则上式变为　　　$$\alpha_{对} = aC\frac{\omega_0^{0.65}}{d^{0.35}} \quad [W/(m^2 \cdot ℃)] \tag{3-52}$$

式中　ω_0——流体在管束间最狭通道处的流速，m/s；

　　　d——管束管子的外直径或外当量直径，m；

　　　a——系数，由表 3-10 查得；

　　　C——因流体种类和流体温度而变的系数。

式(3-52)为流体在管外垂直流过顺排管束的对流给热系数的基本公式，也是准数关系式的简化公式。

常用流体在常用温度下的 C 值见表 3-11。

表 3-11　常用流体的 C 值

水		重油		空气		烟气		水蒸气	
温度/℃	C	温度/℃	C	温度/℃	C	温度/℃	C	温度/℃	C
0	1349	40	78	0	4.89	0	5.00	100	5.23
20	1617	60	105	200	5.82	200	6.40	150	5.47
40	1872	80	149	400	6.51	400	7.56	200	5.82
60	2093	100	181	600	7.09	600	8.61	250	6.16
80	2838	120	200	800	7.56	800	9.54	300	6.63
100	3280	140	252	1000	8.02	1000	9.89	350	7.09

顺排管束的平均对流给热系数可用下式计算

$$\alpha_{对均} = \frac{\alpha_{对1} + (n-1)\alpha_{对2}}{n} \quad [W/(m^2 \cdot ℃)] \tag{3-53}$$

式中　$\alpha_{对1}$——第一排管的对流给热系效，$W/(m^2 \cdot ℃)$；

　　　$\alpha_{对2}$——第二排管的对流给热系效，$W/(m^2 \cdot ℃)$；

　　　n——管束的管子总排数。

当管束的排数较多时，可用第二排管子的对流给热系数为顺排管束的平均对流给热系数。

上面的两种管束的计算关系式都是对流体与管束垂直而言的，即冲击角 $\varphi = 90°$。当冲击角 $\varphi < 90°$ 时，所求结果应乘以表 3-8 中的校正系数。

由以上分析可知，在相同条件下，水的对流给热能力大于重油的对流给热能力，更大于各种气体的对流给热能力。对一定流体而言，流体的温度愈高、流体的流速愈大、管子的管径愈小、管的间距较大、管束排数较多时，则流体与管束间的对流给热系数愈大。

实际经验表明，当其他条件相同时，错排管束的对流给热系数大于顺排管束的对流给热系数。

应当指出，上面介绍的几个关系式都是用相似理论法所求得的准数关系式的简化公式。这些简化公式比一般的实验式的应用范围较广。但是它仍然仅适用于所给的几种流体，对于其他流体则仍须用原准数关系式计算。

④ 气体在蓄热室砖格子内的给热系数　气体在热风炉或蓄热室的砖格子内呈强制紊流流动，气体与格子砖间的对流给热系数的实验式为

$$\alpha_{对} = 0.86 \frac{\omega_0^{0.8}}{d^{0.33}} T^{0.25} \quad [W/(m^2 \cdot ℃)] \tag{3-54}$$

式中　ω_0——气体在砖格子内的流速，m/s；

　　　d——格子孔的当量直径，m；

　　　T——气体的绝对温度，K。

⑤ 流体在管内呈层流流动时的给热系数

$$\alpha_{对} = 5.15 \frac{\lambda}{d} \quad [W/(m^2 \cdot ℃)] \tag{3-55}$$

式中　d——管道内径或当量直径，m；

　　　λ——流体的热导率，$W/(m \cdot ℃)$。

⑥ 气体沿平面流动时的给热系数　炉气在炉内金属或熔池表面流过时的给热与管道内的给热规律不尽相同。前者流体与表面的相对位置、热流方向以及流速在表面法线方向上的分布将有更多的影响，比管道内流体的给热情况更复杂。

对于光滑面　　　　　　　　　$$Nu = 0.032 Re^{0.8} \tag{3-56}$$

通常用更简单的形式　　　　$$\alpha_{对} = C\omega_{20}^n + K \quad [W/(m^2 \cdot ℃)] \tag{3-57}$$

式中　ω_{20}——换算为 20℃时的流速，m/s；

　　　K，C，n——实验常数，见表 3-12。

表 3-12 式(3-57) 中的实验常数 K、C、n

表面情况	$\omega_{20} \leqslant 5$			$\omega_{20} > 5$		
	K	C	n	K	C	n
光滑表面	5.58	3.95	1	0	7.12	0.78
轧制金属表面	5.82	3.95	1	0	7.14	0.78
粗糙表面	6.16	4.19	10	0	7.53	0.78

图 3-11 自然对流示意

（2）自然对流

① 影响自然对流给热的主要因素　图 3-11 是炉子外表面与大气间的自然对流给热情况。

由图 3-11 可以看出，炉顶、炉墙和架空炉底都存在着自然对流。

产生自然对流的原因是因为固体表面的温度大于周围大气的温度而使大气形成了自然循环。因此，固体表面与大气间的温度差是影响自然对流的主要因素。

上热面（如炉顶）的循环比较容易，故自然对流的能力较强；下热面（架空炉底）的循环更难，故它的自然对流能力最差。显然，固体表面的存在位置是影响自然对流的因素之一。

总之，自然对流主要受固体表面与流体的温度差和固体表面存在位置的影响。因此，自然对流给热系数也多由表示这两个影响因素的参数所组成。

② 固体表面向无限空间的自然对流　根据实验研究得出这时准数关系式的具体形式为

$$Nu = C(GrPr)^n \tag{3-58}$$

式中的 C 和 n 为常数，其值可按换热表面的形状及 $GrPr$ 的数值范围由表 3-13 选取。表 3-13 中的数值适用于均温壁面的自然运动放热。

表 3-13 式(3-58) 中常数 C、n 值

表面形状及位置	流动情况示意图	C、n 值			定形尺寸 l	适用范围 $GrPr$
		流态	C	n		
垂直平壁及垂直圆柱		层流 紊流	0.59 0.12	1/4 1/3	高度 h	$10^4 \sim 10^9$ $10^9 \sim 10^{12}$
水平圆柱		层流 紊流	0.53 0.13	1/4 1/3	圆柱外径 d	$10^4 \sim 10^9$ $10^9 \sim 10^{12}$
热面朝上或冷面朝下的水平壁		层流 紊流	0.54 0.14	1/4 1/3	矩形取两个边长的平均值；圆盘取 $0.9d$	$10^5 \sim 2 \times 10^7$ $2 \times 10^7 \sim 3 \times 10^{10}$
热面朝下或冷面朝上的水平壁		层流	0.27	1/4	矩形取两个边长的平均值；圆盘取 $0.9d$	$3 \times 10^5 \sim 3 \times 10^{10}$

整理数据时采用的定型尺寸是管、线、球的直径或竖板的高度。定性温度是采用边界层的平均温度 $t_m = \dfrac{t_\omega + t_f}{2}$，此处 t_ω 为壁面温度，t_f 为远离壁面的流体温度。

上式适用于任何液体和气体以及任何形状和大小的物体，也可以用来计算横板的放热。

必须指出，在紊流放热过程中，$n = 1/3$，于是 Gr 与 Nu 中的定形尺寸可以相消，故自然流动紊流换热与定形尺寸无关。

当 Pr 作为常数处理时，可以采用表 3-14 的简化计算式，它们适用于常温常压下的空气自然运动放热。

计算时用到的有关于空气的物理参数值列在附表 7 中。

表 3-14　空气在无限空间自然运动放热的简化计算公式

表面形状及位置	流　态	应用范围	简化计算公式
垂直平壁及垂直圆柱	层流	$10^4 < GrPr < 10^9$	$\alpha = 1.49\left(\dfrac{\Delta t}{h}\right)^{\frac{1}{4}}$
	紊流	$10^9 < GrPr < 10^{12}$	$\alpha = 1.36\,(\Delta t)^{\frac{1}{3}}$
水平圆柱	层流	$10^3 < GrPr < 10^9$	$\alpha = 1.35\left(\dfrac{\Delta t}{d}\right)^{\frac{1}{4}}$
	紊流	$10^9 < GrPr < 10^{12}$	$\alpha = 1.48\,(\Delta t)^{\frac{1}{3}}$
热面朝上或冷面朝下的平壁	层流	$10^6 < GrPr < 2\times10^7$	$\alpha = 1.38\left(\dfrac{\Delta t}{l}\right)^{\frac{1}{4}}$
	紊流	$2\times10^7 < GrPr < 3\times10^{10}$	$\alpha = 1.59\,(\Delta t)^{\frac{1}{3}}$
热面朝下或冷面朝上的平壁	层流	$3\times10^5 < GrPr < 3\times10^{10}$	$\alpha = 0.69\left(\dfrac{\Delta t}{l}\right)^{\frac{1}{4}}$

【知识点训练三】　有一根水平放置的高压水蒸汽管道，绝热层外径 d 为 583mm，外壁温度为 48℃，周围空气温度为 23℃。试计算 1m 蒸汽管上通过自然对流的散热量。

解：先计算 Gr 判别流态

定性温度　$t_m = \dfrac{1}{2}(t_\omega + t_f) = \dfrac{1}{2}(48 + 23) = 35.5$（℃）

从附表 7 中查得空气在 35.5℃ 时各参数之值为：

$$\nu = 17.09\times10^{-6}\,\mathrm{m^2/s};\ Pr = 0.71;\ \lambda = 0.0262\,\mathrm{W/(m\cdot℃)}$$

另外　　　　　　　$\beta = \dfrac{1}{T} = \dfrac{1}{35.5+273} = \dfrac{1}{308.5}$（1/K）

$$\Delta t = 48 - 23 = 25\ （℃）$$

于是有

$$GrPr = \frac{g\beta\Delta t L^3}{\nu^2}Pr = \frac{9.8\times\dfrac{1}{308.5}\times25\times0.583^3}{(17.09\times10^{-6})^2}\times0.71 = 3.83\times10^8$$

即 $<10^9$，故处于层流状态。

$$\alpha = 1.35\left(\frac{\Delta t}{d}\right)^{0.25} = 1.35 \times \left(\frac{25}{0.583}\right)^{0.25} = 3.45\ [\text{W}/(\text{m}^2 \cdot \text{℃})]$$

若按 $Nu = C(GrPr)^n$ 计算，则

$$Nu = 0.53(GrPr)^{0.25} = 0.53(3.83 \times 10^8)^{0.25} = 74.14$$

$$Nu = \frac{\alpha d}{\lambda} = 74.14$$

$$\alpha = 74.14\frac{\lambda}{d} = 74.14 \times \frac{0.0262}{0.583} = 3.33\ [\text{W}/(\text{m}^2 \cdot \text{℃})]$$

与简化公式计算法仅相差不到 4%，则 1m 管道上的对流散热量为

$$Q = \pi dL\alpha\Delta t = 3.14 \times 0.583 \times 1 \times 3.45 \times 25 = 158\ (\text{W}/\text{m})$$

【知识拓展】

1. 黏性流体有哪两种流动状态？流动状态的不同会影响到对流给热吗？

2. 为什么水的对流给热系数远比空气的对流给热系数高？

3. 为什么说影响对流给热的决定性因素是流体的速度？

4. 在分析各类对流给热的强弱时，为什么应着重分析它的边界层状况？

5. 两种体积密度相同的多孔隔热砖，一种气孔尺寸较大，但气孔数目较少，另一种气孔数目多，但气孔尺寸较小。试问何种砖的保温效果较好，为什么？

6. 有人提出为强化对黏性流体（如重油）的加热，可以采用使蒸汽加热管发生振荡的方法，这样可使给热系数提高数倍，试解释其强化的原因。

7. 气体横向流过管束（有顺排和错排两种）时的对流给热公式中应考虑哪些因素？

8. 举出本专业常用的炉子中遇到的对流给热现象。并说明哪些情况下需要强化对流给热，哪些情况下需要减弱对流给热。你认为应采取哪些措施来强化或减弱对流给热。

9. 冬天，经过在白天太阳下晒过的棉被，晚上盖起来感到很暖和，并且经过拍打后，效果更加明显。试解释原因。

10. 冬天，在相同的室外温度条件下，为什么有风比无风时感到更冷些？

11. 电影《泰坦尼克号》里，男主人公杰克在海水里被冻死而女主人公罗丝却因躺在筏上而幸存下来。试从传热学的观点解释这一现象。

【自测题】

1. 在直径分别为 0.2m 和 0.1m 的两种管道内，热烟气流量皆为 $V_0 = 0.15\text{m}^3/\text{s}$，当烟气温度为 1000℃ 时，求两种管内的对流给热系数各为多少？

2. 水以 $\omega_0 = 0.8\text{m/s}$ 的速度在直径 $d = 50\text{mm}$ 的管外流动。水与管子轴线间的冲击角为 10°，已知水的平均温度为 40℃，求其对流给热系数。

3. 某加热炉外部尺寸长、宽、高分别为 13m、2.5m、2.0m，外表面温度为 200℃，周围空气温度为 35℃。试分别求出炉墙及炉顶向空气的对流给热量（按简化公式计算）。

4. 计算水在管内流动时与管壁间的给热系数 α。已知管道内径 $d = 35\text{mm}$，长度 $L = 4\text{m}$，水的平均温度 $t = 60$℃，水在管内的流速 $\omega = 10\text{m/s}$。

5. 今有温度为 30℃ 的空气，以 5m/s 的速度横向垂直流过 $d=20mm$ 的单管，试确定其对流给热系数。

6. 试确定顺排 6 排管束的放热系数。已知管直径 $d=40mm$，$l_1/d=1.8$，$l_2/d=2.4$，空气的平均温度为 300℃，空气通过最窄的截面时，其平均流速 $\omega=10m/s$，冲击角 $\varphi=60°$。

7. 试求经过室内的采暖水平干管的外表面的对流给热系数。已知管道外径 $d=50mm$，表面温度为 $t_1=80℃$，室内空气温度 $t_2=20℃$。

8. 水以 2kg/s 的质量流量流过直径为 40mm、长为 4m 的圆管，管壁温度保持在 90℃，水的进口温度为 30℃。求水的出口温度和管子对水的散热量。水的物性按 40℃ 查取。不考虑由温差引起的修正。

任务四　辐射传热

【任务描述】

冬天太阳光照射到我们身上，我们会感到温暖；而夏天太阳光照射到我们身上，我们会有啥感觉呢？是炙烤的感觉。为什么冬天和夏天温差大约有 $30\sim40℃$，而感觉却差别这么大呢？这是因为辐射传热的传热量与温度的四次方成正比。在生活和生产中如何加强和减弱辐射传热，以及如何利用辐射传热在生产中为我们服务等等这些有趣的问题是本次任务中学习的目的。

【任务分析】

辐射传热是传热的三种基本方式之一，在科学与工程技术领域中得到了广泛的应用。冶金过程中存在着大量的辐射传热问题，如炉内辐射传热的分析与计算，辐射换热器的工作原理，利用辐射原理测定物体的温度（辐射高温计）等。因此，我们需要学习辐射传热的本质、特征以及有关的基本概念和基本定律，从而进行各种类型的辐射传热计算，为生产节能降耗服务。

项目三　热量传递		
任务四 辐射传热	基　本　知　识	技能训练要求
学习内容	1. 辐射传热的基本概念以及辐射传热的本质和特点 2. 热射线辐射时的三种情况以及吸收率、反射率、透过率的定义 3. 辐射传热的四个定律以及灰体的概念 4. 角度系数的概念以及角度系数的性质；两个固体之间辐射传热的计算 5. 气体辐射传热的特点以及气体吸收定律；气体的辐射能力的计算以及气体与固体之间的辐射热交换的计算	1. 要求掌握辐射传热的基本概念以及辐射传热的本质和特点 2. 掌握热射线辐射时的三种情况以及吸收率、反射率、透过率的定义。正确理解黑体、白体、透热体的概念。对于固体、液体、气体三种物质能够正确分辨其吸收率、反射率、透过率 3. 掌握普朗克定律、维恩偏移定律、四次方定律以及克希霍夫定律；掌握绝对黑体、黑度以及灰体的概念 4. 掌握角度系数的概念以及角度系数的性质，会计算各种情况下的角度系数的计算以及两个固体之间辐射传热的计算 5. 掌握气体辐射传热的特点以及气体吸收定律；气体的辐射能力的计算以及气体与固体之间的辐射热交换的计算。尤其是高温烟气中的二氧化碳以及水蒸气的辐射传热能力的计算

【知识链接】

1. 辐射传热的基本概念

（1）辐射传热的定义

物体的热能变为电磁波（辐射能）向四周传播，当辐射能落到其他物体上被吸收后又变为热能，这一过程称为辐射传热。

热辐射是一切物体的固有特性。

（2）辐射传热的本质和特点

辐射传热是利用电磁波中的热射线进行热量传递。物体发射电磁波是由于物体原子中电子振动的结果。当物体温度升高，它的原子核外围的某些电子吸收了热能，由能级较低的一层跳到离原子核较远的能级较高的一层，这些跃出的电子不稳定，当它们跳回去的过程中，把原来吸收的能量以电磁波的形式释放出来，形成热辐射。

各种电磁波都会产生不同程度的热效应。其中以波长 $0.8\sim100\mu m$ 的红外线投射到物体表面上时，最容易转变为热能，所以，一般又把红外线称为热射线，它是辐射传热的主要研究对象。红外线又有近红外线和远红外线之分，大体以 $4\mu m$ 以下的红外线称为近红外线，$4\mu m$ 以上的红外线称为远红外线。远红外热技术就是利用远红外辐射元件放射出以远红外线为主的电磁波，对物料进行加热。在加热某些物料时，具有能效高、能量消耗低的显著优越性。

（3）辐射传热的特点

① 热辐射不仅进行能量的转移，而且还伴随着能量形式的转化，即物体的一部分内能转换为电磁波能发射出去，并且在真空中以光速传播。当此电磁波射到另一物体表面而被吸收时，电磁波能又转换为物体的内能。

② 热射线产生于物质内部电子的振动或激动，支配这种振动或激动的因素是物体的温度，一切物体只要其温度在 0K 以上，不论温度的高低都在不停地发射电磁波。当两个物体温度不同时，高温物体辐射给低温物体的能量大于低温物体辐射给高温物体的能量，总的效果是高温物体将热量传给了低温物体；即使两物体的温度相同，这种辐射过程仍在不停地进行着，只是物体辐射出去的能量等于其吸收的能量，处于热动态平衡。

③ 热射线的传播和可见光的传播一样，在传播中不需要中间介质，在真空中也能进行。例如太阳的辐射热通过极厚的真空带而射到地球。

（4）物体辐射传热的三种情况

热射线的传播具有与光传播同样的特性，因此光学中投射、折射和反射的规律，在此同样适用。

投射到物体上的总能量 Q 可分为三部分：一部分能量 Q_A 进入表面后被物体吸收；一部分能量 Q_R 被反射；还有一部分能量 Q_D 透过物体而继续向前传播，见图 3-12。

根据能量守恒定律

$$Q_A + Q_R + Q_D = Q$$

两边同除以 Q，则

$$\frac{Q_A}{Q} + \frac{Q_R}{Q} + \frac{Q_D}{Q} = 1$$

Q_A/Q 表示物体对热辐射的吸收能力，称吸收率（A）；

Q_R/Q 表示物体对热辐射的反射能力，称反射率（R）；

Q_D/Q 表示物体对热辐射的透过能力，称透过率（D）。

即　　　　　　　　　　$A+R+D=1$　　　　　　　　　（3-59）

图 3-12　落到物体上的辐射能分布

A、R、D 都表示比值，其数值总在 0～1 之间变化。

因自然界中所有物质（固、液、气）的吸收率、反射率和透过率的值根据具体条件不同而千差万别，如孤立地研究这些问题，则相当复杂，因此，为方便起见，可建立如下理想物体模型，使问题简化。

① 如果投射到物体上的辐射能全部被该物体吸收，没有反射和透过，即 $A=1$，$R+D=0$，则该物体称为绝对黑体（简称黑体）。

② 如果投射到物体上的辐射能全部被该物体反射，既不吸收，又不透过，即 $R=1$，$A+D=0$，则该物体称为绝对白体（简称白体）。

③ 如果投射到物体上的辐射能全部被该物体透过，既不吸收也不反射，即 $D=1$，$A+R=0$，则该物体称为绝对透热体（简称透热体）。

在自然界中，绝对黑体，绝对白体，绝对透热体都是不存在的，即各种物体的 A、R、D 值都小于 1。物体的 A、R 和 D 的数值大小随物体的物理性质、温度、表面粗糙程度和射线波长等而变化。一般对固体和液体（除石英玻璃等少数物体外）来说，热射线是不透过的，即 $D=0$，$A+R=1$；单原子或双原子气体如 H_2、N_2、O_2、干空气等可以近似地看作透热体，即 $D=1$，$A=0$，$R=0$；具有辐射能力的气体如 CO_2、H_2O、SO_2 和烟气等实际上不具有反射能力，$R=0$，$A+D=1$。另外，物体表面越粗糙，吸收率越大。如油烟的吸收率 $A=0.9\sim0.95$。

必须指出，这里的黑体、白体和透热体都不是对可见光而言的，而是对热射线。如白雪对可见光的反射率很高，呈白色，但对于来自温度不太高的物体所发射的热射线，其吸收率

图 3-13　黑体模型

为 0.98 左右，非常接近黑体。再如夏天在太阳光下穿白衣服比穿黑衣服感到凉快因为白衣服对可见光的反射率大，吸收率小。但是对红外线的吸收率是 0.98 左右，二者是相同的，所以在炉子旁边（2000K 以下）穿黑衣服和白衣服的感受基本是相同的。因此不能单凭颜色来判断物体对热射线的吸收和反射能力，必须看物体的性质、表面状况和本身所处的温度及热射线的波长等，这些都会影响它们的吸收率。

（5）黑体辐射模型

自然界中虽然不存在绝对黑体，但因为它在理论和实践上都很重要，研究问题时往往以它为标准，从中找出辐射传热所遵循的规律，从而解决辐射传热实验和计算问题，因此还是要建立起绝对黑体的概念。用人工方法可得到黑体模型，在空心球体的壁上开一个小孔，此小孔就具有黑体的性质，所有进入小孔的辐射能，在多次反射的过程中被空洞内壁所吸收；同时温度均匀的空洞壁也可从各个方面把辐射能和反射的辐射能投向小孔，这样就可把小孔看作黑体辐射（图3-13）。

2. 辐射传热的基本定律

（1）普朗克辐射定律

为了阐明普朗克定律，先说明以下两个概念。

① 辐射能力（全辐射能力） 物体每单位表面积，在单位时间内，向半球空间辐射出的波长在 $0 \sim \infty$ 范围的总能量，称为物体的辐射能力。用 E 表示，单位是 W/m^2，对于黑体用 E_0 表示。

② 辐射强度（单色辐射能力） 物体的辐射能力按波长的分布是不均匀的，如果物体每单位表面积，在单位时间内向半球空间辐射出的波长从 λ 到 $\lambda + d\lambda$ 范围的辐射能力为 dE，则 $\dfrac{dE}{d\lambda}$ 称为辐射强度，用 E_λ 表示，单位是 W/m^2，对于黑体用 $E_{0\lambda}$ 表示。

普朗克定律表明了黑体辐射强度按照波长的分布规律，给出了黑体单色辐射能力随波长和温度而变化的函数关系。

根据量子理论可得出普朗克定律的数学表达式如下

图 3-14 绝对黑体的辐射强度与波长和温度的关系

$$E_{0\lambda} = \frac{C_1 \lambda^{-5}}{e^{C_2/\lambda T} - 1} \qquad (3\text{-}60)$$

式中　$E_{0\lambda}$——黑体（符号"0"表示绝对黑体）的单一波长的辐射强度或称单色辐射强度，W/m^2；

　　　　e——自然对数的底；

　　　　C_1——实验常数，$C_1 = 3.74 \times 10^{-16} \, W \cdot m^2$；

　　　　C_2——实验常数，$C_2 = 1.44 \times 10^{-2} \, m \cdot K$；

　　　　λ——波长，m。

以不同波长及温度代入式(3-60)，可得图 3-14。

由图可以更清楚地看出不同温度下黑体的辐射强度按波长分布的情况。

a. 在某一温度下，黑体的辐射强度 $E_{0\lambda}$ 因波长不同而异，开始是随波长增加而增加，达到最高值后，又随波长增加而减小，至 $\lambda = \infty$ 时，又重新降至零。

b. 对同一波长来说，温度愈高，辐射强度愈大。

c. 当温度低于 850K 时，$E_{0\lambda}$ 较小，但随着温度的升高而迅速增长，故温度高的物体，其辐射强度也大；温度愈高，最大辐射强度的波长也愈短。

d. 可见光的波长在 $0.4 \sim 0.8 \mu m$ 之间，由图 3-14 可见，当 $T < 1000K$ 时，在辐射能中可见光的比例是很微弱的，当 $T > 2000K$ 时也只有约 2%；随着温度的升高，可见光相应增多，亮度也逐渐增强，最先出现红色光，以后依次为橙色、黄色和白色的光。工业生产上常依据冶金炉中物料的颜色和亮度来判断其温度。

例如在加热钢锭时，可以观察到当钢锭温度低于 500℃ 时，因为辐射能分布中没有可见光成分，所以钢锭颜色没有变化。随着温度升高，钢锭相继出现暗红、鲜红、橙黄，最后出现白炽色。这一现象表明，随着钢锭温度升高，它向外辐射的最大单色辐射力向短波方向移动。

(2) 维恩偏移定律

具有最大辐射强度的波长与热力学温度的乘积为一常数，此关系称为维恩定律，其数学式为

$$\lambda_{\max} T = 2896 \tag{3-61}$$

式中　T——物体的热力学温度，K；

$\lambda_{\max}$——在该温度下辐射强度最大时的波长，μm。

通过光谱分析仪就可测定 $\lambda_{\max}$，这样，应用维恩定律即可推算出一些难以测定的物体的表面温度。例如测得太阳的 $\lambda_{\max} = 0.5\mu m$，则可推算出太阳的表面温度为 $T = 5792K$。

严格地说，此定律仅适用于黑体，对实际物体会有明显的差异。

如果将普朗克定律数学表达式中的 λ 用 $E_{\max} = \dfrac{2896}{T}$ 代替，就可以求出温度为 T 时黑体最大单色辐射能力 $E_{0\lambda}$（W/m³）为

$$E_{0\lambda} = 1.286 \times 10^{-5} T^5 \tag{3-62}$$

从上式可知，最大单色辐射能力与热力学温度的五次方成正比。

（3）斯蒂芬-波尔茨曼定律

① 定律　此定律亦称四次方定律，它说明如下规律：黑体的辐射能力与其热力学温度的四次方成正比，其关系式由

$$E_0 = \int_0^\infty E_{0\lambda} \mathrm{d}\lambda = \int_0^\infty \frac{C_1 \lambda^{-5} \mathrm{d}\lambda}{\mathrm{e}^{C_2/\lambda T} - 1}$$

积分后得

$$E_0 = C_0 \left(\frac{T}{100}\right)^4 (\text{W/m}^2) \tag{3-63}$$

式中　C_0——绝对黑体的辐射系数，它等于 $5.67\text{W/(m}^2 \cdot \text{K}^4)$；

T——黑体的热力学温度，K。

由此可见，当热力学温度提高一倍，黑体的辐射能力将增加 15 倍。

斯蒂芬-波尔茨曼定律是辐射传热的一条基本定律，是整个辐射传热的计算基础。它说明黑体的辐射能力仅仅与其温度有关，而与其他因素无关。这不仅解决了黑体辐射能力的计算问题，同时指出了随着黑体温度的升高其辐射能力迅速增大。

② 物体的黑度　工程上最重要的是确定实际物体的辐射能力。在同一温度下，实际物体的辐射能力 E 恒小于黑体的辐射能力 E_0。不同物体的辐射能力也有很大差别。通常用黑体的辐射能力 E_0 作为基准，引进物体的黑度 ε 的概念，表示为

$$\varepsilon = \frac{E}{E_0} = \frac{C\left(\dfrac{T}{100}\right)^4}{C_0\left(\dfrac{T}{100}\right)^4} = \frac{C}{C_0} \tag{3-64}$$

即实际物体（灰体）的辐射能力 E 与同温度下黑体的辐射能力 E_0 之比值称为物体的黑度。它表示该物体辐射能力接近黑体辐射能力的程度，其值恒小于 1。由此可见，黑度可以说明不同物体的辐射能力，它是分析和计算热辐射的一个重要的数值。实验证明，物体的黑度不仅与物体的种类、表面温度及表面状况（如粗糙度、氧化程度等）有关，还与波长有关。例如金属表面具有较小的黑度；表面粗糙的物体或氧化的金属表面，则具有较大的黑度。

物体的黑度是物体的一种性质，只与物体本身情况有关，而与外界因素无关，其值可由实验确定。常见物体的黑度系数值见表 3-15。

表 3-15　某些常用工程材料的表面黑度值

物料名称及表面特性	温度/℃	ε	物料名称及表面特性	温度/℃	ε
磨光的铁	94	0.06	表面氧化后的铝	28	0.10
	425	0.144		260	0.12
	1020	0.377		538	0.18
磨光的钢	100	0.066	表面严重氧化后的铝	38	0.20
磨光的铸件	770	0.52		150	0.21
	1040	0.56		205	0.22
轧制钢板	50	0.56		538	0.33
粗糙表面的钢	40	0.94	耐火黏土砖 ($SiO_2=38$, $Al_2O_3=58$, $Fe_2O_3=0.9$)	1000	0.61
表面氧化的钢	200~600	0.80		1200	0.52
表面严重生锈的钢	50	0.88		1400	0.47
	500	0.98		1500	0.45
生锈铸铁	40~250	0.95	硅砖 ($SiO_2=98$)	1000	0.62
熔融铸铁	1300~1400	0.29		1200	0.535
熔融的钢	1520	0.42		1400	0.49
	1650	0.53		1500	0.46
磨光表面的铜	50~100	0.02	粗糙表面的红砖	20	0.93
氧化表面的铜	200	0.57	粗糙结晶面的冰	0	0.985
	600	0.87	平滑结晶面的冰	0	0.918
氧化发黑的铜	500	0.88	水玻璃	0	0.966
熔融紫铜	1200	0.138	炭	100	0.81
	1250	0.147		600	0.79
熔融粗铜	1250	0.155~0.171	炭黑	20~400	0.95~0.97
表面磨光的铝	225	0.049	固体表面涂炭黑石棉纸	50~1000	0.96
	575	0.057		40	0.94
轧制后光亮表面的铝	170	0.039		400	0.93
	500	0.050			

（4）克希霍夫定律

① 定律的推导　如图 3-15 所示，假设有两个十分靠近的平行平板，一块平板 Ⅰ 为透过率 $D=0$ 的任意物体，另一块平板 Ⅱ 为黑体，板间为透热体。以单位时间单位面积为讨论的基准，任意物体及黑体的吸收率、辐射能力与热力学温度分别 A_1、E_1、T_1 与 A_0、E_0、T_0，且 $T_1>T_0$，且两者相靠的面积相同，讨论两物体之间的热量平衡。

物体 Ⅰ 所发射的能量 E_1 投射到黑体 Ⅱ 上被全部吸收，而由黑体 Ⅱ 所发射的能量 E_0 投射到物体 Ⅰ 则只能部分被吸收，被吸收的能量为 A_1E_0，其余部分即 $(1-A_1)E_0$ 被反射回去，仍落到黑体 Ⅱ 上又被黑体 Ⅱ 全部吸收。因此，两板间热交换的结果，就物体 Ⅰ 而论，发射的能量为 E_1，吸收的能量为 A_1E_1，其差额为

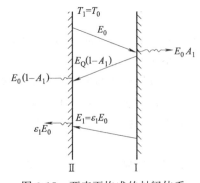

图 3-15　两表面构成的封闭体系

$$Q = E_1 - A_1 E_0$$

当两块平板间的辐射换热达到平衡时，即当 $T_1 = T_0$ 时，实际物体所发射的辐射能必与其所吸收的能量相等，也就是两板间的辐射换热量为零。即

$$E_1 = A_1 E_0 \quad \text{或} \quad \frac{E_1}{A_1} = E_0$$

因为物体 I 为任何物体，故上式可写为

$$\frac{E}{A} = \frac{E_1}{A_1} = E_0 \tag{3-65}$$

此式称为克希霍夫定律。此定律说明任何物体的辐射能力与其吸收率的比值恒为常数，且等于同温度下绝对黑体的辐射能力，并且只是温度的函数，与物体性质、表面状态及投射来的辐射光谱特点均无关。

由此可见，克希霍夫定律排除了实际物体的辐射能力、吸收率受物体性质、表面状态等诸多因素的影响，将黑体的辐射能力和实际物体联系起来考虑，使得实际物体有可能应用四次方定律。

② 克希霍夫恒等式的推导　对于实际物体而言，对外辐射 E 或 εE_0 全部落到黑体表面，且全部被吸收。对于黑体而言，对外辐射 E_0 全部落到实际物体上，被吸收一部分 $(E_0 A)$，其余部分反射回到黑体表面，然后全部被自身吸收 $[E_0(1-A)]$。

黑体表面所得的净热量可由该表面热平衡得出

$$Q = \varepsilon E_0 + E_0(1-A) - E_0$$

当两板间的辐射换热达到平衡时，即当 $T_1 = T_0$ 时，黑体所发射的辐射能必与其所吸收的能量相等，也就是两板间的辐射换热量为零，即 $Q = 0$，可得

$$\varepsilon E_0 = E_0 A \quad （按实际物体表面热平衡可得同样结果）$$

由此得 $$\varepsilon = A \tag{3-66}$$

此式为克希霍夫恒等式。

由此式可知，平衡辐射时，任何物体的黑度等于其同温度下的吸收率。

从上述结论还可推出如下结论。

a. 物体的辐射能力（ε）与其吸收能力（A）是一致的，能辐射的波，也能被该物体吸收。

b. 反射能力大的物体，因其吸收能力（A）小，故辐射能力（E）必定小。

c. 黑体的吸收率等于 1，为最大。故同一温度下黑体的辐射能力也最大，因为它的 $\varepsilon = 1$，或者说，任何实际物体的辐射系数（C）都将小于 $5.67 \text{W}/(\text{m}^2 \cdot \text{K}^4)$。

③ 灰体　在辐射换热的实际过程中，克希霍夫定律的前提并不存在。原因有二：第一是任意两物体的辐射换热，而不是一个物体和一个黑体之间的辐射换热；第二是两物体并不处于平衡辐射状态。为了使一般的工程计算辐射传热问题得以简化，引入了灰体的概念。

所谓灰体，就是对各种波长辐射能具有相同吸收率的理想化物体。

黑体的辐射特性已由普朗克定律说明，灰体和实际物体的辐射特性与黑体比较，如图 3-16 所示。图中三条曲线分别表示黑体、灰体和实际物体单色辐射能力在某一温度下，随波长的变化规律。

图 3-16　黑体、灰体和实际物体辐射特性

从图中可以看出，实际物体随波长的变化是不规则的；而灰体是实际物体在某一温度下、一定波长范围内的平均值，其曲线形状与黑体相似，但小于黑体。

实验表明，大多数工程材料，对于波长在 $0.76\sim20\mu m$ 范围内的辐射能（此波长范围内的辐射能是工业上应用最多的辐射能），其吸收率随波长变化不大，故可将这些工程材料视为灰体。灰体之间的辐射换热可以用四次方定律和克希霍夫定律进行计算。即

$$E=\varepsilon E_0=\varepsilon C_0\left(\frac{T}{100}\right)^4 \tag{3-67}$$

式中　C——灰体的辐射系数，对于不同物体其辐射系数 C 也不同。其数值取决于物体的性质、表面状况和温度，C 值永远小于 C_0，在 $0\sim5.67$ 之间；

E——温度为 T 时灰体的辐射能力，W/m^2；

E_0——同温度时黑体的辐射能力，W/m^2；

ε——灰体的黑度，其值在 $0\sim1$ 之间；

C_0——黑体的辐射系数，其值为 $5.67W/(m^2\cdot K^4)$；

T——灰体的热力学温度，K。

在后面的计算中，对于灰体无论是吸收率还是辐射率均用黑度 ε 表示。

3. 两个固体间的辐射热交换

在冶金生产中，常遇到一个固体通过辐射把热量传给另一个固体（如炉墙对被加热物），这时就发生两个固体之间的辐射热交换。两固体表面间的辐射传热，除了与物体的温度和黑度有关外，还与两个物体的表面形状和相对位置有关。因为传热表面的形状及相对位置关系到一个表面发出的热射线落到另一个表面上的百分数，所以必然影响到两表面间的辐射传热量。

如图 3-17 所示的两个平面三种布置情况（两表面的温度分别为 T_1 与 T_2）。

图 3-17　相对位置的影响

在第一种布置中，由于两板十分靠近，每个表面发出的辐射能几乎全落到另一板上；在第二种情况下每个表面发出的辐射能都只有一部分落到另一表面上，剩下的则进入空间中去。在第三种布置中，每个表面的辐射能均无法投射到另一表面上。

显然，第一种情况下，两板间的辐射换热量最大，第二种次之，第三种布置方式的辐射换热量等于零。

在空间任意位置的物体之间的辐射热交换比较复杂，要从理论上求出它们之间的关系比较困难。但是对于封闭体系中两物体间的辐射热交换的计算就要简单得多，例如可以把冶金炉中金属的加热和熔炼（如炉墙对金属和物料的辐射）近似看作封闭体系，从而找出二者之间的关系。为了叙述和计算上的方便，引入角度系数的概念。

（1）角度系数

角度系数是表示从某一表面射到另一表面的能量与射出去的总能量之比，用符号 φ 表示。如图 3-18 所示。

平面 F_1 对平面 F_2 的角度系数为

$$\varphi_{12}=\frac{从\,F_1\,表面射到\,F_2\,表面上的能量}{从\,F_1\,表面射出去的总能量}$$

平面 F_2 对平面 F_1 的角度系数为

$$\varphi_{21}=\frac{从\,F_2\,表面射到\,F_1\,表面上的能量}{从\,F_2\,表面射出去的总能量}$$

由此可见，角度系数是一个几何参数，它只取决于两表面在空间的相对位置，而与表面的黑度和温度无关。

（2）角度系数的性质

角度系数具有以下性质。

① 自见性　对于任何平面和凸面自身辐射出去的射线，不能落入自身，其自见性等于零。故对自身的角度系数为零，即 $\varphi_{11}=0$。若是凹面，其自见性不等于零，即 $\varphi_{11}\neq0$。

② 完整性　在一个封闭体系内，任何一个表面辐射出去的射线，将全部分配在体系内各个表面上。故有

$$\varphi_{11}+\varphi_{12}+\varphi_{13}+\cdots+\varphi_{1n}=1 \qquad(3-68)$$

图 3-18　角度系数概念示意图

开口也可看成是封闭体系的一个表面，射线通过开口向体系外部投射出去。

③ 互变性　对任意两个黑体表面 F_1 及 F_2，若二者的温度相等，辐射能力均为 E_0。则 F_1 面辐射出去的总能量为 E_0F_1，而达到 F_2 面被吸收的能量是 $Q_{12}=E_0F_1\varphi_{12}$。同理 F_2 面上辐射出去达到 F_1 面上且被吸收的能量 $Q_{21}=E_0F_2\varphi_{21}$。由于两物体温度相同，则

$$Q_{12}=Q_{21}$$

即

$$E_0F_1\varphi_{12}=E_0F_2\varphi_{21}$$

由此可得

$$F_1\varphi_{12}=F_2\varphi_{21} \qquad(3-69)$$

这一关系称为互变关系。由于 F 与 φ 都是几何参数，与物体的温度和黑度无关，因此互变关系可应用于温度和黑度不同的两个物体，只要各辐射面上的温度均匀即可。

④ 兼顾性　如图 3-19 所示，在任意两物体 1 和 3 之间设置一个透热体 2，当不考虑路程对辐射传热量的影响时，则有

$$\varphi_{12}=\varphi_{13}$$

如果在物体 1 和 3 之间设置一个绝热体，则有

$$\varphi_{13}=0$$

图 3-19　角度系数的兼顾性

（3）最常见的几种封闭体系以及它们之间的角度系数

① 两个很靠近的平面［见图 3-20（a）］。

由 $\varphi_{11}+\varphi_{12}=1$ $\varphi_{11}=0$

得 $\varphi_{12}=1$ 同理 $\varphi_{21}=1$

② 一个物体被另一个物体包围时［见图 3-20（b）］。

$$Q_{11}=0 \qquad Q_{12}=1 \qquad Q_{21}=\frac{F_1}{F_2} \qquad Q_{22}=\frac{F_2-F_1}{F_2}$$

③ 一个平面和一个曲面组成的封闭体系［图 3-20（c）］相当于加热炉壁与物料表面组成的系统。

由 $$\varphi_{11}+\varphi_{12}=1 \qquad \varphi_{11}=0$$

得 $\varphi_{12}=1$

又 $$F_1\varphi_{12}=F_2\varphi_{21} \qquad \varphi_{21}=\varphi_{12}\frac{F_1}{F_2}=\frac{F_1}{F_2}$$

所以 $$\varphi_{22}=1-\varphi_{21}=\frac{F_2-F_1}{F_2}$$

图 3-20 一个物体被另外一个物体包围

④ 一个大曲面包围一个小曲面的封闭体系［图 3-20（c）］，相当于金属锭在连续式加热炉内加热。根据同样的分析可得出

由 $$\varphi_{11}=0 \qquad \varphi_{12}=1 \qquad \varphi_{21}=\frac{F_1}{F_2}$$

得 $$\varphi_{22}=1-\varphi_{21}=\frac{F_2-F_1}{F_2}$$

⑤ 两个曲面组成的封闭体系（图 3-21），相当于炼铜反射炉的横截面。

因为 F_1 向 F_2 或 F_2 向 F_1 的投射都要通过两曲面接合的界面处 f，所以，$\varphi_{12}=\varphi_{1f}$，$\varphi_{21}=\varphi_{2f}$，由图可知

$$\varphi_{12}=\varphi_{1f}=\frac{f}{F_1} \qquad \varphi_{21}=\frac{f}{F_2}$$

图 3-21 两个曲面组成的封闭体系

（4）封闭体系内两表面间的辐射热交换

在生产实践中经常遇到两个固体间的相互辐射，一般都把这类固体视为灰体。两固体之间辐射传热时，从一个物体发射出的辐射能，一部分到达另一个物体表面，部分被吸收，部分被反射；同样从另一个物体反射回来的辐射能，也只有一部分回到原表面，而回来的这一部分又部分反射和部分吸收，这种过程称为反复辐射现象。

对于两固体反复辐射的结果，是热量总是由较高温度的物体传递给较低温度的物体。对于这种情况，最终净传热量的计算公式，可以应用如下公式

$$Q_{12} = C_{12} \left[\left(\frac{T_1}{100} \right)^4 - \left(\frac{T_2}{100} \right)^4 \right] \varphi_{12} F_1 = C_{12} \left[\left(\frac{T_1}{100} \right)^4 - \left(\frac{T_2}{100} \right)^4 \right] \varphi_{21} F_2 \text{(W)} \qquad (3\text{-}70)$$

式中　Q_{12}——高温物体 1 向低温物体 2 的辐射净热量，W；

φ_{12}，φ_{21}——物体 1 对物体 2 的角度系数及物体 2 对物体 1 的角度系数；

F_1，F_2——物体 1 和物体 2 的面积，m^2；

C_{12}——导来黑度，$W/(m^2 \cdot K^4)$。它与两物体的黑度（ε_1，ε_2）及角度系数有关，可用下式计算

$$C_{12} = \frac{5.67}{\left(\frac{1}{\varepsilon_1} - 1 \right) \varphi_{12} + 1 + \left(\frac{1}{\varepsilon_2} - 1 \right) \varphi_{21}} \qquad (3\text{-}71)$$

式(3-70)既适用于两个灰体处于任意位置时的辐射换热计算，也适用于两个灰体组成封闭体系时的辐射换热计算。公式中的导来黑度 C_{12}，可针对以下特殊情况予以简化。

① 当两个物体为平行平面时

由　　　　　　　　　　　　$\varphi_{12} = \varphi_{21} = 1$

得

$$C_{12} = \frac{5.67}{\frac{1}{\varepsilon_1} + \frac{1}{\varepsilon_2} - 1} \qquad (3\text{-}72)$$

如果两平行平面中，有一个平面的黑度很大，如 $\varepsilon_1 \gg \varepsilon_2$，则该系统的导来黑度将取决于黑度小的平面，即 $C_{12} \approx \varepsilon_2$。

② 当一个平面或一物体被另一物体包围时

由　　　　　　　　　　$\varphi_{12} = 1$，$\varphi_{21} = \frac{F_1}{F_2}$

得

$$C_{12} = \frac{5.67}{\frac{1}{\varepsilon_1} + \frac{F_1}{F_2} \left(\frac{1}{\varepsilon_2} - 1 \right)} \qquad (3\text{-}73)$$

如果两物体中，一个物体的表面积很大，如 $F_2 \gg F_1$，则 $C_{12} \approx \varepsilon_1$。这说明大表面的黑度对系统的导来黑度影响很小，以至于可以忽略不计。

③ 两物体组成一个封闭体系时

$$C_{12} = \frac{5.67}{\left(\frac{1}{\varepsilon_1} - 1 \right) \varphi_{12} + 1 + \left(\frac{1}{\varepsilon_2} - 1 \right) \varphi_{21}} \qquad (3\text{-}74)$$

【知识点训练一】　已知某电炉炉膛尺寸：长 700mm，宽 500mm，高 400mm。炉衬黑度 $\varepsilon_1 = 0.7$。被加热物为钢板，其尺寸：长为 500mm，宽为 400mm。表面温度为 500℃，黑度 $\varepsilon_2 = 0.8$。炉衬表面温度为 1350℃。试求炉膛内衬每小时辐射给钢板的热量。

解：炉衬传给钢板的辐射热量为

$$Q = C_{12} \left[\left(\frac{T_1}{100} \right)^4 - \left(\frac{T_2}{100} \right)^4 \right] F_1 \varphi_{12}$$

炉衬温度　　　　　　　$T_1 = 1350 + 273 = 1623$（K）

钢板温度　　　　　　　$T_2 = 500 + 273 = 773$（K）

炉衬辐射面积　$F_1 = 2 \times (0.7 \times 0.4) + 2 \times (0.5 \times 0.4) + 0.5 \times 0.7 = 1.31$（$m^2$）

钢板受热面积　　　　　$F_2 = 0.5 \times 0.4 = 0.2$（$m^2$）

导来黑度 C_{12} 为

$$C_{12} = \frac{5.67}{\left(\dfrac{1}{\varepsilon_1} - 1\right)\varphi_{12} + 1 + \left(\dfrac{1}{\varepsilon_2} - 1\right)\varphi_{21}}$$

其中 $\varepsilon_1 = 0.7$，$\varepsilon_2 = 0.8$，$\varphi_{12} = \dfrac{F_2}{F_1} = \dfrac{0.20}{1.31} = 0.15$，$\varphi_{21} = 1$

则　　　　$C_{12} = \dfrac{5.67}{\left(\dfrac{1}{0.7} - 1\right) \times 0.15 + 1 + \left(\dfrac{1}{0.8} - 1\right) \times 1} = 4.3$ $[W/(m^2 \cdot K^4)]$

$$Q = 4.3 \times \left[\left(\frac{1623}{100}\right)^4 - \left(\frac{773}{100}\right)^4\right] \times 1.31 \times 0.15 = 55612 \text{（W）}$$

（5）两表面间有隔热板时的辐射热交换

从辐射传热的计算公式可知，要削弱辐射换热或减少辐射热损失，必须降低辐射物的温度或减少系统的导来黑度。如果辐射物的温度不能改变，可以采用隔热板来削弱辐射换热，这种措施称为辐射隔热。

假设有两块无限大的平行平板Ⅰ和Ⅱ，它们的温度、黑度分别为 T_1、c_1 和 T_2、ε_2，且 $T_1 > T_2$。在未加隔热板时的辐射换热量为

$$Q_{12} = \frac{C_0}{\dfrac{1}{\varepsilon_1} + \dfrac{1}{\varepsilon_2} - 1}\left[\left(\frac{T_1}{100}\right)^4 - \left(\frac{T_2}{100}\right)^4\right] \tag{3-75}$$

当在两平板之间加入隔热板Ⅲ以后，情况将发生变化。假定放入的隔热板是选用热导率很大而且很薄的材料制成，可以认为隔热板两面的温度都等于 T_3，它的黑度为 ε_3。由于隔热板本身并不发热，也不带走热量，它仅在热量传递过程中附加了阻力，此时，热量不再是由平板Ⅰ通过辐射直接传给平板Ⅱ，而是先由平板Ⅰ辐射给隔热板Ⅲ，再由隔热板Ⅲ辐射给平板Ⅱ，因此，可以分别写出平板Ⅰ与隔热板Ⅲ和隔热板Ⅲ与平板Ⅱ的辐射换热量 Q_{13} 和 Q_{32}

$$Q_{13} = \frac{C_0}{\dfrac{1}{\varepsilon_1} + \dfrac{1}{\varepsilon_3} - 1}\left[\left(\frac{T_1}{100}\right)^4 - \left(\frac{T_3}{100}\right)^4\right] \tag{a}$$

$$Q_{32} = \frac{C_0}{\dfrac{1}{\varepsilon_3} + \dfrac{1}{\varepsilon_2} - 1}\left[\left(\frac{T_3}{100}\right)^4 - \left(\frac{T_2}{100}\right)^4\right] \tag{b}$$

在稳定换热时，$Q_{13} = Q_{32} = Q$。为了便于比较，假定三块平板的黑度均相等，即 $\varepsilon_1 = \varepsilon_2 = \varepsilon_3$，将式（a）与式（b）按和比定律得

$$Q_{132} = \frac{C_0}{\dfrac{1}{\varepsilon_1} + \dfrac{1}{\varepsilon_2} + \dfrac{2}{\varepsilon_p} - 2}\left[\left(\frac{T_1}{100}\right)^4 - \left(\frac{T_2}{100}\right)^4\right]$$

由　　　　　　　　　　　　$\varepsilon_1 = \varepsilon_2 = \varepsilon_p$

得

$$Q = \frac{1}{2} \frac{C_0}{\frac{1}{\varepsilon_1} + \frac{1}{\varepsilon_2} - 1} \left[\left(\frac{T_1}{100} \right)^4 - \left(\frac{T_2}{100} \right)^4 \right] = \frac{1}{2} Q_{13} = \frac{1}{2} Q_{32}$$

即

$$Q = \frac{1}{2} Q_{13} = \frac{1}{2} Q_{32} \tag{3-76}$$

这说明在加入一块黑度与平板面黑度相同的隔热板后，可使壁面的辐射换热量减少到原来的 1/2。

可以推论，当加入 n 块黑度均相同的隔热板时，则热量将减少为原来的 $1/(n+1)$。即加一块隔热板后，辐射传热量减少为原来的一半。

这表明隔热板的作用很显著，且隔热板的数量越多，隔热效果越好。

以上是按平板壁面黑度都相同时所作的计算。实际上如果选用反射率较高的材料作隔热板，则其隔热效果会更好。实际中采用隔热板的黑度 ε 往往比高温辐射体及炉衬的黑度更小，同时，隔热板本身总是存在导热热阻，即隔板两侧温度不会相同，因此，实际 Q_{1n2} 将比上述公式计算值更小。

冶金厂内利用隔热板来减少热交换的例子很多。例如：①在炉前，用一块钢板即可阻挡火焰的辐射，改善劳动条件；②为了防止炉前机电设备受烤过热，也可用隔热板保护起来；③真空电阻炉的炉体不用耐火材料砌筑，否则不可能抽到高真空。这种炉子的炉体就是由 n 层金属板组成的（图 3-22）。炉膛内温度尽管很高，但炉壳外表面仍接近常温，通过炉壳的热损失很小。这些金属板起着隔热的作用。

图 3-22 真空退火炉示意

【知识点训练二】 在黑度为 $\varepsilon_1 = \varepsilon_2 = 0.8$ 的两平行表面间插入一块黑度 $\varepsilon_p = 0.05$ 的隔热板后，在其他条件不变的情况下，试计算有隔热板与无隔热板时的换热量之比为多少？

解：有隔热板时的导来黑度为

$$C_1 = \frac{C_0}{\frac{1}{\varepsilon_1} + \frac{1}{\varepsilon_2} + \frac{2}{\varepsilon_p} - 2} = \frac{5.67}{2 \left(\frac{1}{0.8} + \frac{1}{0.05} - 1 \right)}$$

无隔热板时的导来黑度为

$$C_2 = \frac{C_0}{\frac{1}{\varepsilon_1} + \frac{1}{\varepsilon_2} - 1} = \frac{5.67}{2 \left(\frac{1}{0.8} - 0.5 \right)}$$

所以两种情况的换热量之比为

$$\frac{Q_1}{Q_2} = \frac{C_1}{C_2} = \frac{\frac{1}{0.8} - 0.5}{\frac{1}{0.8} + \frac{1}{0.05} - 1} = \frac{0.75}{20.25} = \frac{1}{27}$$

4. 气体与固体间的辐射热交换

在冶金炉内，燃料燃烧后，热量是通过炉气传给被加热物料的。因此，炉内实际进行着的是气体与固体表面间的辐射热交换，而炉气（火焰）的辐射起着关键的作用。

（1）气体的辐射和吸收

气体的辐射和吸收与固体比较起来有很多特点，主要有以下三点。

① 不同的气体，其辐射和吸收辐射能的能力不同。

气体的辐射是由原子中自由电子的振动引起的。

单原子气体和双原子气体（如 N_2、O_2、H_2）没有自由电子，因此它们的辐射能力都微不足道，实际上是透热体。多原子气体，尤其是燃烧产物中的三原子气体，如 H_2O、CO_2 和 SO_2，却具有相当大的辐射能力和吸收能力。在冶金炉烟气中有辐射能力的气体主要是 H_2O 和 CO_2。

② 气体的辐射和吸收，对波长具有选择性。

固体的辐射光谱是连续的，即它能辐射和吸收 $\lambda = 0 \sim \infty$ 所有波长的辐射能。

气体的辐射光谱是不连续的，它只能辐射和吸收某一定波长间隔中的辐射能，即只能辐射和吸收光谱中某些部分的能量，这些波长范围就是所谓"光带"。对于光带以外的辐射线，气体就成为透热体，所吸收和放射的能量等于零。所以气体的辐射和吸收都带有选择性。

图 3-23 所示为 CO_2 和 H_2O 的吸收光谱。

图 3-23　厚层二氧化碳及水蒸气对黑体辐射的吸收能力

由图可以看出，H_2O、CO_2 气体的吸收光谱均有三个重要的条状光带，其波长范围如下。

CO_2 气体的主要光带：$2.36 \sim 3.02\mu m$；$4.01 \sim 4.8\mu m$；$12.5 \sim 16.5\mu m$。

H_2O 气体的主要光带：$2.24 \sim 3.27\mu m$；$4.8 \sim 8.5\mu m$；$12 \sim 25\mu m$。

由图 3-23 可见，H_2O 和 CO_2 气体的主要光带有两处重合，这些光带都处在红外线波长范围内。

③ 在气体中，能量的吸收和辐射是在整个体积内进行的。

固体的透过率 $D = 0$，$A + R = 1$，其辐射和吸收都是在表面进行的。

气体的反射率 $R = 0$，$A + D = 1$，由于其密度小，热射线可以穿过气体分子之间，因此，气体的辐射和吸收是在整个体积内进行的。

当热射线穿过气体时，其能量因沿途被气体所吸收而减少。这种减少的程度取决于沿途所遇到的分子数目。碰到的气体分子数目越多，被吸收的辐射能量也越多。而射线沿途所遇到的分子数目与射线穿过时所经过的路程长短以及气体的压力有关。

射线穿过气体的路程称为射线行程或辐射层厚度，用符号 x 表示。

气体的单色吸收率是气体温度、气体层厚度及气体分压力的函数，即

$$A_\lambda = f(T, p, x) \tag{3-77}$$

（2）气体吸收定律

当光带中的热射线穿过吸收性气体层时，沿途将被气体分子所吸收，如图 3-24 所示。

随着距离 x 的增加，射线能量不断减弱，当 $x \to \infty$ 时，热射线将全部被吸收。设 $x = 0$ 处单色辐射强度为 $E_{\lambda, x=0}$。若在距壁面为 x 处经过 $\mathrm{d}x$ 厚度的气体层，辐射能力由 E_λ 减弱到 $E_\lambda - \mathrm{d}E_\lambda$，即减弱了 $\mathrm{d}E_\lambda$，则

图 3-24　热射线穿过气体层的减弱

$$\frac{\dfrac{\mathrm{d}E_\lambda}{E_\lambda}}{\mathrm{d}x} = -K_\lambda \tag{3-78}$$

式中　K_λ——减弱系数，$1/\mathrm{m}$，表示单位距离内辐射能力减弱的百分数。它与气体的性质、压力、温度以及射线的波长 λ 有关。式中负号表明单色辐射能力 E_λ 随气体层厚度 x 的增加而减弱。

变换式（3-78）得：

$$E_{\lambda x} = E_{\lambda, x=0}\,\mathrm{e}^{-K_\lambda x} \tag{3-79}$$

式（3-79）即为气体吸收定律的表达式，也称比尔定律。

该定律表明，波长为 λ 的单色辐射能力在穿过气体层时是按指数规律减弱的。

（3）气体的黑度和吸收率

按照吸收率的定义，气体的单色吸收率 A_λ 应为气体吸收的单色辐射能量与投射到该气体的单色辐射能量的比值，即

$$A_\lambda = \frac{E_{\lambda, x=0} - E_{\lambda x}}{E_{\lambda, x=0}}$$

$$A_\lambda = \frac{E_{\lambda, x=0}(1 - \mathrm{e}^{-K_\lambda x})}{E_{\lambda, x=0}} = 1 - \mathrm{e}^{-K_\lambda x} \tag{3-80}$$

当气体和壁面温度相同时，则

$$\varepsilon_\lambda = A_\lambda = 1 - \mathrm{e}^{-K_\lambda x} \tag{3-81}$$

由于 K_λ 与气体的分子数有关，故将上式改写为

$$\varepsilon_\lambda = A_\lambda = 1 - \mathrm{e}^{-K_\lambda P x} \tag{3-82}$$

式中　P——气体的分压，at；

K_λ——在 1 大气压下单色辐射线减弱系数，$1/(\mathrm{m \cdot at})$，它与气体的性质和温度有关。

在整个气体容积中，气体的辐射和吸收是沿着各个方向同时进行的。

因此，对整个容积内气体热辐射和吸收的行程长度，应该是各个方向行程长度的平均值。设平均行程长度为 S，于是

$$\varepsilon_\lambda = A_\lambda = 1 - \mathrm{e}^{-K_\lambda P S} \tag{3-83}$$

由上式可知，对于光带中某一单色辐射而言，当 $S \to \infty$ 时，$\varepsilon_\lambda = A_\lambda = 1$，即当气体层无限厚时，光带内的辐射线可被气体全部吸收。

（4）气体的辐射能力

① CO_2 和 H_2O 的辐射能力 实验结果表明，二氧化碳的辐射能力 E_{CO_2} 与绝对温度的 3.5 次幂成正比，水蒸气的辐射能力 E_{H_2O} 与绝对温度的 3 次幂成正比，即

$$E_{CO_2} = 3.5(PS)^{\frac{1}{3}}\left(\frac{T}{100}\right)^{3.5} \tag{3-84a}$$

$$E_{H_2O} = 3.5 P^{0.8} S^{0.6}\left(\frac{T}{100}\right)^{3} \tag{3-84b}$$

为了计算方便，将上面两个式子改写成绝对温度的四次幂的形式，即

$$E_{CO_2} = \varepsilon_{CO_2} C_0 \left(\frac{T}{100}\right)^{4} \; (W/m^2) \tag{3-85a}$$

$$E_{H_2O} = \varepsilon_{H_2O} C_0 \left(\frac{T}{100}\right)^{4} \; (W/m^2) \tag{3-85b}$$

把由此而产生的偏差都考虑在黑度 ε_{CO_2} 和 ε_{H_2O} 中。

ε_{CO_2} 和 ε_{H_2O} 的数值可从由实验得出的图 3-25 和图 3-26 中查得。

图 3-25 CO_2 的黑度曲线图   图 3-26 H_2O 的黑度曲线图

对于水蒸气来说，由于分压力 P 对黑度的影响比平均行程 S 对黑度的影响要大些，所以用 PS 的乘积从图 3-26 中查得的 ε_{H_2O} 数值必须进行修正，修正系数 β 可从图 3-27 中查得。

图 3-27 水蒸气的校正系数 β

在燃烧过程产生的烟气中，主要的吸收性气体是二氧化碳和水蒸气，而其他多原子气体的含量极少，可不予考虑。

于是烟气的黑度可按下式计算

$$\varepsilon = \varepsilon_{CO_2} + \beta \varepsilon_{H_2O} - \Delta\varepsilon \tag{3-86a}$$

式中 $\Delta\varepsilon$ 是对 CO_2 和 H_2O 的吸收光带有一部分是重复的而进行的修正，即当这两种气体并存时，二氧化碳所辐射的能量有一部分被水蒸气所吸收，而水蒸气辐射的能量也有一部分被二氧化碳

所吸收，这就使得烟气的总辐射能量比单一种气体分别辐射的能量总和少些，因此，上式中要减去 $\Delta\varepsilon$，但因 $\Delta\varepsilon$ 的值通常是较小的，可忽略不计。这时

$$\varepsilon = \varepsilon_{CO_2} + \beta\varepsilon_{H_2O} \tag{3-86b}$$

② 平均行程 S 的计算方法 在计算气体的黑度时，总要涉及气体容积的辐射线平均行程 S（或称辐射层有效厚度）。

a. 对各种不同形状的气体容积，其射线平均行程可查表 3-16。

表 3-16 一些简单形状容器的射线平均行程

不同形状的气体容积	射线平均行程 S	不同形状的气体容积	射线平均行程 S
直径为 d 的球体	$0.6d$	高度与直径均为 d 的圆柱对侧表面的辐射	$0.6d$
边长为 a 的正方体	$0.6a$	高度与直径均为 d 的圆柱对底面中心的辐射	$0.77d$
直径为 d 的长圆柱对底面中心的辐射	$0.9d$	在两平行平面之间厚度为 h 的气层	$1.8h$
直径为 d 的长圆柱对侧面中心的辐射	$0.95d$		

b. 用下式计算

$$S = 0.9\frac{4V}{F} = 3.6\frac{V}{F} \tag{3-87}$$

式中 V——气体所占容积，m^3；

F——包围气体的固体壁面面积，m^2。

c. 对于长形的容器（如连续加热炉炉膛），射线平均行程 S 近似地等于其横截面的当量直径，即

$$S = \frac{4 \times 横截面积}{截面周长}$$

③ 炉气的黑度与火焰掺炭 净化的气体燃料完全燃烧时，烟气中的主要成分是二氧化碳、水蒸气和氮气，固体微粒很少。由于二氧化碳和水蒸气的辐射光谱中不包括可见光谱，所以，火焰的颜色略带蓝色而近于无色，其亮度很小；黑度也较小，这类火焰称不发光火焰或暗焰。可以用上述气体辐射的有关公式计算其黑度和吸收率。

有灰分的燃料燃烧或无灰分的燃料不完全燃烧时，火焰中含有煤屑、碳粒和灰粒等固体微粒，此时不仅有气体辐射，同时还存在固体微粒的辐射。例如，重油或煤气燃烧时，由于有机物烃类在燃烧过程中裂解，所生成的碳粒成为火焰中的微粒。又如，喷燃煤粉时，煤粉及燃烧后的灰粒即为火焰中的微粒。

由于固体的黑度远较气体的黑度大，所以，火焰的辐射主要决定于固体微粒的辐射。但火焰中微粒的数量受到燃料种类、燃烧方法、窑炉的形状、大小以及供应空气的数量及方式等影响，情况相当复杂。所以，火焰的黑度目前要用计算方法求得比较困难，多用实验方法确定。常见火焰黑度值见表 3-17。

表 3-17 各种火焰的黑度值

火 焰 种 类	ε_g	火 焰 种 类	ε_g
烟煤、褐煤、泥煤层燃发光焰	0.70	净化发生炉煤气发光焰	0.20～0.25
无烟煤层燃发光焰	0.40	天然气有焰燃烧	0.60
烟煤、褐煤、泥煤喷燃发光焰	0.70	天然气无焰燃烧	0.20
无烟煤喷燃发光焰	0.45	石油气燃烧	0.25～0.32
重油发光焰	0.65～0.85	高炉煤气燃烧	0.30～0.35
未净化发生炉煤气发光焰	0.25～0.30	高炉煤气与焦炉煤气混合燃烧	0.35～0.45

单从燃料燃烧生成的二氧化碳和水蒸气计算，炉气的黑度是不大的（$\varepsilon_{\text{气}}=0.2\sim0.3$），但燃料中部分碳氢化合物高温热分解生成极细的炭黑，这种固体炭黑微粒的辐射能力比气体大得多（$\varepsilon=0.95$），而且可以辐射可见光波。由于这种发光火焰的存在，使火焰的辐射能力提高，因而加速金属的加热和熔化，使炉子的生产率得到显著增加。这种增加火焰黑度的方法（通常在气体火焰中喷入少量重油或焦油），叫做"火焰掺炭"。此法已广泛应用于某些炉子。

必须指出，产生固体炭黑微粒的同时，将使燃料不完全燃烧，降低了火焰的温度。这样虽然黑度增加了，但是由于温度的降低，却有可能使辐射下降，反而对传热不利。所以，只有当火焰黑度很低时，采用"火焰掺炭"才有较大效果。

（5）气体与固体之间的辐射热交换

烟气、水蒸气、煤气与管道内壁的辐射传热，以及炉内火焰与炉壁辐射传热均属于气体与固体之间的辐射热交换。

① 烟气与器壁间的辐射传热　烟气与器壁间的辐射传热量 Q_{gw} 可用下式计算

$$Q_{\text{gw}}=\varepsilon'_{\text{w}}C_0\left[\varepsilon_{\text{g}}\left(\frac{T_{\text{g}}}{100}\right)^4-A_{\text{g}}\left(\frac{T_{\text{w}}}{100}\right)^4\right]F_{\text{w}} \tag{3-88}$$

式中　Q_{gw}——烟气辐射传给器壁的净热量，W；

ε_{g}，A_{g}——烟气的黑度与吸收率；

ε'_{w}——器壁的有效黑度，当器壁的黑度 $\varepsilon_{\text{w}}\geqslant0.8$，$\varepsilon'_{\text{w}}\approx\dfrac{\varepsilon_{\text{w}}+1}{2}$；

T_{g}，T_{w}——烟气和器壁的温度，K；

F_{w}——与烟气接触的器壁的表面积，m^2。

当 $T_{\text{w}}\ll T_{\text{g}}$ 时，为了简化计算，近似地采用 $\varepsilon_{\text{g}}\approx A_{\text{g}}$，则

$$Q_{\text{gw}}=\varepsilon'_{\text{w}}\varepsilon_{\text{g}}C_0\left[\left(\frac{T_{\text{g}}}{100}\right)^4-\left(\frac{T_{\text{w}}}{100}\right)^4\right]F_{\text{w}} \tag{3-89}$$

② 烟气与被加热物料之间的辐射传热　在冶金炉内存在着烟气、炉壁及被加热物料三者相互间的辐射传热，情况较为复杂。假设炉壁表面温度与物料表面温度相等，黑度也相同时，则可将炉壁与物料看作同一物体，仍用上述公式计算。

$$Q_{\text{gm}}=\varepsilon'_{\text{m}}\varepsilon_{\text{g}}C_0\left[\left(\frac{T_{\text{g}}}{100}\right)^4-\left(\frac{T_{\text{m}}}{100}\right)^4\right]F_{\text{m}} \tag{3-90}$$

式中　Q_{gm}——烟气辐射传给物料的净热量，W；

ε'_{m}——物料的有效黑度，$\varepsilon'_{\text{m}}\approx\dfrac{\varepsilon_{\text{m}}+1}{2}$；

ε_{m}——物料的黑度；

T_{g}，T_{m}——烟气和物料的温度，K；

F_{m}——与烟气接触的器壁的表面积，m^2。

③ 强化辐射传热的措施　由上述辐射传热的公式可见，强化辐射传热的基本措施有以下几方面。

a. 适当提高烟气温度。在符合工艺要求，不影响炉衬使用寿命的条件下，适当提高烟气温度，能显著强化辐射传热。因此，合理控制燃料与空气的配比、空气预热、加快燃烧速度及减少散热损失均是提高烟气温度，强化辐射传热的措施。

b. 增大烟气与物料接触的表面积，提高物料的黑度；采用反射隔热板，减少辐射热

损失。

c. 提高烟气的黑度。增大气层的厚度、提高气体中 CO_2 和水蒸气的浓度，特别是增大气体中固体微粒的含量，均可提高烟气的黑度。

【知识拓展】

1. 辐射传热的特点是什么？它与传导传热、对流给热有何区别？

2. 什么叫黑度？什么叫吸收率？黑度与吸收率有什么关系？黑色的物体是否是黑体？白色的物体是否是灰体？为什么？

3. 为什么粗糙表面的黑度比光滑表面的黑度大？

4. 保温瓶的夹层玻璃面，为什么要镀上一层反射率很高的金属？

5. 冷藏车或轻油罐表面一般都涂银白色油漆，有何作用？从改善散热效果来说，户外电力变压器外壳上油漆的颜色是深一些好还是浅一点好？

6. 角度系数的意义是什么？角度系数的性质有哪些？

7. 为什么能根据火焰的颜色判断炉温高低？如何判断？

8. 气体辐射有些什么特点？射线平均行程是一个怎样的概念？

9. 热辐射和其他形式的电磁辐射有何不同？

10. 为什么人造卫星返回地球容易被烧毁？

11. 在什么条件下物体的吸收率等于它的黑度（$\varepsilon = A$）？在什么情况下 $\varepsilon \neq A$？当 $\varepsilon = A$ 时，是否意味着物体的辐射违反了克希霍夫定律？

12. 自然界中，一切固体、液体物质都可近似看成是灰体，有什么先决条件？

13. 太阳辐射热能透过玻璃窗进入房间内，冬天房间内放暖气，热量是否也能透过玻璃窗散到外面去？为什么？

14. 在两无限大平行平面之间设置遮热板时，其遮热效果与遮热板设置的位置是否有关？

15. 举出本专业常用炉子中哪些地方是辐射传热？哪些地方需要增强辐射传热？哪些地方需要减少辐射传热？应采用哪些措施来增强或减弱这些辐射传热过程？

【自测题】

1. 某车间辐射采暖板的尺寸为 $1.5m \times 1m$，辐射板面的黑度 $\varepsilon_1 = 0.94$，板面平均温度 $t_1 = 100℃$，车间周围平壁的温度 $t_2 = 11℃$，如果不考虑辐射板背面及侧面的热作用，试求辐射板面与四周壁面的辐射换热量。

2. 试计算直径为 50mm，长度为 8m 的钢管（在 800℃ 时氧化后的钢表面），表面温度在 300℃ 时的辐射热损失。假定它处在：（1）与管径相比大很多的砖室内，壁温为 27℃；（2）$0.2m \times 0.2m$ 的砖槽道中，砖壁温度为 27℃。

3. 均热炉炉膛长 4m，宽 2.5m、高 3m，内壁温度 $t_1 = 1300℃$，黑度 $\varepsilon_1 = 0.8$。如果将炉盖打开 5min，问其辐射热损失有多少？设车间温度为 30℃。

4. 已知盛钢桶口面积为 $2m^2$，钢液温度 1600℃，钢液表面黑度为 0.35，问钢液每小时通过盛钢桶口辐射散热多少？车间温度为 80℃。若盛钢桶内盛钢液 100t，钢液此时的平均比热容 $C = 0.703kJ/(kg \cdot ℃)$，求每小时的温度降是多少？

5. 试计算转炉炉膛对氧枪管壁的辐射传热量。已知炉壁和熔池面的平均温度 $t_1 = 1500℃$，氧枪管壁表面温度 $t_2 = 200℃$，氧枪管壁的黑度为 0.8。氧枪插入炉膛深度为 6m，

氧枪管外径 $d=210mm$。

6. 已知某加热炉炉膛尺寸：长 700mm，宽 500mm，高 400mm，炉衬黑度为 0.7。被加热物为钢板，其尺寸为：长 500mm，宽 400mm，表面温度 500℃，黑度为 0.8，炉衬表面温度为 1400℃。试求炉膛内衬辐射给钢的热量。

7. 空气夹层两表面温度为 $t_1=200℃$，$t_2=30℃$，黑度 $\varepsilon_1=\varepsilon_2=0.9$。求此夹层单位表面积的辐射换热量。已知此夹层板面尺寸远远大于夹层厚度。

8. 两个互相平行的大平面，若已知 $t_1=527℃$，$t_2=27℃$，黑度 $\varepsilon_1=\varepsilon_2=0.8$，试计算单位面积上辐射热量。

9. 上题中如果在两表面间安装一块黑度为 0.05 的铝箔隔热板，这时辐射传热量为多少？若隔热板黑度为 0.8 时，辐射热流又为多少？

10. 烟气通过辐射换热器内管，其直径为 1m，内壁黑度 $\varepsilon=0.9$，温度为 400℃，烟气温度 1200℃，烟气成分 $[CO_2]=14.5\%$，$[H_2O]=4\%$。试计算辐射热流。

任务五 综合传热

【任务描述】

前面分别讨论了导热、对流和辐射传热。在实际生产或日常生活中，往往不是一种传热方式单独存在，而是两种或三种传热方式同时存在，如冶金炉内热气体通过炉墙向外界空气中传热，换热器内烟气对于空气的传热及炉内火焰向物料或炉墙的传热都是综合传热现象，因此必须考虑综合传热规律以及传热量的计算。

【任务分析】

常见的综合传热现象就是对流和辐射同时存在的综合传热过程，这种综合传热过程在生产上主要体现在：一种流体通过平壁传热给另一种流体；一种流体通过圆筒壁传热给另一种流体。对于这两种传热现象我们需要简化其计算公式，简化的结果就是将其复杂的计算过程用传热的统一计算公式进行计算，那么如何简化呢？对于生产上常见的火焰炉和竖炉两种炉型，在生产过程中其复杂的传热过程对于热量的有效传递和节约燃料具有重要的意义，如何合理控制传热过程和计算传热量是本次任务中的重点。

项目三 热量传递

任务五 综合传热	基 本 知 识	技能训练要求
学习内容	1. 综合传热的概念 2. 传热的统一计算公式 3. 对流和辐射同时存在的综合传热计算公式 4. 一种流体通过平壁传热给另一种流体的传热计算 5. 一种流体通过圆筒壁传热给另一种流体的传热计算 6. 火焰炉内的传热计算 7. 竖炉内的热交换计算	1. 掌握综合传热的概念 2. 学会传热的统一计算公式的表示 3. 会推导对流和辐射同时存在的综合传热计算公式 4. 掌握一种流体通过平壁传热给另一种流体的传热计算 5. 掌握一种流体通过圆筒壁传热给另一种流体的传热计算 6. 掌握火焰炉内的传热计算 7. 掌握竖炉内的热交换计算

【知识链接】

两种或两种以上传热方式同时存在的传热过程，称为综合传热。

1. 传热的统一计算公式

（1）传导传热计算公式

传热量
$$Q_传 = \frac{t_1 - t_2}{\dfrac{S}{\lambda_均 F}} \tag{3-91}$$

热流量
$$q_传 = \frac{t_1 - t_2}{\dfrac{S}{\lambda_均}} \tag{3-92}$$

热阻
$$R_传 = \frac{S}{\lambda_均 F} \tag{3-93}$$

（2）对流换热计算公式

传热量
$$Q_对 = \alpha_对 (t_1 - t_2) F = \frac{t_1 - t_2}{\dfrac{1}{\alpha_对 F}} \tag{3-94}$$

热流量
$$q_对 = \alpha_对 (t_1 - t_2) = \frac{t_1 - t_2}{\dfrac{1}{\alpha_对}} \tag{3-95}$$

热阻
$$R_对 = \frac{1}{\alpha_对} \tag{3-96}$$

（3）辐射传热计算公式

① 固体与固体之间的辐射传热

传热量
$$Q_辐 = C_{12} \left[\left(\frac{T_1}{100} \right)^4 - \left(\frac{T_2}{100} \right)^4 \right] \varphi_{12} F_1 \tag{3-97}$$

热流量
$$q_辐 = C_{12} \left[\left(\frac{T_1}{100} \right)^4 - \left(\frac{T_2}{100} \right)^4 \right] \varphi_{12} \tag{3-98}$$

辐射传热系数
$$\alpha_辐 = \frac{C_{12}}{t_1 - t_2} \left[\left(\frac{T_1}{100} \right)^4 - \left(\frac{T_2}{100} \right)^4 \right] \varphi_{12} \tag{3-99}$$

热阻
$$R_辐 = \frac{1}{\alpha_辐} \tag{3-100}$$

② 气体与固体之间的辐射传热

传热量
$$Q_辐 = \varepsilon'_m \varepsilon_g C_0 \left[\left(\frac{T_g}{100} \right)^4 - \left(\frac{T_m}{100} \right)^4 \right] F \tag{3-101}$$

热流量
$$q_辐 = \varepsilon'_m \varepsilon_g C_0 \left[\left(\frac{T_g}{100} \right)^4 - \left(\frac{T_m}{100} \right)^4 \right] \tag{3-102}$$

辐射传热系数
$$\alpha_辐 = \frac{\varepsilon'_m \varepsilon_g C_0}{t_g - t_w} \left[\left(\frac{T_g}{100} \right)^4 - \left(\frac{T_w}{100} \right)^4 \right] \tag{3-103}$$

热阻
$$R_辐 = \frac{1}{\alpha_辐} \tag{3-104}$$

2. 对流和辐射同时存在的综合传热

如果物体表面同时以辐射和对流两种传热方式得到热量，则所得总热量应是辐射传热量和对流给热量之和。如果以 Q 表示所得总热量，则

$$Q=\alpha_{对}(t_1-t_2)F+C\left[\left(\frac{T_1}{100}\right)^4-\left(\frac{T_2}{100}\right)^4\right]F \text{ （W）} \tag{3-105}$$

为了方便起见，可将两个传热量都用对流给热形式表示，令

$$\alpha_{对}=\frac{C\left[\left(\frac{T_1}{100}\right)^4-\left(\frac{T_2}{100}\right)^4\right]}{t_1-t_2} \tag{a}$$

则

$$\alpha_{辐}(t_1-t_2)=C\left[\left(\frac{T_1}{100}\right)^4-\left(\frac{T_2}{100}\right)^4\right] \tag{b}$$

将式（b）代入式（a）得

$$Q=\alpha_{对}(t_1-t_2)F+\alpha_{辐}(t_1-t_2)F=(\alpha_{对}+\alpha_{辐})(t_1-t_2)F \tag{c}$$

如令

$$\alpha_{\sum}=\alpha_{对}+\alpha_{辐}$$

则式（c）变为

$$Q=\alpha_{\sum}(t_1-t_2)F \text{ （W）} \tag{3-106}$$

式中　t_1——高温物体的温度，℃；

　　　t_2——低温物体的温度，℃；

　　　F——物体的加热表面积，m^2；

　　　$\alpha_{\sum}$——综合给热系数，$W/(m^2 \cdot ℃)$；

　　　$\alpha_{对}$——对流给热系数，$W/(m^2 \cdot ℃)$；

　　　$\alpha_{辐}$——辐射给热系数，$W/(m^2 \cdot ℃)$。

式（3-106）为对流和辐射同时存在的综合传热的基本公式。

3. 一种流体通过平壁传热给另一种流体

生产中存在许多这种综合传热现象。热管道内的高温流体通过管壁向大气空间的传热、炉内气体通过炉衬向大气空间或水冷设备的传热、换热器内高温流体通过管壁向低温流体的传热等都属于这种综合传热。

图 3-28　平壁综合传热

图 3-28 是这种综合传热机构的示意。

由图中看出，平壁的一侧为高温流体，另一侧为低温流体。因此，这种综合传热包括三个传热过程：

① 高温流体对平壁的高温表面辐射和对流的综合给热过程；

② 平壁的高温表面对平壁的低温表面的传导传热过程；

③ 平壁的低温表面对低温流体的综合给热过程。

（1）器壁为单层平壁时

如图 3-28 所示，平壁两侧的流体温度分别为 t_1 与 t_2，固体两侧表面温度各为 t_1' 与 t_2'。在稳定传热情况下，各处温度不随时间而改变。此时，热流体以辐射及对流方式传热给平壁一侧，再以传导方式传热至平壁另一侧，又以辐射及对流的方式传热给冷流体，这是辐射、对流、导热三种方式同时存在的综合传热现象。

设平壁厚度为 S，热导率为 λ，传热面积为 F，上述三步传热计算式如下。

① 热流体以辐射及对流换热方式传热给器壁

$$q_1=(\alpha_{辐1}+\alpha_{对1})(t_1-t_1')=\alpha_{\sum 1}(t_1-t_1') \tag{3-107}$$

$$\alpha_{\sum 1}=\alpha_{辐1}+\alpha_{对1}$$

式中　$\alpha_{\sum 1}$——由流体到器壁的给热系数，等于辐射传热系数与对流换热系数之和，$W/(m^2 \cdot ℃)$。

② 平壁内部导热

$$q_传 = \frac{\lambda_均}{S}(t_1' - t_2') \tag{3-108}$$

③ 以辐射及对流的方式传热给冷流体

$$q_2 = (\alpha_{辐2} + \alpha_{对2})(t_2' - t_2) = \alpha_{\Sigma2}(t_2' - t_2) \tag{3-109}$$

$$\alpha_{\Sigma2} = \alpha_{辐2} + \alpha_{对2}$$

式中 $\alpha_{\Sigma2}$——由平壁到冷流体的给热系数，等于辐射传热系数与对流换热系数之和，$W/(m^2 \cdot \text{℃})$。

由式(3-107)

$$t_1 - t_1' = \frac{q_1}{\alpha_{\Sigma1}}$$

由式(3-108)

$$t_1' - t_2' = \frac{q_传}{\dfrac{\lambda_均}{S}}$$

由式(3-109)

$$t_2' - t_2 = \frac{q_2}{\alpha_{\Sigma2}}$$

因属于稳定态导热，综合传热的热流量 $q = q_1 = q' = q_2$

将三式相加得

$$t_1 - t_2 = q\left(\frac{1}{\alpha_{\Sigma1}} + \frac{S}{\lambda} + \frac{1}{\alpha_{\Sigma2}}\right)$$

$$q = \frac{t_1 - t_2}{\dfrac{1}{\alpha_{\Sigma1}} + \dfrac{S}{\lambda} + \dfrac{1}{\alpha_{\Sigma2}}}$$

其综合传热量为

$$Q = \frac{t_1 - t_2}{\dfrac{1}{\alpha_{\Sigma1}} + \dfrac{S}{\lambda} + \dfrac{1}{\alpha_{\Sigma2}}}F = K(t_1 - t_2)F \tag{3-110}$$

式中 K——综合传热系数，$W/(m^2 \cdot \text{℃})$，它代表由外部给热和内部导热组成的综合传热的传热本质。

综合传热系数 K 的倒数称为热阻

$$\frac{1}{K} = \frac{1}{\alpha_{\Sigma1}} + \frac{S}{\lambda} + \frac{1}{\alpha_{\Sigma2}} \tag{3-111}$$

由此可见，这种条件下的传热，可以看成是三段传热过程的串联，其热阻的构成与串联电路类似，即总热阻等于各分段热阻之和。

（2）器壁为多层平壁时

按照上述概念和方法可推导出多层平壁的综合传热公式。假设平壁由 n 层组成，各层的厚度分别为 S_1、S_2、$\cdots$、S_n，各层的热导率分别为 λ_1、λ_2、$\cdots$、λ_n，多层平壁两侧流体温度为 t_1、t_2，则通过该平壁的综合热流量为

$$q = \frac{t_1 - t_2}{\dfrac{1}{\alpha_{\Sigma1}} + \dfrac{S_1}{\lambda_1} + \dfrac{S_2}{\lambda_2} + \cdots + \dfrac{S_n}{\lambda_n} + \dfrac{1}{\alpha_{\Sigma2}}} = \frac{t_1 - t_2}{\dfrac{1}{\alpha_{\Sigma1}} + \sum\limits_{i=1}^{n}\dfrac{S_i}{\lambda_i} + \dfrac{1}{\alpha_{\Sigma2}}} \tag{3-112}$$

综合传热系数为

$$K = \frac{1}{\dfrac{1}{\alpha_{\Sigma1}} + \sum\limits_{i=1}^{n}\dfrac{S_i}{\lambda_i} + \dfrac{1}{\alpha_{\Sigma2}}} \tag{3-113}$$

4. 一种流体通过圆筒壁传热给另一种流体

（1）单层圆筒壁的综合传热

通过圆筒壁的综合传热，如图 3-29 所示。设圆筒壁内、外直径分别为 d_1、d_2，其平均热导率为 λ，筒内外温度分别为 t_1、t_2，筒壁内外表面温度为 t_1'、t_2'。

其传热过程与平壁不同之处在于圆筒壁导热面积沿热流方向改变，故一般是计算单位长度圆筒壁的传热量 q_1。

圆筒壁内流体与内筒壁间的对流及辐射传热的热流量为

$$q_1 = \frac{Q}{l} = (\alpha_{对流1} + \alpha_{辐射1})(t_1 - t_1')\pi d_1 = \alpha_{综合1}(t_1 - t_1')\pi d_1 \quad (a)$$

圆筒壁传导传热量的热流量为

$$q' = \frac{Q}{l} = \frac{2\pi\lambda(t_1' - t_2')}{\ln\dfrac{d_2}{d_1}} \quad (b)$$

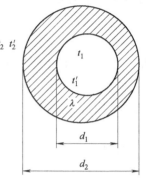

图 3-29　圆筒壁的综合传热

筒外壁预冷流体间的对流及辐射传热的热流量为

$$q_2 = \frac{Q}{l} = (\alpha_{对流2} + \alpha_{辐射2})(t_2 - t_2')\pi d_2 = \alpha_{综合2}(t_2 - t_2')\pi d_2 \quad (c)$$

因为属于稳定态导热，综合传热的热流量 $q_1 = q' = q_2 = q$

将上述三式联立求解得

$$q = \frac{\pi(t_1 - t_2)}{\dfrac{1}{\alpha_{综合1}d_1} + \dfrac{1}{2\lambda}\ln\dfrac{d_2}{d_1} + \dfrac{1}{\alpha_{综合2}d_2}}$$

综合传热量为

$$Q = \frac{\pi l(t_1 - t_2)}{\dfrac{1}{\alpha_{综合1}d_1} + \dfrac{1}{2\lambda}\ln\dfrac{d_2}{d_1} + \dfrac{1}{\alpha_{综合2}d_2}} \quad (3-114)$$

或　　　　　　　　　　　　$$Q = K_c(t_1 - t_2)\pi d$$

式中　K_c——通过圆筒壁的综合传热系数，$W/(m^2 \cdot ℃)$。

$$K_c = \frac{1}{\dfrac{1}{\alpha_{综合1}d_1} + \dfrac{1}{2\lambda}\ln\dfrac{d_2}{d_1} + \dfrac{1}{\alpha_{综合2}d_2}} \quad (3-115)$$

（2）多层圆筒壁的综合传热

若圆筒壁为多层时，则

$$Q = \frac{\pi l(t_1 - t_2)}{\dfrac{1}{\alpha_{综合1}d_1} + \sum_{i=1}^{n}\dfrac{1}{2\lambda}\ln\dfrac{d_{i+1}}{d_i} + \dfrac{1}{\alpha_{综合2}d_{n+1}}} \quad (3-116)$$

当 $d_2/d_1 \leqslant 2$，工程上为计算方便，可将多层圆筒壁用平壁计算。

5. 火焰炉内传热

炼铜反射炉，烧煤气或重油的熔铅反射炉、各种回转窑、炼钢平炉、连续加热炉、均热炉等都属于火焰炉。

在一个充满了火焰或高温炉气的窑炉内，存在着三个不同的温度区域：炉气（或火焰）、炉衬（炉墙及炉顶）、物料。

火焰在物料表面掠过，以对流及辐射的方式一方面传热给物料，另一方面传热给炉壁（包括炉墙及炉顶），炉壁除向外散失少量热以外，其余全部又都辐射或反射给物料，因炉壁本身不发热，所以最终还是火焰与物料之间的传热。因为火焰的温度很高，所以火焰炉内主要的传热方式是辐射，而传导及对流在热量中只占较小的比重。

下面分析火焰-炉壁-物料三者之间的辐射传热情况。为使问题简化，先作如下假设。

① 火焰充满炉膛，而且火焰有一个平均温度，为 T_g；受热物料表面的温度各处都是一样的，为 T_m；炉墙及炉顶的温度均匀一致而且也是不变的，为 T_w。

② 炉壁已达到稳定热态，本身不吸收辐射热量，而通过传导向外散失的部分热量，可近似地看作由炉气对流给热来补偿。

③ 炉气（火焰）可以看成是一个灰体，其黑度（或辐射率）不因辐射来的波长或温度不同而变更，其值为 ε_g；受热的物体也是灰体，其吸收率 ε_m 是一个定值。

④ 物料为平面，并布满炉底（即 $\varphi_{料壁}=1$）。

图 3-30 表明在炉膛中各项热流的传送情况。

对于物料来说，它接受的热量有三部分：气体以辐射方式传给物料的净热量 Q_{gm}；气体以对流方式传给物料的热量 Q_{gm}^c；炉墙以辐射方式传给物料的净热量 Q_{wm}。

图 3-30 炉膛中的热流情况

物料所接受的总热量

$$Q_m = Q_{gm} + Q_{gm}^c + Q_{wm} \tag{3-117}$$

其中

$$Q_{gm} = \varepsilon_m' \varepsilon_g C_0 \left[\left(\frac{T_g}{100} \right)^4 - \left(\frac{T_m}{100} \right)^4 \right] F_m$$

$$Q_{gm}^c = \alpha_{gm}(T_g - T_m) F_m$$

$$Q_{wm} = \varepsilon_w \varepsilon_m (1 - \varepsilon_g) C_0 \left[\left(\frac{T_w}{100} \right)^4 - \left(\frac{T_m}{100} \right)^4 \right] F_m$$

式中 ε_m——物料黑度；

       ε_g——炉气黑度；

       ε_w——炉墙黑度；

       α_{gm}——炉气与物料间的对流换热系数，W/(m² · ℃)；

       F_m——暴露于炉气中的物料表面积，m²。

对于炉墙来说，它主要是作为传热的媒介，它所接受的热量有三部分：气体以辐射方式传给它的净热量 Q_{gw}；气体以对流方式传给它的热量 Q_{gw}^c；气体辐射传热给物料的热量中，一部分被物料反射，透过气层而落到炉墙上的热量 Q_{gmw}。

炉墙放出的热量有两部分：炉墙以辐射方式传给物料的热量 Q_{wm}；通过炉墙散失于周围的热量 Q_s。

根据上述简化假设，即"炉墙及炉顶的热损失恰好等于由炉气以对流方式传给炉墙及炉顶的热量"，可得

$$Q_{gw}^c = Q_s$$

则炉墙的热平衡公式可简化为 $Q_{gw} + Q_{gmw} = Q_{wm}$ (3-118)

其中

$$Q_{gw}=\varepsilon_w\varepsilon_g C_0\left[\left(\frac{T_g}{100}\right)^4-\left(\frac{T_w}{100}\right)^4\right]F_w$$

$$Q_{gmw}=\varepsilon_g(1-\varepsilon_m)(1-\varepsilon_g)\varepsilon_w C_0\left[\left(\frac{T_g}{100}\right)^4-\left(\frac{T_w}{100}\right)^4\right]F_w\varphi$$

$$=\varepsilon_g(1-\varepsilon_m)(1-\varepsilon_g)\varepsilon_w C_0\left[\left(\frac{T_g}{100}\right)^4-\left(\frac{T_w}{100}\right)^4\right]F_m$$

$$Q_{wm}=\varepsilon_w\varepsilon_m(1-\varepsilon_g)C_0\left[\left(\frac{T_w}{100}\right)^4-\left(\frac{T_m}{100}\right)^4\right]F_m$$

式中，φ 为物料对炉墙的角度系数，$\varphi=\dfrac{F_m}{F_w}$。

由上述炉墙的热平衡公式，可以求出

$$Q_{wm}=\varepsilon_g\varepsilon_m\varepsilon_w C_0\frac{1+\varphi(1-\varepsilon_m)(1-\varepsilon_g)}{\frac{\varepsilon_g}{1-\varepsilon_g}+\varphi[\varepsilon_m+\varepsilon_g(1-\varepsilon_m)]}\left[\left(\frac{T_g}{100}\right)^4-\left(\frac{T_w}{100}\right)^4\right]F_m \tag{3-119}$$

实际上，在冶金炉内炉料表面温度和炉子温度除了沿着长度方向和随时间而变化外，在同一垂直截面上也往往分布不均匀。因此，在炉膛中的辐射热交换情况更复杂。定性地来说，与炉气（火焰）高温部分靠近的表面，所得到的净辐射热流量相对地较多，因此，在工程上即出现定向传热的作法。若将火焰高温部分靠近炉内物料，使物料得到的辐射热流较炉顶或炉墙为多，这就称为"直接定向传热"；若将火焰高温部分靠近炉顶或炉墙，再借后者的辐射与反射作用均匀加热物料，这就是"间接定向传热"。

直接定向传热可以强化对被加热物料的传热，而又不过分提高周围环境（如炉衬）的温度。如在熔炼炉内，常将火焰指向或贴近熔池表面流动，这样不仅可增加对熔池表面的辐射和对流传热，而且可以适当降低炉顶的温度，从而延长炉衬使用寿命，这点对高温熔炼炉更有实际意义。

6. 竖炉内热交换

竖炉与火焰炉不同，它的整个炉膛被炉料所充满。一般来说，炉料在炉内是自上而下的移动，而气体在炉内是自下而上流动。炉膛内的热交换过程是由气体通过炉料而在散料层中完成的。

竖炉中温度变化范围很大，因此，炉子不同高度上的辐射、对流、传导等传热方式在热交换中所占的比重也各不相同。这里将讨论炉子在不同高度上的传热规律，在热交换过程中炉膛各部的作用以及温度分布情况等问题。

对竖炉内温度分布有决定性影响的是炉料和炉气水当量的对比关系。炉料和炉气的水当量（$\omega_{料}$、$\omega_{气}$）系指单位时间内通过同一断面的炉料与炉气，温度每变化 1℃ 时所吸收或放出的热量，并用热含量与这些热量相等的水数量（kg）表示。而每千克水变化 1℃ 所吸收或放出的热量为 4.187kJ，即

$$4.187\omega_{料}=G_{料}C_{料}$$

$$4.187\omega_{气}=G_{气}C_{气}$$

式中 $G_{料}$——单位时间内通过炉子同一断面的炉料量，kg；

$G_{气}$——单位时间内通过炉子同一断面的炉气量，m^3；

$C_{料}$——炉料在该温度下的比热容，kJ/(kg·℃)；

$C_{气}$——炉气在该温度下的比热容，kJ/(m^3·℃)。

根据炉气和炉料水当量大小的不同，竖炉内温度的分布有下列两种典型情况。

（1）$\omega_气>\omega_料$ 时炉内温度的分布

这种情况下炉内温度的分布如图 3-31 所示。

这时，炉气通过某一断面时，温度每降低 1℃ 所放出的热量，大于炉料通过同一断面时，温度上升 1℃ 所需用的热量，所以炉料很容易被加热。结果在炉子上端炉气温度下降的比较小，而炉料温度却上升的比较多。炉料从炉顶下降后较短距离后，就被加热到与炉气最初温度相近的程度；炉料再继续下降时，因温度差甚小，几乎不再进行热交换。炉内热交换主要在炉子上部的 H_1 高度内进行，而下部高度 H_2 称为无载高度。煤气发生炉，铜、铝鼓风炉，化铁炉和高炉的上部都是按这种方式进行工作的。

图 3-31　炉内温度分布

假设散料入口温度为 0℃，则可就炉顶与任一断面之间写出热平衡方程式。

令 $t_{气1}$、$t_{气2}$ 分别代表炉气开始和出口温度，则

$$G_料 C_料 (t_料-0)=G_气 C_气 (t_{气1}-t_{气2})$$

整理后

$$t_{气1}=t_{气2}+\frac{\omega_料}{\omega_气}t_料 \tag{3-120}$$

当时间趋向无限大时，即在极限条件下，$t_气=t_料=t_{气1}$（气体开始温度），则

$$t_{气2}=t_{气1}(1-\frac{\omega_料}{\omega_气}) \tag{3-121}$$

$\omega_料$ 与 $\omega_气$ 相差愈大，$t_{气2}$ 愈接近 $t_{气1}$，炉气温度下降得愈小。在这种条件下，炉气出口温度总是较高的，而且与料层高度无关，即当料层超过一定高度以后，再增加高度，也不能使炉气温度降低，而只能延长无载高度 H_2 的范围。

图 3-32　炉内温度分布

（2）$\omega_料>\omega_气$ 时炉内温度的分布

在这种情况下炉内温度的分布如图 3-32 所示。

这时，炉料通过某一断面时，温度每升高 1℃ 所吸收的热量，大于炉气通过同一断面时，温度降低 1℃ 所放出的热量，即炉料不易被加热，而炉气较容易冷却，所以炉料在下降过程中温度上升较慢。

当炉子燃料消耗较少或煤气量很少（如富氧鼓风），以及炉料很湿或炉料吸热反应极为发展（如碳酸盐的分解）时，都属于这种情况，整个炉子的热交换主要是在炉子下部进行。

在热交换相当充分时，即在极限条件下，炉气出口温度能冷却到炉料入口温度，即 $t_{气2}=t_{料1}$。

令 $t_{料1}$、$t_{料2}$ 分别代表炉料被加热的初始和最终温度，则

$$G_料 C_料 (t_料-t_{料1})=G_气 C_气 (t_{气1}-t_气)$$

炉料在加热过程的温度

$$t_料=t_{料2}-\frac{\omega_气}{\omega_料}(t_{气1}-t_气) \tag{3-122}$$

$$G_{料}C_{料}(t_{料2}-t_{料1})=G_{气}C_{气}(t_{气1}-t_{气2})$$

炉料的最终温度为

$$t_{料2}=t_{料1}+\frac{\omega_{气}}{\omega_{料}}(t_{气1}-t_{气2})=t_{料1}+\frac{\omega_{气}}{\omega_{料}}(t_{气1}-t_{料1}) \qquad (3-123)$$

图 3-33 某些竖炉内实际温度分布

假设物料入炉温度为 0℃，则

$$t_{料2}=\frac{\omega_{气}}{\omega_{料}}t_{气1} \qquad (3-124)$$

可见，当 $\omega_{料}$ 之值相对于 $\omega_{气}$ 愈大，则炉料加热的最终温度就愈低。不论怎样增加炉子的高度，也不能使炉料得到更好的加热，但炉气的出口温度总是较低的，因而能最大限度利用炉内热交换的热量。

（3）竖炉内的热交换

实际的竖炉内，热交换多按上述两种情况进行。即上部按 $\omega_{气}>\omega_{料}$ 进行工作，而下部则按 $\omega_{料}>\omega_{气}$ 的情况进行工作。

在一般条件下，炉气的水当量变化不大，而炉料水当量之所以逐渐变大，是因为炉子下部有吸热反应（如碳酸盐的分解，CO_2 被还原等）。在这种情况下热交换集中在上下两段内完成，而中间一段属于无载高度，因为其中还进行着各种物理化学反应，如图 3-33 所示。

根据以上分析，可得如下关于竖炉热交换的一般规律。

① 炉气出炉温度及炉料被加热的最终温度皆与炉气及炉料水当量的相对比值有重要关系。在高度不特别低（即大于 H_1+H_2）时，出炉气体及物料最终温度与炉子高度无关。凡引起炉料或炉气水当量变化的因素，才能改变炉内的温度分布。

② 增大燃料消耗量时，$\omega_{气}$ 变大，故出炉气体温度将提高。

③ 预热鼓风时，因没有改变 $\omega_{气}$ 的值，故不能提高炉顶气体的温度，热风所带进的热量，只是提高了风口区的温度，强化了炉子下部的热交换。当采用预热鼓风后，由于降低了炉内的直接燃料消耗而 $\omega_{气}$ 变小，故炉顶气体温度反而会有所降低。

④ 采用富氧鼓风后，提高了燃烧温度，减少了炉气数量，使 $\omega_{气}$ 变小，高炉废气温度将会降低。富氧鼓风和预热鼓风有相同的意义，不仅加大了气体与炉料的温度差，强化了传热，而且由于减少了炉气量及废气温度，因而大大提高了炉内热量的利用率。

⑤ 既然竖炉内热交换多集中在某一段（如炉子下部的风口附近）完成，因此，在同一区域创造出集中的高温带，将大大强化热交换过程，与此同时，也将节约燃料消耗。

应该说明，前面对竖炉内热交换问题的分析是假定炉内气流在横断面上的分布均匀为前提的。而实际上炉内气流的分布并不均匀。

【知识拓展】

1. 影响火焰炉内辐射热交换的因素有哪些？它们之间有何关系？

2. 分析本专业常用炉内的热交换过程，并提出强化炉膛热交换的措施。

3. 竖炉内热交换的特点是什么？并具有哪些一般规律？

【自测题】

1. 某高炉炉身上部用 920mm 厚的黏土砖砌成,并已知黏土砖的内表面温度 $t_1 = 870℃$,炉外大气温度为 50℃。设黏土砖外表面到大气的外部热阻为 0.06,试求通过每平方米黏土砖炉衬所损失的热量 Q (W/m²)(注:一般炉衬外表面温度高于大气温度 50~100℃)。

2. 某水冷却烟道由普通碳钢制成,其 $λ = 55.3W/(m·℃)$,壁厚 5mm,壁面温度为 100℃,进水温度为 25℃,出水温度为 45℃,水平均流速为 3m/s。试求其单位面积每小时的冷却水耗量。

3. 已知铸铁管式热风炉,铸铁的热导率 $λ = 55.8W/(m·℃)$,壁厚 $S = 20mm$,废气对管壁的对流给热系数为 7.07W/(m²·℃),辐射给热系数为 21.05 W/(m²·℃),管壁对空气的对流给热系数为 4.89 W/(m²·℃),废气与空气的平均温度差 $Δt = 540℃$。如果要求传过的热量 $Q = 276794W$,求共需铸铁管的面积为多少平方米?

4. 在一个钢管内流过温度为 180℃的蒸汽,蒸汽对管壁的给热系数 $α_1 = 1163W/(m²·℃)$,钢管的热导率 $λ_1 = 48.85W/(m²·℃)$,管子内径为 100mm,外径为 110mm,管子长度为 20m。若周围空气温度为 20℃。当管子外表面包裹一层厚度为 50mm 的硅藻土保温层,其热导率 $λ_2 = 0.2W/(m²·℃)$,保温层表面对空气的散热系数 $α_2 = 11W/(m²·℃)$ 时,试求管内蒸汽每小时传给周围空气的热量是多少?

※项目任务实施

一、任务内容
圆球法测定隔热材料的热导率。

二、任务目的
① 加深对稳定态导热过程基本理论的理解。
② 掌握用球壁导热仪测定粉状、颗粒状及纤维状隔热材料热导率的方法和技能。
③ 确定材料的热导率和温度的关系。
④ 学会根据材料的热导率判断其导热能力并进行导热计算。

三、任务实施

1. 实验原理
本实验采用圆球法测定隔热材料的热导率,其原理是以同心球壁稳定导热规律作为基础的。在球坐标中,考虑到温度仅随半径 r 而变,故是一维稳定温度场导热。实验时,在直径为 d_1 和 d_2 的两个同心圆球的圆壳之间均匀地充填被测材料(可为粉状、粒状或纤维状),内球中则装有电加热元件。从而在稳定导热条件下,只要测定被测试材料两边即内外球壁上的温度以及通过的热流,就可用下式计算被测材料的热导率

$$λ = \frac{Q\left(\dfrac{1}{d_1} + \dfrac{1}{d_2}\right)}{2π(t_1 - t_2)}$$

式中,Q 为球形电炉提供的热量(W),事实上,由于给出的是隔热材料在平均温度 $t_m = (t_1 + t_2)/2$ 时的热导率,故在实验中只要维持温度场稳定,测出球径 d_1、d_2,热量 Q

及内外球面温度，即可求出温度 t_m 下隔热材料的热导率。而改变 t_1 和 t_2 即可获得 λ- t 关系曲线。

2. 仪器设备

本实验采用双水套球测量装置，如图 3-34 所示。

图 3-34　双水套球测试装置

1—内球壳；2—外球壳；

3—环形电加热炉；

4,5—恒温水的进出口；

6—恒温水套；7—保温水套；

8—热电偶

温度的测量由焊接在内外球壁上的热电偶相连接的电子电位差计读出其热电势，再由热电偶的分度表查出相应的温度。

3. 实验步骤

① 将被测物料置于烘箱中干燥，然后将其均匀地填充在同心球的夹层之间。

② 安装测试仪器，注意确保球体严格对中，在检查接线等无误后接通电源，使测试仪温度达到稳定状态（约 3~4h）。

③ 用玻璃温度计测量热电偶的冷端温度 t_0。

④ 每间隔 5~10min 测定一组温度数据。读数时应保证各相应测定的温度都不随时间变化（实验中可以电位差计显示小于 0.02mV 为准），温度达到稳定状态时再记录。

⑤ 测定并绘制隔热材料的热导率和温度系数。

⑥ 关闭电源结束实验。

由于圆球法测试装置安装复杂，球体的对中程度及被测材料填充的均匀性都将给热导率的测量带来较大的误差，且使温度达到稳定需要较长的时间，故上述实验步骤①和②通常由实验室工作人员完成。

4. 实验结果处理

（1）原始数据

材料名称：　　　材料充填密度 $\rho =$　kg/m³；冷端温度：$t_0 =$　℃；

内球壳外径 $d_1 =$　cm；　　　外球壳内径 $d_2 =$　cm；

（2）测定数据记录

见表 3-18。

表 3-18　测定数据记录

测定项目		1	2	3	4	5	6
电流 I/A							
电压 V/V							
内球表面热电偶热电势/mV	上						
	下						
外球表面热电偶热电势/mV	上						
	下						

（3）隔热材料热导率的计算

（4）平均温度的校正

根据冷端温度 t_0 及测点平均温度 t 可查得冷端电势 $E(t_0，0)$，结合原始数据中的各测点的平均电势 $E(t，t_0)$，即可由下式求得 $E(t，0)$：

$$E(t，0) = E(t，t_0) + E(t_0，0) \quad (mV)$$

再由 $E(t，0)$ 值可查得测点温度 t_1、t_2。

（5）电加热器发热量的计算

当已知球型电加热炉的电压 V 和电流 I 时，可按下式计算其发热量 Q：

$$Q = IV \quad (W)$$

（6）计算隔热材料的热导率

$$\lambda = \frac{Q\left(\dfrac{1}{d_1} + \dfrac{1}{d_2}\right)}{2\pi(T_1 - T_2)}[W/(m \cdot ℃)]$$

（7）隔热材料的热导率与温度的关系

已知内球外径 $d_1 = 105mm$，热电偶为镍铬-镍铝，外球内径 $d_2 = 151mm$，采用铜-康铜热电偶。测试数据如表 3-19 所示。

表 3-19　隔热材料热导率测定数据

测量序号	内球壁的平均热电势/mV	外球壁的平均热电势/mV	室温/℃	内球壁温/℃	外球壁温/℃	电流/A	电压/V	平均温度/℃	热导率/[W/(m·℃)]
1									
2									
3									
4									
5									
6									
7									
8									
9									
10									
11									
12									

5. 完成实验报告

6. 思考题

① 简述金属、建筑材料、气体的导热性能差异大的原因。

② 用圆球法测定的材料的热导率是对什么温度而言的。

③ 实验中能用外球的外壁温度代替外球的内壁温度吗？若已知外球壁材料为铜，壁厚为 2mm，热导率为 384W/(m·℃)，试计算由此引起的相对误差。

四、任务评价

项目名称					
开始时间		结束时间		学生签名	
				教师签名	

项目	技术要求		分值	得分
任务实施报告单	(1)方法得当 (2)操作规范 (3)正确使用工具与设备 (4)团队合作			
	(5)书写规范整洁,内容翔实具体 (6)实训结果和数据记录准确、全面,并能正确分析 (7)问题回答正确,完整 (8)团队精神考核			

项目四 耐火材料

【情景描述】

将你自己化身为一名进入某冶金企业的员工，已经进行了一段时间的实习，对整个生产过程有了一定的了解，你会发现冶金工业生产中耐火材料是砌筑冶金炉用的主要材料。由于耐火材料砌筑的炉衬工作条件最差，损耗最快，要经常检修，因而直接影响炉子的产量、成本和劳动条件；有的耐火制品，直接和被熔炼的金属接触，它掺入金属中形成非金属夹杂，因而严重降低产品的质量。正确地选择和使用耐火制品，不但可以提高炉子寿命，而且可以在更高的温度下进行熔炼或快速加热，因而提高产品产量和质量，降低成本。

一般工业国家的耐火材料总产量约有 $60\%\sim70\%$ 用于冶金工业，而其中 $65\%\sim75\%$ 用于钢铁工业。因此，冶金工业的发展促进了耐火材料工业的发展；同样，耐火材料的新成就，也为冶金技术的发展创造条件。近年来，钢铁冶炼新技术，如大型高炉、高风温热风炉、复吹氧气转炉、铁水预处理和炉外精炼、连续铸钢等，都无例外地有赖于优质高效耐火材料的开发。所以，冶金工作者应当具备有关耐火材料的基本知识。

【知识目标】

(1) 明确耐火材料的定义和分类；

(2) 掌握耐火材料的主要性能；

(3) 掌握硅砖的主要性能及用途；

(4) 掌握黏土质耐火材料、高铝质耐火材料、半硅质耐火材料的主要性能及用途；

(5) 掌握氧化镁质耐火材料的主要性能及用途；

(6) 掌握白云石质耐火材料的主要性能及用途；

(7) 掌握不定形耐火材料的主要性能及用途；

(8) 掌握隔热耐火材料的主要性能及用途；

(9) 掌握耐火材料的选用原则。

【能力目标】

(1) 能根据实验检测数据判断耐火材料的主要性能；

(2) 能根据冶金生产的不同要求选用不同的耐火材料。

【素质目标】

具有良好的职业道德和敬业精神；具有团结协作和开拓创新的精神；具有环保和节能的意识。

任务一　耐火材料的分类和性能

【任务描述】

通过学习掌握耐火材料的定义和常见的分类方法，并掌握耐火材料的基本特性，为合理选择耐火材料打下基础。

【任务分析】

随着耐火材料工业的发展，用途的增加，耐火制品呈现多种多样的形式；它们不但各自具有特性，同时又具有一些共性。作为一名冶金工作者应首先明确耐火材料的定义，并熟悉常见的分类方法，对常用的耐火材料名称做到耳熟能详。为更经济合理地选择耐火材料，需全面系统地了解耐火材料的性能，包括耐火材料的物理性质和高温使用性能，从砌筑和高温使用方面为耐火材料的选用打下基础。

【任务基本知识与技能要求】

基　本　知　识	技　能　要　求
1. 耐火材料的定义与分类	1. 理解并掌握耐火材料的定义与分类
2. 耐火材料的物理性能：气孔率、体积密度、真密度、吸水率、透气度、热膨胀性、热导率、比热容及导电性	2. 掌握耐火材料的各物理性能对其性质的作用
3. 耐火材料的使用性能：耐火度、高温荷重变形温度、热震稳定性、高温体积稳定性、抗渣性	3. 掌握耐火材料的各使用性能
	4. 能根据物理性能和使用性能指标判定耐火材料的性能

【知识链接】

1. 耐火材料的定义和分类

耐火材料是耐火度不低于1580℃的无机非金属材料。尽管各国规定的定义不同，如国际标准化组织（ISO）正式出版的国际标准中规定："耐火材料是耐火度至少为1500℃的非金属材料或制品（但不排除那些含有一定比例的金属）"，但基本概念是相同的，即耐火材料是用作高温窑、炉等热工设备的结构材料，以及工业用高温容器和部件的材料，并能承受相应的物理、化学变化及机械作用。

耐火材料的种类很多，为了便于研究和合理使用，有必要进行科学分类。耐火材料的分类方法很多，现介绍几种主要的分类方法。

按耐火材料的耐火度，可分为普通耐火材料（1580～1770℃）、高级耐火材料（1770～2000℃）和特级耐火材料（2000℃以上）。

根据化学矿物组成，可分为硅质耐火材料、硅酸铝质耐火材料（又分为半硅质耐火材料、黏土质耐火材料和高铝质耐火材料）、镁质耐火材料（又分为镁石质耐火材料、镁铝质耐火材料、镁铬质耐火材料、镁橄榄石质耐火材料、镁碳质耐火材料）、白云石质耐火材料、铬质耐火材料、碳质耐火材料、锆质耐火材料和特殊耐火材料（纯氧化物制品、碳化物、硼化物、氮化物等）。

根据耐火材料的化学性质，可分为酸性耐火材料、碱性耐火材料和中性耐火材料。

根据制造工艺方法，分为浇注耐火材料、可塑成型耐火材料、半干压型耐火材料、捣固成型耐火材料及熔铸耐火材料。

2. 耐火材料的主要性能

耐火材料的基本特性可以通过它的物理性能和高温使用性能来表示。

（1）耐火材料的物理性能

耐火材料的物理性能主要包括气孔率、体积密度、真密度、吸水率、透气度、热膨胀性、热导率、比热容及导电性等。这些物理性能的好坏，直接影响着耐火材料的使用性能。

① 气孔率　在耐火制品内，有许多大小不同、形状不一的气孔（图4-1）。大致可以分为三类：开口气孔，一端封闭，另一端与外界相通；闭口气孔，封闭在制品中不与外界相通；连通气孔，贯穿耐火制品两面，能为流体通过。

图 4-1　耐火制品的气孔类型
1—开口气孔；2—闭口气孔；3—连通气孔

在研究气孔对耐火制品使用中被外界介质侵入而加速其损坏的影响时发现，连通气孔和开口气孔通常起着主要作用，闭口气孔影响很小。因此为简便起见，通常将上述三类气孔合并为两类，即开口气孔（包括连通气孔）和闭口气孔。

气孔率是耐火制品所含气孔体积与制品总体积的百分比。若耐火砖块的总体积（包括其中的全部气孔）为V、干燥质量为M、开口气孔的体积为V_1、闭口气孔的体积为V_2，连通气孔的体积为V_3，则

$$真气孔率 = \frac{V_1 + V_2 + V_3}{V} \times 100\%$$

$$开口气孔率（显气孔率） = \frac{V_1 + V_3}{V} \times 100\%$$

$$闭口气孔率 = \frac{V_2}{V} \times 100\%$$

气孔率是多数耐火材料的基本技术指标，其大小几乎影响耐火制品的所有性能，尤其是强度、热导率、抗热震性等。在一般耐火制品中（除熔铸制品和轻质隔热制品外）开口气孔体积占总气孔体积的绝对多数，闭口气孔体积则很少。另外，闭口气孔体积难于直接测定，因此，制品的气孔率指标，常用开口气孔率（显气孔率）表示。

② 体积密度　体积密度是单位体积（包括全部气孔体积）耐火制品的质量。它表征耐火材料的致密程度，体积密度高的制品，其气孔率小，强度、抗渣性、高温荷重软化温度等一系列性能好。

$$体积密度 = \frac{M}{V} \ （g/cm^3）$$

③ 真密度　真密度是指不包括气孔在内的单位体积耐火材料的质量。

$$真密度 = \frac{M}{V-(V_1+V_2+V_3)} \ （g/cm^3）$$

④ 吸水率　吸水率是耐火制品全部开口气孔吸满水的质量与干燥试样的质量百分比。若耐火制品中开口气孔和连通气孔中吸满水后水的质量为M_w，则

$$吸水率 = \frac{M_w}{M} \times 100\%$$

耐火材料的吸水率实质上是反映制品中开口气孔量的一个技术指标，在生产中多用来鉴定原料煅烧质量，原料煅烧的越好，吸水率数值越低，一般应小于 5%。

⑤ 透气度　透气度是耐火材料允许气体在压差下通过的性能。耐火制品透气度与下列因素有关：气孔的特性和大小、制品结构的均匀性、气体的压力差等。此外，透气度还随着气体温度的升高而降低。耐火制品透气度可用下式计算

$$透气度 = \frac{V\delta}{F\tau\Delta P}$$

式中　V——通过试样的空气体积，L；

　　　δ——试样的厚度，cm；

　　　F——试样的断面积，m^2；

　　　τ——空气通过的时间，h；

　　　ΔP——试验时两面的压力差，Pa。

通常认为，制品的透气度越小越好，如用于隔离火焰或高温气体的制品，要求具有很低的透气度；但随着技术的发展，为满足特殊的使用条件，有时则要求制品有良好的透气性，例如吹氩浸入式水口透气内壁等一系列专用透气耐火制品，必须具有一定的透气度。

⑥ 热膨胀性　耐火材料的热膨胀性是指其体积或长度随着温度升高而增大的物理性质。主要取决于其化学矿物组成和所受的温度。

耐火制品的热膨胀性可用线膨胀率或体积膨胀率表示，也可用线胀系数或体积膨胀系数来表示。

若耐火制品在温度为 t_0 时，长度为 L_0，体积为 V_0；温度升高为 t 时，长度为 L_t，体积为 V_t，则

$$线膨胀率 = \frac{L_t - L_0}{L_0} \times 100\% \quad ；线胀系数 = \frac{L_t - L_0}{L_0(t - t_0)} \times 100\%$$

$$体积膨胀率 = \frac{V_t - V_0}{V_0} \times 100\% \quad ；体积膨胀系数 = \frac{V_t - V_0}{V_0(t - t_0)} \times 100\%$$

热膨胀性是耐火材料使用时应考虑的重要性能之一。炉窑在常温下砌筑，而在高温下使用时炉体要膨胀，为抵消热膨胀造成的应力，需预留膨胀缝。此外，它也是工业窑炉和高温设备进行结构设计的重要参数，其重要性还表现在直接影响耐火材料的热震稳定性和受热后的应力分布和大小等。

⑦ 热导率　热导率是表征耐火材料导热特性的一个物理指标，是指单位温度梯度下，单位时间内通过单位面积的热量，用 λ 表示，单位为 W/(m·℃)。耐火材料的热导率对于高温热工设备的设计是不可缺少的重要数据。对于那些要求隔热性能良好的轻质耐火材料和要求导热性能良好的隔焰加热炉结构材料，检验其热导率更具有重要意义。

影响耐火制品热导率的主要因素有：化学矿物组成、组织结构和温度等。材料的化学组分越复杂，杂质含量越多，添加成分形成的固溶体越多，热导率越低；晶体结构越复杂的材料，热导率也越小。材料结构中的细小封闭孔隙越多，气孔率越大，热导率越小；晶体的热导率大于玻璃质的热导率。大部分耐火材料的热导率随温度升高而增大，但镁砖和碳化硅砖则相反，温度升高时其热导率反而减小。

⑧ 比热容　耐火材料的比热容是指 1kg 材料温度升高 1℃所吸收的热量，单位为 kJ/(kg·℃)。耐火材料的比热容取决于它的化学矿物组成和温度，随温度的升高而增大。

耐火材料的比热容数值主要用于窑炉设计热工计算。蓄热室格子砖采用高比热容的致密材料,以增加蓄热量和放热量,提高换热效率。

⑨ 导电性 耐火材料(除碳质和石墨质制品外)在常温下是电的不良导体,随温度升高,电阻减小,导电性增强。在1000℃以上其导电性提高得特别显著,在高温下耐火材料内部有液相生成,由于电离的关系,能大大提高其导电能力。

当耐火材料用做电炉的衬砖和电的绝缘材料时,这种性质具有很大的意义。随着电炉操作温度的提高,特别是高频感应炉采用的耐火材料的高温电阻,是直接关系到防止高温使用时由于电流短路而引起线圈烧毁等事故的重要性质。另外对各种非金属电阻发热体的发展也日益引起重视。

(2)耐火材料的使用性能

要说明耐火材料在高温下的使用性能是很困难的,因为实际工作情况很复杂,影响使用性能的因素太多。通常用来表示耐火材料使用性能的一些指标如耐火度、高温荷重变形温度、热震稳定性、高温体积稳定性、抗渣性等都是在特定的实验条件下测定出来的,和实际使用情况有着一定距离。虽然如此,它们仍可作为判断耐火材料使用性能的重要指标。

① 耐火度 耐火材料在无荷重时抵抗高温作用而不熔化的性能叫耐火度。耐火度与熔点意义不同。熔点是纯物质的结晶相与其液相处于平衡状态下的温度,如氧化铝的熔点为2050℃、氧化硅的熔点为1713℃等。但一般耐火材料是由各种矿物组成的多相固体混合物,并非单相的纯物质,故无一定的熔点,其熔融是在一定的温度范围内进行的,即只有一个固定的开始熔融温度和一个固定的熔融终了温度。加热时,耐火材料中各种矿物组成之间会发生反应,并生成易熔的低熔点结合物而使之软化,故耐火度只是表明耐火材料软化到一定程度时的温度,是判断材料能否作为耐火材料使用的依据。

测定耐火度时,将耐火材料试样制成一个上底每边为2mm,下底每边为8mm,高30mm,截面呈等边三角形的截头三角锥体。把三角锥体试样和比较用的标准锥体放在一起加热。三角锥体在高温作用下变形而弯倒,当三角锥的顶点弯倒并触及底板(放置试锥用的)时,此时的温度(与标准锥比较)称为该材料的耐火度,三角锥体软倒情况如图4-2所示。

决定耐火度的基本因素是材料的化学矿物组成及其分布情况。各种杂质成分特别是具有强熔剂作用的杂质成分,会严重降低制品的耐火度,因此,提高耐火材料耐火度的主要途径是采取适当措施来保证和提高原料的纯度。

应该注意的是:耐火度并不能代表耐火材料的实际使用温度。因为在该温度下,材料不再具有机械强度和不耐侵蚀,所以认为"耐火度越高砖越好"是不适宜的。耐火材料在使用中经受高温作用的同时,通常还伴有荷重和其他材料的熔剂作用,因而制品的耐火度不能视为制品使用温度的上限,

图4-2 耐火三角锥软倒情况
1—三角锥未弯倒;2—三角锥定点与底盘接触;
3—三角锥弯倒过大

可作为合理选用耐火材料时的参考,只有在综合考虑其他性质之后,才能判断耐火材料的价值。

② 高温荷重变形温度 耐火材料在常温下的耐压强度很高,但在高温下发生软化变形,

耐压强度也就显著降低。一般用高温荷重变形温度来评定耐火材料的高温结构强度。所谓高温荷重变形温度就是耐火材料受压发生一定变形量和坍塌时的温度。

测定耐火材料高温荷重变形温度的方法有示差-升温法和非示差-升温法两种。

国际标准（ISO 1893）和中国标准（GB/T 5989—1998）规定用示差-升温法测定耐火制品的荷重变形温度。方法为用带中心孔的圆柱体，直径50mm，高50mm，中心孔径12～13mm。在试样上施加0.2MPa的载荷，升温速率在1000℃时为4～5℃/min，大于1000℃时为5～10℃/min，记录自试样膨胀最高点压缩试样原始高度的变形0.5%、1.0%、2.0%和5.0%相对应的$T_{0.5}$、$T_{1.0}$、$T_{2.0}$和$T_{5.0}$。

中国冶金国家标准（YB/T 370—1995）规定用非示差-升温法测定耐火材料的荷重变形温度。所用试样为高50mm、直径36mm的圆柱体。施加在试样上的载荷一般为0.2MPa。升温速率在比试样膨胀最大点低150～200℃以前为10～15℃/min，在比试样膨胀最大点低150～200℃以后为5～6℃/min。记录自试样膨胀最大点被压缩的变形为0.6%、4%和40%时相对应的温度，以压缩0.6%时的变形温度作为被测试样的荷重软化开始温度，即通称的荷重软化点。

根据耐火材料的荷重变形温度指标，可以判断耐火材料在使用过程中在何种条件下失去荷重能力以及高温下制品内部的结构情况，但在实际应用中应注意下述情况。

a. 实际使用条件下所承受的荷重要比0.2MPa低得多，只在个别情况下达到0.2～0.5MPa，由于荷重低，制品的开始变形温度将升高。

b. 砌体沿厚度方向受热不均匀，而大部分负荷将由温度较低的部分承担。

c. 在使用条件下，制品承受变形时间远远超过实验室的试验时间。

d. 在实际使用过程中，耐火材料还可能承受其他种类的负荷，如弯曲、拉伸、扭转等。

由表4-1可以看出：氧化硅质耐火材料的荷重变形温度和耐火度接近，因此氧化硅质耐火材料的高温结构强度好。而黏土质耐火材料的荷重变形温度远比其耐火度低，这是黏土质耐火材料的一个缺点。氧化镁质耐火材料的耐火度虽然很高，但其高温结构强度同样很差，所以实际使用温度仍然低于其耐火度很多。当然，在没有荷重的情况下，其使用温度可以大大提高。

表 4-1　几种耐火制品的 0.2MPa 荷重变形温度及耐火度

耐火材料名称	荷重变形0.6%温度 t_H/℃	荷重变形40%温度 t_K/℃	耐火度 t/℃	$t-t_H$/℃
氧化硅质	1650	1670	1730	80
黏土质	1400	1600	1730	330
氧化镁质	1550	1580	2000	450

③ 热震稳定性　耐火材料在使用过程中，经常会受到环境温度的急剧变化作用，例如，铸钢用盛钢桶衬砖在浇注过程中，转炉、电炉等炼钢时的加料、出钢或操作中炉温变化等，导致制品产生裂纹、剥落甚至崩溃。此种破坏作用不仅限制了制品和窑炉的加热和冷却速度，限制了窑炉操作的强化，并且是制品、窑炉损坏较快的主要原因之一。

耐火材料抵抗温度急剧变化而不破裂或剥落的能力称热震稳定性，也称抗热震性或温度急变抵抗性。众所周知，硅砖受急冷急热时容易产生裂纹、开裂，镁砖易于剥落，通常被称为热震稳定性低或抗热震性小的材料，反之，则为热震稳定性高或抗热震性大的材料。耐火材料的热震稳定性是一个非常重要的性质，因为在很多情况下耐火材料处于温度急剧变化的工作条件下。

热震稳定性的测定方法很多，可以根据要求加以选择。主要考虑加热温度、冷却方式和试样受热部位等试验条件。一般可以将标准砖一端在炉内加热至一定温度，并保温一定时间，随后取出在流动冷水中冷却，如此反复进行冷热处理，直至损失砖总量的一半为止，此时的急冷急热次数（热交换次数）即为耐火材料的热震稳定性指标。也有模拟实际情况的测定方法，如铸钢系统用的流钢砖和釉砖，采用突然加热测定开裂时间和透水性的检验方法。国外也有模拟窑墙情况采用"镶板法"测定热震稳定性。按照这种方法，插放在可动框内的砖，作为炉子的墙壁，被加热到 1400～1500℃，然后将框子转过来，用通风机冷却，这样反复加热和冷却，根据制品失去的总质量来评定热震稳定性。

耐火材料的热震稳定性能，除和它本身的物理性质如膨胀性、导热性、孔隙度等有关外，还与制品的尺寸、形状有关。一般薄的、尺寸不大和形状简单的制品，比厚的、尺寸较大和形状复杂的制品有较好的热震稳定性。

④ 高温体积稳定性 耐火材料在高温下长期使用时，其外形体积保持稳定不发生变化（收缩或膨胀）的性能称为高温体积稳定性。它是评定制品质量的一项重要指标。

耐火材料在烧成过程中，其间的物理化学变化一般都未达到烧成温度下的平衡状态，当制品在长期使用过程中，受高温作用时，一些物理化学变化仍然会继续进行。另一方面，制品在实际烧成过程中，由于各种原因，会有烧成不充分的制品，此种制品在窑炉上使用再受高温作用时，由于一些烧成变化继续进行，结果使制品的体积发生变化膨胀或收缩。这种不可逆的体积变化称为残余膨胀或收缩，也称重烧膨胀或收缩。

重烧体积变化的大小，表明制品的高温体积稳定性。耐火制品的这一指标对于使用有重要意义，如砌筑炉顶的制品，若重烧收缩过大，则有发生砌砖脱落以致引起整体结构破坏的危险。对于其他砌筑体也会使砌砖开裂，降低砌体的整体性和抵抗物料的侵蚀能力，从而显著地加速砌体的损坏。此外，通过此项指标亦可衡量制品在烧成过程中的烧结程度。烧结不良的制品，此项指标必然较大。

重烧时的体积变化可用体积百分率或线变化百分率表示。若制品重烧前后的长度分别为 L_0、L_1，重烧前后的体积为 V_0、V_1，则

$$重烧线变化率 = \frac{L_1 - L_0}{L_0} \times 100\%$$

$$重烧体积变化率 = \frac{V_1 - V_0}{V_0} \times 100\%$$

多数耐火材料在重烧时产生收缩，少数制品产生膨胀，如硅砖。因此，为了降低制品的重烧收缩或重烧膨胀，适当提高烧成温度和延长保温时间是有效的措施。但也不宜过高，否则会引起制品的变形，组织玻璃化，降低热震稳定性。各种耐火制品的重烧体积变化取决于制品的使用条件和要求，一般不超过 0.5%～1.0%。对于各种不烧制品和耐火粉料来说，不经高温烧成即行使用，此项指标的测定就更为重要。

⑤ 抗渣性 耐火材料在高温下抵抗熔渣侵蚀作用而不破坏的能力称为抗渣性。这里熔渣的概念（从广义上说）是指高温下与耐火材料相接触的冶金炉渣、燃料灰分、飞尘、各种材料（包括固态、液态材料，如烧结水泥块、煅烧石灰、铁屑、熔融金属、玻璃液等）和气态物质（煤气、一氧化碳、氟、硫、锌、碱蒸气）等。

熔渣侵蚀是耐火材料在使用过程中最常见的一种损坏形式，如各种炼钢炉炉衬，盛钢桶的工作衬，炼铁高炉从炉身下部到炉缸的炉衬，许多有色冶金炉衬，玻璃池窑的窑壁以及水

泥回转窑内衬等的损坏，多是由此种作用引起的。在实际使用中，约有 50% 是由于熔渣侵蚀而损坏，因此，研究耐火材料的抗渣性具有非常重要的意义。

耐火材料的抗渣性能主要与耐火材料的化学矿物组成及组织结构有关，另外也与熔渣的性质及与其相互作用的条件有关。从生产工艺角度出发，欲有效地提高耐火材料的抗渣性，应从下列两个主要途径着手。

a. 保证和提高原料的纯度，改善制品的化学矿物组成。

耐火制品通常为多晶相组成体，故各单一晶相之间的溶解速度也不同，如主晶相周围的基质多为耐火性低的矿物或含有较多的低溶物，使其稳定性低于主晶相，溶解速度大，因而在高温熔渣作用下，常成为整个制品的薄弱环节，因此改变基质部分的化学矿物组成，尽量减少其中低溶物和杂质的含量，能够有效地提高制品的抗渣性。对于硅酸铝质制品来说，提高基质部分的氧化铝含量，形成莫来石化基质，可提高制品的抗渣性。对于主晶相间的基质为玻璃相的制品来说，玻璃相易被熔渣侵蚀，由于破坏晶体晶格需要能量，使主晶体转变为熔液要远比玻璃相困难，因此增加制品中主晶相的含量，也会提高制品的抗渣性。

b. 选择适宜的生产方法，获得具有致密而均匀的组织结构的制品。

由于熔渣侵蚀过程是各种复杂因素综合作用的最终结果，在实验室条件下要具备这些因素来测定耐火材料的抗渣性能是很困难的。通常，只是分别地研究决定整个熔渣侵蚀过程诸因素中的某些因素。因此，在应用抗渣性的测试数据时，必须注意测定方法与实际使用条件的关系。

【自测题】

1. 耐火材料的定义是什么？通常的分类方法有哪些？

2. 如何计算试样的显气孔率？为什么通常只测定其显气孔率？

3. 影响耐火制品热导率的因素有哪些？

4. 什么是耐火度？通常怎样测定？

5. "耐火度越高砖越好"的说法是否正确？为什么？

6. 什么是高温荷重变形温度？通常怎样测定？其与耐火度的区别是什么？

7. 高温变形温度就是耐火制品的实际使用温度的说法正确吗？为什么？

8. 引起重烧体积变化的原因是什么？

9. 大多数制品重烧都是收缩，为什么砌筑窑炉时还要留膨胀缝？留膨胀缝的依据是什么？

10. 熔渣的定义是什么？

11. 从生产工艺角度如何提高耐火材料抗渣性？

任务二　常见耐火材料的应用

【任务描述】

通过学习各种常见耐火材料的性能和主要用途，能够为不同的冶金炉合理选择耐火材料。

【任务分析】

耐火材料的正确选用，对炉子工作具有极其重要的意义，能够延长炉子的寿命、提高炉子的生产率，降低生产成本等。而耐火材料使用时，必须考虑炉温的高低、变化情况、炉渣的性质、炉料、炉渣、熔融金属等的机械摩擦和冲刷等各种因素的综合作用，故同一个炉子不同的部位选择的耐火材料种类不同，本任务主要是进行各种常用耐火材料的主要性能和用途以及耐火材料选用原则的学习，学完本任务后能够为常用冶金炉选用耐火材料。

【任务基本知识与技能要求】

基 本 知 识	技 能 要 求
1. 硅砖的主要性能及用途：硅砖、石英玻璃及其制品	1. 掌握硅砖的主要性能及用途
2. 硅酸铝质耐火材料的主要性能及用途：黏土质、半硅质、高铝质	2. 掌握硅酸铝质耐火材料的主要性能及用途
3. 镁质耐火材料的主要性能及用途	3. 掌握镁质耐火材料的主要性能及用途
4. 白云石质耐火材料的主要性能及用途	4. 掌握白云石质耐火材料的主要性能及用途
5. 碳质耐火材料主要性能及用途	5. 掌握碳质耐火材料主要性能及用途
6. 不定形耐火材料的主要性能及用途	6. 掌握不定形耐火材料的主要性能及用途
7. 隔热耐火材料的主要性能及用途	7. 掌握隔热耐火材料的主要性能及用途
8. 耐火材料的选用原则	8. 掌握耐火材料的选用原则

【知识链接】

1. 硅质耐火材料

硅质耐火材料是以二氧化硅为主要成分的耐火制品，包括硅砖、石英玻璃及其制品。硅质制品属于酸性耐火材料，其中典型的产品是硅砖。

（1）硅砖

硅砖是一种 SiO_2 含量在 93％以上的硅质耐火材料。它是由石英岩粉碎后加石灰乳和矿化剂制成的。由于 SiO_2 在不同温度下有不同的晶型存在，故硅砖的制造技术和使用性能与 SiO_2 的晶型转变有着密切的关系。

① 二氧化硅的结晶转变　二氧化硅在常压不同温度下有七个变体（同素异晶体）和一个非晶型变体，即 β-石英，α-石英，γ-鳞石英，β-鳞石英，α-鳞石英，β-方石英，α-方石英和石英玻璃。以上 α 是指较高温度下的结晶形态，β 和 γ 是指较低温度下的结晶形态。

SiO_2 的各种变体在不同温度下会发生转变，如图 4-3 所示，这种转变按其本质的不同可分为两类。一类是横向的迟钝型转变，这是由一种结晶构造过渡到另一种新的结晶构造，也称为一级变体间的转变。这种转变是从结晶的边缘开始的，极其缓慢地发展到结晶中心，由于所需活化能大，转变温度高，所以需要很长的时间且在一定温度范围下才能完成。这种转变一般只向着一个方向进行，即 α-石英→α-鳞石英→α-方石英。另一种为上下的高低型转变，即变体的亚种 α、β、γ 型的转变，也称为二级变体间的转变。这种转变不是由结晶表面逐渐向中心发展，而是整个结晶同时转变。在转变时结晶内部结构变化较小，所以转变是可逆的。

SiO_2 各种变体的晶体结构不同，其密度不同，它们在转变过程中有体积效应产生。在完全转变时体积变化值如表 4-2 所示。从中看出高低型转变时所发生的体积变化比迟钝型转变时所发生的体积变化小，其中以鳞石英型转变时体积变化较小，方石英型较大。

$$\alpha\text{-石英} \underset{}{\overset{870℃}{\rightleftharpoons}} \alpha\text{-鳞石英} \underset{}{\overset{1470℃}{\rightleftharpoons}} \alpha\text{-方石英} \underset{}{\overset{1713℃}{\rightleftharpoons}} \text{熔融态石英}$$

α-石英 ⇕573℃　α-鳞石英 ⇕163℃　α-方石英 ⇕180~270℃　熔融态石英 ⇕

β-石英　　　　β-鳞石英　　　　β-方石英　　　　石英玻璃

⇕117℃

γ-鳞石英

图 4-3　SiO_2 的晶型转化

表 4-2　SiO_2 在转变时的体积变化

各变体间的转变	计算采取的温度/℃	在此温度下的体积效应/%
α-石英→α-鳞石英	870	+16.0
α-石英→α-方石英	1000	+15.4
α-石英→石英玻璃	1000	+15.5
石英玻璃→α-方石英	1000	−0.9
β-石英→α-石英	573	+0.82
γ-鳞石英→β-鳞石英	117	+0.2
β-鳞石英→α-鳞石英	163	+0.2
β-方石英→α-方石英	150	+2.8

硅砖中鳞石英具有矛头状双晶相互交错的网络状结构，因而使硅砖具有较高的荷重软化点及机械强度，当硅砖中有残余石英存在时，由于在使用中它会继续进行晶型转变，体积膨胀较大，易引起砖体结构松散。综上所述，一般希望烧成后硅砖中的鳞石英愈多愈好，方石英次之，残存石英愈少愈好。

② 硅砖的性能

a. 硅砖属于酸性耐火材料，对酸性炉渣侵蚀的抵抗能力强，对 CaO、FeO、Fe_2O_3 等氧化物有良好的抵抗性，但对碱性渣侵蚀的抵抗能力差，易被含 Al_2O_3、K_2O、Na_2O 等的氧化物作用而破坏。

b. 耐火度为 1710~1730℃。

c. 荷重软化温度高，一般在 1640~1680℃以上，这是硅砖的最大优点。硅砖的荷重软化温度之所以高，是因为硅砖中的鳞石英、方石英和石英之间形成一个紧密的结晶网骨架，杂质形成的玻璃体（硅酸盐）充填在骨架之间，温度升高后，虽有液相出现，但砖的形状和荷重由骨架保持和承受，故受压并不变形，直到温度达到骨架的熔化温度为止。

d. 热震稳定性差，水冷次数只有 1~2 次，这主要是因为有高低型晶体转变的缘故，所以硅砖不宜用于温度有急变之处。

e. 高温体积稳定性差，加热时产生体积膨胀，故砌砖时必须注意留出适当的膨胀缝。此外，硅砖在低温下体积变化更大，所以烘烤炉子时，低温下（600℃以下）升温应缓慢。

f. 硅砖的真密度一般情况下变化范围为 2.33~2.42g/cm³，以小为好，真密度小，说明石英晶型转变完全，使用过程的残余膨胀就小。

③ 硅砖的用途　以鳞石英为主晶相的硅砖是酸性冶炼设备的主要砌筑材料，也是炼焦炉、高炉热风炉、铜熔炼炉、玻璃熔窑等不可缺少的筑炉材料。可用于砌筑焦炉的蓄热室墙、斜道、燃烧室、炭化室和炉顶，用做高炉热风炉的拱顶、炉墙和格子砖；以及玻璃池窑的高温部位等。由于硅砖的荷重软化温度高，因而也可用在电炉炉顶上，甚至蓄热室上层格子砖也可用它来砌筑。

使用硅砖时应注意两点：硅砖在 $200\sim300℃$ 和 $573℃$ 时由于高低型晶型转变，体积骤然膨胀，故在烘炉时在 $600℃$ 以下升温不宜太快，否则有破裂的危险，在冷却至 $600℃$ 以下时应避免剧烈的温度变化；尽量避免和碱性炉渣接触。

硅砖的理化指标见表 4-3～表 4-5。

表 4-3　硅砖的理化指标 （GB/T 2608—1987）

指　　标		牌号及数值		
		GZ-95	GZ-94	GZ-93
SiO₂ 含量/%	≥	95	94	93
耐火度/℃	≥	1710	1710	1690
0.2MPa 荷重软化开始温度/℃	≥	1650	1640	1620
显气孔率/%	≤	22	23	25
常温耐压强度/MPa	≥	29.4	24.5	19.6
真密度/(g/cm³)	≤	2.37	2.38	2.39

表 4-4　焦炉用硅砖的理化指标 （YB/T 5013—1997）

指　　标		JG -94	
		炉底、炉壁	其他
SiO₂ 含量/%	≥	94	
0.2MPa 荷重软化开始温度/℃	≥	1650（胶结硅石 1620）	
重烧线变化(1450℃，2h)/%		+0.20	
显气孔率/%	≤	22(23)	24
常温耐压强度/MPa	≥	30	25
真密度/(g/cm³)	≤	2.34	2.35
热膨胀率(1000℃)/%	≤	1.28	1.30

注：括号内数值为手工成型砖。

表 4-5　热风炉用硅砖的理化指标 （YB/T 133—1998）

指　　标		RG -95	
		拱顶炉墙砖	格子砖
SiO₂ 含量/%	≥	95	
常温耐压强度/MPa	≥	35	30
显气孔率/%	≤	22	23
蠕变率(0.2MPa，1550℃，50h)/%	≤	0.8	
真密度/(g/cm³)	≤	2.35	
热膨胀率(1000℃)/%	≤	1.26	
残余石英/%		未提供数据	

（2）石英玻璃及其制品

用天然纯净的石英或水晶，在其熔点以上的温度下熔化成黏稠的透明或不透明的熔融石英，控制熔体的冷却速度，使其来不及析晶而变为石英玻璃。它具有极好的热震稳定性和化学稳定性。

熔融石英制品是以石英玻璃为原料而制得的再结合制品。这类制品的热膨胀系数小，热震稳定性好，耐化学侵蚀（特别是酸和氯），耐冲刷，高温时黏度大，强度高，热导率低，电导率低。由于烧成时收缩小，可以制得尺寸精确的制品。缺点是在 $1100℃$ 以上长期使用时，会向方石英转变（即高温析晶）促使制品产生裂纹和剥落。

由于其良好的性能，广泛用于冶金、化工和轻工业中。在冶金工业中主要用作连铸中的浸入式长水口。熔融石英砖因热导率和热膨胀率均比较小，热震稳定性高，耐压强度高，容易制成大块，表面光滑不积炭，在美国和加拿大等国家的焦炉炉门和煤气上升管等部位上得到了较多的应用，寿命比黏土砖提高近 14 倍。

2. 硅酸铝质耐火材料

硅酸铝质耐火材料是由 Al_2O_3 和 SiO_2 为基本化学组成的耐火材料。根据制品的 Al_2O_3 含量不同可分为三大类：

① 半硅质耐火材料：Al_2O_3 含量为 $15\%\sim30\%$；

② 黏土质耐火材料：Al_2O_3 含量为 $30\%\sim46\%$；

③ 高铝质耐火材料：Al_2O_3 含量大于 46%，根据我国原料组成特点，一般为大于 48%。对于 Al_2O_3 含量大于 90% 的高铝质制品又称为刚玉质耐火材料。

硅酸铝质耐火材料的基本特征主要取决于它们的化学矿物组成，制品中的矿物组成与其 Al_2O_3/SiO_2 比值不同而异。硅酸铝质耐火材料在各温度下的相成分见图 4-4。

图 4-4　$Al_2O_3\text{-}SiO_2$ 系相图

（1）黏土质耐火材料

黏土质耐火材料是用天然产的各种黏土（以高岭石矿物为主）作原料，将一部分黏土预先煅烧成熟料，并与部分生黏土配合制成的 Al_2O_3 含量为 30%～46% 的耐火制品。它是目前生产量最大的一种普通耐火材料，其产量约占耐火材料总产量的一半以上。

在耐火材料工业上应用的黏土主要有硬质黏土和软质黏土两类。硬质黏土中 Al_2O_3 含量较多，杂质含量较少，耐火度高，但可塑性差；软质黏土则相反，Al_2O_3 含量较少，杂质较多，耐火度较低，但可塑性好。

黏土受热后，首先放出结晶水，继续升高温度，高岭石发生分解、脱水、化合、重结晶、晶粒长大及体积变化等一系列反应过程，最后平衡相为莫来石和方石英，这两种成分都是砖中的有用成分，部分方石英和原料中的杂质结合形成玻璃体（非晶体）。

黏土加热时产生体积收缩，所以天然产出的耐火黏土必须预先进行煅烧成熟料，以免砖坯在烧成时因体积收缩而产生裂纹。但熟料没有可塑性和黏结性，制砖时必须加入一部分软质黏土做结合剂，这种未经煅烧的黏土叫生料。熟料和生料按一定比例配合。

① 黏土砖的性质

a. 耐火度　黏土砖的耐火度决定于它的化学成分及杂质含量，由图 4-4 看出：成分中 Al_2O_3 含量愈多，对应的液相线温度愈高。一般黏土砖的耐火度为 1580～1750℃。当温度升高到 1545℃ 时就产生液相，砖开始变软，达到 1800℃ 时全部变成液相。当含有少量碱性化合物时，则其耐火度将显著降低。

b. 荷重软化温度　因为黏土砖在较低的温度下出现液相而开始软化，如果受外力就会变形，所以黏土砖的荷重软化温度比耐火度低很多，只有 1350℃ 左右。

c. 抗渣性　黏土砖是弱酸性的耐火材料，它能抵抗酸性渣的侵蚀，对碱性渣侵蚀作用的抵抗能力则稍差。

d. 热震稳定性　黏土砖的热膨胀系数小，热震稳定性好，在 850℃ 时的水冷次数一般为 10～15 次。

e. 高温体积稳定性　黏土砖在高温下出现再结晶现象，使砖的体积缩小，同时产生液相。由于液相表面张力的作用，使固体颗粒相互靠近，气孔率降低，使砖的体积缩小，因此黏土砖在高温下有残存收缩的性质。

② 黏土砖用途　黏土砖用途广泛。凡无特殊要求的砖体均可用黏土砖砌筑。如高炉、

热风炉、化铁炉、平炉、电炉和玻璃熔窑等温度较低部分使用黏土砖砌筑。此外盛钢桶、浇铸系统用砖、加热炉、热处理炉、燃烧室、烟道、烟囱等均可使用黏土砖。

黏土砖的理化指标如表 4-6～表 4-8 所列。

表 4-6　黏土质耐火砖的理化指标（YB/T 5106—1993）

指　标		牌号及数值							
		N-1	N-2a	N-2b	N-3a	N-3b	N-4	N-5	N-6
耐火度/℃　　　　　≥		1750	1730	1730	1710	1710	1690	1670	1580
0.2MPa 荷重软化开始温度/℃　≥		1400	1350	—	1320		1300		
重烧线收缩/%	1400℃,2h	$+0.1$ -0.4	$+0.1$ -0.5	$+0.2$ -0.5	$+0.2$ -0.5				
	1350℃,2h					$+0.2$ -0.5	$+0.2$ -0.5	$+0.2$ -0.5	
显气孔率/%　　　　≤		22	24	26	24	26	24	26	28
常温耐压强度/MPa　≥		30	25	20	20	15	20	15	15
抗热震性(次)		N-2b、N-3b 必须进行此项检验,将实测数据在质量证明书中注明							

表 4-7　热风炉用黏土质耐火砖的理化指标（YB/T 5107—1993）

指　标		牌号及数值		
		RN-42	RN-40	RN-36
Al_2O_3 含量/%　　≥		42	40	36
耐火度/℃　　　　≥		1750	1730	1690
0.2MPa 荷重软化开始温度/℃ ≥		1400	1350	1300
重烧线收缩/%	1400℃,2h	0 -0.4	—	—
	1350℃,2h	—	0 -0.3	0 -0.5
显气孔率/%　　　≤		24	24	26
常温耐压强度/MPa ≥		29.4	24.5	19.6
抗热震性(次)		必须进行此项检验,将实测数据在质量证明书中注明		

表 4-8　高炉用黏土质耐火砖的理化指标（YB/T 5050—1993）

指　标		牌号及数值	
		ZCN-42	GN-42
Al_2O_3 含量/%　　≥		42	42
Fe_2O_3 含量/%　　≤		1.6	1.7
耐火度/℃　　　　≥		1750	1750
0.2MPa 荷重软化开始温度/℃ ≥		1450	1430
重烧线收缩/%　1450℃,3h		0 -0.2	0 -0.3
显气孔率/%　　　≤		15	16
常温耐压强度/MPa ≥		58.8	49.0
透气度		必须进行此项检验,将实测数据在质量证明书中注明	

（2）半硅质耐火材料

半硅质耐火材料是指 SiO_2 含量大于 65%，Al_2O_3 含量为 15%～30%的半酸性耐火材料，也叫半硅砖。

制造半硅砖用的原料是含有天然石英的 Al_2O_3 含量低的硅质黏土或原生高岭土，以及高岭土选矿时所得到的尾矿。也可以用天然产出的叶蜡石及煤矸石做原料。在我国用来制造半硅砖的原料极多，如砂质石英岩、酸性黏土等。四川的泡沙石（又称白泡石）就是很有价值的原料。也有在黏土中不用或少用熟料黏土，而用石英或砂粒做脊化剂来制造半硅砖的。

半硅砖的各种性能介于黏土砖和硅砖之间，其特点如下。

① 耐火度为 1650～1710℃。

② 热震稳定性比黏土砖差，因石英热膨胀系数大。

③ 荷重软化开始温度为 1350～1450℃，因含有较多的石英，故比一般的黏土砖稍高。

④ 高温体积稳定性好，因为原料中黏土的收缩被 SiO_2 的膨胀所抵消，若含 SiO_2 多则会有残余膨胀产生。

⑤ 抗酸性渣的侵蚀性好。

半硅砖制品的生产，一方面是扩大原料的综合利用，另一方面它具有不太大的膨胀性，有利于提高砌体的整体性，降低熔渣对砖缝的侵蚀作用。另一特点是熔渣与砖面接触后，能形成厚度约 $1\sim 2mm$ 的黏度很大的硅酸盐熔融物，阻碍熔渣向砖内渗透，从而提高制品的抗熔渣侵蚀能力。

半硅砖所用原料广泛，价格低，加上具有上述特性，所以使用范围较广。半硅砖广泛用于焦炉、酸性化铁炉、冶金炉烟道、盛钢桶内衬、流钢铸和铁水罐等。半硅砖的理化指标见表4-9。

表4-9 半硅砖（叶蜡石）的理化指标

名 称	耐火度 /℃	体积密度 /(g/cm³)	显气孔率 /%	常温耐压强度 /MPa	荷重软化开始温度 /℃	Al_2O_3 含量 /%	SiO_2 含量 /%	Fe_2O_3 含量 /%
半硅砖	1630~1650	2.10	18	29	1490	21.59	76.58	0.83

（3）高铝质耐火材料

高铝砖是以矾土熟料配一定数量结合黏土制成的 Al_2O_3 含量大于48%的硅酸铝质耐火材料。制造各种高铝制品的原料如表4-10所示。

表4-10 制造各种高铝制品的原料

原 料	原料的理论化学组成	制品矿物组成
天然或人造刚玉	Al_2O_3	刚玉质
水铝石	$Al_2O_3 \cdot H_2O$	
铝矾土	$Al_2O_3 \cdot nH_2O(n=1\sim3)$	刚玉质、莫来石质
三水铝石	$Al_2O_3 \cdot 3H_2O$	
硅线石、红柱石、蓝晶石	$Al_2O_3 \cdot SiO_2$	莫来石质

通常按照 Al_2O_3 含量将高铝质制品分为三类：Ⅰ等（Al_2O_3 含量 $>75\%$）、Ⅱ等（Al_2O_3 含量 $65\%\sim75\%$）和Ⅲ等（Al_2O_3 含量 $48\%\sim65\%$）。也可根据其矿物组成分为低莫来石质（包括硅线石质）、莫来石质、莫来石-刚玉质、刚玉-莫来石质和刚玉质五类。

随着制品中 Al_2O_3 含量的增加，莫来石和刚玉成分的数量也增加，玻璃相相应减少，制品的耐火性随之提高。当制品中 Al_2O_3 含量小于72%时，制品中唯一高温稳定晶相是莫来石，随 Al_2O_3 增加而增多。对于 Al_2O_3 含量在72%以上的高铝制品，高温稳定晶相是莫来石和刚玉，随着 Al_2O_3 含量增加，刚玉量增多，莫来石量减少，相应地提高制品的高温性能。

① 高铝砖的性质

a. 耐火度 由图4-4可看出含 Al_2O_3 愈高时，相对应的液相线温度愈高。因此，高铝砖的耐火度比黏土砖和半硅砖的耐火度都要高，一般在 $1770\sim2000℃$，属于高级耐火材料。

b. 荷重软化温度 因为高铝制品中 Al_2O_3 含量高，形成易熔的玻璃体少，所以荷重软化温度比黏土砖高，但因莫来石结晶未形成网状组织，故荷重软化温度仍没有硅砖高。

c. 抗渣性 高铝砖化学性质趋于中性，能抵抗酸性渣和碱性渣的侵蚀，由于其中含有 SiO_2，所以抗碱性渣的能力比抗酸性渣的能力弱些。

d. 热震稳定性 高铝制品的热震稳定性差，通常生产中采用调整泥料的颗粒组成、改善颗粒结构特征等措施提高其热震稳定性。近年来，配料中加入适量的堇青石，可制造高温热震稳定性的高铝制品。

② 高铝砖的用途 由于高铝砖具有上述各项良好的性能，目前主要用于砌筑高炉、热

风炉、电炉炉顶、盛钢桶、鼓风炉、反射炉、回转窑内衬、玻璃窑及化学工业用窑炉。此外，高铝砖还广泛地用做平炉蓄热式格子砖、浇注系统用的塞头、水口砖等。

高铝砖的理化指标见表 4-11～表 4-13。

表 4-11　高铝砖的理化指标（GB/T 2988—1987）

指　标		牌号及数值			
		LZ-75	LZ-65	LZ-55	LZ-48
Al_2O_3 含量/%	≥	75	65	55	48
耐火度/℃	≥	1790	1770	1750	—
0.2MPa 荷重软化开始温度/℃	≥	1520	1500	1470	1420
重烧线收缩/%	1500℃,2h	+0.1 −0.4			—
	1400℃,2h				
显气孔率/%	≤	23		22	
常温耐压强度/MPa	≥	53.9	49.0	44.1	39.2

表 4-12　高炉用高铝砖的理化指标（YB/T 5015—1993）

指　标		牌号及数值		
		GL-65	GL-55	GL-48
Al_2O_3 含量/%	≥	65	55	48
Fe_2O_3 含量/%	≤	2.0		
耐火度/℃	≥	1790	1770	1750
0.2MPa 荷重软化开始温度/℃	≥	1500	1480	1450
重烧线收缩/%	1500℃,2h	0 −0.2		—
	1450℃,2h	—		0 −0.2
显气孔率/%	≤	19		18
常温耐压强度/MPa	≥	58.8	49.0	
透气度		必须进行此项检验,将实测数据在质量证明书中注明		

表 4-13　热风炉用高铝砖的理化指标（YB/T 5016—1993）

指　标		牌号及数值		
		RL-65	RL-55	RL-48
Al_2O_3 含量/%	≥	65	55	48
耐火度/℃	≥	1790	1770	1750
0.2MPa 荷重软化开始温度/℃	≥	1500	1470	1420
重烧线收缩/%	1500℃,2h	+0.1 −0.4		—
	1450℃,2h	—		+0.1 −0.4
显气孔率/%	≤	24		
常温耐压强度/MPa	≥	49.0	44.1	39.2
抗热震性/次		必须进行此项检验,将实测数据在质量证明书中注明		

3. 镁质耐火材料

MgO 含量在 80% 以上，以方镁石为主晶相的耐火材料为镁质耐火材料。品种分为冶金镁砂和镁质制品两大类。依化学组成和用途的不同，冶金镁砂有普通冶金镁砂和马丁砂。制品有普通镁砖、镁硅砖、镁铝砖和镁钙砖。近年来，为了适应冶炼新技术和延长冶金炉寿命的要求，往往在配料中加入碳素材，如镁碳砖、镁化白云石碳砖等。

生产镁质耐火材料的主要原料是菱镁矿，它的主要成分是 $MgCO_3$，此外还含有 CaO、SiO_2、Fe_2O_3、Al_2O_3 等杂质。杂质能促进其烧结，但杂质含量大时，则强烈地降低它的耐火性质，甚至给生产工艺造成困难。

菱镁矿必须经过煅烧才能使用。在煅烧时，从 350℃ 开始分解，放出 CO_2，生成 MgO，并伴有很大的体积收缩，其反应式如下

$$MgCO_3 \longrightarrow MgO + CO_2 \uparrow$$

温度达到 550~650℃ 时，反应激烈。至 1000℃ 时，分解完全，生成轻烧 MgO，质地疏松，化学活性很大。继续升温，MgO 体积收缩，化学活性减小，密度增加。同时镁石中 CaO、SiO_2、Fe_2O_3 等杂质与 MgO 逐步生成低熔点化合物。至 1550~1650℃ 时，MgO 晶格缺陷得到校正，晶粒逐渐发育长大，组织结构致密，生成以方镁石为主要晶相的烧结镁石。

将烧结镁石破碎到一定粒度组成，即成为镁砂，是制造镁砖的原料。镁砂除制砖外，尚可做高温碱性熔炼炉捣打料以及补炉料等之用，通常称为冶金镁砂。由于镁石的熔点很高，烧结十分困难，因此冶金镁石在使用时通常要加入 10%~25% 的助熔剂，一般是平炉渣。但是镁砂与助熔剂混合不易均匀，加上使用时还会出现颗粒偏析，因此发展了另一种冶金镁砂，亦称马丁砂，即将镁石、白云石（或石灰石）、铁矿石按一定的比例配料，均匀混合，然后煅烧成熟料，再破碎至一定的颗粒组成而制得的冶金镁砂。这种合成冶金镁砂已含熔剂矿物，使用时不必外加助熔剂。

（1）镁砖

镁砖是用煅烧镁砂做原料，加入亚硫酸盐纸浆废液，加压成型，在 1600~1700℃ 温度下烧成的，其外表呈暗棕色。还有在原料中加入部分矿化剂和低温结合剂，不经烧成工序，直接使用的不烧结镁砖。后者性能较差，但成本较低。

烧成后的镁砖中矿物组成为：方镁石（MgO）占 80%~90%；还有铁酸镁（$MgO \cdot Fe_2O_3$）、镁橄榄石（$2MgO \cdot SiO_2$）、钙镁橄榄石（$CaO \cdot MgO \cdot SiO_2$）以及玻璃质等，共约 8%~20%。

① 镁砖的主要性能

a. 耐火度　因为方镁石（MgO）结晶的熔点很高，可达 2800℃，故镁砖的耐火度在一般耐火砖中是最高的，通常在 2000℃ 以上。这是镁砖的优点之一，常用做高温燃烧室或熔炼炉的砌筑料。

b. 荷重软化温度　镁砖的高温强度不好，荷重开始软化温度在 1500~1550℃ 之间，比耐火度低 500℃ 以上，所以，不用镁砖砌筑高温炉的炉拱，以免在高温下受压变形，因炉拱砖承受的挤压力较大。

镁砖荷重软化温度低的主要原因是由于方镁石晶体没有形成结晶骨架（结晶网），类似于黏土砖结构。方镁石结晶颗粒是离散的，它的四周被钙镁橄榄石及玻璃质所包围而胶结起

来。钙镁橄榄石的熔点很低，只有 1490℃，玻璃质也是易熔物质，因而导致镁砖在荷重下开始软化的温度远远低于耐火度。为了改善这方面的性能而制成的特殊镁砖，荷重开始软化温度可提高到 1600℃ 以上。

c. 抗渣性 镁砖属于碱性耐火材料，对于 CaO、FeO 等碱性熔渣的抵抗能力很强，故通常用做碱性熔炼炉的砌筑材料。但对于酸渣的抵抗力则很差，镁砖不能与酸性耐火材料相接触，它们在 1500℃ 以上就相互起化学反应而被侵蚀。因此，镁砖不能和硅砖等混砌。

d. 热震稳定性 镁砖的热震稳定性很差，只能承受水冷 2～8 次，这是它的很大缺点。其主要原因，一是镁砖的平均线胀系数较大，二是平均弹性模量高。还有一个重要原因是镁砖基质中的钙镁橄榄石具有显著的膨胀各向异性，即受热时沿各个方向膨胀的大小不相同，经测定这种结晶沿 x 轴的线胀系数为 $1.36×10^{-5}$，而沿 z 轴为 $0.76×10^{-5}$。由于这种膨胀各向异性，故温度激烈波动时，在镁砖中产生较大的热应力，容易使镁砖破损。

镁砖与硅砖有相类似的缺点，不能用于温度波动激烈的地方。用镁砖砌筑的炉子，在操作过程中应保持炉温的稳定，防止因温度变化过急而造成炉体的破坏。

e. 高温体积稳定性 镁砖的热膨胀系数大，高温体积稳定性差，在 20～1500℃ 之间的线胀系数为 $14.3×10^{6}$，故砌砖过程中，应留足够的膨胀缝。

f. 导热性 镁砖的导热能力约为黏土砖的几倍。故镁砖砌筑的炉体外层，一般应有足够的隔热层，以减少散热损失。不过镁砖的导热性随温度升高而下降。

g. 水化性 煅烧不够的氧化镁与水作用，产生以下反应

$$MgO + H_2O \longrightarrow Mg(OH)_2$$

这称为水化反应。由于此反应，体积膨胀达 77.7%，使镁砖遭受严重破坏，产生裂纹或崩落。镁砖虽经高温煅烧，氧化镁的水化性已大大降低，正常情况下不再进行水化反应。但若镁砖在潮湿状态下放置过久，则不可避免会进行水化，而严重降低砖的质量。因此，镁砖在储存过程中必须注意防潮。

② 镁砖的应用 镁砖在冶金工业中应用很广。炼钢工业中可用来砌筑顶吹转炉炉衬、电弧炉炉墙和炉底、均热炉和加热炉炉底以及混铁炉内衬。有色冶金工业中用以砌筑铜、镍、铅鼓风炉炉缸、前床，精炼铜反射炉，矿石电炉内衬等。

镁砖的理化指标见表 4-14。

表 4-14 镁质耐火砖的理化指标（GB 2275—1987）

指　　标		牌号及数值		
		MZ-91	MZ-89	MZ-87
MgO 含量/%	≥	91	89	82
SiO₂ 含量/%		—	—	5～10
CaO 含量/%	≤	3	3	2.5
0.2MPa 荷重软化开始温度/℃	≥	1550	1540	1550
显气孔率/%	≤	18	20	20
常温耐压强度/MPa	≥	58.8	49	39.2
1650℃,2h 重烧线变化/%	≤	0.5	0.6	—

（2）镁铝砖

镁铝砖是采用含钙少的煅烧镁砂（MgO>90%，CaO<2.2%）做原料，加入约8%的工业氧化铝粉，以亚硫酸纸浆废液做结合剂，在1580℃的高温下烧成的制品。

镁铝砖的矿相组成是以方镁石为主晶相，镁铝尖晶石（MgO·Al$_2$O$_3$）为基质。后者代替镁砖中的钙镁橄榄石，成为方镁石的结合剂。

镁铝砖与镁砖比较，具有以下特点。

① 镁铝砖的热震稳定性好，可承受水冷20~25次，甚至更高。这是它最突出的优点，比普通镁砖好得多。

研究认为，镁铝砖热震稳定性好，是由于镁铝尖晶石和方镁石都属于立方晶系，沿各个晶轴方向的热膨胀大小都相同，故温度波动时膨胀和收缩都比较均匀，产生的热应力较小。

② 镁铝砖的主要性能也比镁砖稍强。由于镁铝尖晶石本身的熔点较高，故镁铝砖的荷重软化温度比镁砖有所改善，达到1620~1690℃。

镁铝尖晶石保护方镁石颗粒免受熔渣侵蚀的能力比钙镁橄榄石强，故镁铝砖抵抗碱性熔渣以及氧化铁熔渣的能力较镁砖有所加强。

镁铝砖具有以上优良性能，故在我国已广泛用做炼钢平炉，炼铜反射炉等高温熔炼炉炉顶的砌筑材料，取得了延长炉子寿命的效果。大型平炉可达300炉左右，中小型平炉在1000炉以上。

镁铝砖的理化指标见表4-15。

表4-15　平炉用镁铝砖的理化指标（YB/T 5010—1993）

指　标		牌号及数值	
		ML-80A	ML-80B
MgO 含量/%	≥	80	80
Al$_2$O$_3$ 含量/%		5~10	5~10
0.2MPa 荷重软化开始温度/℃	≥	1600	1580
显气孔率/%	≤	18	20
常温耐压强度/MPa	≥	39.2	29.4
抗热震性/次	≥	3	3

（3）镁铬砖

镁铬砖是加铬铁矿于烧结镁砂中作为原料制成的含Cr$_2$O$_3$≥8%的耐火制品，其主要矿相组成为方镁石和含铬尖晶石（MgO·Cr$_2$O$_3$）。

镁铬砖对碱性熔渣的侵蚀有一定的抵抗能力，高温下的体积稳定性好，在1500℃时重烧线收缩很小。主要缺点是铬尖晶石吸收氧化铁后，使砖的组织改变，引起"暴胀"，加速砖的损坏。

镁铬砖常用来砌筑炼铜炉、电炉、回转窑及玻璃熔窑的某些部位。此外，还有一种含Cr$_2$O$_3$量较高（30%以上），而MgO量较少（10%~30%）的铬质耐火砖。它的主要特性是属于中性耐火材料，因为Cr$_2$O$_3$属于中性氧化物，故对碱性熔渣和酸性熔渣都有良好的抵抗能力，铬砖有时用来砌筑在酸性耐火砖和碱性耐火砖交界的地方，以免酸性耐火砖与碱性耐火砖之间在高温下起反应。

几种典型镁铬砖的组成与性能见表 4-16。

表 4-16　几种典型镁铬砖的组成与性能

组成和性能	熔铸镁铬砖	硅酸盐结合镁铬砖	直接结合镁铬砖
SiO_2 含量/%	2.81	4.33	2.02
MgO 含量/%	52.52	69.32	82.61
Cr_2O_3 含量/%	20.06	10.60	8.72
显气孔率/%	10	19	15
体积密度/(g/cm³)	3.38	2.97	3.08
常温耐压强度/MPa	92~114	39.8	59.8
荷重软化温度/℃	>1700	1610	1690
1100℃水冷抗热震性/次	—	—	>9

（4）镁碳砖

镁碳砖用优质镁砂、高纯石墨及金属硅、碳化硅等添加物，用酚醛树脂做结合剂压制而成。利用碳材料难于被炉渣、钢液润湿和镁砂的高耐火并呈碱性的特性，镁碳砖具有高的抗渣性和难溶性，抗剥落，高温蠕变小等性质。

镁碳砖是当前炼钢炉采用的主要耐火材料之一，它主要用于转炉、电炉的渣线部位及炉衬及炉外精炼的钢包等。由于其性能比镁砖和焦油白云石砖好，故用在炼钢炉上炉龄寿命可大大提高。

镁碳砖的理化指标见表 4-17。

表 4-17　镁碳砖的理化指标（YB/T 4074—2001）

指标		牌号及数值								
		MT10A	MT10B	MT10C	MT14A	MT14B	MT14C	MT18A	MT18B	MT18C
MgO 含量/%	≥	80	78	76	76	74	74	72	70	70
C 含量/%	≥	10	10	10	14	14	14	18	18	18
显气孔率/%	≤	4	5	6	4	5	6	3	4	5
体积密度/(g/cm³)	≥	2.90	2.85	2.80	2.90	2.82	2.77	2.9	2.82	2.77
常温耐压强度/MPa	≥	40	35	30	40	35	25	40	35	25
1400℃,30min 高温抗折强度	≥	6	5	4	14	8	5	12	7	4
抗氧化性		提供实测数据								

4. 白云石质耐火材料

白云石质耐火材料是以白云石为主要原料生产的碱性耐火材料。按其化学矿物组成，白云石质耐火材料可分为两大类。

① 含有游离石灰的白云石质耐火材料，因其组成中含有难于烧结的活性 CaO，极易吸潮粉化，故又称为不稳定或不抗水化白云石质耐火材料。

② 不含游离 CaO 的白云石质耐火材料，其矿物组成为 MgO、C_3S、C_2S、C_4AF、C_2F（或 C_3A）。组成中的 CaO 全部呈结合态，不会因水化而松散，因而也称为稳定性或抗水化白云石质耐火材料。

按生产工艺白云石砖可分为：焦油（沥青）结合不烧砖、轻烧油浸砖和烧成油浸砖。

白云石砖是煅烧过的白云石砂制成的耐火制品，通常含 CaO 40％ 以上，MgO 35％ 以上，还含有少量的 SiO_2、Al_2O_3、Fe_2O_3 等杂质。若砖中的 CaO/MgO 比值小于 1.39，则称为镁质白云石砖。

我国白云石的蕴藏量丰富，为发展白云石质耐火材料提供了有利条件。白云石质耐火材料主要用作碱性氧气转炉炉衬。从化学组成看，经历了杂质由高到低的阶段，在工艺上由不烧到轻烧至高温烧成。目前普遍的倾向是发展低杂质含量、高 MgO 含量的合成白云石砖。近年来，伴随着氧气顶吹转炉炼钢的迅速发展，中国白云石质耐火材料也得到迅速发展，新品种、新工艺不断出现，如振动成型大砖、轻烧真空油浸砖、合成镁白云石砖及烧成油浸白云石砖等，均成功地使用在转炉上，大大提高了炉子寿命。

（1）焦油白云石砖

焦油白云石砖是以烧结白云石为主要原料，或再加入适量镁砂并以焦油沥青或石蜡等有机物作结合剂而制成的。它是炼钢转炉的主要炉衬材料，在延长炉子寿命方面取得了成效。

这种砖在高温使用过程中，作为黏结剂的焦油和沥青进行分解，放出挥发分，残留固定炭。残留炭不仅存在于白云石颗粒之间，而且渗入颗粒的毛细孔中，组成完整的固定炭网，将白云石颗粒联结成高强度的整体。此外，固定炭的化学稳定性好，有助于整个耐火制品抗渣能力的提高。

焦油白云石砖的主要特性如下。

① 水化性　白云石砖的水化性比镁砖更厉害，CaO 与 H_2O 起作用，化合成 Ca $(OH)_2$，体积膨胀一倍，使砖遭到破坏。白云石原料虽经高温煅烧，水化性有所降低，但若在空气中放置太久，则不可避免会吸收空气中水分，而逐渐被水化。因此，应尽快使用。

② 其他性质　焦油白云石砖也是碱性耐火材料，对碱性渣的抵抗能力强，而对酸性渣的抵抗能力差，荷重软化开始温度比较低，只有 1500～1570℃。

焦油白云石砖的热震稳定性比普通镁砖好得多，可达风冷 20 次。这与结合剂（固定碳）具有好的热稳定性有关。

使用不烧结的焦油白云石砖时，由于焦油或沥青在低温下加热即软化，故烘炉时在500℃下不能停留时间过长，以防止砖软化变形。

（2）镁质白云石砖

近年来，发展生产了烧成油浸镁质白云石砖，其工艺大致与焦油白云石砖相似。区别在于前者采用了石蜡作结合剂，以便在结合剂烧尽后形成陶瓷结合或直接结合，后者将烧成砖在沥青中进行真空-压力浸渍，使沥青填满颗粒间隙中。烧成油浸镁质白云石砖是优质的转炉炉衬材料。

我国某耐火材料厂生产的烧成油浸合成镁白云石砖主要用于炼钢转炉炉衬。其产品按理化指标分为 M-75 和 M-70 两种牌号，见表 4-18。

5. 碳质耐火材料

碳质耐火材料是指由碳或碳的化合物制成的，以含不同形态的碳为主要组分的耐火材料。根据所用含碳原料的成分及制品的矿物组成，碳质耐火材料可分为碳质制品、石墨黏土质制品和碳化硅质制品三类。

表 4-18 镁质白云石砖理化指标

指 标		牌号及数值	
		M-75	M-70
MgO 含量/%	≥	75	70
杂质总含量/%	≤	3.0	4.0
0.2MPa 荷重软化开始温度/℃	≥	1700	1700
显气孔率/%	≤	3.0	3.0
体积密度/(g/cm³)	≤	3.05	3.05
常温耐压强度/MPa	≤	70	70

按化学性质分类,含碳耐火材料应属于中性耐火材料。这类材料的耐火度高(纯碳的熔融温度为 3500℃,实际上在 3000℃时即开始升华,碳化硅在 2200℃以上分解),导热性和导电性均好,荷重软化温度和高温强度优异,耐磨性好,抗渣性和热震稳定性都比其他耐火材料好。但这一类制品都有易氧化的缺点。

(1)碳质制品

碳质制品是指主要或全部由碳(包括石墨)制成的制品,这类制品包括炭砖、人造石墨质和半石墨质炭砖。冶金工业所使用的碳质制品主要是炭砖。

生产碳质制品所需要的原料有无烟煤、焦炭及石墨等。无烟煤和焦炭是制砖坯料中的瘠性材料。加入焦油结合物质使坯料具有可塑性和结合性,经煅烧后结焦,将碳粒黏结在一起。当坯料塑性不足时,可加入部分增塑剂石墨。

炭砖具有耐火度和荷重软化点高,热震稳定性好,不被熔渣铁水等润湿,几乎不受所有酸碱盐和有机药品的腐蚀,抗渣性很好,高温体积稳定,机械强度高,耐磨性好并具有良好的导电性等性质,故广泛应用于冶金工业。其中以高炉炭砖用量最大,许多高炉的炉底、炉缸和炉腹是用炭砖砌筑的。此外,还广泛用在电镀工业的酸洗槽、电镀槽、造纸工业的溶解槽、化学工业的反应槽和储槽、石油化学工业的高压釜以及熔炼有色金属(如铝、铅、锑等)的炉衬等。

中小型高炉常在现场采用碳质材料直接捣固的技术,高炉使用炭砖,其最大优点是高温强度大和高温体积稳定。若使用黏土砖时,由于黏土砖在高温下体积不断收缩,强度降低和铁水渗入砖中,造成炉缸被铁水蚀穿和漏铁水,甚至发生爆炸事故。用炭砖时,则可避免这类事故,从而延长了炉子的寿命。高炉用砖的理化指标见表 4-19。

表 4-19 高炉炭块和炭砖的理化指标(YB 2804—1991)

指 标		制品及数值	
		炭 块	炭 砖
灰分/%	≤	10	2
耐压强度/MPa	≥	30	30
气孔率/%	≤	22	28
体积密度/(g/cm³)	≥	1.50	—
耐碱性(级)	≥	C	—
抗折强度/MPa	≥	—	8

质量好的炭砖为暗灰色,具有光泽,敲击发出清脆的声音。如有沙音,则表示制品有裂纹或多孔。

（2）石墨黏土质制品

石墨黏土质制品是以天然石墨为原料，以黏土作结合剂制得的耐火材料。石墨具有良好的导热性，耐高温，不与金属熔体作用，热膨胀小。这类制品有石墨黏土坩埚、蒸馏罐、铸钢用塞头砖、水口砖及盛钢桶衬砖等。其中生产最多、应用最广的是炼钢和熔炼有色金属的石墨黏土坩埚。

依黏土性质、石墨特性和坩埚用途不同，配料的各成分含量不同。一般为黏土 30%～40%，石墨 35%～50%，熟料或硅石 10%～30%。制造炼钢用坩埚，泥料中石墨最好在 40%～50%，若石墨数量过多，则会使钢中增碳，减少石墨含量，则会降低坩埚壁的传热性，从而延长冶炼时间。

石墨坩埚通常在倒焰窑内烧成，为防止石墨在高温下氧化，须将坯体装在填满碳粒的匣钵中煅烧，或在坩埚表面涂一层由长石（或硼砂）、石英岩、黏土等配成的釉料，则坩埚可直接装窑烧成。但窑内气氛仍不能是强氧化性。出窑后的成品为防止吸水，应在制品表面均匀涂抹一层防潮剂，便于保存。

石墨黏土坩埚制品要求具有一定的机械强度，能承受金属的荷重，便于熔铸操作，还应有良好的热导性、热震稳定性和抗渣性。

采用沥青、焦油代替结合黏土，碳化硅代替熟料，制得碳结合的石墨坩埚，在国外也逐渐得到大量应用。

（3）碳化硅质制品

碳化硅质制品是以碳化硅为主要原料烧成的高级耐火材料。其主要特征是共价结合，具有耐磨性和耐蚀性好、高温强度大、热导率高、热膨胀系数小、热震稳定性好等特点。

碳化硅砖按结合方式不同可分为黏土结合碳化硅砖、β-碳化硅结合碳化硅砖、氧氮化硅结合碳化硅砖、氮化硅结合碳化硅砖、塞隆（Sialon）结合碳化硅砖和重结晶碳化硅砖。

碳化硅质制品属于高级耐火材料。在钢铁冶炼方面，它可用于盛钢桶内衬、水口、塞头、高炉炉底和炉腹、出铁槽、转炉和电炉出钢口、加热炉无水冷滑轨等方面。在有色金属（锌、铜、铝等）冶炼中，大量用于蒸馏器、精馏塔托盘、电解槽侧墙、熔融金属管道、吸送泵和熔炼金属坩埚等。硅酸盐工业中它大量用作各种窑炉的棚板和隔焰材料，如马弗炉内衬和匣钵等。化学工业中多用于油气发生器、有机废料煅烧炉、石油汽化器和脱硫炉等方面。此外在空间技术上可用作火箭喷管和高温燃气透平叶片等。

6. 不定形耐火材料

不定形耐火材料是由合理级配的粒状和粉状料与结合剂共同组成的不经成型和烧成而直接供使用的耐火材料。通常，对构成此种材料的粒状料称骨料，对粉状料称掺和料，对结合剂称胶结剂。这类材料无固定的外形，可制成浆状、泥膏状和松散状，因而也通称为散装耐火材料。

不定形耐火材料的种类很多，可依所用耐火物料的材质分类，也可按所用结合剂的品种而分类。通常，多根据其工艺特性分为耐火浇注或浇灌料、耐火可塑料、耐火捣打料、耐火喷射料、耐火投射料和耐火泥等。耐火涂料也可认为是一种不定形耐火材料。

由于不定形耐火材料的生产只经过粒状、粉状料的制备和混合料的混炼过程，具有过程简便，成品率高，供应较快，热能消耗较低，可采用不同的施工方法制成任何形状的整体构筑物，施工过程简便，适应性强，生产效率高，可避免砖缝造成的薄弱点，局部损坏时修补迅速且经济等优点，近年来得到了快速的发展。目前一些先进工业国家，不定形耐火材料的产量已发展到约占其耐火材料总产量的二分之一以上，而且有进一步发展的趋势。

（1）耐火浇注料（耐火混凝土）

耐火浇注料是一种由耐火物料制成的粒状和粉状材料，并加入一定量结合剂和水分组成的耐火材料。它具有较高的流动性，适宜用浇注方法施工。由于其基本组成和施工、硬化过程与土建工程中常用的混凝土相同，因此也常称此种材料为耐火混凝土。

耐火浇注料的粒状料可由各种材质的耐火原料制成，以硅酸铝质熟料和刚玉质材料最多。其他如硅质、镁质、尖晶石质、锆英石质和碳化硅质也可用，根据需要而定。粉状料常采用与粒状料相同材质的原料中等级更优良者，避免基质部分可能带来的不利影响，提高基质的品质，以使其与粒状料的品质相当。

耐火浇注料用的结合剂多为无机结合剂，最广泛使用的为铝酸钙水泥、水玻璃和磷酸盐。另外，制造含碳浇注料或由易水化的碱性原料制造浇注料，也常用含残碳较高的有机结合剂。

① 铝酸钙水泥浇注料　铝酸钙水泥浇注料是以铝酸钙为主要成分的水泥为结合剂，以矾土熟料为骨料及掺和料制成的水硬性浇注料。由于铝酸钙水化速度很快，因此这种浇注料的特点是硬化快，早期强度高。但到350℃开始排除结晶水，体积收缩，强度下降，因此烘炉时必须严格按预定曲线进行。到1100~1200℃以上，铝酸钙耐火浇注料的强度有所提高，因为内部产生了陶瓷结合。

② 水玻璃浇注料　水玻璃耐火浇注料是以水玻璃为结合剂，并加入适量的氟硅酸钠（Na_2SiF_4）作促凝剂而制成的气硬性浇注料。依靠水玻璃水解产生的硅胶，把骨料及掺和料颗粒联结在一起。在各种耐火浇注料中，它的相对强度是较高的，但耐火度及荷重软化温度较低。这种浇注料适用于1000℃以下要求有较高强度、耐磨性好、能抗酸腐蚀的地方，但不能用于经常有水或水蒸气作用的部位。

③ 磷酸盐浇注料　磷酸盐耐火浇注料是以磷酸为结合剂，有时加适量矾土水泥作促凝剂而制成的热硬性浇注料。这种浇注料的特点是在常温下不硬化固结，为了使其凝固并具有一定的强度，在生产预制块时要加促凝剂。经加热到500℃才硬化固结，强度也随温度上升而提高，但到800℃附近，中温强度低是其缺点，以后强度又随温度继续上升。这种浇注料具有优良的耐火性、耐磨性、抗渣性和热稳定性，能长期应用在1400~1600℃的条件下。由于作为结合剂的磷酸价格较高，因此限制了这种耐火浇注料的发展。为此国内试验成功用硫酸铝溶液作代用品，价格仅为磷酸的十分之一，制成的耐火浇注料主要性能与高铝砖相近。

几种常用耐火浇注料的性能见表4-20。

表4-20　几种耐火浇注料的性能

材　　料	耐火度/℃	荷重软化开始温度/℃	显气孔率/%	体积密度/(g/cm³)	常温耐压强度/(N/cm²)	1250℃烧后强度/(N/cm²)	热稳定性（次）
铝酸钙耐火浇注料	1690~1710	1250~1280	18~21	2.16	1962~3434	1373~1570	>50
水玻璃耐火浇注料	1610~1690	1030~1090	17	2.19	2943~3924	3924~4905	>50
磷酸盐耐火浇注料	1710~1750	1200~1280	17~19	2.26~2.30	1766~2453	2060~2551	>50

耐火浇注料是目前生产与使用最广泛的一种不定形耐火材料。主要用于构筑各种加热炉内衬等整体构筑物。某些由优质粒状和粉状料组成的品种也可用于冶炼炉。如铝酸钙水泥浇注料可广泛用于各种加热炉和其他无渣侵蚀的热工设备中；磷酸盐浇注料根据耐火粉粒料的性质，既可广泛应用于加热金属的加热炉中，也可用于出铁槽、出钢槽以及炼焦炉、水泥回转窑中直接同熔融金属和高温热处理物料接触的部位。冶金炉和其他容器中的一些部位，使用优质磷酸盐浇注料进行修补也有良好效果。在一些工作温度不甚高，而需要耐磨损的部位，使用以耐磨的瘠性料和磷酸盐结合剂制成浇注料更为适宜。若选用刚玉质或碳化硅耐火物料制成浇注料，在还原气氛下使用，一般皆有较好的效果。若在浇注料中加入适当的钢纤维构成钢纤维浇注料，耐撞击和耐磨损，使用效果好。镁碳质浇注料主要用于受碱性熔渣侵蚀的冶炼炉中。

（2）耐火可塑料

耐火可塑料是由粒状和粉状物料与可塑黏土等结合剂和增塑剂配合，加入少量水分，经充分混炼，所组成的一种呈硬泥膏状并在较长时间内保持较高可塑性的不定形耐火材料。

耐火可塑料的主要组分是粒状和粉状料，约占总量的 70% ～ 85%。它可由各种材质的耐火原料制成，并常依材质对其进行分类并命名。由于这种不定形耐火材料主要用于不直接与熔融物接触的各种加热炉中，一般多采用黏土熟料和高铝质熟料，制轻质可塑料可采用轻质粒状料。为了改进以黏土作结合剂在施工后硬化缓慢和常温强度低等缺点，往往另外加入适量的气硬性和热硬性结合剂，如硅酸钠、磷酸和磷酸盐及氯化盐等无机盐和其聚合物。

耐火可塑料的用途很广，特别适用于钢铁工业中的各种加热炉、均热炉、退火炉、渗碳炉、热风炉、烧结炉等处。也可用于小型电弧炉的炉盖、高温炉的烧嘴以及其他相似的部位。

和耐火砖相比，耐火可塑料生产流程简单，容易施工，筑炉速度比砌砖快四倍以上，修补方便。硅酸铝质可塑料主要性能达到高铝砖水平，但费用比高铝砖低。和耐火浇注料相比，施工不用模板，不需要养护时间，由于高温下生成的玻璃少，性能上也超过相同材质的耐火浇注料。

耐火可塑料的缺点是体积收缩大，常温强度低，储存期短。可塑料损坏多半因为施工质量不好或烘炉方法不对，而不是材料本身问题。但耐火可塑料的优点超过其缺点，所以发展速度很快，今后应用范围还将进一步扩大。

（3）耐火捣打料

耐火捣打料是由耐火原料制成粒状和粉状料，加适当或不加结合剂，经合理级配和混炼，呈松散状，经强力捣打方式施工的耐火材料。

与同类材质的其他不定形耐火材料相比，捣打料呈干或半干的松散状，多数在成型前无黏结性，因而只有以强力捣打才可获得密实的结构。多数捣打料未烧结前的常温强度较低，有的中高温强度也不高，只有在加热时达到烧结或使结合剂中含碳化合物焦化后才获得强的结合。

捣打料的耐火性和耐熔融物侵蚀能力都可通过选用优质耐火原料，采用正确配比和混合以及强力捣实而获得。同浇注料和可塑料相比，高温下它具有较高的稳定性和耐侵蚀性。但是，其使用寿命在很大程度上还取决于使用前的预烧或在第一次使用时的烧结质量。若加热面烧结为整体而无龟裂并与底层不分离，则使用寿命可得到提高。

捣打料可代替耐火砖用来捣筑冶金炉的某些部位，也可捣筑整个炉子。目前，高炉部分炉衬、电炉炉底、冰铜熔炼反射炉炉底以及感应电炉整个炉体，皆广泛使用捣打料捣筑而成。与耐火砖的砌体比较，捣筑而成的炉体具有无砖缝，坚固致密，不易渗漏金属，抗侵蚀能力强等优点。实践证明：使用寿命比砖砌的长。某些耐火捣打料的配比见表 4-21。

表 4-21 某些耐火捣打料的配比

使用地点	铁芯感应电炉炉衬	冰铜反射炉炉底	高炉碳捣炉衬
配料比	石英砂（粒度 0.1mm 以下的占 48%～50%）：96% 硼砂：4%	镁砂（含 MgO>83%）：50%～68% 铁粉：25%～40% 卤水（MgCl₂>45%）：6%～7%	冶金焦粉（粒度在 4mm 以下）：85% 煤沥青：10% 脱水煤焦油：5%

（4）耐火喷射料

耐火喷射料是供以压缩空气为动力的喷射机进行喷射施工用的不定形耐火材料。广泛用于冶金炉炉衬的修补工作，因此也常称喷补料。

现代平炉、转炉、电炉等高温炉，普遍采用高温喷补炉墙的方法，为延长炉子寿命，提高生产能力，提供了极其有力的措施。这项先进技术，在我国炼钢炉上已广泛获得应用。

喷补料由耐火粉粒料及结合剂所组成。耐火粉粒料的组成根据耐火砖的种类以及炉内温度等条件选定。结合剂用水玻璃或聚磷酸盐等。料配好以后，依靠压缩空气喷枪喷于炉壁上，在高温下喷补料烧结于被损坏的炉壁上，与原来的砖砌体结合成整体。

我国某钢厂在 30t 氧气顶吹转炉上，采用的喷补料配比如下：镁砂粉（<0.2mm）80%；镁砂粒（<0.3mm）20%；外加结合剂三聚磷酸钠 3%，水分约 30%左右。

由于加入了结合剂，在喷补料中会生成易熔化合物，而使高温性能降低。此外，加入的水分在高温下蒸发，留下较多的气孔，容易被熔渣侵入，故调制时加入的水量尽可能少。

（5）耐火泥

耐火泥是由粉状物料和结合剂组成的供调制泥浆用的不定形耐火材料。主要用作砌筑耐火砖砌体的接缝和涂层材料。

用作接缝材料时，耐火泥的质量优劣对砌体的质量有相当大的影响。它可以调整砖的尺寸误差和不规整的外形，使砌体整齐和负荷均衡，并可使砌体构成坚强和严密的整体，以抵抗外力的破坏和防止砌体、熔融液的侵入。当作为涂料时，其质量对保护层是否能使底层充分发挥其应有的效用和延长使用寿命有极密切的关系。

耐火泥的主要成分应与所砌的耐火砖相接近。根据耐火泥化学成分的不同，可分为黏土质、高铝质、硅质、镁质火泥等。

黏土质火泥（通常简称耐火泥）由 60%～70%耐火黏土熟料粉和 30%～40%生黏土细料混合而成，加入适量水调成泥浆后，可用来砌筑黏土砖。

硅质火泥由 85%～90%的石英细粉和 10%～15%高质量黏合黏土粉组成，加水调制泥浆，用来砌筑硅砖。

镁质火泥用冶金镁砂磨细后制成，用于镁砖的砌筑，镁质火泥可干砌，也可湿砌。干砌即镁质火泥直接用来填充砖缝。湿砌法是镁质火泥中加入卤水，调制成泥浆后再使用。镁质火泥不加水调制，是为了防止水化。

普通水泥加水调成泥浆，在高温过程中常因水分蒸发，体积收缩，而产生裂缝，破坏了严密性。为克服此缺点，可用加水玻璃或水泥调制的火泥泥浆。

近些年来，我国高炉砌筑采用一种新的泥浆（高强度磷酸盐泥浆），这种泥浆在高温下具有较高的黏结强度，基本不收缩，并对铁水与熔渣的侵蚀具有较强的抵抗能力。这种高强度磷酸盐泥浆的材料组成与配比见表4-22。

表 4-22　高强度磷酸盐泥浆的材料组成与配比

材料名称	材料组成/%	质量配比/%
高铝熟料粉	成分：$Al_2O_3>15$；$Fe_2O_3<1.5$	100
工业磷酸	浓度：85	15～17（外加）
水		16～18（外加）

（6）耐火涂料

耐火涂料覆盖于炉子砌砖体内表面，提高砌砖体抗渣能力等高温性能，有助于延长炉体的使用寿命。耐火涂料在常温下涂于砌砖体表面，在高温使用过程中与砌砖体烧结在一起。

但耐火涂料的选择不是容易的。因为要求涂料既起保护作用，又能紧紧地黏结在砌砖体上，不脱落也不开裂。所以，耐火涂料的实际使用是有限的。

使用效果较好的耐火涂料有铬质、镁铬质以及氧化锆质等。有时也用黏土质、刚玉质等。在涂料中应加入亚硫酸纸浆废液、水玻璃等结合剂。

7. 隔热耐火材料

为了减少炉子热损失，提高炉子热效率，减低燃料消耗量以及改善车间劳动条件，炉子砌体外层一般用隔热耐火材料砌筑。隔热耐火材料是指气孔率高、体积密度低、热导率低的耐火材料。一般隔热耐火材料的气孔率为 40%～80%，体积密度低于 $1.5g/cm^3$，热导率低于 $1W/(m \cdot K)$。

隔热耐火材料的种类很多，其分类方法主要以下几种。

① 根据使用温度不同，可分为高温隔热材料（1200℃以上）、中温隔热材料（900～1200℃）、低温隔热材料（900℃以下）。

② 根据体积密度分为一般轻质耐火材料（体积密度为 $0.4～1.0g/cm^3$）和超轻质耐火材料（体积密度低于 $0.4g/cm^3$）。

③ 按原料可分为黏土质、高铝质、硅质、镁质等隔热耐火材料。

④ 按生产方法分为燃尽加入物法、泡沫法、化学法和多孔材料法。

⑤ 按制品形状分为定型隔热耐火材料和不定型隔热耐火材料。

（1）低温隔热材料

低温隔热材料常用的有石棉、矿渣棉等材料。

石棉是一种纤维状矿物，其化学组成为含水硅酸盐。石棉在高温下不燃烧。在500℃时开始失去化学结合水，强度降低，温度升高到 700～800℃时，石棉变脆。石棉可以制成各种制品，如石棉绳、石棉板等，使用温度在 700℃以下。

水渣和渣棉是高温炉渣用水急冷或用压缩空气雾化所得的产物，热导率低，质量轻。在两层砌体间用其填充，可以起到很好的隔热作用，但使用温度不能超过 600℃。

（2）中温隔热材料

工作温度 900～1200℃ 的隔热材料有硅藻土砖、密度很小的轻质黏土砖、珍珠岩和蛭石等。

硅藻土的成分是非晶体的含水二氧化硅，并含有部分黏土杂质，通常做成硅藻土砖，呈土黄色，质软，气孔率大，允许使用温度900℃。

蛭石的外形很像云母，它是一种含水铝硅酸钠，加热时体积大大膨胀，成为体积密度很小（$0.1 \sim 0.8 g/cm^3$）的松散物料，称为膨胀蛭石。它的允许工作温度为 $1000℃$，热导率很小 [$0.052 \sim 0.058 W/(m \cdot ℃)$]，是一种良好的隔热材料。

轻质珍珠岩制品，是我国试制成功的新产品，它是以膨胀珍珠岩（含 SiO_2 70% 左右，Al_2O_3 14% 左右，体积密度为 $60 kg/m^3$）为主要原料，用磷酸铝、硫酸铝及亚硫酸盐纸浆废液为结合剂，成型后烧成的，使用温度在 $1000℃$ 以下。

（3）高温隔热材料

各种轻质耐火材料都可作为高温隔热材料。如轻质黏土砖、轻质硅砖、轻质高铝砖以及轻质耐火混凝土等。

制造轻质耐火砖的原料，与普通耐火砖没有区别，所不同的是在制造过程中采用燃尽加入物法或泡沫法等，使砖中造成大量的而且分布均匀的气孔。

轻质耐火砖的耐火度与成分相同的普通耐火砖相差不大，但由于气孔很多（显气孔率可达 45% 以上），故耐压强度、抗渣性、抗腐蚀性等性能都大大降低。所以，多数轻质耐火砖有一个最高使用温度的问题。轻质黏土砖的最高使用温度如表 4-23 所示。

表 4-23　轻质黏土砖的耐火度及使用温度

轻质黏土砖牌号	体积密度/(g/cm³)	耐火度/℃	最高使用温度/℃
QN-1.3a	<1.3	1710	1400
QN-1.3b	<1.3	1670	1300
QN-1.0	<1.0	1670	1300
QN-0.8	<0.8	1670	1250
QN-0.4	<0.4	1670	1150

轻质耐火砖的耐压强度低，故砌筑时应留有足够的膨胀缝，避免使用时因高温膨胀而引起破损。

耐火纤维是近年来被广泛应用的一种新型高温隔热材料，是指使用温度在 $1000 \sim 1100℃$ 以上的纤维材料。它既具有一般纤维的特性，如柔软、高强度，可加工成各种纸、线、绳、带、毯和毡等，又具有一般纤维所没有的耐高温、耐腐蚀的性能，并且大部分耐火纤维抗氧化。

耐火纤维分为非晶质（玻璃态）和多晶质（结晶态）两大类。非晶质耐火纤维包括硅酸铝质、高纯硅酸铝质、含铬硅酸铝质和高铝质耐火纤维；多晶质耐火纤维包括莫来石纤维、氧化铝纤维和氧化锆纤维。

耐火纤维的生产方法主要有熔融法和胶体法。一般非晶质耐火纤维都采用熔融法生产，又分为熔融喷吹法、熔融甩丝法和熔融高速离心法。而胶体法是多晶质耐火纤维最常用的生产方法。

衡量它的质量好坏主要指标之一是纤维的长度和直径。而纤维长度和直径取决于熔液的黏度和温度范围、喷吹砌体的速度以及形成纤维的工作制度。若原料与其熔化温度一定时，气体流速愈大，吹出纤维愈长，而纤维的直径愈小。反之愈短愈粗。一般纤维的平均直径约 $2.8 \mu m$，长度平均 $100 mm$。

耐火纤维在炉子上的应用很广。由于它的弹性和柔性好，故可做 $1500\sim1600℃$ 高温炉（如平炉沉渣室和蓄热室拱顶，均热炉炉盖代替沙封）的膨胀缝填料和密封料。由于它几乎没有热膨胀，只有初次加热收缩 5%，故做炉衬不必留膨胀缝；由于它不被熔融金属润湿，故可做铝、铅、锌和铜及这些金属的合金流槽等；由于它的抗震性好，故可做连续加热炉炉底水冷滑钢管的支承等；由于它的高温绝热性很好，另外和一般致密耐火砖相比热稳定性更好，所以直接用它做炉子受热面的同时，可大大减少炉墙厚度和炉体蓄热量；由于用它砌筑的炉子热惰性小，故特别适用于要求控制加热和冷却速度的间歇作业的热处理炉。

8. 耐火材料的选用

耐火材料的正确选用，对炉子工作具有极其重要的意义，能够延长炉子的寿命、提高炉子的生产率，降低生产成本等。相反，如果选择不好，会使炉子过早损坏而经常停产，降低作业时间和产量，增加耐火材料的消耗和生产成本。

选择耐火材料时，应注意下述原则。

（1）满足工作条件中的主要要求

耐火材料使用时，必须考虑炉温的高低、变化情况、炉渣的性质、炉料、炉渣、熔融金属等的机械摩擦和冲刷等。但是，任何耐火材料都不可能全部满足炉子热工过程的各种条件，这就需要抓住主要矛盾，满足主要条件。例如，砌筑熔炼炉拱顶时，所选用的材料首先应考虑到有良好的高温结构强度，而就抗渣性来说却是次要的要求。反之，在渣线附近的耐火材料则必须满足抗渣性这个要求。又如，对间歇性操作的炉子来说，除了考虑抗渣性等基本条件外还应选择热稳定性好的材料。总之，就一个炉子来说，各部位的耐火材料是不相同的，应根据各部位的技术条件要求来选取合适的耐火材料。

（2）经济上的合理性

冶金生产消耗的耐火材料数量很大，在选用耐火材料时除了满足技术条件上的要求外，还必须考虑耐火材料的成本和供应问题，某些高级耐火材料虽然具备比较全的条件，但因价格昂贵而不能采用。当两种耐火材料都能满足要求的情况下选择其中价格低廉、来源充足的那一种，即使该材料性能稍差，但能基本符合要求也同样可以选用。对于易耗或使用时间短的耐火制品更应考虑采用价格低、来源广的耐火材料。不必要使用高级耐火材料的地方就应当不用，以节约国家的资源。此外，经济上的合理性，不仅表现在耐火材料的单价价格，同时还应考虑到其使用寿命。

总之，选择耐火材料，不仅技术上应该是合理的，而且经济上也必须是合算的。应本着就地取材，充分合理利用国家经济资源，能用低一级的材料，就不要用高一级的，当地有能满足要求的就不用外地的等原则合理选择。

【自测题】

1. SiO_2 的晶型有哪些？通常怎样转化？

2. 硅砖的定义及主要性能是什么？

3. 简述硅砖的主要用途？

4. 硅酸铝质耐火材料根据 Al_2O_3 含量分了哪几类？

5. 软质黏土与硬质黏土在性质上有哪些不同？

6. 半硅砖为什么具有良好的抗熔渣侵蚀能力？

7. 镁质耐火材料的定义是什么？品种有哪些？

8. 什么是马丁砂？它与冶金镁砂相比优点是什么？

9. 镁砖的荷重软化温度较耐火度低很多的原因是什么？

10. 镁铝砖较镁砖有哪些优点？

11. 使用焦油白云石砖为什么可以延长转炉炉衬寿命？

12. 什么是镁质白云石砖，它与焦油白云石砖的区别是什么？

13. 高炉大量用炭砖砌筑的原因是什么？

14. 简述碳化硅制品的分类及用途。

15. 简述各种不定形耐火材料的用途。

16. 什么是隔热耐火材料？通常的分类方法有哪几种？

17. 试归纳本章所学各种耐火砖的主要优缺点，为你专业主要冶金炉选用耐火材料，并说明选用理由。

任务三　常用耐火材料的砌筑技术

【任务描述】

通过学习掌握常见耐火材料的砌筑技术，为参与各种冶金炉设计打下基础。

【任务分析】

各种冶金炉炉体是在承受高温荷重的环境下进行工作的，因此保证炉体的耐火性、密封性、抗热震稳定性、耐磨性等具有重要的意义。由于耐火材料在高温下具有热膨胀性和高温体积稳定性等性质，这也是工业窑炉和高温设备进行结构设计的重要参数，因此在常温下砌筑时，要预留膨胀缝。此外在耐火材料砌筑过程中还有其他一些需要注意的问题，在本任务中通过学习一般的砌筑技术，为参与各种冶金炉设计打下基础。

【任务基本知识与技能要求】

基　本　知　识	技　能　要　求
1. 砌体设计的一般要求 2. 筑炉材料的选择，炉衬厚度的选择 3. 砌砖方法：炉顶砌筑、炉底砌砖、炉墙砌砖、炉子基础、灰缝、膨胀缝和砌体尺寸。	1. 掌握砌体设计的一般要求 2. 能够通过材质、操作条件的分析选择筑炉材料 3. 能够根据结构稳定性和节能性选择炉衬厚度 4. 掌握炉体砌筑的操作技能：包括炉顶、炉底、炉墙和炉子基础砌筑以及灰缝、膨胀缝和砌体尺寸确定

【知识链接】

（1）砌体技术的一般要求

炉子砌体是指用筑炉材料砌成的，有一定形状尺寸的实体，它是承受热负荷的主要结构部分。砌体设计的内容包括：正确选择耐火材料和绝缘材料，正确决定炉墙、炉顶、炉底结构，确定砌体的系数尺寸，按照热工要求布置烧嘴、冷却水管、窥视孔、测温孔、测压孔、排烟口的位置和尺寸，分项选择各种筑炉材料用量等。

砌体设计一般要求做到结构先进，经济节能，使用可靠。

进行砌体设计时，尽量采用标准砖，当必须采用异型砖或特异型砖时，应注明砖的型号，自行设计的砖型要绘出施工图进行定做。

砌体的易损部位，要设计得便于更换和修补。

炉体基础与其他有关附属设备的基础（如烟道接口、换热器基础等）接合处需留 20mm 左右的沉陷缝，而基础面上相结合的砌体则不留缝，但也不能咬砌。

任何轻质制品（轻质黏土砖、硅藻土砖等）均不能与地下土壤直接接触。炉底砌体具有较大体积时，可用混凝土或红砖砌筑。

（2）筑炉材料的选择

① 材质比较　近年来，在传统的耐火砖之外，发展了不定型耐火材料和耐火纤维新品种，它们特点比较见表 4-24。

表 4-24　定型耐火材料、不定型耐火材料和耐火纤维特点比较

项　目	耐　火　砖	不定型耐火材料	耐　火　纤　维
炉体构造	能适应高温、高层、大型炉子、形状复杂部位，但易成为薄弱环节	不适用于高温、高层、大型炉子。适于中、小型炉，尤其是形状复杂部分最适合	不适用于高温、高层、大型炉子。适于转型炉衬和炉壳。质地柔软，易制成各种形状
经济性	异型砖价贵，废砖可回收一部分	价格中等、旧材没法利用	普通型砖节能显著，返本期短。高温型砖目前价贵
施工技术	要求施工人员技术高度熟练	要求施工人员技术一般	要求施工人员技术一般
保存	半永久性	保存期长要变质	稳定、半永久性
在库管理	形状复杂、品种多	近年品种从简到繁	简单
筑炉工期	筑炉长、烘炉期短	筑炉期短、干燥烘炉期长	筑炉快、烘炉升温快
抗热震性	一般、比不定型差	烘炉要注意，一般较好	甚好
补修	困难	容易、方便	容易
环保	粉尘	振动、噪声	

② 操作条件的分析

a. 炉子类型。冶炼炉要考虑物料与耐火材料的化学侵蚀关系，控制气氛要考虑气氛和耐火材料的作用，加热炉要考虑炉温、火焰、氧化铁皮与耐火材料的作用等。

b. 炉子形状、尺寸影响砌砖的荷重。

c. 操作制度，如连续作业、周期作业、温度变化情况、蓄热量的大小。

d. 最高工作温度、温度波动范围、炉内温度分布情况。

e. 加热材料的化学成分、质量、装出料方式，加热材料与炉内气体、耐火材料的化学反应。

f. 所用燃料、燃料灰分和产物的侵蚀性。

g. 对绝热性要求、绝热材料类型。

h. 温度测量和控制方法。

i. 水冷结构形式。

j. 炉内易破损部位和筑炉材料损坏原因。

③ 耐火材料和绝热材料的选择　各种筑炉材料均有一定使用温度。用传热公式可以算出各段炉壁温度，有时亦用经验方法确定炉壁温度

$$t_{壁} = t_{炉} + (50 \sim 100) \text{℃}$$

式中　$t_{炉}$——热电偶指示的炉温，℃。

常用筑炉材料的最高允许温度可查筑炉材料有关资料。

（3）炉衬厚度的选择

选择时应考虑以下问题：①结构稳定性；②使用节能性。

从稳定性考虑，一般独立直墙耐火层厚度与墙高有如下关系

① $t_{壁} > 1000$℃

墙高/m	≤1	≤2	≤3	>3
耐火层厚/mm	113	232	348	464

② $t_{壁} \leq 1000$℃

墙高/m	≤1.5	≤3	≤4.5	>4.5
耐火层厚/mm	113	232	348	≥464

当炉顶采用拱顶时，耐火材料厚度随跨度及使用温度而定，见表4-25。

表 4-25　拱顶耐火材料厚度

$t_{壁}$/℃ ＼ 炉顶跨度 B/m	B<1	B<3.5	B>3.5
1000	113	230	300
1000~1200	113	230	300
>1200	230	300	300

从节能性考虑，炉衬厚度趋于加大或采用超轻质绝缘材料，在热工制度允许情况下，冷面、热面均应采用轻型耐火材料。很多炉温在1000℃以下的工业窑炉采用轻质耐火材料炉衬以后，其节能效果可以达到20%、30%。近年在连续加热炉上开始重视炉衬热损失的问题。连续加热炉属于稳定态操作，炉衬热损失是以炉墙散热形式散失到车间，散热量的多少可以用炉衬外表面温度（冷面温度）来表示。日本新设计的加热炉冷面温度已从120℃降到

80～90℃。不同炉壁与散热损失的比较见表 4-26。

表 4-26　不同炉壁与散热损失的比较

炉壁组成/mm			$t_壁$/℃	$t_冷$/℃	$Q_散$/kJ·(m²·h)⁻¹	比较/%
一	耐火可塑料 （A） （B）	290 30 30	1270	118	6270	100
二	耐火纤维 耐火可塑料 （A） （B）	50 290 30 30	1270	107	5225	83
三	耐火可塑料 绝热砖 （A） （B）	295 55 30 30	1270	94	4138.2	66
四	耐火纤维 耐火可塑料 绝热砖 （A） （B）	50 295 55 30 30	1270	88	3678.4	59

注：1.（A）为 1000℃，用绝热板；（B）为 650℃，用绝热板。

2. 周围环境温度为 30℃。

（4）砌砖方法

根据砖在砌体中的位置分为平砌、侧砌和竖砌三种。

① 炉顶砌筑　炉顶可分为拱顶和吊挂炉顶两种。炉顶的优点是结构简单、施工方便、成本低。当炉子跨距小于 4m 时，常用中心角为 60°的拱顶；若跨距大于 4m，为了避免过大的水平推力，过大的拱高导致炉膛断面形状不合理，常采用吊挂炉顶。炉顶结构如表 4-27 所示。

表 4-27　炉顶结构

炉壁组成/mm			$t_壁$/℃	$t_冷$/℃	$Q_散$/kJ·(m²·h)⁻¹	比较/%
一	耐火可塑料 绝缘材料	290 70	1270	120	2000	100
二	耐火纤维 耐火可塑料 绝热材料	50 230 70	1270	107	1630	82
三	耐火纤维 耐火可塑料 绝热材料 岩棉	50 235 125 25	1270	89	1170	59

a. 拱顶厚度与中心角　根据跨距和工作温度不同，拱顶厚度有 113mm、230mm、300mm 三种。

拱顶中心角多采用 60°，下列部位可采用 180°中心角的拱顶：

a）烟道内层拱顶；

b）蓄热室拱顶；

c）检查孔拱顶。

符合下列情况时，可采用中心角为 60°多层拱形结构：

a）局部拱顶需要经常拆修时，如加料口、燃烧室拱顶等；

b）为提高结构强度而不能增加单层拱的厚度时。

当有某些特殊要求时（如连续式炉加料口），一些炉墙孔洞亦可采用平拱。拱顶尺寸已系列化。

b. 拱脚砖和拱脚梁　为将拱顶重量分解成的水平推力和垂直推力通过钢结构传到基础上，拱顶配有拱脚砖和拱脚梁。拱脚砖根据拱顶中心角和拱顶耐火层厚度选配，拱脚梁的大小根据强度计算决定。

炉顶拱脚结构：

炉温不大于 1250℃，跨距小于 3.016m 的，可采用图 4-5（a）的结构。

炉温大于 1250℃，跨距大于 3.5m 的加热炉，以及炉墙砌体内层常需拆修时，宜采用图 4-5（b）的结构。常用拱顶砖形状如图 4-6 所示。

图 4-5　炉顶拱脚结构

楔形砖　　　　　　　　拱脚砖

图 4-6　拱顶用砖

拱脚砖与拱脚梁之间用耐火砖砌满（不能用绝热砖砌），如图 4-7 所示。

图 4-7　拱脚砖的砌法

c. 拱形结构的砌筑

a）砌拱方式有两种　错砌法适用于各点工作温度一致的拱顶，烟道拱顶和温度场分布较均匀而不需要经常拆修的炉顶，见图4-8。

图 4-8　错砌拱顶示意

环砌法适用于砌筑各段温度不一致的炉膛拱顶，工作温度较高，损坏较快，需经常拆修的拱顶以及拱长少于3环拱圈的拱形结构。

b）多层拱或相邻两拱的交接按图4-9（a）、（b）或图4-10砌筑，砌筑相邻两拱脚砖底面标高要处在同一水平面上。

(a) 多层拱顶,单独拱脚　　　　　(b) 双层拱顶,同一拱脚

图 4-9　多层拱砌筑方式

c）逐段倾斜的拱可按图4-11所示结构处理。每段拱的高度变化必须保持一致使拱的各相应点处在同一直线上以保证结构强度。

图 4-10　相邻两拱的交接

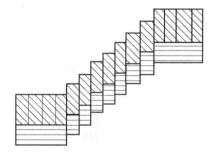

图 4-11　斜拱的砌筑方式

d）拱顶两端要留出炉墙向上膨胀的位置。

② 炉底砌砖　根据炉子工作条件决定炉底材料、结构和砌筑方法。例如，熔炼炉炉底，除要求材料耐高温外，还要求满足抗化学侵蚀的要求；均热炉和加热炉炉底与氧化铁皮接触处，避免氧化铁皮的侵蚀，需用碱性耐火材料。

砌筑受冲击负荷或氧化铁皮炉渣侵蚀的炉底时，可用侧砌或砌成"人"字形。一般加热炉炉底多采用平砌。

连续加热炉均热段实炉底受机械摩擦和氧化铁皮的侵蚀，一般上面侧砌一层镁砖或高铝砖（116mm），下面平砌 4～5 层黏土砖［(4～5)×68mm］，再加上两层绝热砖（2×68mm）。为了便于清除氧化铁皮，镁砖上面可铺 40～50mm 的镁砂和氧化铁皮混合物进行烧结。其他部位炉底可用黏土砖和绝热砖砌筑，一般黏土砖（6～7）×68mm，绝热砖（3～4）×68mm。

③ 炉墙砌砖　炉墙结构要从稳定性和节能性两方面考虑。炉墙由耐火层和绝热层组成。由于绝热材料强度差，故炉墙外层最好用钢板保护。

加热炉炉墙不太高时，一般用 232～464mm 黏土砖和 232～116mm 绝热砖。炉墙较高时，炉底水管以下的墙可加厚 116mm。采用不定型耐火材料时，炉墙厚度不受砖尺寸限制。

小型室式加热炉炉墙一般用 232～348mm 黏土砖和 232～116mm 绝热砖；热处理炉炉墙一般用 116～348mm 黏土砖和 116～232 mm 绝热砖、或全部用轻质耐火材料砌筑。为了减少蓄热损失，间隙式炉尽量采用轻质耐火材料砌筑炉墙，对热处理炉，甚至可采用全纤维炉墙。

砌墙时，同一砖层内的前后相邻砖列和上、下相邻砖层的砖缝应交错砌筑。

炉墙开孔结构：

a. 孔宽小于 116mm 可直接留出；孔宽大于 116mm，炉温超过 1200℃ 时，需采用拱形结构。

b. 窥视孔、测量孔见图 4-12。

图 4-12　窥视孔、测量孔结构尺寸

④ 炉子基础　对一些重量不大的小型炉子（如锻造和热处理箱式炉）不必另砌炉基。但在新建重量较大的小型炉以及中型和大型炉子时，必须打好炉基。炉基的作用，一方面是承受整个炉子的重量不致炉体下沉或倒塌；另一方面，防止炉底受潮或遭受地下水的侵袭，保证炉子正常工作。

根据炉子的大小和土质的好坏，炉基应因地制宜地采用不同材料和结构来砌筑。

较小的炉子可以采用灰土基础。我国小型企业在利用灰土作连续加热炉炉基方面创造了良好的经验，它由 7 份泥土和 3 份石灰拌匀后分层夯实做成，每层厚约 150mm，按炉子大小可采用一层、二层和三层。

较大一点的炉子，可用红砖或块石砌筑。用块石时有灌浆法和刮浆法两种砌法。灌浆法就是在坑下分层填置大小不一的石块，每层厚约 250mm，各层用锤头捣紧，缝隙用细碎石填满后再灌入灰浆。刮浆法则用削得较为平整的块石用干法砌成，缝隙也应以碎石和灰浆灌满。刮浆法比灌浆法结实。

绝大多数大中型炉子都采用混凝土或钢筋混凝土修建基础，因为它既结实又抗压。

⑤ 灰缝、膨胀缝和砌体尺寸

a. 灰缝　一般加热炉灰缝留 2～3mm 宽，具体视各处炉温和工作条件而定，见表 4-28。

表 4-28　炉子砌体砖缝宽度

砌体分类	砖缝(不大于)/mm	砌砖位置和工作条件
Ⅰ类	1	$t_炉$>1400℃ 的炉顶 $t_炉$>1300℃，跨度大于 4m 的炉顶
Ⅱ类	2	t炉>1250℃，有炉渣侵蚀的部位及大跨度的拱顶
Ⅲ类	3	t炉<1200℃，无摩擦部位
Ⅳ类	4	不受摩擦侵蚀的炉底、烟道底
	5	温度为 100～300℃ 的红砖硅藻土砖砌体
	5～10	内衬耐火砖的外部红砖砌体

b. 膨胀缝　经受热膨胀的砌体原则上均应分层留出膨胀缝，但以硅藻土砖或其他绝热材料作为外层绝热砌体时，此类绝热层不必留膨胀缝，加热炉与热处理炉的地下砌体仅与烟气接触的内层留膨胀缝。砌体膨胀缝的大小见表 4-29。膨胀缝见图 4-13。

表 4-29　不同材质单位砌体长度的膨胀缝宽度

每米砌体长度的膨胀缝宽度/mm			
耐火黏土砖	镁质砖	硅质砖	红砖
5～6	8	10～12	5～6

图 4-13　膨胀缝

砌体膨胀缝的留法，一般应满足下列各项要求：

a) 每条膨胀缝的宽度，最小为 5mm，最大不超过 20mm；

b) 各条膨胀缝的间距不大于 2.5～3.5m；

c) 留出的膨胀缝不应破坏砌体的气密性，即炉内气流不能透过膨胀缝与炉墙外层绝热砖及钢板外壳直接接触；

d) 两层同质或异质耐火层的膨胀缝应错开 232mm 以上；

e) 炉墙和炉底的各层膨胀缝均按"弓"形留出；拱顶膨胀缝成环形留出，错砌拱顶膨胀缝留在齐缝环处；

f) 所有膨胀缝尺寸，应包括在砌体总灰缝尺寸内，即砌体尺寸仍为砖计算尺寸的倍数。

c. 砌体尺寸　耐火砖、绝热砖和红砖砌体的计算尺寸一般按下述规定采用：

a）带灰缝的耐火砖、硅藻土砖砌体的水平尺寸为 116mm 的倍数，垂直尺寸为 68mm 的倍数；

b）带灰缝的红砖水平尺寸按 $250n-10$mm 计算，n 为半砖（0.5）的倍数，垂直尺寸为 60mm 的倍数，即水平灰缝取 7mm，垂直灰缝取 10mm；

c）耐火砖与红砖组成的炉墙，由于红砖与耐火砖的砖层尺寸不同，在确定红砖砌体尺寸时，应统一按耐火砖砌体尺寸计算。

习惯上称砖的大面水平放置为平砌，此时砖层高度为 68mm，侧砌时，砖层高 116mm。

（5）耐火制品形状规整性和尺寸的准确性

耐火制品的形状规整性和尺寸的准确性，主要受耐火原料、加工装备和工艺制度等控制，有时储存与运输方式也有影响。原料成分稳定、装备精良、生产工艺制度合理和操作正确，可获得形状与尺寸合格的产品。妥善的存储，特别是精心的包装和装卸是避免产品再损坏和缺边、掉角的重要保证。通常，按制品种类和使用条件，制品的尺寸公差、扭曲变形、缺边、掉角等都应作为其质量标准中的重要项目，规定有最高限度值，据此评价产品质量是否合格，并对合格产品划分等级。

※项目任务实施

一、任务内容

筑炉材料的砌筑。

二、任务目的

本任务是对冶金炉耐火材料炉墙进行砌筑，通过实训使学生掌握砌筑技术，为将来从事冶金炉检修与维护打下基础。

三、相关知识

正确的形状和准确的尺寸对砌筑体的严密性和使用寿命有很大的影响，对砌筑施工也提供了有利的条件。一般而言，砖缝在砌筑体中是最薄弱和最易损坏的部分，它很容易被熔渣和侵蚀性气体渗入和侵蚀。如果制品的形状不规整，尺寸不准确，不仅砌筑施工不便，而且砖缝过大，砌筑体的质量低劣。砌筑体因砖缝干燥收缩和烧成收缩造成体积不稳定，导致砖块脱落和砌筑体开裂，甚至倒坍，扩大了熔渣和气体同耐火制品的接触表面，加速侵蚀，造成砌筑体局部损坏，影响砌筑体使用寿命。因此，为便于施工，特别是为保证砌筑体的整体质量，耐火制品的形状必须规整，尺寸必须准确。这是耐火制品的一项重要技术指标。

四、任务设备

铁锹、灰斗、瓦刀、铅垂、尺等。

五、操作步骤

① 平砌。

② 侧砌。

③ 竖砌。

六、任务总结

冶金炉所用砌筑材料对炉体的使用寿命有着决定性的影响，了解各种耐火材料的使用情况是冶金炉维修、维护人员必备的知识。通过本任务的学习应掌握不同炉子、不同部位常用耐火材料的选取方法。掌握冶金炉砌体特点，能够在加热炉砌筑和维修时合理选择耐火材料。

七、任务评价

项目名称				学生签名		
开始时间		结束时间		教师签名		

项目	技术要求	分值	得分
	1. 方法得当 2. 操作规范 3. 正确使用工具与设备 4. 团队合作		
任务实施报告单	1. 书写规范整洁,内容翔实具体 2. 任务结果和数据记录准确、全面,并能正确分析 3. 问题回答正确,完整 4. 团队精神考核。		

项目五　冶金炉热能的合理利用

【情景描述】

作为一名冶金企业的员工，已经进行了一段时间的实习，对整个生产过程有了较全面的了解，你会发现冶金炉是优质燃料及电能的大量消耗者。在确定炉子供热方案和组织炉子供热的过程中，如何尽可能地提高热能的利用率，具有重大的意义。本项目主要学习冶金炉燃料的合理选用、节约燃料的途径以及余热利用。通过本章的学习，可以进行冶金炉内热量平衡计算，找出节约燃料的途径，并通过余热设备的合理选用，从而达到节能降耗的目的。

【知识目标】

（1）掌握冶金炉能源的选用原则；
（2）掌握高炉燃料的选用、熔炼冰铜的反射炉燃料的选用；
（3）掌握炉内热平衡，节约燃料的途径；
（4）掌握预热空气和煤气的作用；
（5）掌握换热器、蓄热器、余热锅炉的结构及用途，汽化冷却的原理。

【能力目标】

（1）能根据冶金炉特点选择能源；
（2）能根据冶金生产实际情况提出节能的措施。

【素质目标】

具有良好的职业道德和敬业精神；具有团结协作和开拓创新的精神；具有环保和节能的意识。

【情景分析】

探讨冶金炉热能的合理利用方案，必须从能源选择使用过程的节约及充分利用余热等方面全面考虑，并从整个国民经济中能量资源的综合利用观点出发，同时要以保证炉子最高的生产率为前提。因此，在设计冶金炉时，应在首先满足生产工艺要求的基础上同时考虑以下几方面的问题：炉子能源的合理选择、燃料的节约和余热的合理利用，并选择合适的余热回收设备，其目的是最大限度地减少能量的无益损耗，从而达到节能降耗。

【项目基本知识与技能要求】

基　本　知　识	技　能　要　求
1. 冶金炉能源的选用原则 2. 高炉燃料的选用、熔炼冰铜的反射炉燃料的选用 3. 炉内热平衡和燃料消耗，节约燃料的途径 4. 余热利用的原则、方法与余热回收系统 5. 余热回收设备：高温换热器、余热锅炉、蓄热室的结构及用途，汽化冷却的原理	1. 掌握冶金炉能源的选用原则，能根据冶金炉特点选择能源 2. 能根据冶金生产实际情况提出节能的措施

任务一 炉子能源的合理选择

（1）合理选择冶金炉能源

确定冶金炉能源时，应从以下原则出发。

① 满足工艺过程技术上的要求。

② 从能源生产、输送及使用各个过程出发，保证最高的热利用率（称为能量总利用率）。

③ 国家资源的综合利用。

④ 减轻劳动强度，便于操作的机械化和自动化。

在炉子上燃烧重油或焦油是不合理的，因为二者都是各种机械用润滑油的宝贵原料，同时重油裂化后，还可以再得到约40%的汽油。

原煤直接燃烧，不仅由于燃烧很难完全、过剩空气多，故利用率不高，而且应考虑到原煤是氨、苯、沥青、苯酚、萘、蒽等百种不同的化学产品和人造油与煤气的原料。因而，将原煤直接燃烧时，这些物质都将全部丧失。将原煤加工成粉煤后燃烧，在一定程度上提高了燃烧时的热效率，但从化学工业及整个国民经济的资源上来说，这仍然是一种极大的损失。

将原煤干馏后可同时获得焦炭、煤气和煤焦油，前两项产物乃是冶金炉内的优质燃料，而煤焦油则是上述各种化学产品的基本原料。

电加热的炉子可以得到高温，温度易于调整和控制，没有废气带走的热损失等优点，若该电能系利用燃料燃烧发电（火电），考虑到能量转换及输送中的损失，则燃料的总利用率还是很低的。

从表 5-1 可以得出结论，在工艺无特殊要求的情况下，将原煤干馏加工成煤气后使用，不仅可以获得提取数百种化学产品的原料，而且燃料的总利用率也是最高的。

表 5-1　燃料总利用率　　　　　　　　　　　　　　　　%

燃料利用的形态	原煤	煤气	电能
第一次转变时的效率（制备过程）	100	86	20
考虑到各种损失及输送时能量消耗后的效率	95	75	18
第二次能量转变（使用）时的效率	30	53	78
原煤利用总效率	29	40	14

在许多钢铁冶金企业中，有足够的焦炉煤气和高炉煤气供给各车间的燃料需要。生产规模较大、冶金炉较多的工厂，需设煤气发生站。生产规模很小的冶金炉，则多使用固体燃料。选择燃料时应注意尽可能地使用企业附近的低级燃料，合乎就地取材减少运输的原则。

某些情况下，将两种气体燃料混合使用。高炉煤气的"富化"就是一例。高炉煤气发热量低，单独作燃料不够合理。将高炉煤气与发热量高的气体燃料按照某一比例配成混合煤气来使用较为合理。为了适应高炉生产的高风温要求，热风炉已采取混合煤气加热的措施。

（2）混合煤气配用比计算

配用比就是指配用燃料在混合煤气中所占的体积比例。根据生产要求，首先确定混合煤

气的发热量 $Q_低^混$。若以 x 代表配用比，则可由下式求得

$$xQ_低^配+(1-x)Q_低^高=Q_低^混$$

式中　x——配用燃料在混合煤气中所占的体积；

　　　$1-x$——高炉煤气在混合煤气中所占的体积；

　　　$Q_低^配$——配用燃料的发热量；

　　　$Q_低^高$——高炉煤气的发热量；

　　　$Q_低^混$——混合煤气的发热量。

1. 高炉燃料的选用

高炉是炼铁生产的基本设备，它的热能来自燃料。为了保证高炉生产顺行，在矿石原料中必须配比一定量的固体燃料。因此，采用固体燃料作高炉生产的基本燃料是高炉生产的技术工艺所要求的。

高炉使用的固体燃料必须有一定的块度（25～125mm）和机械强度（转鼓指数大于280～320kg）。天然的固体燃料大都不符合上述要求，而由人工制造的冶金焦炭能满足上述要求，所以焦炭是当前高炉使用的基本燃料。

因为焦炭的化学成分合适，化学反应能力强，透气性好，块度均匀和机械强度大，所以焦炭是当前高炉生产的理想燃料。但由于焦炭的来源有限，故它又是一种贵重的燃料，如何节约焦炭近来受到国内外的广泛关注。在高炉风口处喷吹一些辅助燃料以降低焦比（kg/吨铁）是当前国内外广泛采用的技术措施。

喷吹燃料应具有下列特点：发热量较高，置换比（如喷吹 1kg 或 1m³ 燃料能置换多少kg 的焦炭）较大，不含和少含危害性杂质，设备简单，操作方便。天然气、焦炉煤气、重油和粉煤都可以作为喷吹燃料。

天然气和重油的发热量高，置换比大，是较理想的喷吹燃料。但就地选用焦炉煤气和粉煤也同样能取得较好的喷吹效果。但目前国内外多采用喷吹重油（置换比为 1：2）或粉煤（置换比 1：0.8）。

2. 熔炼冰铜的反射炉燃料的选用

冰铜反射炉是用来处理铜精矿生成冰铜（炼铜的中间产物）的炉子，其热能主要来源于燃料。在反射炉中要求物料进入炉内后，在炉头处能迅速熔化，进行反应，为此要求反射炉所用燃料能在炉头处迅速燃烧，形成短火焰。天然气、重油和粉煤皆能满足此要求。

① 天然气是反射炉的理想燃料，但它受产地的限制，只有建于天然气产区附近的反射炉才使用。

② 重油由于它的发热量高，燃烧过程易于控制，燃烧设备简单，操作方便，它亦是反射炉的理想燃料。

③ 粉煤目前仍是我国一些炼铜反射炉尚在采用的燃料。

因当时建立反射炉时无法采用重油，只好选用粉煤，这样就建立了一系列庞大复杂的粉煤制备系统，为充分利用现有设备，目前这些炉子还仍然继续使用粉煤作燃料。另一方面考虑到燃料的计划使用和就地取材、减少运输的原则，对一些工厂来讲使用粉煤比使用重油更有利。在使用粉煤作燃料时，为保证工艺过程的要求，粉煤应具备以下技术条件：

a. 发热量不低于 25122kJ/kg，以保证所需之燃烧温度；

b. 挥发分含量不少于 25%，以便粉煤进入炉膛后即能迅速燃烧而形成高温集中区；

c. 灰分含量不大于 10%～12%，且其熔点要高。因粉煤燃烧后的灰分落入熔池内，会增加熔炼产物的杂质，为造渣过程增加负担。部分灰分进入烟道内，特别是当灰分熔点低时，易黏附在烟道壁上，将烟道堵塞而被迫停炉清渣，从而直接影响了炉子的生产。为此对粉煤中的灰分含量及其熔点应有所限制。

任务二　节约燃料的途径

节约燃料不仅关系到生产的成本，而且关系到国家资源的计划使用。这个问题必须引起重视，而且应当长期坚持下去。

下面通过对炉子热平衡的分析，找出燃料消耗量的计算方法和节约燃料的途径。

1. 热平衡和燃料消耗

在分析炉子热工问题时，热平衡是不可缺少的，这里主要是研究运用热平衡以及炉子热效率等概念，找出节约燃料的途径。

（1）炉子热平衡

炉子热平衡是热力学第一定律（能量不灭定律）在炉子热工上的应用。所谓炉子的热平衡即指炉子的热量收入必等于其热量支出。

关于炉子的热平衡有以下几点必须说明。

① 在编制热平衡时，必须划定热平衡的区域。进入这一区域的热量为热收入，离开这一区域的是热支出。热平衡区域的划分方法，随需要而异。通常有以下几种情况：炉膛区域热平衡，预热装置区域热平衡，整个炉子的热平衡。有必要时，还可以将炉子的某一组成部分划分为若干区域，分别编制热平衡。

② 热平衡中热量的表示方法可以有几种不同的情况。对于连续式工作的炉子，通常以单位时间（小时）为基准计算热平衡，其中热量的单位是 kJ/h。而周期工作的炉子，通常以一个工作周期为基准编制热平衡，其中热量单位是 kJ/周期。这个单位也相当于 kJ/炉产量，因为周期性工作的炉子在一周期内生产一炉。有些情况下，还以单位质量产品为基准编制热平衡。必须注意，无论热平衡的基准怎样选定，同一热平衡中各项热量的单位必须是一致的。

图 5-1　炉子的区域划分

③ 计算热量的起始温度，采用 0℃（绝对温度 273K）较为方便。各项物理热均由此为计算起点。在发生化学反应的情况下，反应物和反应生成物的热焓均分别计算。在热平衡中，化学反应的热效应应采用 0℃时的热效应数值。

④ 物料平衡是热平衡的前提。为了做出热平衡，必须首先有物料平衡。

把炉膛作为一个区域。凡进入这个区域的热量都是炉膛的热收入，而离开的都是热支出（图 5-1）。这样得到的热平衡，便是炉膛热平衡，它是炉子各区域热平衡中最主要的一环。

如果忽略物料在炉内的放热或吸热反应，通常火焰炉炉膛热平衡包括以下各项。

热量收入：

① 物料入炉时带入的物理热 $Q_料$；

② 燃料的燃烧热 $Q_烧$；

③ 空气（煤气）的物理热 $Q_空$。

热量支出：

① 产品出炉时带走的物理热 $Q_品$；

② 炉膛废气带走的物理热 $Q_废膛$；

③ 炉膛废气中残余可燃体的化学热 $Q_化$；

④ 热损失 $Q_失膛$，包括

a. 通过炉膛的砌体散热；

b. 冷却水带走的热；

c. 炉门等处漏气带走的热；

d. 炉门、窥孔等打开时向外辐射热。

炉膛的热收入必然等于其热支出，所以

$$Q_料 + Q_烧 + Q_空 = Q_品 + Q_废膛 + Q_化 + Q_失膛$$

这便是热平衡式。

将此式写成下列形式

$$Q_烧 + Q_空 = (Q_品 - Q_料) + Q_废膛 + Q_化 + Q_失膛$$

式中，$Q_品 - Q_料$ 即为物料在炉内获得的热量，通常称之为有效热 $Q_效$。

$$Q_效 = Q_品 - Q_料$$

（如果物料在炉内有吸热或放热反应，则 $Q_放 = Q_品 - Q_料 + Q_吸 - Q_放$），此外，如将 $Q_化$ 并到 $Q_失膛$ 项中，或因 $Q_化$ 微小而略去，则平衡式还可简化为

$$Q_烧 + Q_空 = Q_效 + Q_废膛 + Q_失膛$$

上式概括地表达了炉膛热平衡的全貌。

炉膛的热收入包括燃料的燃烧热、空气物理热两项。热支出包括有效热、炉膛废气带走的热、炉膛热损失三项。

（2）空气预热器的热平衡式

在列出此预热器的热平衡时，先作以下几点假设：

① 预热器紧接炉膛废气出口；

② 炉膛全部废气进入此预热器；

③ 预热空气无漏损，同时也无外界空气吸入；

④ 进入预热器的空气为 0℃。

作这些假设，是为了使问题更加简单明了。实际计算中应根据具体情况列出热平衡。

在以上各假设条件下，预热器的热收入只有炉膛废气热一项，而热支出有三项：热空气的物理热、预热器的热损失、炉子废热（预热器末）。即

$$Q_废膛 = Q_空 + Q_废 + Q_失预 （空气预热器的热平衡式）$$

式中　$Q_失预$——预热器的散热损失；

　　　$Q_废$——炉子废气的物理热，如废气中还有化学性不完全燃烧，则可燃成分的燃烧热亦应估计在内。

（3）炉子的热平衡式

炉子的热平衡式是其各区域热平衡式的总和。

假如炉子只有炉膛和空气预热器两部分，则炉子的热平衡式为

$$Q_烧 + Q_空 = Q_效 + Q_废膛 + Q_失膛$$

$$Q_废膛 = Q_空 + Q_废 + Q_失预$$

则 $$Q_烧 = Q_效 + Q_废 + (Q_废膛 + Q_失预)$$

或 $$Q_烧 = Q_效 + Q_废 + Q_失$$

这便是炉子热平衡的概括形式，其中 $Q_失$ 为全炉热损失

$$Q_失 = Q_失膛 + Q_失预$$

必须看到炉膛热平衡式与炉子热平衡式的差别。对于炉膛说来，热空气的物理热是它的收入，但是对于炉子说来，热收入中并不包括 $Q_空$，因为供给炉子的是冷空气（前设为 0℃），而不是热空气。热空气的物理热来自预热器，是炉膛废热的回收，而不是另行供给的。

炉子的热平衡可以用图形表示出来，如图 5-2 所示。该图的左侧为炉膛，其热的收入包括燃料的燃烧热、空气的物理热，热的支出包括有效热、炉膛热损失和炉膛废气带走的热。

图 5-2　热平衡图

图的右侧是空气预热器，它的热收入就是炉膛废气的热量，热支出包括空气的物理热、预热器的热损失和炉子末尾排出废气的热。

2. 燃料的节约

节约燃料的一些基本途径：提高空气（及煤气）的预热温度，提高燃料的发热量，改善燃料和传热条件以减少废气带走的热量，减少炉子的热损失，确定合理的热负荷等。

（1）余热回收

冶金炉排出的废气温度差别很大，有 230～500℃ 的中温废气，也有大量 700℃ 以上的高温炉气。例如，转炉炉气温度高达 1600℃，焦炉中的荒煤气出口温度有 750℃。常见工业窑炉的排气温度见表 5-2。

表 5-2　常见工业窑炉排气温度

设备名称	排气温度/℃	设备名称	排气温度/℃
高温排气		中、低温排气	
氧气顶吹转炉	1650～1900	锅炉	100～300
炼铜反射炉	1100～1300	燃气轮机	400～500
镍精炼炉	1400～1600	内燃机	300～600
炼锌鼓风炉	1000～1100	增压内燃机	250～400
锻造和钢坯加热炉	900～1200	热处理炉	400～600
干法水泥窑	600～800	干燥炉和烘炉	250～600
玻璃熔窑	650～900	炼油、石油化工换热器	300～450

炉尾废气带走的热量，一般占热平衡支出的 40%～50%，充分利用这部分热量有巨大的潜力。首先应该用来预热空气或煤气（或炉料），将这部分热量回收到炉内，其次才生产蒸汽或其他用途。

安装换热器或蓄热室预热空气（或煤气），可大大节约燃料，节约数量的多少随燃料种类及预热温度而不同。在炉子上安装预热装置，除节约燃料外，还可以提高燃烧温度。对温度较低的炉子，预热空气后也可以用发热量较低的燃料达到所要求的温度，因此空气预热设备是现代热工设备上广泛使用的设备。

安装余热锅炉，可利用离开换热器后的低温废气的物理热。因为锅炉内的传热系数比换热器的传热系数大得多，可充分利用废气的余热来产生蒸汽，要求废气的温度一般不能低于 180℃，以免炉气中的水蒸气冷凝在锅炉壁上引起低温腐蚀。

近年来国外采用一种新技术，即利用低温的废气来加热一种低沸点的溶液。例如制冷机中的氟里昂等液体，炉气加热它们可以产生高压的氟里昂蒸汽，将此蒸汽送入透平发电机产生电能。这是一种利用低温热能的新方法。

（2）减少冷却水带走的热量

加热炉上的冷却部件，主要是炉底水管，若不包扎保温材料，冷却水带走的热量，一般都比较大，甚至可达整个热平衡中的 20% 之多，和金属吸收的热量差不多。因此冷却水管必须采用保温材料包扎，以减少冷却水带走的热量，从而节约燃料。许多工厂现在已经采用陶瓷纤维毡和可塑料耐火材料包扎冷却水管，收到了良好的效果。

（3）减少炉体散热

通过炉墙炉门向外散热，往往也占很大比重，现有不少炉子，甚至炉墙都不加绝热砖，外壁温度达到 150℃ 以上。这样，不仅恶化了工作条件，不能靠近炉子，而且浪费了燃料。

炉墙若有良好绝热，比只用单层黏土砖时可节约 80% 的散失热量。

最近，国内外都推广一种陶瓷纤维的新材料。把它压成毡状后，可以用不锈钢钉子直接钉在炉壁钢板上，它有良好的耐火性能。有些高耐火度的耐火材料可以用到 1400℃ 以上的高温炉内；用在间歇工作的炉子上，因为它的热容量小，升温降温很快，绝热性能也好，可以大大减轻炉体质量和炉体热损失。

此外，炉子砌体应当严密，炉门应尽量关闭，防止通过砖缝和各种孔、口的散热。热风管道也应绝热，总之应当尽量减少炉体的各种散失热量，把热量点滴节省下来，就可汇成一个很可观的数量。

（4）提高燃料的发热量及改善燃烧条件、传热条件

这是减少炉膛废气带走的热量，提高热效率，节约燃料量的又一重要措施。

一般情况下，提高发热量可以提高热效率。因为发热量较高的燃料，在燃烧时，每产生 1000kJ 的热量所产生的废气量较小。在其他条件相同时，炉子废气带走的热量较小，因而热效率就高，用的燃料减少。

改善燃烧条件方面，首先是指空气消耗系数 n 的调整。在 $n>1$ 时，应合理地降低 n 值，以提高燃烧温度，减少废气量。在 $n<1$ 时，应增加空气用量，使燃料完全燃烧，以提高燃烧温度和减少炉膛废气中可燃成分；其次，改善燃烧条件还指改善燃料和空气的混合条件。在混合不好的情况下，燃烧温度低，废气中残留许多可燃成分，造成燃料的浪费。

改善传热条件，其中包括适当扩大装入量等措施，可使炉气更好地将热量传给被加热物体，从而降低炉膛废气温度，提高炉子的热效率。

（5）确定合理的热负荷

确定合理的热负荷对于提高热效率十分重要。炉子的热负荷消耗于以下三个方面：有效热、热损失、炉子的废热。

① 炉子热损失：当热负荷变化时，炉子热损失的绝对值 $Q_失$ 变化较小，甚至可认为恒定不变。

② 有效热：加大热负荷可使有效热增加，这是因为热负荷加大时炉气温度水平升高，从而使平均辐射温度差增大。尤其是在热负荷较小的范围内，加大热负荷时，有效热的增大更为显著；但热负荷过分增大时，炉气温度水平虽继续升高，但升高得比较缓慢。

③ 炉子废气带走的热量：在热负荷较小的范围内，$Q_废$ 随热负荷的增大而增加；在热负荷较大的范围内，$Q_废$ 随热负荷的增大而快速增加。

对于火焰炉而言，加大热负荷时，炉子的生产率是逐渐增加的，但对于炉子的热效率来说，初始是升高的，达到某数值后则立即下降。因此可以就以下两点进行讨论。

① 关于合理的热负荷。与炉子热效率最高点相对应的热负荷，叫做最经济的热负荷（$Q_{效经}$）。用这个热负荷操作时，热效率最高，单位燃料消耗量最低。有效热不再显著升高而是缓慢上升时的热负荷，叫做生产率很高的热负荷（$Q_{效高}$）。用这样的热负荷操作时，炉子的热效率反而不很高。

通常，$Q_{效高} > Q_{效经}$，所以采用 $Q_{效经}$ 炉子热效率最大，但生产率不够高；反之，采用 $Q_{效高}$ 时，炉子生产率高，但热效率低。实际上，合理的热负荷应该在两者之间，既不影响产量，又可节约燃料，其具体的数值视需要而定。

② 按照热负荷的大小，炉子的工作区间可以划分为三个。第一个工作区间为经济工作区间，此时炉子的工作特征是当热负荷增大时，生产率和热效率都升高，这时提高炉子热效率的有效途径是提高热负荷。此外，减少炉子的热损失也是一个重要的措施，因为此时炉子的热损失在热量支出中占有较大的比例。第二个工作区间为高生产率工作区间，此时炉子的热效率最高，单位燃料消耗量最低。如果为了提高生产率，继续适当提高热负荷也还是合理的。第三个工作区间为低效率工作区间，在此状态下，提高炉子的热负荷时，生产率仍有所提高，但热效率会下降。这时炉子废气带走的热量在热平衡中占有较大的比例，因此为了提高炉子的热效率，主要的措施是适当降低热负荷，加强余热回收，改进燃烧方式、传热条件等。

实际工作中，可以根据生产中统计的数据判断炉子的工作状态，并且可以采取相应的措施提高炉子的热效率。

（6）富氧空气燃烧

对于高炉及化铁炉等，利用氧气来强化燃烧过程，可以提高设备的生产率，降低燃料消耗量。

燃料燃烧时，可以采用富氧空气。即往空气中人为地加入氧气，使空气中含氧量高于 21%，就获得了富氧空气。燃料在富氧空气中，特别是在纯氧中燃烧，其主要的特点之一就是燃烧产物量大幅度减少。富氧程度愈高，需要的空气中的氮气量愈少。在富氧空气中燃烧，空气消耗的控制更加重要，否则将浪费大量的氧气。

（7）安装测量和调节仪表

测量和调节仪表，是了解炉况和调节炉况，加强科学管理不可缺少的手段，凭经验观察和人工调节，要做到可靠和及时是很困难的。先进的炉子，一般都具备测量和调节的仪表。今后随机械化和自动化程度的提高，特别是计算机控制、调节仪表是绝对不可缺少的。

（8）计算机控制

随着固体化的小型电子计算机和微型处理机的出现，更为实现炉子工作的全盘自动化提供了优良的工具。在炉子上，采取调节炉膛温度、燃料量及空气和燃料的配比等单因素。在此基础上，再把炉子作为统一的对象进行控制，把炉子前后的工序连接起来，保持炉子的最佳过程。如最大生产率、最小燃料消耗、最小的燃料损失量、稳定的加热温度等。

（9）加强管理

节约燃料是各部门协同工作的结果。加强对燃料的科学管理，协调燃料在生产、输配和使用管理方面的关系，提高设备的作业率，发挥各项技术措施的作用。

从热工设备来说，完善设备结构，改进燃烧系统，探讨合理的燃烧器，严格操作规程等，也是节约燃料的有效措施。

任务三　余热利用

余热资源属于二次能源，其回收利用应遵循一定的原则。

1. 余热利用的原则

回收余热可以节约能源消耗，但是，不能为了回收而回收。因此，在考虑余热回收方案前首先要调查提高装置本身的热效率是否有潜力。提高装置热效率会减少余热量，但它可以直接节约能源消耗，比通过余热装置回收更为经济、有效。同时，如果不考虑装置本身的潜力而设置了余热回收装置，则当装置提高效率后，余热源会减少，余热回收装置就再不能充分发挥作用。

第二步应考虑余热能否返回到装置本身，例如用于预热助燃空气或燃料。它可以起到直接减少装置的能源消耗，节约高质能源——燃料的效果。它比回收余热供其他用途（例如产生蒸汽）时，节能效果要大。

第三步是具体研究回收的方案。余热回收方案的考虑顺序如图 5-3 所示。

余热回收利用的总原则是，根据余热资源的数量和品位以及用户的需求，尽量做到能级的匹配，在符合技术经济原则的条件下，选择适宜的系统和设备，使余热发挥最大的效果。

图 5-3　余热回收方案考虑顺序

2. 余热利用的方法

燃料在炉内燃烧所产生的热量，有很大一部分包含在炉子排出的废气之中。在高温炉中，废气带走的热量可占热负荷的 $45\%\sim55\%$。根据综合利用的原则，这部分废热应该加以充分利用。

利用炉子废气热量的方法，通常有两种：一种是采用换热器或蓄热室，用废气将燃烧所需要的空气或煤气预热；另一种是采用余热锅炉，用废气作为热源制造蒸汽。前一种方法，预热后的空气或煤气进入炉内燃烧，因而和炉子工作有密切关系。后一种方法产生的蒸汽供动力部门使用，与炉子没有直接关系。

此外，在高温的炉子中都有冷却部件，如炉门框、拱脚梁、滑道等。过去都用水冷，近年来已广泛采用汽化冷却。汽化冷却法用水较少，而且不单独用燃料即可获得大量蒸汽，因此，具有很大的经济意义。

利用炉膛排出的废气来预热空气或煤气，不仅能节约燃料，而且还能提高燃烧温度，改善燃烧过程。

3. 气体余压能的回收

在冶金企业中，排出的一些废气体还具有相当高的压力。例如，炼铁用的高炉为了提高炉内还原气的利用率，降低炼铁焦比，均向高压操作发展。特别是大型高炉，例如 4000m³ 级的高炉，采用的鼓风压力为 0.456MPa（表压），到达炉顶后压力仍有 0.245MPa（表压），温度为 300℃ 左右，气量达 670000m³/h。高炉炉顶炉气是高炉炼铁的副产品，经洗涤后可作为燃料使用，但这仅仅是利用了其化学能。由于气体压力远高于大气压力时，它还具有压力能，如果不加回收利用，也是一种能量的损失。因为高炉煤气量很大，余压具有的做功能力是相当可观的。并且，高压操作虽然降低了焦比，但增加了高炉鼓风机的功率消耗，上述鼓风机的功率达 35000kW。如果回收高炉气的余压能，则可补偿一部分鼓风机所消耗的功。

高炉炉顶气体的余压回收方式是将经净化后的高炉气通过气体透平，推动透平叶轮高速旋转对外做功，带动发电机发出电力。气体在透平内膨胀降压，从而回收了压力能。余压透平发出的电力相当于鼓风机消耗功率的一半左右。

4. 余热回收系统

典型的烟气余热回收系统如图 5-4 所示。图中，L 表示工业炉；R 为空气预热器；GL 为余热锅炉；F 为引风机；Y 为烟囱。

图 5-4（a）为利用预热器回收余热的系统；图 5-4（b）为设置余热锅炉产生热水或蒸汽，代替生产或生活用锅炉；图 5-4（c）为预热器与余热锅炉串接布置，当余热量大，供预热器后尚有富裕的余热时，可考虑采用；图 5-4（d）也为串接系统，当余热温度很高，预热器管壁的材质难以承受时，可考虑将余热锅炉（或一部分受热面）设置在前。在设置余热回收装置后；由于烟道阻力增加，单靠烟囱的自身通风力难以克服阻力，一般需用引风机抽引。

图 5-4　烟气余热回收系统

图 5-5 是一种以烟气余热为热源的空气透平发电系统，空气经压缩机 2 压缩后送至回收余热的换热器 3 中进行加热。高温的加压空气具有较大的做功能力，使它通过空气透平 1 膨胀做功。除带动压缩机 2 外，还可输出一部分电能。经做功后的低压空气再经预热器 R 加热后，供炉子燃烧助燃用。这种系统的设备复杂，操作要求高，国内实际尚未采用。

图 5-5　余热发电系统
1—空气透平；2—空气压缩机；3—空气加热器

任务四　余热回收设备

余热回收时，绝大多数场合要通过换热设备，把热量传递给受热介质，例如空气、煤气、水等，将它们进行换热加热后再加以利用。根据余热的温度水平以及利用目的的不同，换热设备有许多不同的形式。本节介绍各种类型的换热器的工作原理、结构特点等内容，为今后进行余热回收时，能正确选用换热器，并为研究开发高效新型换热器打下一定的基础。

1. 余热回收换热设备概述

余热回收换热设备主要是各种热交换器（换热器），进行热交换的介质包括固-气、固-液、气-气、气-液、气-相变流体、液-液等。按照热交换方式的不同，冷热介质直接接触的换热器称为直接接触式换热器，不直接接触的称为间接接触式换热器。在间接接触式换热器中，热量通过间壁连续地从热介质流向冷介质的换热器称为间壁式换热器；热量通过换热表面（蓄热体）的蓄热和放热，间歇地从热介质流向冷介质的换热器称为蓄热式换热器。

余热回收用换热设备主要有以下一些类型。

① 高温换热器。主要是回收工业炉高温烟气的余热，用来预热空气等。

② 余热锅炉。回收中温以上的烟气余热，用来产生热水或蒸汽。

③ 蓄热式换热器。包括高温的蓄热室和中低温用的回转式换热器。它是以蓄热体作为传热中间介质，实现热气体（例如烟气）与冷气体（例如空气）之间的换热。蓄热室多用耐火材料作为蓄热体，通常作为炉子的一个组成部分。

2. 高温余热回收装置

回收工业炉高温烟气余热的装置主要是用空气预热器，将热量传给空气后再带回炉内。除回收热量本身带来节能效果外，还可因为改善燃烧条件而获得节能效益。

高温余热回收装置只能回收部分烟气余热，通常只能将烟气冷却到中等温度水平。因此，根据需要，在预热器后部还可加设其他余热回收装置，例如余热锅炉等，以便增加节能效果。

（1）高温换热器的形式

高温换热器按其传热方式分，主要有切换式蓄热室和间壁式换热器。传统的切换式蓄热室多采用耐火材料作为蓄热体，主要用于一些高温工业炉窑，如高炉热风炉、焦炉、玻璃窑炉等。近几年，用特殊材料作为蓄热体的蓄热式烧嘴在高温空气燃烧技术中广泛应用。

间壁式换热器是空气预热器的主要形式，根据换热器使用的材质，可分为金属换热器和陶质换热器。陶质换热器可以承受高温，但一般严密性较差，常存在泄漏的问题。在高温下工作的金属换热器，根据壁面承受的温度，需要选用相应的耐热材料，例如镍铬耐热钢、铸铁和铸钢等。金属间壁式空气预热器是回收高温烟气余热的主要设备。

对高温换热器来说，烟气温度在700℃以上，甚至高达1300℃。由于在烟气中含有CO_2、H_2O等辐射性气体，有的还含有炭黑及固体粒子，在高温下辐射能力较强，辐射换热不能忽视。因此，根据烟气侧的主要传热方式，换热器可分为辐射型和对流型两种。

① 辐射换热器　辐射换热器的典型结构如图5-6所示。由于烟气辐射的效果与气层的厚度有关，因此，烟气通路需要有较大的空间，以增强辐射换热。烟气从中心的圆筒通过，所以烟气的流动阻力很小，并且不易积灰，还可将它作为烟囱的一部分。空气从内外圆筒的环缝中通过，具有较高的流速（5~15m/s）。由于空气侧只靠对流换热，流速对传热系数起着主要影响。采用高流速是为了增强空气侧的传热，以降低金属壁面的温度。为保证圆筒热膨胀的安全性，需设有膨胀节装置，并且，上部的烟道及空气管道等不能施力于换热器上。

辐射换热器的直径一般为0.5~3m或更大，高度为2.4~40m。最大处理烟气量为80000m^3/h，排烟温度在800~1300℃的范围，预热空气温度为250~600℃，最高可达700℃。最大传热系数为40W/(m^2·℃)。

它的缺点是安装及检修较为困难，当炉子负荷发生变动时，由于所需的空气量减少，空气侧传热系数降低，容易造成壁面温度过高而烧坏。因此需要采取一定的安全措施。

图5-6　辐射换热器

图5-7　对流换热器

② 对流换热器　对流换热器分铸造和钢管两种。图5-7所示为一种典型的直管型对流换热器的结构。传热管由直径为10~100mm的钢管构成，壁厚一般为3mm。由于各管组在不同温度下工作，热膨胀不同，直管型容易产生过大的热应力。为了减轻这种情况，可以采

取前后管径不同的措施。更有效的办法是将管子稍加弯曲，以增加弹性。有的采用 U 形弯管，下部不设联箱，以保证管子能向下自由膨胀。

对流换热器多数布置在烟道内，烟气从管外横向流过。由于它以对流换热为主，因此，烟气流速高于辐射换热器，一般为 1~3m/s。对含尘高的烟气，也可以让烟气直接经过垂直管，以减轻在传热面上积灰，但这时烟气层减薄，辐射换热效果减弱。由于高温烟气的辐射能力较强，在以对流换热为主的换热器中，往往也采取加大管子节距等措施，以提高辐射换热量所占的比例。

传热面的材质根据工作温度选定。为了节约投资费用，对不同工作温度范围的管束，可以考虑选用不同的材质。

铸造换热器可以在铸管内外直接铸出各种形状的翅片，以增加换热面积和增强气流的扰动。铸管的壁厚一般在 8mm 以上。但是，翅片容易造成积灰，对含尘量大的烟气，需要慎重选取翅片。

（2）高温换热器在使用中出现的问题

高温换热器在使用中出现的故障主要有烧坏、泄漏、堵塞、腐蚀、参数达不到设计要求等问题。主要原因有以下几个方面。

① 设计原始数据不正确。要预先正确判断预热器的操作条件是十分困难的问题。为此，在设计时应留有一定的安全系数。在金属材料的耐温方面，应留有一定的余地，设计的最高工作温度应低于材料的允许温度。因为流动不均匀及局部过热的情况难以估计；在确定传热系数时，应考虑到污垢热阻。在计算所需的传热面积时，也需留 10%~15% 的余地。

在风机的选择上，需要考虑到设备有时要超负荷运转，所以风机的容量应比设计计算所需的容量大 20%。风机的压头应能保证克服全风量通过换热器时的阻力。

② 设计不当。不同形式的换热器产生的故障情况也不同。由于设计不当造成的故障的主要原因有：材料选择不当；温度分布不均匀；热膨胀的补偿考虑不周；管间距选择不当等。

③ 制造缺陷。主要是由于焊接不当或铸造缺陷造成，可能产生局部应力或泄漏。

④ 操作不当。工业炉窑的操作过程主要以满足生产要求为主，而作为炉子附属装置的预热器往往由于炉子操作不当带来不利影响。加热炉的频繁启动、停炉有可能造成换热器的低温腐蚀；在超负荷运行时，很容易产生燃料燃烧不完全而损坏换热器。对带有温度保护装置的空气预热器，如果操作不当，使稀释风机或空气放空装置不能正常动作，就可能将换热器烧坏。

3. 余热锅炉

余热锅炉是利用高温烟气、工艺气或产品的余热，以产生蒸汽或热水的换热设备。蒸汽回收的热量虽然不能直接返回到炉内，但是，就提高整个企业的能源利用率、节约燃料消耗和促进企业内部的动力平衡来说，仍起着十分重要的作用。并且，余热锅炉的设备简单、耐用，当车间需要蒸汽时可以就地取材，多余的蒸汽可以并入蒸汽管网。它可以回收中低温的烟气余热，因此，与空气预热器配合，是一种回收利用余热的重要手段。

（1）余热锅炉的特点

余热锅炉除具有一般工业锅炉相似的锅内过程和传热过程外，由于它的热源依赖于余热，其工作又服从于生产工艺，因此，余热锅炉还具有以下特点。

① 如果余热锅炉回收的蒸汽是为了一般的供热需要，则不要求太高的蒸汽压力，是以

回收尽可能多的热量为目标。但是一般的热用户有限，并随季节性和时间性变化大，往往出现回收而不利用的现象。因此，当考虑其余热蒸汽进行动力回收时，则需要确定恰当的蒸汽温度和压力，以便从余热中回收尽可能多的可用能。

② 余热锅炉产生的蒸汽量取决于前部设备的生产工艺，不能随用户需要而变动。当用余热锅炉生产的蒸汽单独供用户时，负荷和压力不易控制。因此，最好并入蒸汽管网，负荷的变化由供热锅炉来调节。

要改善余热锅炉内的传热条件，应尽可能减少废气进锅炉前的温降，减少在烟道中吸入冷风，即提高烟气在锅炉内可利用的热能。

③ 余热锅炉容量的确定，要考虑到生产工艺的周期性，最大、最小烟气流量以及相应的温度变化规律。不能简单地按最大负荷时的烟气参数来设计，否则设备长期不能在设计工况下工作，造成投资的浪费。当余热锅炉作为主要供汽源时，在设计时可以考虑在余热锅炉上增设辅助燃烧装置，以便在供气量不足时使用。

④ 余热锅炉的工作温度较低，对相同蒸发量的锅炉而言，所需的传热面积比工业锅炉大。要改善余热锅炉内的传热条件，应尽可能减少废气进锅炉前的温降，减少在烟道中吸入冷风，即提高烟气在锅炉内可利用的热能。

余热锅炉内的传热以对流传热为主。为了强化对流传热，应尽可能提高烟气和水汽混合物的流动速度。为此，可以采取以下措施：减小锅炉管径；采用强制循环；采用引风机抽引烟气；采用异形锅炉管，以增加流体的扰动，达到增强传热的目的。在锅炉管束的布置方面，也应力求有利于增强对流传热。

⑤ 根据烟气的不同特性，需要采取相应的措施。由于工业炉的燃料不同以及生产工艺不同，形成的烟气性质也有很大差别。例如，一般冶炼炉的排气中含有大量烟尘，有的还含有熔融灰渣；燃油加热炉的烟气含尘不大，但含有黏结性物质；燃煤加热炉的排烟含有一定的烟尘，但基本没有黏结性等。

对烟尘量大的烟气，需要考虑在余热锅炉前设置沉降室，防止蒸汽出力下降。有的还要考虑定期清灰装置。

对洁净烟气，余热锅炉的结构可采用小节距管束式螺旋翅片管受热面，并可采取高烟速的对流传热方式，使锅炉的结构紧凑。

对含尘量不多，且烟尘又没有黏结性的烟气，可采用烟气直通式的水管锅炉。

对含尘量较多的烟气，在结构布置上可采取以下措施来消除受热面的积灰。

a. 采用轴向翅片管。由于受热时翅片和管子有几十摄氏度的温差，翅片各部分的温度也不同，造成热胀冷缩的程度不一致，附着在上面的烟尘易于开裂脱落。目前，日本的余热锅炉当含尘量大于 $50g/m^3$ 时，受热面普遍采用这种翅片管的结构形式。

b. 采用纵向冲刷、顺列布置和低烟气流速。在烟气横向冲刷管子时，虽然给热系数较大，但是，由于管子背面的涡流区域容易积灰，反而使传热效果降低。采用纵向冲刷时，管壁周围形成的层流边界层可以阻止细尘的沉降。烟气速度越低，边界层的厚度增加，可使积灰速度降低。因此，为了减轻积灰，适当降低烟气流速较为有利。根据日本经验，在含尘量大于 $50g/m^3$ 时，采用纵向冲刷、顺列布置；含尘量为 $10\sim50g/m^3$ 时，采用横向冲刷、顺列布置；含尘量在 $10g/m^3$ 以下时，采用横向冲刷、错列布置。

c. 采用宽节距。这样不但能增加一部分辐射换热量，而且能使烟气流动较为均匀和稳定，在管壁上保持一个较厚的稳定的边界层，大大减少管子的积灰。因此，对于对流受热面，管排间距一般采用 $200\sim400mm$。

⑥ 防止排烟温度低于露点温度，以免产生低温腐蚀。烟气离开余热锅炉的温度越低，热回收率越高。但是，排烟温度过低，容易产生低温腐蚀。为了防止产生低温腐蚀，可采取以下一些措施。

a. 提高余热锅炉的工作压力和排烟温度，使其尾部受热面的壁温高于露点温度。如前所述，SO_3 的含量直接影响露点温度，而烟气中的 SO_2 只有 $1\%\sim5\%$ 能转化为 SO_3。根据经验，余热锅炉的设计排烟温度，一般不低于 $200\sim230℃$。如果把余热锅炉的压力提高到 $2MPa$ 以上，则水的饱和温度超过 $211℃$，可以保证受热面的壁温高于露点温度。

b. 余热锅炉一般不装省煤器。因为壁面温度接近管内的水温，而给水温度总是低于烟气露点。为了防止腐蚀，也可采取给水先在余热锅炉外预热，再送至省煤器的措施。

c. 炉墙要采用双层衬板，防止漏风。漏风会使烟气温度降低，影响热回收效果。同时会使烟气中的含氧增加，SO_2 向 SO_3 的转化量增大，烟气露点温度也随之增高，使受热面容易遭到腐蚀。

⑦ 对含尘量大的烟气，应采取适当的预防磨损的措施。灰尘对金属壁面的磨损与粒子的碰撞速度、碰撞角度、粒子的硬度、密度、形状、灰尘浓度、被撞表面的性状等许多因素有关。为了减轻对管壁的磨损，对含尘量大的烟气，应在进入余热锅炉前采取除尘措施，除去较粗的尘粒。但是，细尘粒会增加在传热表面的附着性。此外，可考虑适当降低流速；在结构上避免急剧拐弯和偏流，以免流速局部升高；在与尘流直接碰撞的部位，采取适当的防磨措施等。

（2）余热锅炉的结构形式

余热锅炉根据余热源的温度不同，按其热工特性大致可分为两类：一类热源初温在 $400\sim800℃$ 之间，主要是靠对流传热，由增大对流换热面来增强换热；另一类热源温度初温在 $850℃$ 以上。为了充分利用高温辐射热，余热锅炉设有空间较大的冷却室。锅炉既有辐射受热面，又有对流受热面。

按照受热面的形式，可分为烟管式和水管式两种。

烟管式锅炉不需要周围炉壁，结构简单、紧凑，便于布置在炉子附近，制造容易，操作方便。并且，烟气侧气密性好，漏风少。缺点是金属消耗量大，水汽侧锅筒的直径大，蒸汽压力不宜过高，水质不好时清理水垢较为困难。

水管式锅炉适宜于蒸汽产量大、压力较高的情况。水管锅炉按水的循环方式分为自然循环和强制循环两种。自然循环是靠水与水汽混合物的重度差，在受热管内流动。因此，对自然循环锅炉来说，需要构成一个水循环回路。循环回路由上、下锅筒和锅筒之间的对流管束构成。烟气流过管束时，由于受热强弱不同，受热强的管内产生一部分蒸汽，汽水混合物的密度小，混合物向上流动，受热弱的管内水的密度大，向下流动，由此形成自然循环。产生的蒸汽在上锅筒经分离后排出，可供至过热器中进一步过热。强制循环是靠水泵迫使水在管内流动，受热面的布置较自由。

水管式锅炉根据管子的形状，还可分为直管式（排管式）、弯管式和蛇管式。直管式是将一排直管焊接在水联箱上，联箱再与锅筒相连。它的结构简单，适用于小型余热锅炉。它的结构紧凑，运行较稳定，检修方便，应用较广。但是，每根弯管是用胀管的方法固定在锅筒壁上，安装的工作量较大。此外，由于管径细，长度大，结垢后难以清除，所以对水质要求高。

4. 蓄热室

图 5-8 是一座蓄热室的纵剖面示意图。它的主要部分是用耐火砖堆砌成的砖格子。在工

图 5-8　蓄热室示意图

作过程中，废气由上而下先通过砖格子把砖加热，经过一段时间后，利用换向设备关闭废气通路，使空气由相反的方向通过蓄热室，这时空气从砖格子吸取热量而被加热。

由蓄热室工作过程可知，一个炉子至少应有两个蓄热室同时工作，一个被加热（通废气），而另一个被冷却（通空气）。如果空气和煤气都要预热则应该有两对蓄热室。

蓄热室的外壳和内部的砖格子，都是耐火材料砌成的，所以它能承受较高的温度。而且，废气和空气又不是同时通入。

不是像换热器那样，管内只走一种气体、管外走另一种气体，所以，不存在相互渗透的漏气问题。因此蓄热室是将空气（或煤气）进行高温预热的可靠设备，可以实现 1000～1200℃ 以上的预热。

高炉、热风炉普遍使用蓄热室。有些均热炉和加热炉也用蓄热室。这不仅是为了节约燃料，而且许多情况下更主要的是为了提高燃烧温度，以满足工艺要求。

蓄热室和换热器比较也存在着一些缺点：① 设备庞大，并且需要复杂的换向设备；② 预热温度波动大（达 100～200℃）；③ 操作复杂。由于这些缺点使它的使用受到了限制，但是在特定的情况下还是必不可少的一种预热设备。

下面着重说明有关砖格子的几个问题。

（1）砖的材质及厚度

对于制造格子砖的材料应该保证达到下述要求：

① 在工作条件下应具有良好的热稳定性，不因温度波动而爆裂；

② 高的导热性和热容量；

③ 对于炉渣具有一定的抵抗能力；

④ 高温下机械强度要大。

最常用来制造格子砖的是黏土质耐火材料，因为它具有良好的温度急变抵抗性能，并且价格低廉，来源广泛。

适当选择格子砖厚度，对于蓄热室的热工工作关系很大。格子砖的厚度愈小，单位体积中受热面积愈大，但蓄热能力愈低，同时坚固性也差。格子砖的适宜厚度与换向时间有关系，换向时间短，则应较薄；反之，则应较厚。但是考虑到格子砖的坚固性，一般取 60～75mm。

（2）砖格子的排列

砖格子的形式较多，最基本的形式是图 5-9（a）、（b）所示的两种。第一种是交错式砖格子（又名西门子式），第二种是直通式砖格子（又名考伯式）。这两种砖格子都是用标准砖（230mm×115mm×65mm）或其他尺寸的矩形砖（例如 345mm×150mm×65mm）堆砌成的。其他一些类型的砖格子形式，是在这两种形式的基础上发展起来的。例如，图 5-9（c）就是用 T 形砖砌成的交错式砖格子。此外，还有用波纹形砖按照第二种形式砌成的直通式砖格子等。

各种砖格子的工作性能，主要看以下三个热工方面的指标：

(a) 西门子式   (b) 考伯式

(c) T形砖式   (d) 水平式

图 5-9　砖格子的类型

① 受热面积——每平方米砖格子中砖的受热面积，m^2/m^2。增大这个数值，有利于减小蓄热室的体积；

② 填充率——每立方米砖格子中砖的体积，m^3/m^3。其他条件一定时，填充率愈大，蓄热室的蓄热能力愈大，预热温度波动愈小；

③ 格孔面积——每平方米砖格子横截面上的可通截面积，m^2/m^2。此值与气流通过时的压头损失有关。增大格孔的面积，可减小气流阻力。

这些指标的具体数值，与砖格子的类型、砖的厚度、格孔的尺寸有关。无论哪种砖格子，格孔的尺寸对于这些指标的影响都是很大的。格孔的尺寸越大，受热面积（m^2/m^2）愈小，填充率（m^3/m^3）也愈小，这对蓄热室的蓄热能力都是不利的。但是，格孔尺寸愈大，则格孔的面积（m^2/m^2）愈大，这对减小气流阻力，防止格孔被堵塞，却是有利的。凡是废气含渣、尘较多的蓄热室，其格孔的尺寸必须做得大些。

在格孔的尺寸相同的情况下，考伯式砖格子的填充率较大，所以预热气体的温度波动较小。西门子式砖格子的传热面积较大，有利于减小蓄热室的体积。

但是在选用砖格子类型时，不能只从传热的角度看问题。此外还必须注意到其他因素。很重要的问题是砖格子的强度和稳定性问题。例如，在高炉的热风炉，由于高度很大，必须采用考伯式排列才能保证足够的强度。

最后必须指出，在蓄热室上采用各种异型砖，也正是为了加强传热，并使砖格子更加牢固。例如，采用 T 形砖，不仅可以增加传热面，而且可以使砖格子的每一块砖都互相卡住（依靠 T 形砖的下部凸起），以加大其稳定性。

除了上述几种砖格子的排列形式外，近年来我国设计了一种球式热风炉。它是利用高铝耐火黏土制成小球（直径 $25\sim50\text{mm}$），充填在蓄热室内，这种蓄热室的特点是换热面积大，效率高，因此体积可以做得小一些。我国某些小高炉上已经采用此种球式热风炉，效果良好，但容易堵塞，所以只能使用除尘比较干净的高炉煤气加热。

（3）气流均匀分布的条件

合理的蓄热室构造，应使砖格子中气流均匀分布。这是使整个砖格子在热交换中充分发挥作用的前提条件。

在加热阶段，废气由上向下流动；冷却阶段，空气（煤气）由下向上流动，这是促使气流均匀分布的重要条件（分流定则）。此外，在格子砖上、下都应该有较大的空间或采取能使气流均匀分布的措施。一般认为，如果气体进入蓄热室的流速不大于1m/s，则蓄热室内气流分布会比较均匀些。

5. 汽化冷却

水冷却时耗水量大，带走的热量也不能很好利用，目前许多炉子已改用汽化冷却的方法。

汽化冷却的基本过程是：水进入冷却水管中被加热到沸点，呈汽水混合物进入汽包，在汽包中使蒸汽和水分离。分离出的水又重新回到冷却系统中循环使用。而蒸汽从汽包上部引出可供使用。

每千克水汽化冷却时吸收的总热量大大超过水冷却时所吸收的热量，因此，汽化冷却时水的消耗量降低到水冷却时的3%～4%，节约了软水和供水用电。一般连续加热炉水冷却造成的热损失为13%～20%，而同样炉子改为汽化冷却时热损失可降至10%以下。其低压蒸汽可用于加热或雾化重油，可供生活设施使用。

汽化冷却系统包括软化水装置、供水设施（水箱、水泵）、冷却构件、上升管、下降管、汽包等。

汽化冷却循环制度分为自然循环（图5-10）和强制循环（图5-11）两种。

图 5-10　自然循环原理

图 5-11　强制循环原理

强制循环需要额外的电源作动力，增加能量消耗和运行成本，故一般采用自然循环。有的现场因为汽包及管路布置受到限制，才需采用强制循环。

自然循环的工作原理如图5-10所示。水从汽包进入下降管流入冷却水管中，被加热到沸点，呈汽水混合物再经上升管进入汽包。因汽水混合物的密度 $\rho_混$ 比水的密度 $\rho_水$ 小，故下降管内水的重力大于上升管内汽水混合物的重力。两者的重力差 $(\rho_水-\rho_混)gH$，即为汽化冷却自然循环的动力。汽包位置越高（H 越大），或汽水混合物的密度 $\rho_混$ 越小（即其中含汽量越大），则自然循环的动力越大。因此在管路布置上，首先要考虑有利于产生较大的自然循环动力，并尽量减小管路阻力。但汽包位置太高，上升管阻力增加很多，同时循环流速增大，会使汽水混合物中含汽量减小，反过来又影响上升动力。此外，汽包高度太大，还会增加建设投资。

对于自然循环系统，应采取从低温区进水，高温区出水。这样进入高温段时已生成汽水混合物，它的对流给热系数大，冷却效果好，水在管内流动也稳定。若高温区进水，水汽化较早，流动阻力增大，对稳定流动也不利。

采用自然循环汽化冷却系统冷却时，一开始上升管和下降管内都是冷水没有流动动力，因此需要启动。启动方式有两种：一种是利用低压水泵、蒸汽（或压缩空气）喷射器等辅助设备进行强制启动；另一种是自然启动，即设计时上升管阻力做得比下降管小，在下降管与受热构件连接处做成 U 形管。开炉后管内产生的蒸汽被迫进入上升管而不会倒流进入下降管，这种启动方式在实践中使用是成功的。为了实现自然启动，U 形管的高度必须大于上升管最高点与汽包水面间的距离。既使不采用自然启动，将下降管与受热构件（如加热炉的炉底水管）连接处做成 U 形管也是必要的，这样可防止倒流现象出现。

【自测题】

1. 编制炉子的热平衡有何意义？
2. 区域热平衡与全炉热平衡之区别何在？
3. 炉子热效率与燃料利用系数有何不同？
4. 为什么冶金工厂的炉子其热效率都不太高？如何才能提高炉子的热效率？
5. 节约燃料的途径有哪些？
6. 为什么说预热空气和煤气是节能的有效措施之一？
7. 比较一下对流换热器、辐射换热器的优缺点。
8. 比较一下换热器与蓄热室的优缺点。
9. 你认为采取哪些措施才能保证蓄热室内气流分布均匀？
10. 余热锅炉的特点是什么？
11. 汽化冷却比水冷却有哪些优点？

※项目任务实施

一、任务内容

冶金企业节能技术。

二、任务目的

冶金企业如何有效地利用能源，降低燃耗是摆在我们面前的一道重要课题，本任务主要是通过实训，要求学生找出所在冶金企业生产中节能的措施，例如：干法熄焦节能技术、高炉煤气余压发电技术、转炉煤气回收利用技术等，并能利用所学理论知识进行分析和归纳总结。

三、收集资料、撰写论文

通过对所在冶金企业的实训学习，了解企业当前所采用的节能措施，撰写一篇《××企业节能技术应用》的论文。

四、任务评价

项目名称						
开始时间		结束时间		学生签名		
				教师签名		
项目		技术要求			分值	得分
		1. 方法得当 2. 操作规范 3. 正确利用理论分析 4. 团队合作				
任务实施报告单		1. 书写规范整洁,内容翔实具体 2. 任务结果和数据记录准确、全面,并能正确分析 3. 问题回答正确,完整 4. 团队精神考核				

复习思考题参考答案

项目一　气体流动

任务一　气体的主要物理性质

【自测题】

1. （1）$T = t + 273 = 527 + 273 = 800K$

（2）因为 $P_表 = P_绝 - P_大气$　　$P_表 = 10mmH_2O = 98.1Pa$

所以 $P_绝 = P_表 + P_大气 = 98.1Pa + 101325Pa = 101423Pa$

（3）在标准状态下

$$\rho_煤 = \rho_{CO}a_{CO} + \rho_{CO_2}a_{CO_2} + \rho_{N_2}a_{N_2}$$
$$= 1.251 \times 0.7 + 1.997 \times 0.13 + 1.251 \times 0.17$$
$$\approx 1.35kg/m^3$$

$$\nu = \frac{1}{\rho} = \frac{1}{1.35} = 0.74m^3/kg$$

（4）实际状态下 $\rho_t = \frac{\rho_0}{1 + \beta t} = \frac{1.35}{1 + \frac{527}{273}} = 0.46kg/m^3$

$$\nu_t = \frac{1}{\rho_t} = \frac{1}{0.46} = 2.17m^3/kg$$

2. 由气体的状态方程式

$$\frac{P\nu}{T} = \frac{R}{M}　还有　\nu = \frac{1}{\rho}$$

得

$$\rho = \frac{PM}{TR} = \frac{7 \times 101325 \times 28.96}{(300 + 273) \times 8314} = 4.31kg/m^3$$

3. 工业标准状态下，空气密度 $\rho_1 = \frac{P_1 M}{T_1 R} = \frac{\frac{760}{760} \times 101325 \times 28.96}{293 \times 8314} = 1.20kg/m^3$

变化后的空气密度为 $\rho_2 = \frac{P_2 M}{T_2 R} = \frac{\frac{745}{760} \times 101325 \times 28.96}{300 \times 8314} = 1.15kg/m^3$

因此空气的质量变化为 $m = (\rho_1 - \rho_2)\nu = (1.20 - 1.15) \times 30000 = 1500kg/h$

4. （1）由　$P_表 = P_绝 - P_大气$

得　　$P_绝 = P_表 + P_大气$

$$= -700 \times \frac{1}{760} \times 101325 + 98066$$

$$= 4740Pa$$

（2） $\dfrac{PV_1}{T_1}=\dfrac{mR}{M}\rightarrow m=\dfrac{PV_1M}{T_1R}=\dfrac{4740\times4\times28.96}{293\times8314}=0.225\text{kg}$

（3）由

$$\dfrac{PV}{T}=\dfrac{m_{总}R}{M}$$

$$\dfrac{98066\times4}{293}=m_{总}\times\dfrac{8314}{28.96}$$

$$m_{总}=4.66\text{kg}$$

$$\Delta m=4.66-0.225=4.435\text{kg}$$

5. 当实际大气压为 768mmHg 时，封闭气体压强 $P_1=(768-748)\text{mmHg}=20\text{mmHg}$。
设管内部横截面积为 S，则封闭气体体积为 $V=80\text{mm}\times S$；

当水银气压计读数为 734mmHg 时，设实际大气压力为 P，封闭气体压强为 $P_2=P-734\text{mmHg}$；此时因水银柱高度下降了 14mm，封闭气体体积为 $V=94\text{mm}\times S$ 由于环境温度保持不变，因此 $P_1V_1=P_2V_2$；带入数据后求得 $P=751\text{mmHg}$。

6. 由 $\dfrac{PV}{T}=mR'$ R' 为空气的气体常数，查附表 9R' 为 287J/(kg·K)。

得 $$T=\dfrac{PV}{mR'}=\dfrac{30\times98066\times0.08}{1.2\times287.33}=410℃$$

由 $$MR'=8314$$

得 $$M=\dfrac{834}{R'}=\dfrac{8314}{287}=28.97$$

比容 $$\nu=\dfrac{V}{m}=\dfrac{0.08\text{m}^3}{1.2\text{kg}}=0.0667\text{m}^3/\text{kg}$$

设摩尔体积为 $V_{摩}$

$$\dfrac{\frac{1.2}{28.97}}{0.08}=\dfrac{1}{V_{摩}}$$

得 $$V_{摩}=1.93\text{m}^3$$

7. 在标准状况下空气的质量 $m_0=\dfrac{PVM}{RT_0}=\dfrac{101325\times300\times28.96}{8314\times273}=387.9\text{kg}$

当 t_1 温度时 $m_1=\dfrac{PVM}{RT_1}=\dfrac{101325\times300\times28.96}{8314\times300}=353\text{kg}$

得： $$\Delta m=m_0-m_1=34.9\text{kg}$$

8. 由公式 $\dfrac{P_1V}{T_1}=\dfrac{P_2V}{T_2}$

得 $$P_2=\dfrac{P_1T_2}{T_1}=\dfrac{15\times300}{323}=13.93\text{at}$$

9. 由公式 $\dfrac{P_1V_1}{T_1}=\dfrac{P_0V_0}{T_0}$

得 $$\dfrac{(755-300)\times4\times10^5}{273+130}=\dfrac{760\times V_0}{273}$$

$$V_0=162224\text{m}^3/\text{h}$$

10. 由 $\dfrac{PV_1}{T_1}=\dfrac{PV_2}{T_2}$

得
$$\frac{V_1}{T_1} = \frac{V_2}{T_2}$$

$$V_2 = \frac{V_1 T_2}{T_1} = \frac{2000 \times (300+273)}{273+20} = 3911 \text{m}^3/\text{h}$$

任务二　静力学基本定律

【自测题】

1. 由 $P_下 f = P_上 f + Hfgh$

得
$$P_下 = 100100 + 100 \times 9.8 \times 0.4 = 100492 \text{Pa}$$

2. 炉气的密度　$\rho_t = \dfrac{\rho_0}{1+\beta t} = \dfrac{1.3}{1+\dfrac{1638}{273}} = 0.1857 \text{kg/m}^3$

空气密度　$\rho_t' = \dfrac{\rho_0'}{1+\beta t'} = \dfrac{1.293}{1+\dfrac{27}{273}} = 1.17663 \text{kg/m}^3$

$$\Delta P = Hg(\rho_t' - \rho_t) = 2 \times 9.8 \times (1.17663 - 0.1857) = 19.4 \text{Pa}$$

3.
$$\rho_t = \frac{\rho_0}{1+\beta t} = 0.233 \text{kg/m}^3$$

$$\rho_t' = \frac{\rho_0'}{1+\beta t'} = 1.6498 \text{kg/m}^3$$

把基准面取在炉门

$$P = Hg(\rho_t' - \rho_t) = 13.7 \text{Pa}$$
$$\Delta P = 9.8 - 13.7 = -3.9 \text{Pa}$$

所以炉门坎处是吸冷风。

4.
$$\rho_t = \frac{\rho_0}{1+\beta t} = \frac{1.3}{1+\dfrac{450}{273}} = 0.49087 \text{kg/m}^3$$

同理　　$\rho_t' = \dfrac{\rho_0}{1+\beta t'} = \dfrac{1.293}{1+\dfrac{30}{273}} = 1.165$

$$\Delta P = Hg(\rho_t' - \rho_t) = 50 \times 9.8 \times (1.165 - 0.49087) \approx 331 \text{Pa}$$

5. 钢水包底部注口处的压力为

$$P = P_表 + \rho g h = 98066 + 7800 \times 9.81 \times 2 = 251102 \text{Pa}$$

任务三　气体流动的动力学

【自测题】

1. 由 $V_0 = \omega_0 f$ 得 $f_1 = 0.125 \text{m}^3$

$$f_2 = 0.075 \text{m}^3$$

由 $\pi\left(\dfrac{d_1}{2}\right)^2 = f_1$　得 $d_1 = 0.4 \text{m}$

同理　$d_2 = 0.31 \text{m}$

2. 由 $\omega_1 f_1 = \omega_2 f_2$

得 $13.5 \times \pi\left(\dfrac{0.8}{2}\right)^2 = \omega_2 \pi\left(\dfrac{1}{2}\right)^2$

得 $\omega_2 = 8.64 \text{m/s}$

3. $V_0 = 28300 \text{m}^3/\text{h} = 7.86 \text{m}^3/\text{s}$

由 $V_0 = \omega_0 f_0$

得 $f_0 = 0.786 \text{m}^3$

由 $\pi \left(\dfrac{d_0}{2}\right)^2 = f_0$ 得 $d_0 = 1\text{m}$

4. 总油管中的重油体积流量 $V_总 = \dfrac{m}{\rho} = \dfrac{3000}{980 \times 3600} = 8.5 \times 10^{-4} \text{m}^3/\text{s}$

由 $V_总 = \omega f_总$，$\pi(\dfrac{d_总}{2})^2 = f_总$ 得 $d_总 = 60\text{mm}$

由已知条件知均热段、加热段和预热段的加油量分别为总油量的 10%、55% 和 35%，因此 $V_均 = 0.1 V_总$；$V_加 = 0.55 V_总$；$V_预 = 0.35 V_总$；而重油速度保持不变，因此得：

$d_均 = 19\text{mm}$；$d_加 = 45\text{mm}$；$d_预 = 36\text{mm}$

5. 根据题意，压力计上的读数即为该处的动压头，动压头计算公式

$$h_动 = \frac{\omega^2}{2} \rho$$

式中，$h_动$ 已知为 59Pa；ρ 已知为 1.29kg/m^3。

所以 $\omega = \sqrt{\dfrac{2h_动}{\rho}} = \sqrt{\dfrac{2 \times 59}{1.29}} = 9.56 \text{m/s}$

$$V = \omega f = 9.56 \times \frac{\pi}{4} \times 0.1^2 \times 3600 = 270.3 \quad \text{m}^3/\text{h}$$

$$M = V\rho = 270.3 \times 1.29 = 352.6 \text{kg/h}$$

所以，每小时通过风管的体积风量和质量风量分别为 270.3m³/h 和 352.6kg/h。

6. 取 h_1 处为 F_1 截面，h_2 处为 F_2 截面，就 F_1 与 F_2 两个截面，写出伯努利方程式

$$h_{静1} + h_{动1} + h_{位1} = h_{静2} + h_{动2} + h_{位2} + h_失$$

根据题意，对于水平管道若忽略温度的变化，则 $h_{位1} = h_{位2}$，此外，假定 $h_失 = 0$，则上式可简化为

$$h_{静1} + h_{动1} = h_{静2} + h_{动2}$$

现在欲求 $h_{静2}$，应将上式移项

$$h_{静2} = h_{静1} + h_{动1} - h_{动2} \tag{a}$$

其中 $h_{动1}$ 按动压头公式 (1-35b) 计算

$$h_{动1} = \frac{\omega_{01}^2}{2} \rho_0 (1 + \beta t)$$

式中　t——热空气温度，已知为 30℃；

ρ_0——气体在 0℃时的密度，由下式计算

$$\rho_0 = \rho_t (1 + \beta t) = 0.645 \times \left(1 + \frac{30}{273}\right) = 0.716 \text{kg/m}^3$$

在截面 F_1 处 0℃时的流速，由流量及截面面积进行计算。

$$\omega_{01} = \frac{V_0}{F_1} = \frac{\dfrac{1700}{3600}}{\dfrac{\pi}{4} \times 0.2^2} = 15.03 \text{m/s}$$

则
$$h_{动1} = \frac{15.03^2}{2} \times 0.716 \times \left(1 + \frac{30}{273}\right) = 89.8 \text{Pa}$$

截面 F_2 处的动压头 $h_{动2}$，按同样的方法计算，先求出 F_2 处的流速 ω_{02}

$$\omega_{02} = \frac{V_0}{F_2} = \frac{\frac{1700}{3600}}{\frac{\pi}{4} \times 0.1^2} = 60.13 \text{m/s}$$

则
$$h_{动2} = \frac{60.13^2}{2} \times 0.716 \times \left(1 + \frac{30}{273}\right) = 1436.6 \text{Pa}$$

将 $h_{动1}$、$h_{静1}$ 及 $h_{动2}$ 各值代入式（a）中，求得截面 F_2 处的静压头为
$$h_{静2} = 392.4 + 89.8 - 1436.6 = -954.4 \text{Pa}$$

7. 把基准面取在 I 平面上，则 I 和 II 两平面间的伯努利方程为
$$h_{静1} + h_{位1} + h_{动1} = h_{静2} + h_{位2} + h_{动2} + h_{失}$$

因为 $\omega_1 = \omega_2$，所以 $h_{动1} = h_{动2}$ 而 $h_{位1} = 0$，$h_{静2} = 0$

$$\begin{aligned}
h_{静1} &= h_{位2} + h_{失} = (\rho - \rho')gH + 34.3 \\
&= \left(\frac{\rho_0'}{1 + \beta t_{烟气}} - \frac{\rho_0}{1 + \beta t_{空气}}\right)gH + 34.3 \\
&= \left(\frac{1.32}{1 + \frac{546}{273}} - \frac{1.293}{1 + \frac{30}{273}}\right) \times 9.81 \times 50 + 34.3 \\
&= -354.3 + 34.3 \\
&= -320 \text{Pa}
\end{aligned}$$

8. 把基准面取在 II 平面上，则 I 和 II 两平面间的伯努利方程为

因为 $\quad h_{静1} + h_{位1} + h_{动1} = h_{静2} + h_{位2} + h_{动2} + h_{失}$

所以 $\quad h_{失} = (h_{静1} - h_{静2}) + h_{位1} + (h_{动1} - h_{动2})$

$$\begin{aligned}
&= (\Delta P_1 - \Delta P_2) + (\rho - \rho')gH + \left(\frac{\omega_1^2}{2} - \frac{\omega_2^2}{2}\right)\rho \\
&= (-49 + 147) + (0.25 - 1.25) \times 9.81 \times 5 + \left(\frac{6^2}{2} - \frac{10^2}{2}\right) \times 0.25 \\
&= 98 - 49 - 8 = 41 \text{Pa}
\end{aligned}$$

9. 钢水包底部注口处的压力为
$$P = P_表 + \rho g h = 98066 + 7800 \times 9.81 \times 2 = 251102 \text{Pa}$$

流动时，根据伯努利方程
$$P_表 + \rho g h_0 + \frac{\rho \omega_0^2}{2} = P_{水口静压} + \rho g h + \frac{\rho \omega_出^2}{2} + h_{失}$$

由已知条件知 $P_{水口静压} \cong P_表$；$\omega_0 \approx 0$；$h_{失} = 0$；选顶部为基准面，$h_0 = 0$；$h = -2\text{m}$，因此 $\omega_出 = \sqrt{2gh} = \sqrt{2 \times 9.81 \times 2} = 6.26 \text{m/s}$。

10. 由伯努利方程得
$$P_1 + \frac{\omega_1^2}{2}\rho = P_2 + \frac{\omega_2^2 \rho}{2} + h_{失} + \rho g h$$

即
$$P_1 = P_2 + \frac{\omega_2^2 \rho}{2} + h_{失} + \rho g h - \frac{\omega_1^2}{2}\rho$$

$$P_1 = 2 \times 98066 + \frac{1}{2} \times 960 + 9810 + 960 \times 9.8 \times 3 - \frac{0.3^2}{2} \times 960$$

$$= 234631 Pa$$

则

$$P_表 = P_1 - P_{大气} = 136565 Pa$$

任务四　压头损失与气体输送

【自测题】

1.

$$\omega_0 = \frac{V_0}{F} = \frac{\frac{7200}{3600}}{0.72 \times 1.0} = \frac{2}{0.72} = 2.78 m/s$$

$$\frac{\omega_0^2}{2} \rho_0 = \frac{2.78 \times 2.78}{2} \times 1.3 = 5.02$$

$$\frac{F_1}{F_2} = \frac{0.6 \times 0.6}{0.72 \times 1} = 0.5$$

$$D_1 = \frac{4 \times 0.6 \times 0.6}{2 \times (0.6 + 0.6)} = 0.6$$

$$D_2 = \frac{4 \times 0.72 \times 1.0}{2 \times (0.72 + 1.0)} = 0.84$$

（1）3m 分支烟道的摩擦阻力损失 h_1

$$h_1 = \xi \frac{L}{D} \times \frac{\omega_0^2}{2} \times \rho_0 (1 + \beta t) = 0.05 \times \frac{3}{0.6} \times 5.02 \times \left(1 + \frac{\frac{819 + 805.2}{2}}{273}\right)$$

$$= 0.05 \times 5 \times 5.05 \times 3.97 = 5.01 Pa$$

（2）2m 分支烟道的摩擦阻力损失 h_2

$$h_2 = \xi \frac{L}{D} \times \frac{\omega_0^2}{2} \rho_0 (1 + \beta t) = 0.05 \times \frac{2}{0.6} \times 5.02 \times \left(1 + \frac{\frac{805.2 + 797.2}{2}}{273}\right)$$

$$= 0.05 \times 3.33 \times 5.02 \times 3.93 = 3.286 Pa$$

（3）90°转弯的阻力损失 h_3

$$h_3 = K_1 \frac{\omega_0^2}{2} \rho_0 (1 + \beta t)$$

因为 $\frac{F_2}{F_1} = 1$　所以 $K_1 = 1.2$

$$h_3 = K_1 \frac{\omega_0^2}{2} \rho_0 (1 + \beta t) = 1.2 \times 5.02 \times \left(1 + \frac{805.2}{273}\right) = 23.97 Pa$$

（4）负位压头阻力损失 h_4

$$h_4 = Hg(\rho' - \rho)$$

$$H = 3m$$

$$\rho' = \frac{\rho_0'}{1 + \beta t} = \frac{1.2}{1 + \frac{30}{273}} = 1.08$$

$$\rho = \frac{\rho_0}{1 + \beta t} = \frac{1.3}{1 + \frac{\frac{819 + 805.2}{2}}{273}} = 0.33$$

$$h_4 = Hg(\rho' - \rho) = 3 \times 9.8 \times (1.08 - 0.33) = 22.05\text{Pa}$$

（5）汇流损失 h_5

$$h_5 = K_3 \frac{\omega_0^2}{2} \rho_0 (1 + \beta t) = 3 \times 5.02 \times \left(1 + \frac{797.2}{273}\right)$$

$$= 3 \times 5.02 \times 3.92 = 59.04\text{Pa}$$

（6）总烟道摩擦阻力损失 h_6

$$h_6 = \xi \frac{L}{D} \times \frac{\omega_0^2}{2} \rho_0 (1 + \beta t) = 0.05 \times \frac{30}{0.84} \times 5.02 \times \left(1 + \frac{\frac{797.2 + 677.2}{2}}{273}\right)$$

$$= 0.05 \times 35.71 \times 5.05 \times 3.7 = 33.16\text{Pa}$$

（7）总损失为

$$h = h_1 + h_2 + h_3 + h_4 + h_5 + h_6 = 5.01 + 3.30 + 23.97 + 22.05 + 59.04 + 33.16 = 146.35\text{Pa}$$

2. （1）输入管直径 d

由

$$\omega_0 = \frac{V_0}{F}$$

得

$$d = \sqrt{\frac{4V_0}{\pi \omega_0}} = \sqrt{\frac{4 \times 250}{3.14 \times 10 \times 60}} = 0.72\text{m}$$

（2）摩擦阻力 $h_摩$

$$h_摩 = \xi \frac{L}{D} \times \frac{\omega_0^2}{2} \rho_0 (1 + \beta t)\text{Pa}$$

$$\rho_0 = 1.293\text{g/m}^3$$

$$\omega_0 = 10\text{m/s}$$

$$h_摩 = 0.04 \times \frac{100}{0.72} \times \frac{10^2}{2} \times 1.293 \times \left(1 + \frac{20}{273}\right) = 385.4\text{Pa}$$

（3）炉尾 90°转弯的阻力 h_1

$$h_局 = k \frac{\omega_0^2}{2} \rho_0 (1 + \beta t)$$

当 $R = 2.4\text{m}$，由 $\dfrac{R_1}{d} = \dfrac{2.4}{0.72} = 3.3$

$$k_1 = 0.23$$

$$h_1 = 4 \times k_1 \frac{\omega_0^2}{2} \rho_0 (1 + \beta t)$$

$$h_1 = 4 \times 0.23 \times \frac{10^2}{2} \times 1.293 \times \left(1 + \frac{20}{273}\right) = 63.8\text{Pa}$$

（4）当 $R = 1.2\text{m}$，由 $\dfrac{R_1}{d} = \dfrac{1.2}{0.72} = 1.6$

$$k_2 = 0.35$$

$$h_2 = 2 \times k_2 \frac{\omega_0^2}{2} \rho_0 (1 + \beta t)$$

$$h_2 = 2 \times 0.35 \times \frac{10^2}{2} \times 1.293 \times \left(1 + \frac{20}{273}\right) = 48.5\text{Pa}$$

（5）烟道闸门的阻力 $h_摩$

$$h_{局} = k \frac{\omega_0^2}{2} \rho_0 (1 + \beta t)$$

已知闸门的开启度80％，$k = 0.62$

$$h_{闸} = 2 \times k \frac{\omega_0^2}{2} \rho_0 (1 + \beta t)$$

$$h_{闸} = 2 \times 0.62 \times \frac{10^2}{2} \times 1.293 \times \left(1 + \frac{20}{273}\right) = 86 \text{Pa}$$

（6）鼓风机出口处的压力

$$P + h_{摩} + h_1 + h_2 + h_{闸} = 18583 \text{Pa}$$

3. 由题意得：$\rho = \frac{T_0}{T} \rho_0 = \frac{273}{293} \times 1.293 = 1.205 \text{kg/m}^3$

$$\omega_1 = \frac{V_0}{3600 \times \frac{\pi d_1^2}{4}} \times \frac{T}{T_0} = \frac{5335}{3600 \times \frac{3.14 \times 0.435^2}{4}} \times \frac{293}{273} = 10.71 \text{m/s}$$

$$\omega_2 = \frac{V_0}{3600 \times \frac{\pi d_2^2}{4}} \times \frac{T}{T_0} = \frac{5335}{3600 \times \frac{3.14 \times 0.25^2}{4}} \times \frac{293}{273} = 32.42 \text{m/s}$$

$$\nu = 15.06 \times 10^{-6} \text{m}^2/\text{s}$$

$$Re = \frac{\mu_1 d_1}{\nu} = \frac{10.71 \times 0.435}{15.06 \times 10^{-6}} = 0.31 \times 10^{-6} \quad 湍流$$

$$Re = \frac{\mu_2 d_2}{\nu} = \frac{32.42 \times 0.25}{15.06 \times 10^{-6}} = 0.54 \times 10^{-6} \quad 湍流$$

查得：$A = 0.129$，$n = 0.12$，由 $\xi = \frac{A}{Re^n}$ 得

$$\xi_1 = \frac{0.129}{(0.31 \times 10^6)^{0.12}} = 0.0283$$

$$\xi_2 = \frac{0.129}{(0.54 \times 10^6)^{0.12}} = 0.0263$$

$$h_{摩} = h_{摩1} + h_{摩2}$$

$$= 0.0283 \times \frac{27}{0.435} \times \frac{1.205 \times 10.71^2}{2} + 0.0263 \times \frac{5}{0.25} \times \frac{1.205 \times 32.42^2}{2}$$

$$= 454.5 \text{Pa}$$

4. 解：（1）计算烟囱底部之抽力

$$h_{抽} = 1.2 h_{失} = 1.2 \times 324 = 388.8 \text{Pa}$$

（2）计算烟囱中的动压头增量

① 求烟囱出口内径 d_2 和底部内径 d_1，烟气出口速度 $\omega_{02} = 2.5 \text{m/s}$，则出口断面

$$f_2 = \frac{V_0}{\omega_{02}} = \frac{8.2}{2.5} = 3.28 \text{m}^2$$

烟囱出口内径 $d_2 = \sqrt{\frac{4 f_2}{\pi}} = \sqrt{\frac{4 \times 3.28}{3.14}} = 2.04 \text{m}$

烟囱底部内径 $d_1 = 1.5 d_2 = 1.5 \times 2.04 = 3.06 \text{m}$

② 求出口烟气温度 t_2。设烟囱高 $H \approx 60 \text{m}$，烟气在烟囱中之温降为 $1.5 ℃/\text{m}$，则

$$t_2 = t_1 - 1.5 \times 60$$

$$=475-1.5\times60$$
$$=385℃$$

③ 求出口烟气动压头 $h_{动2}$

$$h_{动2}=\frac{\omega_{02}^2}{2}\rho_0(1+\beta t_2)=\frac{2.5^2}{2}\times1.3\times\left(1+\frac{385}{273}\right)=9.79\text{Pa}$$

④ 求烟囱底部烟气动压头 $h_{动1}$

底部断面 $\qquad f_1=\frac{\pi d_1^2}{4}=\frac{3.14\times3.06^2}{4}=7.35\text{m}^2$

则流速 $\qquad \omega_{01}=\frac{V_0}{f_1}=\frac{8.2}{7.35}=1.12\text{m/s}$

故得 $\qquad h_{动1}=\frac{\omega_{01}^2}{2}\rho_0(1+\beta t_1)=\frac{1.12^2}{2}\times1.3\times\left(1+\frac{475}{273}\right)=2.23\text{Pa}$

烟囱中动压头增量

$$\Delta h_{动}^{囱}=h_{动2}-h_{动1}=9.79-2.23=7.56\text{Pa}$$

（3）烟囱中的摩擦阻力

烟气在烟囱中的平均温度 $\qquad t_{均}=\frac{475+385}{2}=430℃$

烟囱平均内径 $\qquad d_{均}=\frac{2.04+3.06}{2}=2.55\text{m}$

烟气在烟囱中的平均速度

$$\omega_{0均}=\frac{V_0}{f_{均}}=\frac{8.2}{\frac{\pi(2.55)^2}{4}}=1.61\text{m/s}$$

则 $h_{摩}^{囱}=\xi\frac{\omega_{0均}^2}{2}\rho_0(1+\beta t_{均})\frac{H}{d_{均}}=0.05\times\frac{1.61^2}{2}\times1.3\times\left(1+\frac{430}{273}\right)\times\frac{60}{2.55}=5.1\text{Pa}$

（4）根据烟囱高度计算公式求烟囱高度

$$H=\frac{1}{g(\rho'-\rho)}(h_{抽}+\Delta h_{动}^{囱}+h_{摩}^{囱})$$

$$=\frac{1}{9.81\times\left(\frac{1.29}{1+\frac{20}{273}}-\frac{1.3}{1+\frac{430}{273}}\right)}\times(388.8+7.56+5.1)$$

$$=59\text{m}$$

根据以上计算，求出的 H 值与估算的 H 值误差为 1.69%，符合要求，因此烟囱高度取 59m。

5. $\qquad d_{均}=\frac{d_1+d_2}{2}=\frac{1.71+2.56}{2}=2.135\text{m}$

$$f_{均}=\frac{\pi d_{均}^2}{4}=\frac{3.14\times2.135^2}{4}=3.578\text{m}^2$$

$$\omega_{0均}=\frac{V_0}{f_{均}}=\frac{7200\times2.87}{3.578\times3600}=1.6\text{m/s}$$

烟气在烟囱中之温降为 $1.5℃/\text{m}$，则

$$t_2=t_1-1.5\times40=413-60=353℃$$

$$t_{均} = \frac{t_1 + t_2}{2} = \frac{413 + 353}{2} = 383℃$$

$$\rho' = \frac{\rho_0'}{1 + \beta t_{夏}} = \frac{1.293}{1 + \frac{1}{273} \times 30} = 1.165 \text{kg/m}^3$$

$$\rho = \frac{\rho_0}{1 + \beta t_{均}} = \frac{1.28}{1 + \frac{1}{273} \times 383} = 0.533 \text{kg/m}^3$$

$$h_{摩}^{囱} = \xi \frac{\omega_{0均}^2}{2} \rho_0 (1 + \beta t_{均}) \frac{H}{d_{均}}$$

$$= 0.05 \times \frac{1.6^2}{2} \times 1.28 \times \left(1 + \frac{1}{273} \times 383\right) \times \frac{40}{2.135}$$

$$= 3.69 \text{Pa}$$

$$\omega_{02} = \frac{V_0}{\pi \frac{d_2^2}{4}} = \frac{7200 \times 2.87}{\frac{3.14 \times 1.71^2}{4} \times 3600} = 2.48 \text{m/s}$$

$$\omega_{01} = \frac{V_0}{\pi \frac{d_1^2}{4}} = \frac{7200 \times 2.87}{\frac{3.14 \times 2.56^2}{4} \times 3600} = 1.12 \text{m/s}$$

$$\Delta h_{动}^{囱} = \frac{\omega_{02}^2}{2} \rho_0 (1 + \beta t_2) - \frac{\omega_{01}^2}{2} \rho_0 (1 + \beta t_1)$$

$$= \frac{2.48^2}{2} \times 1.28 \times \left(1 + \frac{353}{273}\right) - \frac{1.12^2}{2} \times 1.28 \times \left(1 + \frac{413}{273}\right)$$

$$= 7.01 \text{Pa}$$

$$h_{位} = Hg(\rho' - \rho) = 40 \times 9.81 \times (1.165 - 0.533) = 248 \text{Pa}$$

$$h_{抽} = h_{位} - \Delta h_{动}^{囱} - h_{摩}^{囱} = 248 - 7.01 - 3.69 = 237.3 \text{Pa}$$

因此烟囱的抽力为 248Pa，有效抽力为 237.3Pa。

6. 风机性能表的风量和风压为

$$V_1 = V \frac{101325}{P} \times \frac{273 + t}{273} = 10000 \times \frac{101325}{79993} \times \frac{273 + 35}{273}$$

$$= 14290 \text{m}^3/\text{h}$$

$$h_1 = h \frac{101325}{P} \times \frac{273 + t}{293} = 2943 \times \frac{101325}{79993} \times \frac{273 + 35}{293}$$

$$= 3919 \text{Pa}$$

选择 9-27-01 型式 No8 型号的规格为：转速 $= 14500 \text{r/min}$；风量 $V_1 = 14300 \text{m}^3/\text{h}$，风压 $h_1 = 3973 \text{Pa}$，电动机功率 $N = 40 \text{kW}$ 的风机。

7. 取供风量为需风量的 1.1 倍时，风机的计算风量

$$V = 1.1 V_0 = 1.1 \times \frac{9.1 \times 3600}{1.293} = 27870 \text{m}^3/\text{h}$$

取冷风在管内流速 $\omega_{02} = 8 \text{m/s}$，因风机安装在送风管道上，忽略高度造成的压头损失，风机的计算风压为

$$h = h_{静2} + Hg(\rho - \rho') + \frac{\omega_{02}^2}{2} \rho_0 (1 + \beta t) + h_{失}$$

$$=10791+0+\frac{8^2}{2}\times1.29\times\left(1+\frac{20}{273}\right)+3139$$

$$=13974\text{Pa}$$

求风机性能表的风量和风压为

$$V_1=V\times\frac{101325}{P}\times\frac{273+t}{273}=27870\times\frac{101325}{0.98\times101325}\times\frac{273+20}{273}$$

$$=30522\text{m}^3/\text{h}$$

$$h_1=h\times\frac{101325}{P}\times\frac{273+t}{293}=13974\times\frac{101325}{0.98\times101325}\times\frac{273+20}{293}$$

$$=14259\text{Pa}$$

根据上述计算结果查风机性能表选择风机。选择 8-18-12 型式 №16 型号的规格为：转速 $=14500\text{r}/\text{min}$；风量 $V_1=32600\text{m}^3/\text{h}$，风压 $h_1=15696\text{Pa}$，电动机功率 $N=260\text{kW}$ 的风机。

任务五　压缩性气体的流出

【自测题】

由 $\dfrac{P}{\rho T}=\dfrac{R}{M}$ 得 $\rho_1=\dfrac{P_1 M}{T_1 R}=\dfrac{10\times98066\times18}{(273+250)\times8314}=4.06\text{kg}/\text{m}^3$

因此
$$\nu_1=\frac{1}{\rho_1}=\frac{1}{4.06}=0.246\text{m}^3/\text{kg}$$

可得临界断面为

$$f_{界}=\frac{M}{0.68\times\sqrt{\dfrac{P_1}{\nu_1}}}=\frac{0.0875}{0.68\times\sqrt{\dfrac{10\times98066}{0.246}}}=6.45\times10^{-5}\text{m}^2$$

当压力比 $\dfrac{P_0}{P_1}=\dfrac{1\text{at}}{10\text{at}}=0.1$ 时，查附图 1-2 得断面比 $\dfrac{f}{f_{界}}=2.05$。所以出口断面为

$$f=2.05 f_{界}=2.05\times6.45\times10^{-5}=1.32\times10^{-4}\text{m}^2$$

因不计重油参加流动的影响，故

$$d_{界}=\sqrt{\frac{4 f_{界}}{\pi}}=\sqrt{\frac{4\times6.45\times10^{-5}}{3.14}}=9.06\times10^{-3}\text{m}=9.06\text{mm}$$

$$d_{出}=\sqrt{\frac{4 f}{\pi}}=\sqrt{\frac{4\times1.32\times10^{-4}}{3.14}}=12.97\times10^{-3}\text{m}=12.97\text{mm}$$

任务六　炉内气体的流动

【自测题】

氧气的质量流量为

$$M=V_0\rho_0=\frac{3.28\times33\times1.429}{60}=2.578\text{kg}/\text{s}$$

取氧气在氧枪管内的流速 $\omega_0=40\text{m}/\text{s}$（压力为 $10\sim20\text{at}$ 的氧气管内经验流速为 $30\sim50\text{m}/\text{s}$），则管嘴的原始断面 $f_{始}$ 为

$$f_{始}=\frac{V_0}{\omega_0}=\frac{3.28\times33}{40\times60}=0.0451\text{m}^2$$

原始直径为：$d_{始}=\sqrt{\dfrac{4 f_{始}}{\pi}}=\sqrt{\dfrac{4\times0.0451}{3.14}}=0.240\text{m}$

由 $\dfrac{P}{\rho T}=\dfrac{R}{M}$ 得 $\rho_1=\dfrac{P_1 M}{T_1 R}=\dfrac{9\times101325\times32}{(273+40)\times8314}=11.21\mathrm{kg/m^3}$

因此
$$\nu_1=\frac{1}{\rho_1}=\frac{1}{11.21}=0.089\mathrm{m^3/kg}$$

可得临界断面为

$$f_{界}=\frac{M}{0.68\times\sqrt{\dfrac{P_1}{\nu_1}}}=\frac{2.578}{0.68\times\sqrt{\dfrac{9\times101325}{0.089}}}=0.00118\mathrm{m^2}$$

当转炉炉膛压力取 $P_0=1\mathrm{at}$，则当压力比 $\dfrac{P_0}{P_1}=\dfrac{98066}{9\times101325}\approx0.11$ 时，查附图 1-1 得断面比 $\dfrac{f}{f_{界}}\approx1.85$。所以喷口断面为

$$f=1.85f_{界}=1.85\times0.00118=0.002183\mathrm{m^2}$$

取 $\varphi=0.97$，则

$$f_{界实}=\frac{f_{界}}{\varphi}=\frac{0.00118}{0.97}=0.00122\mathrm{m^2}$$

$$f_{实}=\frac{f}{\varphi}=\frac{0.002183}{0.97}=0.00225\mathrm{m^2}$$

因此：
$$d_{界}=\sqrt{\frac{4f_{界实}}{\pi}}=\sqrt{\frac{4\times0.00122}{3.14}}=0.0394\mathrm{m}=39.4\mathrm{mm}$$

$$d_{出}=\sqrt{\frac{4f_{实}}{\pi}}=\sqrt{\frac{4\times0.00225}{3.14}}=0.0535\mathrm{m}=53.5\mathrm{mm}$$

取收缩角 $\beta=40°$，则收缩管长度为

$$L_{缩}=\frac{d_{始}-d_{界}}{2\tan\dfrac{\beta}{2}}=\frac{0.240-0.0394}{2\tan\dfrac{40°}{2}}=0.276\mathrm{m}$$

取扩张角 $\alpha=8°$，则扩张管长度为

$$L_{张}=\frac{d_{出}-d_{界}}{2\tan\dfrac{\alpha}{2}}=\frac{0.0535-0.0394}{2\tan\dfrac{8°}{2}}=0.101\mathrm{m}$$

项目二　燃料及燃烧

任务一　认识燃料

【自测题】

1. (1) 由干燥成分与供用成分成分换算关系：

得
$$A_{ar}=(1-M_{ar})A_d=(1-0.03)\times7.78\%=7.55\%$$

再由燃烧成分与供用成分换算关系

得 $\qquad \omega(C) = (1-A_{ar}-M_{ar})\omega_{daf}(C)$
$$= (1-0.0755-0.03)\times 85.32\%$$
$$= 76.32\%$$

同理可得： $\qquad \omega_{ar}(H) = 4.08\%$
$$\omega_{ar}(O) = 3.64\%$$
$$\omega_{ar}(N) = 1.61\%$$
$$\omega_{ar}(S) = 3.80\%$$

（2）该烟煤的低发热量

$Q_{net} = 33900\omega_{ar}(C) + 103000\omega_{ar}(H) - 10900[\omega_{ar}(O) - \omega_{ar}(S)] - 2500M_{ar}$
$$= 33900\times 0.7632 + 103000\times 0.0408 - 10900\times(0.0364-0.0380) - 2500\times 0.03$$
$$= 30017kJ/kg$$

2. 此重油的低发热量为

$Q_{net} = 33900\omega_{ar}(C) + 103000\omega_{ar}(H) - 10900[\omega_{ar}(O) - \omega_{ar}(S)] - 2500M_{ar}$
$$= 33900\times 0.8548 + 103000\times 0.1198 - 10900\times(0.0017-0.0015) - 2500\times 0.018$$
$$= 41270kJ/kg$$

任务二　燃烧计算

【自测题】

1. 由题意可知100kg该种燃料中含碳72kg、含氢8kg。

则　碳 $\qquad n_C = \dfrac{m_C}{M_C} = \dfrac{72kg}{12kg/kmol} = 6kmol$

　　氢 $\qquad n_H = \dfrac{m_H}{M_H} = \dfrac{8kg}{2kg/kmol} = 4kmol$

2. 由反应方程式得

$$CO + \frac{1}{2}O_2 \longrightarrow CO_2$$

$$\begin{array}{ccc} 1 & \dfrac{1}{2} & 1 \\[2mm] 10m^3 & x & y \end{array}$$

$$\frac{1}{10} = \frac{1}{2x} = 7x = 5m^3 \qquad \frac{1}{10} = \frac{1}{y} \Rightarrow y = 10m^3$$

需要 $5m^3 O_2$，生成 $10m^3 CO_2$

3. $\qquad H_2 + \dfrac{1}{2}O_2 = H_2O$

$$\begin{array}{ccc} 1 & \dfrac{1}{2} & 1 \end{array}$$

O_2 含量为 $53.334\times\dfrac{21}{100} = 11.2m^3$

由反应方程式得需有 H_2 体积为 $22.4m^3$

标准状态下氢为：$\dfrac{22.4m^3}{22.4m^3/kmol}\times 2kg/kmol = 2kg$

4. (1) 燃烧时所需理论空气量为

$$L_0 = 22.4 \times 4.762 \left[\frac{\omega_{ar}(C)}{12} + \frac{\omega_{ar}(H)}{4} + \frac{\omega_{ar}(S)}{32} - \frac{\omega_{ar}(O)}{32} \right]$$

$$= 22.4 \times 4.762 \left(\frac{0.6928}{12} + \frac{0.0416}{4} + \frac{0.005}{32} - \frac{0.1125}{32} \right)$$

$$= 6.91 m^3/kg$$

(2) 理论燃烧产物量为

$$V_0 = 22.4 \times \left[\left(\frac{\omega_{ar}(C)}{12} + \frac{\omega_{ar}(H)}{2} + \frac{\omega_{ar}(S)}{32} + \frac{\omega_{ar}(N)}{28} + \frac{M_{ar}}{18} \right) + \right.$$

$$\left. 3.762 \times \left(\frac{\omega_{ar}(C)}{12} + \frac{\omega_{ar}(H)}{4} + \frac{\omega_{ar}(S)}{32} - \frac{\omega_{ar}(O)}{32} \right) \right]$$

$$= 22.4 \times \left[\left(\frac{0.6928}{12} + \frac{0.0416}{2} + \frac{0.005}{32} + \frac{0.0069}{28} + \frac{0.032}{18} \right) + \right.$$

$$\left. 3.762 \times \left(\frac{0.6928}{12} + \frac{0.0416}{4} + \frac{0.005}{32} - \frac{0.1125}{32} \right) \right]$$

$$= 7.27 m^3/kg$$

(3) $n = 1.2$ 时的实际空气需要量

$$L_n = nL_0 = 1.2 \times 6.91 = 8.29 m^3/kg$$

实际燃烧产物量

$$V_n = V_0 + (n-1)L_0 = 7.27 + 0.2 \times 6.91 = 8.65 m^3/kg$$

5.

$$L_0 = 4.762 \times \left[\frac{1}{2}\varphi(CO^v) + \frac{1}{2}\varphi(H_2^v) + 2\varphi(CH_4^v) - \varphi(O_2^v) \right]$$

$$= 4.762 \times \left(\frac{0.3}{2} + \frac{0.12}{2} + 2 \times 0.01 - 0.005 \right) = 1.07 m^3/m^3$$

$$V_0 = \varphi(CO^v) + \varphi(H_2^v) + 3\varphi(CH_4^v) + \varphi(CO_2^v) + \varphi(N_2^v) + \varphi(H_2O^v) + 0.79L_0$$

$$= 0.3 + 0.12 + 3 \times 0.01 + 0.04 + 0.5 + 0.025 + 0.79 \times 1.07$$

$$= 1.87 m^3/m^3$$

$$L_n = nL_0 = 1.1 \times L_0 = 1.1 \times 1.07 = 1.18 m^3/m^3$$

$$V_n = V_0 + (n-1)L_0 = 1.87 + 0.1 \times 1.07 = 1.98 m^3/m^3$$

6. 由题意得：

$$\varphi(H_2O^v) = \frac{0.00124 g_{H_2O}^d}{1 + 0.00124 g_{H_2O}^d} = \frac{0.00124 \times 26}{1 + 0.00124 \times 26} = 3.12\%$$

由干湿成分换算公式得

$$\varphi(CO^v) = \varphi(CO^d) \times [1 - \varphi(H_2O^v)]$$

$$= 30\% \times (1 - 3.12\%)$$

$$= 30\% \times 0.9688 = 29.06\%$$

同理可得:

$$\varphi(H_2^v) = 16\% \times 0.9688 = 15.50\%$$
$$\varphi(CH_4^v) = 4\% \times 0.9688 = 3.88\%$$
$$\varphi(C_2H_4^v) = 1\% \times 0.9688 = 0.97\%$$
$$\varphi(O_2^v) = 0.2 \times 0.9688 = 0.19\%$$
$$\varphi(N_2^v) = 48.8 \times 0.9688 = 47.28\%$$

$$L_0 = 4.762 \times \left[\frac{1}{2}\varphi(CO^v) + \frac{1}{2}\varphi(H_2^v) + 2\varphi(CH_4^v) + 3\varphi(C_2H_4^v) - \varphi(O_2^v)\right]$$
$$= 4.76 \times \left(\frac{0.2906}{2} + \frac{0.155}{2} + 2 \times 0.0388 + 3 \times 0.0097 - 0.0019\right)$$
$$= 1.56 \text{ m}^3/\text{m}^3$$

$$V_0 = \varphi(CO^v) + \varphi(H_2^v) + 3\varphi(CH_4^v) + 4\varphi(C_2H_4^v) + \varphi(N_2^v) + \varphi(H_2O^v) + 0.79L_0$$
$$= 0.2906 + 0.1550 + 3 \times 0.0388 + 4 \times 0.0097 + 0.4728 + 0.0312 + 0.79 \times 1.56$$
$$= 2.33 \text{ m}^3/\text{m}^3$$

项目三   热量传递

任务二   传导传热

【自测题】

1. $\lambda = 0.465 + 0.00051t = 0.465 + 0.00051 \times \left(\frac{800 + 50}{2}\right) = 0.682 \text{W}/(\text{m} \cdot \text{℃})$

$$Q = \frac{t_1 - t_2}{\dfrac{s}{\lambda F}} = \frac{800 - 50}{\dfrac{0.36}{0.682 \times 1}} = 1421 \text{W}/\text{m}^2$$

2. (1) 先设中间温度 $t_2 = \dfrac{1000 + 150}{2} = 575$℃

根据表 3-2 查得各层的平均热导率为

$$\lambda_1 = 1.047 + 0.00016t = 1.047 + 0.00016 \times \left(\frac{1000 + 575}{2}\right) = 1.173 \text{W}/(\text{m} \cdot \text{℃})$$

$$\lambda_2 = 0.291 + 0.00022t = 0.291 + 0.00022 \times \left(\frac{575 + 150}{2}\right) = 0.371 \text{W}/(\text{m} \cdot \text{℃})$$

(2) 代入式(3-16)中

$$Q = \frac{1000 - 150}{\dfrac{0.46}{1.173} + \dfrac{0.23}{0.371}} = 840 \text{W}/\text{m}^2$$

(3) 验算中间温度

利用第一层导热公式

$$Q_1 = \frac{t_1 - t_2}{\dfrac{S_1}{\lambda_1 F}}$$

$$t_2 = t_1 - \frac{S_1}{\lambda_1 F}Q = 1000 - \frac{0.46}{1.173 \times 1} \times 840 = 670.6℃$$

$$t_2 = t_3 + \frac{S_2}{\lambda_2 F}Q = 150 + \frac{0.23}{0.371 \times 1} \times 840 = 670.8℃$$

求出的中间温度与假设的中间温度相差太远，应再次假设。

（4）第二次计算：假设 $t_2 = 670℃$

各层的 $\lambda^{均}$

$$\lambda_1 = 1.047 + 0.00016t = 1.047 + 0.00016 \times \left(\frac{1000+670}{2}\right) = 1.181 W/(m \cdot ℃)$$

$$\lambda_2 = 0.291 + 0.00022t = 0.291 + 0.00022 \times \left(\frac{670+150}{2}\right) = 0.381 W/(m \cdot ℃)$$

由此

$$Q = \frac{1000-150}{\frac{0.46}{1.181} + \frac{0.23}{0.381}} = 856 W/m^2$$

再来验算中间温度 t_2

$$t_2 = 1000 - 856 \times \frac{0.46}{1.181} = 667℃$$

求出的温度与第二次假设的温度（670℃）相差不多，故第二次计算正确。由此得出通过此炉墙的热流为 856 W/m^2。

3. $r_1 = r_2 - \delta = 0.1 - 0.009 = 0.091 m$

由公式

$$Q = \frac{2\pi L(t_1 - t_2)}{\frac{1}{\lambda}\ln\frac{r_2}{r_1}}$$

所以 $t_1 - t_2 = \frac{1}{2\pi L\lambda}\ln\frac{r_2}{r_1}Q = \frac{1}{2\pi \times 6 \times 52}\ln\frac{0.1}{0.091} \times 2.33 \times 10^6 = 112℃$

4.   由 $Q = \frac{2\pi L(t_1 - t_2)}{\frac{1}{\lambda}\ln\frac{r_2}{r_1}}$

$$2326 = \frac{2\pi \times 1 \times (450-200)}{\frac{1}{0.58}\ln\frac{0.4}{r_1}}$$

$r_1 = 0.27m$，所以 $S_1 = r_2 - r_1 = 0.4 - 0.27 = 0.13m$。

又因为 $Q = \frac{2\pi L(t_1 - t_3)}{\frac{1}{\lambda_1}\ln\frac{r_2}{r_1} + \frac{1}{\lambda_2}\ln\frac{r_3}{r_2}}$

$$2326 = \frac{2\pi \times 1 \times (450-t_3)}{\frac{1}{0.58}\ln\frac{0.4}{0.27} + \frac{1}{1.30}\ln\frac{0.75}{0.4}}$$

所以 $t_3 = 21℃$

5.（1）先设炉衬外表面温度 $t = 100℃$

根据表 3-2 查得黏土砖的平均热导率为

$$\lambda_1 = 0.697 + 0.00055 t_{均} = 0.697 + 0.00055 \times \left(\frac{870+100}{2}\right) = 0.964 \text{W/(m} \cdot \text{℃)}$$

（2）代入式（3-16）中

$$Q = \frac{870-50}{\frac{0.92}{0.964}+0.06} = 808 \text{W/m}^2$$

（3）验算中间温度

利用第一层导热公式

$$Q_1 = \frac{t_1-t_2}{\frac{S_1}{\lambda_1 F}}$$

$$t_2 = t_1 - \frac{S_1}{\lambda_1 F}Q = 870 - \frac{0.92}{0.964 \times 1} \times 808 = 98.88\text{℃}$$

$$t_2 = t_3 + R_{t_2}Q = 50 + 0.06 \times 808 = 98.48\text{℃}$$

求出的中间温度与假设的中间温度（100℃）相差不多，故计算正确。

由此得出通过每平方米黏土砖炉衬所损失的热量为 808W/m²。

6. 因为 $r_1 = 0.2\text{m}$；$r_2 = 0.22\text{m}$；$r_3 = r_2 + S_2 = 0.22 + 0.05 = 0.27\text{m}$；$r_4 = r_3 + S_3 = 0.27 + 0.06 = 0.33\text{m}$。

由

$$Q = \frac{2\pi L(t_1-t_4)}{\frac{1}{\lambda_1}\ln\frac{r_2}{r_1}+\frac{1}{\lambda_2}\ln\frac{r_3}{r_2}+\frac{1}{\lambda_3}\ln\frac{r_4}{r_3}}$$

$$Q = \frac{2\pi \times 1 \times (350-50)}{\frac{1}{58}\ln\frac{0.22}{0.2}+\frac{1}{0.15}\ln\frac{0.27}{0.22}+\frac{1}{0.10}\ln\frac{0.33}{0.27}} = 559\text{W/m}$$

$$t_2 = t_1 - \frac{Q}{2\pi L\lambda_1}\ln\frac{r_2}{r_1} = 350 - \frac{559}{2\pi \times 1 \times 58}\ln\frac{0.22}{0.2} = 349.85\text{℃}$$

$$t_3 = t_4 + \frac{Q}{2\pi L\lambda_3}\ln\frac{r_4}{r_3} = 50 + \frac{559}{2\pi \times 1 \times 0.10}\ln\frac{0.33}{0.27} = 228.53\text{℃}$$

7.（1）由题目知 $r_1 = 0.0175\text{ m}$；$r_2 = 0.0225\text{m}$

$$Q = \frac{2\pi L(t_1-t_2)}{\frac{1}{\lambda}\ln\frac{r_2}{r_1}}$$

$$Q = \frac{2\pi \times 1 \times (510-500)}{\frac{1}{25.55}\ln\frac{0.0225}{0.0175}} = 6387.8\text{W/m}$$

（2）结水垢后为两层圆筒壁导热问题：$r_1 = 0.0165\text{m}$；$r_2 = 0.0175\text{m}$；$r_3 = 0.0225\text{m}$

$$Q = \frac{2\pi L(t_1-t_3)}{\frac{1}{\lambda_1}\ln\frac{r_2}{r_1}+\frac{1}{\lambda_2}\ln\frac{r_3}{r_2}}$$

$$6387.8 = \frac{2\pi \times 1 \times (t_1-500)}{\frac{1}{1.63}\ln\frac{0.0175}{0.0165}+\frac{1}{25.55}\ln\frac{0.0225}{0.0175}}$$

得 $$t_3 = 546.7\text{℃}$$

8. 由题目知：$r_1 = 0.085\text{m}$；$r_2 = 0.09\text{m}$；$r_3 = 0.09 + 0.1 = 0.19\text{m}$。

$$Q = \frac{2\pi L(t_1 - t_3)}{\frac{1}{\lambda_1}\ln\frac{r_2}{r_1} + \frac{1}{\lambda_2}\ln\frac{r_3}{r_2}}$$

$$Q = \frac{2\pi L(t_1 - t_3)}{\frac{1}{\lambda_1}\ln\frac{r_2}{r_1} + \frac{1}{\lambda_2}\ln\frac{r_3}{r_2}} = \frac{2\pi \times 1 \times (300 - 50)}{\frac{1}{58.15}\ln\frac{0.09}{0.085} + \frac{1}{0.116}\ln\frac{0.19}{0.09}} = 243.82\,\text{W/m}$$

若略去钢管管壁的热阻，则

$$Q = \frac{2\pi L(t_1 - t_3)}{\frac{1}{\lambda_2}\ln\frac{r_3}{r_2}} = \frac{2\pi \times 1 \times (300 - 50)}{\frac{1}{0.116}\ln\frac{0.19}{0.09}} = 243.86\,\text{W/m}$$

两次计算的数值相差极小，因此可忽略管壁的热阻。

任务三　对流换热

【自测题】

1. 当煤气温度为 1000℃时查表 3-5 得出 A 为 6.64

根据 $\omega = \dfrac{V_x}{f}$ 得

$$\omega_{01} = \frac{V_1}{f_1} = \frac{0.15}{0.01 \times 3.14} = 4.777\,\text{m/s}$$

$$\omega_{02} = \frac{V_2}{f_2} = \frac{0.15}{0.0025 \times 3.14} = 19.108\,\text{m/s}$$

对流给热系数：$\alpha_{对1} = A\dfrac{\omega_{01}^{0.8}}{d^{0.2}} = 6.64 \times \dfrac{4.777^{0.8}}{0.2^{0.2}} = 32.01\,\text{W/(m}^2 \cdot ℃)$

同理可得：$\alpha_{对2} = 111.47\,\text{W/(m}^2 \cdot ℃)$

2. 当水为 40℃时，查附表 8，$\nu = 0.658 \times 10^{-6}\,\text{m}^2/\text{s}$

$$\omega = \omega_0(1 + \beta t) = 0.8 \times \left(1 + \frac{40}{273}\right) = 0.92\,\text{m/s}$$

$$Re = \frac{\omega d}{\nu} = \frac{0.92 \times 0.05}{0.658 \times 10^{-6}} = 69908$$

由于 $Re > 5 \times 10^3$，查表 3-9，$B = 1258$

$\varphi = 10° < 90°$，查表 3-8，$\varepsilon_\varphi = 0.42$

$$\alpha_{对} = B\frac{\omega_0^{0.6}}{d^{0.4}}\varepsilon_\varphi = 1258 \times \frac{0.8^{0.6}}{0.05^{0.4}} \times 0.42 = 1532\,\text{W/(m}^2 \cdot ℃)$$

3. 先计算 Gr 判别流态

定性温度　$t_m = \dfrac{1}{2}(t_\omega + t_f) = \dfrac{1}{2}(200 + 35) = 117.5℃$

从附表 7 中查得空气在 117.5℃时各参数之值为

$$\nu = 25.9 \times 10^{-6}\,\text{m}^2/\text{s};\quad Pr = 0.71;\quad \lambda = 0.0320\,\text{W/(m} \cdot ℃)$$

另外　　　　　$\beta = \dfrac{1}{T} = \dfrac{1}{117.5 + 273} = \dfrac{1}{390.5}\,1/\text{K}$

$$\Delta t = 200 - 35 = 165℃$$

于是有

$$GrPr = \frac{g\beta\Delta t L^3}{\nu^2}Pr = \frac{9.81 \times \dfrac{1}{390.5} \times 165 \times 2.0^3}{(25.9 \times 10^{-6})^2} \times 0.71 = 3.51 \times 10^{10}$$

（1）炉墙向空气的对流给热量计算

由于 $GrPr=3.51\times10^{10}>10^9$，故处于紊流状态。

所以 $\alpha=1.36(\Delta t)^{\frac{1}{3}}=1.36\times165^{\frac{1}{3}}=7.46\text{W}/(\text{m}^2\cdot\text{℃})$

$Q=\alpha(t_1-t_2)F=7.46\times(200-35)\times(13+2.5)\times2\times2=76315.8\text{W}$

（2）炉顶向空气的对流给热量计算

$$GrPr=\frac{g\beta\Delta tL^3}{\nu^2}Pr=\frac{9.81\times\dfrac{1}{390.5}\times165\times7.75^3}{(25.9\times10^{-6})^2}\times0.71=3.51\times10^{12}$$

$$\alpha=1.59(\Delta t)^{\frac{1}{3}}=1.59\times(165)^{\frac{1}{3}}=8.72\text{W}/(\text{m}^2\cdot\text{℃})$$

$$Q=\alpha(t_1-t_2)F=8.72\times(200-35)\times13\times2.5=46761\text{W}$$

4. 当水为 60℃时，查附表 8，$\nu=0.478\times10^{-6}\text{m}^2/\text{s}$

$$\omega_0=\frac{\omega}{1+\beta t}=\frac{10}{1+\dfrac{60}{273}}=8.2\text{m}/\text{s}$$

$$Re=\frac{\omega d}{\nu}=\frac{10\times0.035}{0.487\times10^{-6}}=7.2\times10^5>10^4$$

所以属于紊流，由表 3-5 查得：$A=2756$

则 $$\alpha_{对}=A\frac{\omega_0^{0.8}}{d^{0.2}}=2756\times\frac{8.2^{0.8}}{0.035^{0.2}}=2.9\times10^4\text{W}/(\text{m}^2\cdot\text{℃})$$

因 $\dfrac{L}{d}=\dfrac{4}{0.035}=114>50$，不需校正。

5. 当空气为 30℃时，查附表 7，$\nu=16.58\times10^{-6}\text{m}^2/\text{s}$

$$\omega_0=\frac{\omega}{1+\beta t}=\frac{5}{1+\dfrac{30}{273}}=4.5\text{m}/\text{s}$$

$$Re=\frac{\omega d}{\nu}=\frac{5\times0.02}{16.58\times10^{-6}}=6031$$

由于 $Re>5\times10^3$，查表 3-9，$B=4.54$，而 $\varepsilon_\varphi=1$

所以 $$\alpha_{对}=B\frac{\omega_0^{0.6}}{d^{0.4}}\varepsilon_\varphi=4.54\times\frac{4.5^{0.6}}{0.02^{0.4}}\times1=53.53\text{W}/(\text{m}^2\cdot\text{℃})$$

6. 由于 $\dfrac{l_1}{d}=1.8<3$　所以 $a=1+0.1\dfrac{l_1}{d}=1.18$

空气温度为 300℃，查表 3-11，$C=6.165$

$$\omega_0=\frac{\omega}{1+\beta t}=\frac{10}{1+\dfrac{300}{273}}=4.76\text{m}/\text{s}$$

$$\alpha_{对}=aC\frac{\omega_0^{0.65}}{d^{0.35}}=1.18\times6.165\times\frac{4.76^{0.65}}{0.04^{0.35}}=56.18\text{W}/(\text{m}^2\cdot\text{℃})$$

又由于 $\varphi=60°$，查表 3-8，$\varepsilon_\varphi=0.94$

所以 $$\alpha=\alpha_{对}\varepsilon_\varphi=56.18\times0.94=52.81\text{W}/(\text{m}^2\cdot\text{℃})$$

7. 先计算 Gr 判别流态

定性温度 $$t_m=\frac{1}{2}(t_\omega+t_f)=\frac{1}{2}(80+20)=50℃$$

从附表 7 中查得空气在 50℃时各参数之值为

$$\nu = 18.58 \times 10^{-6} \, \text{m}^2/\text{s}; \; Pr = 0.71; \; \lambda = 0.0272 \, \text{W}/(\text{m} \cdot ℃)$$

另外

$$\beta = \frac{1}{T} = \frac{1}{50 + 273} = \frac{1}{323} (1/\text{K})$$

$$\Delta t = 80 - 20 = 60℃$$

于是有

$$GrPr = \frac{g\beta\Delta t L^3}{\nu^2} Pr = \frac{9.81 \times \frac{1}{323} \times 60 \times 0.05^3}{(18.58 \times 10^{-6})^2} \times 0.71 = 4.68 \times 10^5$$

即 $< 10^9$，故处于层流状态。

$$\alpha = 1.35 \left(\frac{\Delta t}{d} \right)^{\frac{1}{4}} = 1.35 \times \left(\frac{60}{0.05} \right)^{\frac{1}{4}} = 7.95 \, \text{W}/(\text{m}^2 \cdot ℃)$$

因此其对流换热系数为 7.95 W/(m² · ℃)

8. 本题属于水在管内的强制对流换热。40℃水的物性参数如下

$$\lambda = 0.633 \, \text{W}/(\text{m} \cdot \text{K}), \; Cp = 4175 \text{J}/(\text{kg} \cdot \text{K}),$$

$$\mu = 658.026 \times 10^{-6} \text{Pa} \cdot \text{s}, Pr = 4.31$$

则

$$Re = \frac{4q_m}{\pi d\mu} = \frac{4 \times 2}{\pi \times 0.04 \times 658.026 \times 10^{-6}} = 9.68 \times 10^4 > 10^4$$

属湍流

$$Nu = 0.023 Re^{0.8} Pr^{0.4} = 0.023 \times (9.68 \times 10^4)^{0.8} \times (4.31)^{0.4} = 404$$

$$\alpha = \frac{Nu\lambda}{d} = \frac{404 \times 0.633}{0.04} = 6393.3 \, \text{W}/(\text{m}^2 \cdot \text{K})$$

由题意，$l/d = 4/0.04 = 100 > 50$，$C_l = 1$，且不考虑温差修正，$C_t = 1$。
出口水温度为

$$t''_f = t_w - (t_w - t'_f) \exp\left(-\frac{\alpha P}{q_m c_p} l \right)$$

$$= 90 - (90 - 30) \exp\left(-\frac{\pi \times 0.04 \times 6393.3 \times 4}{2 \times 4175} \right)$$

$$= 49.7℃$$

管子对水的散热量

$$\Phi = q_m c_p (t''_f - t'_f) = 2 \times 4174 \times (49.7 - 30) = 1.64 \times 10^5 \, \text{W}$$

任务四 辐射传热

【自测题】

1. 辐射板面与四周壁面的辐射换热量为

$$Q = C_{12} \left[\left(\frac{T_1}{100} \right)^4 - \left(\frac{T_2}{100} \right)^4 \right] F_1 \varphi_{12}$$

式中 辐射板温度 $T_1 = 100 + 273 = 373 \text{K}$

壁面温度 $T_2 = 11 + 273 = 284 \text{K}$

辐射板被四周壁面包围，其辐射面积：$F_1 = 1.5 \times 1 = 1.5 \text{m}^2$，$\varphi_{12} = 1$，此时导来辐射系数 C_{12} 约为

$$C_{12} = 5.67\varepsilon_1 = 5.67 \times 0.94 = 5.33 \, \text{W}/(\text{m}^2 \cdot \text{K}^4)$$

则 $$Q=5.33\times\left[\left(\frac{373}{100}\right)^4-\left(\frac{284}{100}\right)^4\right]\times1.5\times1=1027.5\text{W}$$

2. 钢管的辐射热损失

$$Q=C_{12}\left[\left(\frac{T_1}{100}\right)^4-\left(\frac{T_2}{100}\right)^4\right]F_1\varphi_{12}$$

钢管温度 $T_1=300+273=573\text{K}$

壁面温度 $T_2=27+273=300\text{K}$

（1）与管径相比大很多的砖室内

其辐射面积：$F_1=\pi dl=\pi\times0.05\times8=1.26\text{m}^2$，$\varphi_{12}=1$，查表知氧化层的黑度：$\varepsilon_1=0.80$；此时导来辐射系数 C_{12} 约为

$$C_{12}=5.67\varepsilon_1=5.67\times0.80=4.536\text{W/(m}^2\cdot\text{K}^4)$$

则 $$Q=4.536\times\left[\left(\frac{573}{100}\right)^4-\left(\frac{300}{100}\right)^4\right]\times1.26\times1=5698.21\text{W}$$

（2）在砖槽道里辐射热损失

钢管的辐射面积：$F_1=\pi dl=\pi\times0.05\times8=1.26\text{m}^2$

砖槽的受热面积为：$F_2=0.2\times8\times4=6.4\text{m}^2$

导来辐射系数 C_{12} 为

$$C_{12}=\frac{5.67}{\left(\frac{1}{\varepsilon_1}-1\right)\varphi_{12}+1+\left(\frac{1}{\varepsilon_2}-1\right)\varphi_{21}}$$

其中查表知 $\varepsilon_1=0.80$，$\varepsilon_2=0.93$，$\varphi_{12}=1$，$\varphi_{21}=\frac{F_1}{F_2}=\frac{1.26}{6.4}=0.525$

$$C_{12}=\frac{5.67}{\left(\frac{1}{0.80}-1\right)\times1+1+\left(\frac{1}{0.93}-1\right)\times0.525}=4.4\text{W/(m}^2\cdot\text{K}^4)$$

则 $$Q=4.4\times\left[\left(\frac{573}{100}\right)^4-\left(\frac{300}{100}\right)^4\right]\times1.26\times1=5527.36\text{W}$$

3. 均热炉与车间的辐射换热量为

$$Q=C_{12}\left[\left(\frac{T_1}{100}\right)^4-\left(\frac{T_2}{100}\right)^4\right]F_1\varphi_{12}$$

均热温度 $T_1=1300+273=1573\text{K}$

车间温度 $T_2=30+273=303\text{K}$

均热炉通过炉盖空间向车间的辐射换热，相当于炉膛被无限大壁面包围，其辐射面积

$F_1=2\times(4\times3)+2\times(2.5\times3)+4\times2.5=49\text{m}^2$，炉盖面积 $f=4\times2.5=10\text{m}^2$。

因为车间四周面积 F_2 非常大，所以

$\varphi_{21}=\varphi_{2f}=\dfrac{f}{F_2}\approx0$，$\varphi_{12}=\varphi_{1f}=\dfrac{f}{F_1}=\dfrac{10}{49}$，此时导来辐射系数 C_{12} 约为

$$C_{12}=\frac{5.67}{\left(\frac{1}{\varepsilon_1}-1\right)\varphi_{12}+1+\left(\frac{1}{\varepsilon_2}-1\right)\varphi_{21}}$$

$$C_{12}=\frac{5.67}{\left(\frac{1}{0.8}-1\right)\times\frac{10}{49}+1+0}=5.39\text{W/(m}^2\cdot\text{K}^4)$$

则 $\qquad Q=5.39\times\left[\left(\dfrac{1573}{100}\right)^4-\left(\dfrac{303}{100}\right)^4\right]\times49\times\dfrac{10}{49}=3295378.7\,\mathrm{W}$

故 5min 散失的热量为

$$Q=\dfrac{3295378.7\times5\times60}{1000}=988613.6\,\mathrm{kJ}$$

4. （1）钢液与车间的辐射换热量为

$$Q=C_{12}\left[\left(\dfrac{T_1}{100}\right)^4-\left(\dfrac{T_2}{100}\right)^4\right]F_1\varphi_{12}$$

式中　钢液温度　$T_1=1600+273=1873\mathrm{K}$

车间温度　$T_2=80+273=353\mathrm{K}$

钢液通过盛钢桶口辐射散热，其辐射面积：$F_1=2\,\mathrm{m}^2$，$\varphi_{12}=1$，此时导来辐射系数 C_{12} 约为

$$C_{12}=5.67\varepsilon_1=5.67\times0.35=1.9845\,\mathrm{W/(m^2\cdot K^4)}$$

则 $\qquad Q=1.9845\times\left[\left(\dfrac{1873}{100}\right)^4-\left(\dfrac{353}{100}\right)^4\right]\times2\times1=487847.3\,\mathrm{W}$

故钢液每小时通过盛钢桶口辐射散热

$$Q=\dfrac{487847.3\times3600}{1000}=1.756\times10^6\,\mathrm{kJ}$$

（2）钢液每小时的温度降为

$$Q=mc_p\Delta t=100\times10^3\times0.703\times\Delta t=1.756\times10^6\,\mathrm{kJ}$$

$$\Delta t=25\text{℃}$$

5. 转炉炉膛对氧枪管壁的辐射传热量为

$$Q=C_{12}\left[\left(\dfrac{T_1}{100}\right)^4-\left(\dfrac{T_2}{100}\right)^4\right]F_2\varphi_{21}$$

式中　炉膛温度　$T_1=1500+273=1773\mathrm{K}$

氧枪温度　$T_2=200+273=473$

氧枪的辐射面积：$F_2=\pi dl=\pi\times0.21\times6=3.96\,\mathrm{m}^2$，$\varphi_{21}=1$，$\varphi_{12}\approx0$，此时导来辐射系数 C_{12} 约为

$$C_{12}=\dfrac{5.67}{\left(\dfrac{1}{\varepsilon_1}-1\right)\varphi_{12}+1+\left(\dfrac{1}{\varepsilon_2}-1\right)\varphi_{21}}$$

$$C_{12}=\dfrac{5.67}{0+1+\left(\dfrac{1}{0.8}-1\right)\times1}=4.536\,\mathrm{W/(m^2\cdot K^4)}$$

则 $\qquad Q=4.536\times\left[\left(\dfrac{1773}{100}\right)^4-\left(\dfrac{473}{100}\right)^4\right]\times3.96\times1=1.766\times10^6\,\mathrm{W}$

6. 炉衬传给钢板的辐射热量为

$$Q=C_{12}\left[\left(\dfrac{T_1}{100}\right)^4-\left(\dfrac{T_2}{100}\right)^4\right]F_1\varphi_{12}$$

式中　炉衬温度　$T_1=1400+273=1673\mathrm{K}$

钢板温度　$T_2=500+273=773\mathrm{K}$

炉衬辐射面积：

$$F_1=2\times(0.7\times0.4)+2\times(0.5\times0.4)+0.5\times0.7=1.31\,\mathrm{m}^2$$

钢板受热面积：$F_2 = 0.5 \times 0.4 = 0.2 \text{ m}^2$

导来辐射系数 C_{12} 为

$$C_{12} = \frac{5.67}{\left(\dfrac{1}{\varepsilon_1} - 1\right)\varphi_{12} + 1 + \left(\dfrac{1}{\varepsilon_2} - 1\right)\varphi_{21}}$$

其中 $\varepsilon_1 = 0.7$，$\varepsilon_2 = 0.8$，$\varphi_{12} = \dfrac{F_2}{F_1} = \dfrac{0.20}{1.31} = 0.15$，$\varphi_{21} = 1$

则

$$C_{12} = \frac{5.67}{\left(\dfrac{1}{0.7} - 1\right) \times 0.15 + 1 + \left(\dfrac{1}{0.8} - 1\right) \times 1} = 4.3 \text{ W/(m}^2 \cdot \text{K}^4)$$

$$Q = 4.3 \times \left[\left(\frac{1673}{100}\right)^4 - \left(\frac{773}{100}\right)^4\right] \times 1.31 \times 0.15 = 63176 \text{W}$$

7. 此夹层单位表面积的辐射换热的导来辐射系数 C_{12} 为

$$C_{12} = \frac{5.67}{\dfrac{1}{\varepsilon_1} + \dfrac{1}{\varepsilon_2} - 1} = \frac{5.67}{\dfrac{1}{0.9} + \dfrac{1}{0.9} - 1} = 4.64 \text{ W/(m}^2 \cdot \text{K}^4)$$

$$Q = C_{12}\left[\left(\frac{T_1}{100}\right)^4 - \left(\frac{T_2}{100}\right)^4\right]$$

$$= 4.64 \times \left[\left(\frac{473}{100}\right)^4 - \left(\frac{303}{100}\right)^4\right]$$

$$= 1931.44 \text{ W/m}^2$$

8. 两个互相平行的大平面辐射换热的导来辐射系数 C_{12} 为

$$C_{12} = \frac{5.67}{\dfrac{1}{\varepsilon_1} + \dfrac{1}{\varepsilon_2} - 1} = \frac{5.67}{\dfrac{1}{0.8} + \dfrac{1}{0.8} - 1} = 3.78 \text{ W/(m}^2 \cdot \text{K}^4)$$

$$Q = C_{12}\left[\left(\frac{T_1}{100}\right)^4 - \left(\frac{T_2}{100}\right)^4\right]$$

$$= 3.78 \times \left[\left(\frac{800}{100}\right)^4 - \left(\frac{300}{100}\right)^4\right]$$

$$= 15176.7 \text{ W/m}^2$$

9. （1）安装铝箔隔热板时，辐射换热的导来辐射系数 C_{12} 为

$$C_{12} = \frac{C_0}{\dfrac{1}{\varepsilon_1} + \dfrac{1}{\varepsilon_2} + \dfrac{2}{\varepsilon_p} - 2} = \frac{5.67}{2\left(\dfrac{1}{0.8} + \dfrac{1}{0.05} - 1\right)} = 0.14 \text{ W/(m}^2 \cdot \text{K}^4)$$

$$Q' = C_{12}\left[\left(\frac{T_1}{100}\right)^4 - \left(\frac{T_2}{100}\right)^4\right]$$

$$= 0.14 \times \left[\left(\frac{800}{100}\right)^4 - \left(\frac{300}{100}\right)^4\right]$$

$$= 562.1 \text{ W/m}^2$$

（2）相同黑度遮热板时，辐射热流为

$$Q'' = \frac{1}{2}Q = \frac{1}{2} \times 15176.7 = 7588.35 \text{ W/m}^2$$

10. 由表 3-16 查得射线平均行程为

$$S = 0.9d = 0.9 \times 1 = 0.9 \text{m}$$

于是有 $\qquad P_{CO_2}S = 0.145 \times 0.9 = 0.1305 \, \text{at} \cdot \text{m}$

$$P_{H_2O}S = 0.04 \times 0.9 = 0.036 \, \text{at} \cdot \text{m}$$

查图 3-25～图 3-27，根据 $t_气 = 1200℃$，查得

$$\varepsilon_{CO_2} = 0.10, \quad \varepsilon_{H_2O} = 0.045, \quad \beta = 1.06$$

$$\varepsilon_g = 0.10 + 1.06 \times 0.045 = 0.148$$

若忽略气体黑度与吸收率之间的差别，有

$$Q_{gw} = \varepsilon'_w \varepsilon_g C_0 \left[\left(\frac{T_g}{100} \right)^4 - \left(\frac{T_w}{100} \right)^4 \right] F_w$$

其中，$\varepsilon'_w \approx \dfrac{\varepsilon_w + 1}{2} = \dfrac{0.9 + 1}{2} = 0.95$，故

$$Q_{gw} = 0.95 \times 0.148 \times 5.67 \times \left[\left(\frac{1473}{100} \right)^4 - \left(\frac{673}{100} \right)^4 \right] \times 1$$

$$= 35894.65 \, \text{W/m}^2$$

任务五　综合传热

【自测题】

1. 假设黏土砖外表面温度为 $100℃$，其热导率

$$\lambda = 0.697 + 0.00055 t_均 = 0.697 + 0.00055 \times \left(\frac{870 + 100}{2} \right) = 0.964 \, \text{W/(m} \cdot ℃)$$

此时，传热系数

$$K = \frac{1}{\dfrac{S}{\lambda} + \dfrac{1}{\alpha_\Sigma}} = \frac{1}{\dfrac{0.92}{0.964} + 0.06} = 0.986 \, \text{W/(m}^2 \cdot ℃)$$

每平方的热损失为：$Q = K(t_1 - t_2)F$

$$= 0.986 \times 820 \times 1$$

$$= 808.5 \, \text{W/m}^2$$

2. 冷却水的平均温度为

$$t_水 = \frac{t_入 + t_出}{2} = \frac{25 + 45}{2} = 35℃$$

按所给公式，水对烟道的给热系数为

$$\alpha_对 = 3373 \omega^{0.85} (1 + 0.1 t_水) = 3373 \times 3^{0.85} \times (1 + 0.01 \times 35) = 1158 \, \text{W/(m}^2 \cdot ℃)$$

因此，传热系数为

$$K = \frac{1}{\dfrac{S}{\lambda} + \dfrac{1}{\alpha_对}} = \frac{1}{\dfrac{0.005}{55.3} + \dfrac{1}{11585}} = 5658.2 \, \text{W/(m}^2 \cdot ℃)$$

所以，烟道每平方米的热损失为

$$Q = K(t_1 - t_均)F = 5658.2 \times (100 - 35) \times 1 = 367783 \, \text{W/m}^2$$

由热平衡知 $\qquad Q \times \dfrac{3600}{1000} = GC_水(t_出 - t_入)$

故得冷却水耗量为

$$G = \frac{Q \times 3600}{1000 C_水 (t_出 - t_入)} = \frac{367783 \times 3600}{1000 \times 4.187 \times (45 - 25)} = 15811 \, \text{kg/(m}^2 \cdot \text{h})$$

3. 废气对管壁的综合给热系数：$\alpha_{\Sigma 1} = 7.07 + 21.05 = 28.12 \, \text{W/(m}^2 \cdot ℃)$

传热系数：$K=\dfrac{1}{\dfrac{1}{\alpha_{\Sigma 1}}+\dfrac{S}{\lambda}+\dfrac{1}{\alpha_{\Sigma 2}}}=\dfrac{1}{\dfrac{1}{28.12}+\dfrac{0.02}{55.8}+\dfrac{1}{34.89}}=15.48\mathrm{W/(m^2 \cdot ℃)}$

$$Q=K\Delta tF=15.48\times540\times F=276794\mathrm{W}$$

$$F=33.11\mathrm{m^2}$$

4. 由题目知：$d_1=0.1\mathrm{m}$，$d_2=0.11\mathrm{m}$，$d_3=0.21\mathrm{m}$，$1=20\mathrm{m}$。

根据公式(3-117)，多层圆筒壁的综合传热量为

$$Q=\dfrac{\pi l(t_1-t_2)}{\dfrac{1}{\alpha_{综合1}d_1}+\dfrac{1}{2\lambda_1}\ln\dfrac{d_2}{d_1}+\dfrac{1}{2\lambda_2}\ln\dfrac{d_3}{d_2}+\dfrac{1}{\alpha_{综合2}d_3}}$$

$$=\dfrac{\pi\times20\times(180-20)}{\dfrac{1}{1163\times0.1}+\dfrac{1}{2\times48.85}\ln\dfrac{0.11}{0.1}+\dfrac{1}{2\times0.2}\ln\dfrac{0.21}{0.11}+\dfrac{1}{11\times0.21}}$$

$$=4882.4\mathrm{W}$$

所以，管内蒸汽每小时传给周围空气的热量为

$$Q\times\dfrac{3600}{1000}=17576.7\mathrm{kJ/h}$$

项目四 耐火材料

任务一 耐火材料的分类和性能

【自测题】

1. 答：(1) 耐火材料是耐火度不低于 1580℃的无机非金属材料。(2) 通常的分类方法有耐火材料的耐火度、化学矿物组成、化学性质、制造工艺方法等。

2. 答：(1) 显气孔率等于开口气孔和连通气孔体积占整个材料体积的百分率。(2) 在一般耐火制品中（除熔铸制品和轻质隔热制品外）开口气孔体积占总气孔体积的绝对多数，闭口气孔体积则很少。另外闭口气孔体积难于直接测定，因此，制品的气孔率指标，常用显气孔率表示。

3. 答：影响耐火制品热导率的主要因素有：化学矿物组成、组织结构和温度等。

4. 答：(1) 耐火材料在无荷重时抵抗高温作用而不熔化的性能叫耐火度。(2) 测定耐火度时，将耐火材料试样制成一个上底每边为 2mm，下底每边为 8mm，高 30mm，截面呈等边三角形的截头三角锥体。把三角锥体试样和比较用的标准锥体放在一起加热。三角锥体在高温作用下变形而弯倒，当三角锥的顶点弯倒并触及底板（放置试锥用的）时，此时的温度（与标准锥比较）称为该材料的耐火度。

5. 答：不正确。因为在该温度下，材料不再具有机械强度和不耐侵蚀，所以认为"耐火度越高砖越好"是不适宜的。

6. 答：(1) 所谓高温荷重变形温度就是耐火材料受压发生一定变形量和坍塌时的温度。

(2) 测定耐火材料高温荷重变形温度的方法有示差-升温法和非示差-升温法两种。

(3) 高温荷重变形温度与耐火度相比，其测定时的温度是耐火材料受压发生一定变形量和坍塌时，而耐火度是无荷重不熔化的最高温度。

7. 答：不正确。① 实际使用条件下所承受的荷重要比测定高温变形温度时的 0.2MPa 低得多，只在个别情况下达到 0.2～0.5MPa，由于荷重低，制品的实际开始变形温度将升高。② 砌体沿厚度方向受热不均匀，而大部分负荷将由温度较低的部分承担。③ 在使用条件下，制品承受变形时间远远超过实验室的试验时间。④ 在实际使用过程中，耐火材料还可能承受其他种类的负荷，如弯曲、拉伸、扭转等。

8. 答：耐火材料在烧成过程中，其间的物理化学变化一般都未达到烧成温度下的平衡状态，当制品在长期使用过程中，受高温作用时，一些物理化学变化仍然会继续进行。另一方面，制品在实际烧成过程中，由于各种原因，会有烧成不充分的制品，此种制品在窑炉上使用再受高温作用时，由于一些烧成变化继续进行，结果使制品的体积发生变化——膨胀或收缩。

9. 答：重烧收缩是耐火材料的高温体积稳定性性质，并不是所有的材料都会收缩，如硅砖等会膨胀。但是所有材料都具备热胀冷缩的热膨胀性，砌筑窑炉时要留膨胀缝的依据是耐火材料的热膨胀性，这是两个不同的性质，要区别开来。

10. 答：熔渣是指高温下与耐火材料相接触的冶金炉渣、燃料灰分、飞尘、各种材料（包括固态、液态材料，如烧结水泥块、煅烧石灰、铁屑、熔融金属、玻璃液等）和气态物质（煤气、一氧化碳、氟、硫、锌、碱蒸汽）等。

11. 答：从生产工艺角度出发，欲有效地提高耐火材料的抗渣性，应从两个主要途径着手：①保证和提高原料的纯度，改善制品的化学矿物组成；②选择适宜的生产方法，获得具有致密而均匀的组织结构的制品。

任务二 常见耐火材料的应用

【自测题】

1. 答：(1) SiO_2 在常压不同温度下有七个变体（同素异晶体）和一个非晶型变体，即 β-石英，α-石英，γ-鳞石英，β-鳞石英，α-鳞石英，β-方石英，α-方石英和石英玻璃。

(2) 一类是横向的迟钝型转变，这是由一种结晶构造过渡到另一种新的结晶构造，也称为一级变体间的转变。这种转变一般只向着一个方向进行，即 α-石英→α-鳞石英→α-方石英。另一种为上下的高低型转变，即变体的亚种 α、β、γ 型的转变，也称为二级变体间的转变，这种转变是可逆的。

2. 答：(1) 硅砖是一种 SiO_2 含量在 93% 以上的硅质耐火材料。(2) 硅砖属于酸性耐火材料，对酸性炉渣侵蚀的抵抗能力强，但对碱性渣侵蚀的抵抗能力差；耐火度为 1710～1730℃；荷重软化温度高，一般在 1640～1680℃ 以上；热震稳定性差；高温体积稳定性差，加热时产生体积膨胀。

3. 答：硅砖中鳞石英具有矛头状双晶相互交错的网络状结构，因而使硅砖具有较高的荷重软化点及机械强度，当硅砖中有残余石英存在时，由于在使用中它会继续进行晶型转变，体积膨胀较大，易引起砖体结构松散。综上所述，一般希望烧成后硅砖中的鳞石英愈多愈好，残存石英愈少愈好。

4. 答：根据制品的 Al_2O_3 含量不同可分为三大类：半硅质耐火材料、黏土质耐火材料和高铝质耐火材料。

5. 答：硬质黏土中 Al_2O_3 含量较多，杂质含量较少，耐火度高，但可塑性差；软质黏土则相反，Al_2O_3 含量较少，杂质较多，耐火度较低，但可塑性好。

6. 答：一方面半硅砖具有不太大的膨胀性，有利于提高砌体的整体性，降低熔渣对砖缝的侵蚀作用；另一方面是熔渣与砖面接触后，能形成厚度约 $1\sim2mm$ 的黏度很大的硅酸盐熔融物，阻碍熔渣向砖内渗透，从而提高制品的抗熔渣侵蚀能力。

7. 答：（1）MgO 含量在 80% 以上，以方镁石为主晶相的耐火材料为镁质耐火材料。

（2）品种分为冶金镁砂和镁质制品两大类。冶金镁砂有普通冶金镁砂和马丁砂；制品有普通镁砖、镁硅砖、镁铝砖和镁钙砖等。

8. 答：（1）马丁砂即将镁石、白云石（或石灰石）、铁矿石按一定的比例配料，均匀混合，然后成球煅烧成熟料，再破碎至一定的颗粒组成而制得的冶金镁砂。

（2）合成冶金镁砂已含熔剂矿物，使用时不必外加助熔剂，可避免镁砂与助熔剂混合不均匀，使用时出现颗粒偏析的缺点。

9. 答：镁砖荷重软化温度低的主要原因是方镁石晶体没有形成结晶骨架（结晶网），类似于黏土砖结构。方镁石结晶颗粒是离散的，它的四周被钙镁橄榄石及玻璃质所包围而胶结起来。钙镁橄榄石的熔点很低，只有 1490℃，玻璃质也是易熔物质，因而导致镁砖在荷重下开始软化的温度远远低于耐火度。

10. 答：镁铝砖与镁砖比较，具有以下特点：（1）镁铝砖的热震稳定性好；（2）镁铝砖的荷重软化温度比镁砖有所改善，达到 1620~1690℃；（3）镁铝砖抵抗碱性熔渣以及氧化铁熔渣的能力较镁砖有所加强。

11. 答：这种砖在高温使用过程中，作为黏结剂的焦油和沥青进行分解，放出挥发份，残留固定碳。残留碳不仅存在于白云石颗粒之间，而且渗入颗粒的毛细孔中，组成完整的固定碳网，将白云石颗粒联结成高强度的整体。此外，固定碳的化学稳定性好，有助于整个耐火制品抗渣能力的提高。

12. 答：（1）白云石砖中的 CaO/MgO 比值小于 1.39 时称为镁质白云石砖。（2）烧成镁质白云石砖，其工艺大致与焦油白云石砖相似，区别在于前者采用了石蜡作结合剂，以便在结合剂烧尽后形成陶瓷结合或直接结合，后者将烧成砖。在沥青中进行真空-压力浸渍，使沥青填满颗粒间隙中。

13. 答：炭砖具有耐火度和荷重软化点高，热震稳定性好，不被熔渣铁水等润湿，几乎不受所有酸碱盐和有机药品的腐蚀，抗渣性很好，高温体积稳定，机械强度高，耐磨性好并具有良好的导电性等性质，故广泛应用于冶金工业。其中以高炉炭砖用量最大，许多高炉的炉底、炉缸和炉腹是用炭砖砌筑的。

14. 答：（1）碳化硅砖按结合方式不同可分为黏土结合碳化硅砖、β-碳化硅结合碳化硅砖、氧氮化硅结合碳化硅砖、氮化硅结合碳化硅砖、塞隆（Sialon）结合碳化硅砖和重结晶碳化硅砖。

（2）在钢铁冶炼方面，它可用于盛钢桶内衬、水口、塞头、高炉炉底和炉腹、出铁槽、转炉和电炉出钢口、加热炉无水冷滑轨等方面。在有色金属（锌、铜、铝等）冶炼中，大量用于蒸馏器、精馏塔托盘、电解槽侧墙、熔融金属管道、吸送泵和熔炼金属坩埚等。硅酸盐工业中它大量用作各种窑炉的棚板和隔焰材料，如马弗炉内衬和匣钵等。化学工业中多用于油气发生器、有机废料煅烧炉、石油汽化器和脱硫炉等方面。此外在空间技术上可用作火箭喷管和高温燃气透平叶片等。

15. 答：（1）耐火浇注料主要用于构筑各种加热炉内衬等整体构筑物。某些由优质粒状和粉状料组成的品种也可用于冶炼炉。

（2）耐火可塑料适用于钢铁工业中的各种加热炉、均热炉、退火炉、渗碳炉、热风炉、烧结炉等处。也可用于小型电弧炉的炉盖、高温炉的烧嘴以及其他相似的部位。

（3）耐火捣打料可代替耐火砖用来捣筑冶金炉的某些部位，也可捣筑整个炉子。

（4）耐火喷射料广泛用于冶金炉炉衬的修补工作。

（5）耐火泥主要用作砌筑耐火砖砌体的接缝和涂层材料。

（6）耐火涂料覆盖于炉子砌砖体内表面，提高砌砖体抗渣能力等高温性能，有助于延长炉体的使用寿命。

16. 答：（1）隔热耐火材料是指气孔率高、体积密度低、热导率低的耐火材料。一般隔热耐火材料的气孔率为 $40\%\sim80\%$，体积密度低于 1.5g/cm^3，热导率低于 1W/(m·K)。

（2）通常的分类方法有根据使用温度不同、体积密度、原料、生产方法和制品形状等分类。

17. 答：选择耐火材料，不仅技术上应该是合理的，而且经济上也必须是合算的，应本着就地取材，充分合理利用国家经济资源，能用低一级的材料，就不要用高一级的，当地有能满足要求的就不用外地的。

项目五　冶金炉热能的合理利用

【自测题】

1. 答：节约燃料不仅关系到生产的成本，而且关系到国家资源的计划使用。通过编制炉子热平衡，从炉子热平衡的分析，找出燃料消耗量的计算方法和节约燃料的途径。

2. 答：区域热平衡与全炉热平衡之区别主要是选择的热平衡研究区域不同，因此各自的热收入与支出项也就不同，如热空气的物理热是区域热平衡的收入，但是对于全炉（炉子）来说，热收入中并不包括 $Q_空$。因为供给炉子的是冷空气，而不是热空气。热空气的物理热来自预热器，是炉膛废热的回收，而不是另行供给的。

3. 答：有效利用的热量（有效热）与供给炉子的热量（燃料的燃烧热）之比称为炉子的热效率；而有效热和炉子损失（指全炉热损失 $Q_失$）的和与燃料燃烧热（$Q_烧$）之比称为燃料利用系数。

4. 答：（1）冶金工厂的炉子不能实现完全燃烧，炉膛内热损失大，则炉子的热效率就不太高。（2）将进入炉膛的燃料及空气预热，使燃料燃烧完全，减少炉膛内的热损失。

5. 答：节约燃料的一些基本途径，即提高空气（及煤气）的预热温度，提高燃料的发热量，改善燃料和传热条件以减少废气带走的热量，减少炉子的热损失，确定合理的热负荷等。

6. 答：预热空气和煤气可以节约燃料；预热空气和煤气可以提高理论燃烧温度；预热空气和煤气可加速燃烧，提高燃烧温度，缩短火焰。

7. 答：

换热器	优　点	缺　点
对流换热器	构造简单、流速高、材质可选、选用高温废气	翅片容易造成积灰，对含尘量大的烟气，需要慎重选取翅片
辐射换热器	构造简单，适用于含尘量大的高温烟气，选用高温废气	安装及检修较为困难

8. 答：

设备	优　　点	缺　　点
换热器	体积小、构造简单、操作简单	预热温度较低、气密性较差
蓄热室	能承受较高的温度、不存在相互渗碳的漏气问题	设备较大、需要复杂的换向设备；预热温度波动；操作复杂

9. 答：①在加热阶段，废气由上向下流动；冷却阶段，空气由下向上流动，这是促使气流均匀分布的措施。②进入蓄热室的气体流速不大于 1m/s。③高的构筑系数小。

10. 答：余热锅炉是回收预热的合理方案，一般烟气温度较低，同样散热面积单位时间产生的蒸汽量是普通锅炉的三分之一。此外，烟气量和温度不稳定，余热锅炉产生的蒸汽也是不稳定的。

11. 答：汽化冷却中，每千克水汽化冷却时吸收的总热量大大超过水冷却时所吸收的热量，节约了软水和供水用电。此外，低压蒸汽可用于加热或雾化重油，可供生活设施使用，避免了水冷后带走的热量不能很好利用的缺点。

附录一 1350m³ 高炉热风炉标准操作规程

1. 热风炉系统的生产任务及工作原理

1.1 1350m³ 高炉热风炉生产任务

1.1.1 负责热风炉所属设备的点检、润滑、维护，配合检修人员完成设备检修，确保机械、电气、仪器、仪表设备处于良好的运行状态。

1.1.2 合理地调整热风炉烧炉，稳定地供应高炉所需风温。

1.1.3 按照规定要求完成热风炉的换炉、烧炉、休复风及烘炉操作。

1.1.4 按规定放净重力除尘器积灰。

1.2 1350m³ 高炉 Kalugin 热风炉工作原理

1350m³ 高炉 Kalugin 热风炉实质上是一个热交换器，助燃空气与煤气经预热器预热后分别送入空气集气室和煤气集气室，在燃烧器空气喷嘴和煤气喷嘴喷射而出，气体混匀后进入预燃室，在格子砖上部完全燃烧产生高温烟气，高温烟气流自上而下经格子砖（蓄热室）将格子砖加热而本身逐渐冷却，低温烟气经烟道进入空气、煤气预热器，而后进入烟囱排出，格子砖被加热并储备一定热量到规定条件（拱顶温度＜1350℃，废气温度＜450℃）；停止烧炉换炉转送风，冷风从冷风阀进入热风炉经格子砖自下而上流动，被加热后送高炉，随格子砖温度降低，热风温度下降，当低于规定热风温度时停止送风，再转入烧炉，热风炉周期性工作。

2. 1350m³ 高炉 Kalugin 热风炉工艺流程图

1 混风切断阀	10 煤气放散阀	CH 烟囱	25 换热器空气进口切断阀
2 混风调节阀	11 煤气切断阀	SB 启动燃烧器	26 换热器空气旁通切断阀
3 倒流阀	12 煤气调节阀	NB N$_2$ 气包	27、28 助燃风机出口切断阀
4 空气调节阀	13 N$_2$ 吹扫阀	18 烟气旁通切断阀	29 助燃风机进口切断阀
5 空气切断阀	14、15 烟道阀	19 换热器煤气进口切断阀	30 助燃风机放散阀
6 分流阀	16 废气阀	20 换热器煤气旁通切断阀	31、32 助燃风机
7 冷风阀	17 放风阀	21 换热器煤气出口切断阀	33 高炉煤气大闸
7a 充压阀	CD 倒流休风管	22 换热器烟气进口切断阀	34 煤气调节阀
8 热风阀	HESMG 煤气换热器	23 换热器烟气出口切断阀	35 煤气放散阀
9 煤气燃烧阀	HESA 空气换热器	24 换热器空气出口切断阀	

1350高炉热风炉工艺示意图

3. 热风系统工艺设备规格型号及相关技术参数

3.1 工艺设备规格型号

工 艺 设 备	型 号 规 格	工 艺 设 备	型 号 规 格
热风阀	DN1300	煤气总管放散阀	DN250
倒流休风阀	DN900	煤气文管放散阀	DN150
混风切断阀	DN900	氮气吹扫阀	DN100
混风调节阀	DN900	预热器空气出口切断阀	DN1900
助燃空气切断阀	DN1300	预热器空气进口切断阀	DN1800
助燃空气调节阀	DN1300	预热器煤气出口切断阀	DN2000
煤气调节阀	DN1400	预热器煤气进口切断阀	DN1900
煤气切断阀	DN1400	预热器烟气切断阀	DN3400
煤气燃烧阀	DN1400	主烟道旁通阀	DN3400
烟道阀	DN1600	助燃风机出口切断阀	DN1400
废气阀	DN400	助燃空气放散阀	DN800
冷风阀	DN1300	冷风放风阀	DN1400
充压阀	DN350	助燃风机(1♯1350)	电机功率500kW
分流阀	DN500	助燃风机(2♯3♯1350)	电机功率560kW

3.2 预热器基本参数

序号	项目	单位	介质名称	设计运行工况	最高工况
1	体积流量	m³/h	烟气	250000	250000
			煤气	153000	153000
			空气	110000	110000
2	进口温度	℃	烟气	380	450
			煤气	45	45
			空气	30	30
3	出口温度	℃	烟气	140	180
			煤气	180	200
			空气	180	200
4	阻力	Pa	烟气	800	960
			煤气	600	650
			空气	650	720
5	最高壁温	℃		300	350
6	最低壁温	℃		96	114

3.3 空气/煤气整体式预热器设备结构

预热器采用整体式双预热结构形式,整个设备由烟气-空气侧箱体、烟气侧-空气换热管排、烟气-煤气侧箱体、烟气-煤气侧换热管排,以及中间连接箱体、设备基础框架六部分构成。主体换热设备采用无机传热技术,由于高炉煤气为易燃易爆介质,在设备中不允许烟气和煤气间发生泄漏而混合,因此预热器采用整式分割密闭结构,将烟气侧吸热换热面与煤气侧以及空气侧放热换热面分开隔离布置在彼此独立的通道内，烟气侧吸热面吸收的烟气热量通过传热管分别传递给煤气侧放热面和空气侧放热面，进而对流放热面以对流形式将热量释放传递以加热给煤气和空气。烟气侧和煤气侧以及空气侧换热面翅片管基管均选用 φ42 无缝钢管，翅片选用 O8AL 材料。换热元件沿气流方向错列布置。为了调节换热管壁温，换热元件纵向按烟气温度分五段设计；每段采用不同的翅片参数。

4. 热风系统主要原材料及产品的技术标准、技术参数及要求

指标名称	单位	计算变量		
		1	2	3
热风炉数量	座	3	3	3
热风炉全高	m	44.82	44.82	44.82
热风炉炉壳内径	mm	φ9640/φ10050/φ11000		
拱顶	℃	1280	1330	1170
冷风温度	℃	200	200	
热风温度	℃	1200	1250	1110
煤气预热温度	℃	180	180	45
助燃空气预热温度	℃	180	180	30
烟气（平均）温度	℃	320	324	325
烟气（最大）温度	℃	400	400	400
高炉煤气湿度	g/m³	94	94	94
助燃空气湿度	g/m³	22	22	22
加热鼓风量	m³/h	240000	240000	240000
一座热风炉煤气消耗	m³/h	74926	73275	77574
二座热风炉煤气消耗	m³/h	149852	146550	155148
一座热风炉助燃空气消耗	m³/h	52771	54672	54414
二座热风炉助燃空气消耗	m³/h	105542	109344	108828
一座热风炉产生的烟气量	m³/h	127305	126872	131582
二座热风炉产生的烟气量	m³/h	254610	253744	263164
格子砖高度	m	24.240	24.240	24.240
格子砖室的断面积	m²	58.7	58.7	58.7
格子砖体加热面积	m²/座	68717	68717	68717
格子砖体重量	T/座	1916.5	1916.5	1916.5
格子砖体阻力	Pa	530	550	500
煤气发热值	kJ/m³	3202	3432	3202
空气过剩系数		1.106	1.100	1.100
转炉煤气添加比例	%	00	5.29	00
热风炉炉效率	%	≥85	≥85	≥73.68
热风炉煤气管线的阻损	Pa	2700	2600	2800
热风炉空气管线的阻损	Pa	2300	2500	2500

5. 常规情况下的操作处理

5.1 烧炉操作

5.1.1 烧炉制度

(1) 温度控制：拱顶温度≤1350℃，废气温度≤450℃。

(2) 压力控制：高炉煤气压力≥5000Pa，助燃空气压力≥6kPa，氮气压力≥500kPa。

5.1.2 调节方法

在设备状况一定条件下，调节煤气和空气配比，有如下三种调节方法：

5.1.2.1 固定空气量，调节煤气量。

5.1.2.2 固定煤气量，调节空气量，找准合适配比。

5.1.2.3 煤气量及空气量都调节。

5.1.3 烧炉方法

5.1.3.1 快速烧炉法

开始烧炉时，使用热风炉能接受最大煤气量和最小空气过剩系数，使炉顶温度在短时间内（10～15min）达到规定值（加热期），然后加大过剩空气系数维持顶温，逐步提高烟道温度至规定值，使整个热风炉格子砖充分加热；拱顶和烟道温度都达到要求值后，方可进行换炉，不应采取减烧措施。

5.1.3.2 自动烧炉法

利用烧炉自动寻优系统，保证热风炉在燃烧过程中达到空气、煤气的最佳配比；拱顶温度在较短时间内达到最高值，炉顶温度达到规定后，空气量不变，调剂空气过剩系数来保持炉顶温度不上升，当烟道温度接近规定指标时，应同时减小空气量和煤气量，以控制废气温度不超出规定值。

5.2 换炉操作

5.2.1 燃烧转送风

5.2.1.1 关煤气调节阀。

5.2.1.2 关煤气切断阀。

5.2.1.3 关空气调节阀。

5.2.1.4 开氮气阀（吹扫10～30s）。

5.2.1.5 关氮气阀。

5.2.1.6 关煤气燃烧阀同时开煤气放散阀。

5.2.1.7 关空气切断阀。

5.2.1.8 关闭第一、第二烟道阀。

5.2.1.9 小开冷风充压阀，延时一段时间后，全开充压阀。

5.2.1.10 当冷风阀前后压差（$\Delta P \leqslant 5kPa$）等于给定值时开热风阀。

5.2.1.11 开冷风阀。

5.2.1.12 关充压阀。

5.2.2 送风转燃烧

5.2.2.1 关冷风阀。

5.2.2.2 关热风阀。

5.2.2.3 开废气阀。

5.2.2.4 当烟道阀前后压差（$\Delta P \leqslant 5kPa$）等于给定值时，开第一、第二烟道阀。

5.2.2.5　关废气阀。

5.2.2.6　开煤气燃烧阀，同时关煤气放散阀。

5.2.2.7　开氮气阀（吹扫 10～30s）。

5.2.2.8　开空气切断阀。

5.2.2.9　开空气调节阀。

5.2.2.10　开煤气切断阀。

5.2.2.11　开煤气调节阀。

5.2.2.12　关氮气阀。

5.2.3　换炉操作注意事项

5.2.3.1　换炉操作过程中必须仔细观察氮气吹扫系统压力、流量和吹扫时间，确保送风安全。

5.2.3.2　双炉燃烧改为单炉燃烧时，要及时调节助燃风机放散阀，以免损坏风机。

5.2.3.3　换炉时尽量避免风压波动，应逐渐开冷风充压阀，在 5min 左右将热风炉充满风后，再逐渐开冷风阀，并保证风压波动＜25kPa。

5.2.3.4　严格遵守操作顺序，密切注意各阀门开关限位信号和开关时间，以避免造成憋风、爆炸等事故。

5.2.3.5　换炉时间不宜拖长，一般不超过 20min。

5.2.3.6　换炉前注意检查热风阀各阀门开关限位是否牢靠，热风阀进出冷却水是否正常。

5.3　倒换助燃风机操作

5.3.1　停助燃风机操作

5.3.1.1　全开助燃风机放散阀。

5.3.1.2　热风炉全部停止烧炉。

5.3.1.3　停助燃风机电机。

5.3.1.4　关助燃风机出风口切断阀。

5.3.1.5　关助燃风机进风口切断阀。

5.3.2　启动助燃风机操作

5.3.2.1　小开助燃风机进风口切断阀。

5.3.2.2　全开助燃风机出风口切断阀。

5.3.2.3　启动助燃风机电机。

5.3.2.4　按烧炉操作程序烧炉。

5.3.2.5　关助燃风机放散阀。

5.3.2.6　调整助燃风机进风口开度至需要位置。

5.4　重力除尘器操作

5.4.1　检查重力除尘器设备情况，检查喷水系统是否正常。

5.4.2　送上操作电源后，启动卸灰机。

5.4.3　打开喷水阀门。

5.4.4　开电动球阀，小开清灰阀开始放灰。

5.4.5　放完灰后关闭清灰阀、电动球阀。

5.4.6　卸灰机无灰后，停卸灰机。

5.4.7　关喷水阀门。

5.4.8　停操作电源。

6. 特殊、紧急或事故情况下的操作处理

6.1　短期休、复风操作

6.1.1　休风操作

6.1.1.1　接到高炉值班工长休风指令后，如果是单炉生产或煤气不连通时，应首先停止烧炉。

6.1.1.2　关混风切断阀。

6.1.1.3　关冷风阀。

6.1.1.4　关热风阀，并通知工长表示休风完毕。

6.1.1.5　若工长发出倒流指令后，热风炉工开倒流阀进行倒流。

6.1.2　复风操作

6.1.2.1　接工长复风指令后，关闭倒流休风阀。

6.1.2.2　开送风炉的热风阀、冷风阀。

6.1.2.3　热风工操作确定无误后，通知工长表示复风完毕。

6.2　长期休、复风操作

6.2.1　长期休风操作

6.2.1.1　热风炉做好炉顶点火准备工作。

6.2.1.2　高炉休风前1h放净除尘器的煤气灰。

6.2.1.3　值班工长发出休风指令后，热风炉关闭混风切断阀、混风调节阀、送风炉的冷风阀和热风阀，并通知工长表示休风完毕。

6.2.1.4　热风工开倒流阀进行倒流。

6.2.1.5　长期休风需炉顶点火时待值班工长关闭炉顶氮气后用油布点火，点火前高炉值班室控制炉顶温度不低于300℃。

6.2.1.6　炉顶点火后，打开重力除尘器放散阀及清灰阀，使除尘器内的残余煤气与大气接通，通入氮气30min将煤气驱赶干净后停氮气。

6.2.1.7　若休风时间长，视炉顶温度下降情况将热风炉按烧炉程序间断烧炉保温，以维持炉顶温度不低于1000℃，如此周而复始。

6.2.2　炉顶点火操作

6.2.2.1　高炉处于休风状态热风工开始准备点火。

6.2.2.2　高炉打开开炉顶人孔，关闭炉顶氮气。

6.2.2.3　热风工用油布及点火枪点火，点火时不能正对点火孔。

6.2.2.4　热风工确认炉顶着火后，指定专人炉顶看火，防止料面灭火。

6.2.2.5　若料面灭火，立即通知煤气系统、风口区、炉顶系统检修人员撤离，同时通知高炉值班工长，然后再次进行炉顶点火。

6.2.3　长期休风后复风操作

6.2.3.1　复风前1h关闭煤气系统所有人孔，但除尘器放散阀及清灰阀要保持全开并通入氮气，将煤气驱赶干净。

6.2.3.2　重力除尘器通氮气30min后关闭重力除尘器球阀清灰阀，保持放散阀全开。

6.2.3.3　确认倒流休风阀处于关闭状态。

6.2.3.4 接工长复风指令后，开送风炉的热风阀、冷风阀。

6.2.3.5 热风工操作确定无误后，通知工长表示复风完毕。

6.2.3.6 燃气厂开 2400mm 眼睛阀，蝶阀煤气反引前关闭重力除尘器放散阀，停氮气。

6.2.3.7 高炉引煤气后检查确认重力除尘器球阀清灰阀及放散阀是否关严。

6.3 紧急休风操作程序

6.3.1 接工长紧急休风指令后关闭混风切断阀。

6.3.2 关送风炉的冷风阀。

6.3.3 关送风炉的热风阀。

6.3.4 燃烧炉全部停烧。

6.3.5 紧急休风完毕，与工长联系并酌情处理煤气。

6.4 高炉突然停风时热风炉操作程序

6.4.1 高炉突然停风时立即关闭混风调节阀。

6.4.2 与值班工长联系后关闭混风切断阀。

6.4.3 关正在送风的热风炉的热风阀，开废气阀、烟道阀。

6.4.4 与大气接通后 10min 左右关冷风阀、烟道阀。

6.4.5 操作完毕通知工长，并按工长的指令决定是否继续烧炉。

6.5 突然停电

停风时操作发生系统停电、助燃风机停机、高炉停风故障时，若热风炉备用电能储备系统不能恢复供电，热风炉操作人员应立即用手动或联系检修人员用倒链将阀门置于需要的位置，操作程序如下：

6.5.1 关闭燃烧炉煤气调节阀、煤气切断阀，停止燃烧（为防止煤气大量泄漏造成 1350m³ 高炉区域内恶性煤气中毒事故，需 1350m³ 高炉值班作业长安排 4 人帮助快速手动关闭燃烧炉煤气切断阀）。

6.5.2 关闭混风切断阀。

6.5.3 关闭送风炉热风阀、冷风阀。

6.5.4 通知工长表示休风完毕。

6.5.5 关闭燃烧炉空气调节阀、空气切断阀。

6.5.6 开氮气依次吹扫三座热风炉 10min 后，关燃烧炉煤气燃烧阀。

6.5.7 分别打开三座热风炉空气调节阀、空气切断阀，每座热风炉各与大气接通 10min 后再关闭阀门。

6.5.8 送风炉要开烟道阀、冷风阀，与大气连通 10min 后再关闭阀门。

6.5.9 开助燃风机放散阀。

6.6 休风注意事项

6.6.1 高炉长期休风复风前，热风炉要开烟道阀、冷风阀，与大气连通 10min，然后再关闭阀门，确保送风安全。

6.6.2 长期休风高炉炉顶点火后，热风炉工应监视炉顶火焰燃烧情况，如有熄灭应立即重新点火。

6.6.3 严禁在复风前打开混风切断阀。

6.6.4 严禁预先打开准备送风炉的热风阀，防止发生煤气爆炸。

6.6.5 复风前三座热风炉必须进行氮气吹扫。

6.6.6 休风如需检修煤气系统时，应关闭煤气主管切断阀，关闭煤气眼镜阀，打开煤气末端放散阀及各支管放散阀，用氮气将煤气驱赶干净后方可进行检修。

6.6.7 长期休风后，视炉顶温度下降情况热风炉要进行间断烧炉保温。

6.7 排风操作

6.7.1 接到高炉值班工长通知排风操作后，立即关闭混风切断阀。

6.7.2 高炉打开放风阀，同时热风炉打开送风炉的废气阀。

6.7.3 排风时间不得超过 5min，超出规定时间通知值班室转为休风操作。

6.7.4 高炉值班工长通知热风炉回风，热风炉关闭送风炉的废气阀。

6.7.5 根据高炉值班工长指令是否打开混风切断阀。

6.7.6 高炉关闭放风阀。

6.8 热风炉放风操作

6.8.1 若高炉放风阀出现故障值班工长通知热风炉放风。

6.8.2 热风炉关闭混风切断阀。

6.8.3 热风炉将一座燃烧炉停止燃烧，保持烟道阀全开。

6.8.4 打开充压阀，当冷风阀前后压差 $\Delta P \leqslant 5\text{kPa}$ 时开冷风阀。

6.8.5 若一座热风炉打不开冷风阀，可以同时用两座燃烧炉放风。

6.8.6 通知工长表示放风完毕，若放风时间长（超过 5min）按程序休风。

6.8.7 接到高炉值班工长通知回风操作指令后，关放风炉的充压阀、冷风阀、烟道阀，并通知高炉值班工长回风操作完毕。

7. 煤气预热系统技术操作

7.1 热风炉停煤气操作

7.1.1 燃烧炉停止烧炉。

7.1.2 关闭煤气总管切断阀。

7.1.3 开煤气末端放散阀。

7.1.4 关煤气总管电动眼镜阀。

7.1.5 开眼镜阀处氮气吹扫煤气，吹扫 10min 后关煤气末端放散阀。

7.1.6 开热风炉煤气支管煤气调节阀、煤气切断阀、煤气支管放散阀，吹扫 10min 后关煤气支管放散阀，三座热风炉依次进行。

7.1.7 吹扫完毕后开煤气末端放散阀。

7.2 热风炉引煤气操作

7.2.1 开眼镜阀处氮气吹扫煤气 10min 以上。

7.2.2 开煤气总管电动眼镜阀。

7.2.3 开煤气总管切断阀。

7.2.4 见煤气后关闭煤气管道末端放散阀。

7.2.5 若煤气支管处于放散状态，依次关闭煤气调节阀、煤气切断阀、煤气支管放散阀。

8. 事故（故障）处理

8.1　助燃风机突然停机操作

8.1.1　立即关闭燃烧炉的煤气调节阀及煤气切断阀。

8.1.2　关闭燃烧炉的空气调节阀、空气切断阀。

8.1.3　开氮气依次吹扫两座燃烧炉 10min 后，关燃烧炉煤气燃烧阀。

8.1.4　分别打开两座燃烧炉空气调节阀、空气切断阀，每座热风炉各与大气接通 10min 后再关闭阀门。

8.1.5　开助燃风机放散阀。

8.1.6　待风机故障排除后（或倒风机后）按程序恢复烧炉。

8.2　送风系统管道温度过热处理

8.2.1　定期进行送风系统管道温度检测，发现管道温度大于 300℃ 必须采用风冷，并通知技术科、机动科。

8.2.2　温度大于 450℃ 必须采用水冷。

8.2.3　计划休风时进行管道灌浆。

8.3　送风系统管道漏风处理

8.3.1　定期进行送风系统管道设备点检，发现管道漏风立即通知检修车间。

8.3.2　在漏风周围裁带有截止阀的钢板盒子，焊接完毕后关闭截止阀。

8.3.3　高炉休风时割掉钢板盒，焊补漏风处。

8.3.4　若管道漏风严重，必须休风处理。

8.3.5　计划休风时对漏风处进行管道灌浆。

8.4　倒水操作

热风炉冷却系统分软水冷却和工业水冷却，一用一备，正常生产过程采用软水冷却。若发生冷却系统软水停水事故，必须立即启动备用系统，临时将软水冷却倒用工业水冷却，以维持正常生产。

8.4.1　软水倒用工业水操作

8.4.1.1　通知高炉水煤工联系动力泵房立即启动工业水泵。

8.4.1.2　确认水泵开启后，打开工业水进水总阀门。

8.4.1.3　打开工业水回水总阀门。

8.4.1.4　打开分水包工业水进水阀门，同时关闭软水进水阀门。

8.4.1.5　打开分水包工业水回水阀门，同时关闭软水回水阀门。

8.4.1.6　检查确认工业水回水槽水量。

8.4.2　工业水倒用软水操作

8.4.2.1　通知高炉水煤工联系动力泵房倒用软水。

8.4.2.2　打开软水进水总阀门。

8.4.2.3　打开软水回水总阀门。

8.4.2.4　打开分水包软水进水阀门，同时关闭工业水进水阀门。

8.4.2.5　打开分水包软水回水阀门，同时关闭工业水回水阀门。

8.4.2.6　关闭工业水回水阀门。

8.4.2.7　关闭工业水回水阀门。

8.4.2.8　通知高炉水煤工联系动力泵房立即启动工业水泵。

9. 烘炉操作

9.1 烘炉目的

9.1.1 缓慢去除砌体中的水分，避免水分突然大量蒸发而破坏耐火砌体。

9.1.2 使耐火砖均匀、缓慢而又充分地膨胀，避免砌体因热应力集中或晶格转变造成损坏。

9.1.3 使热风炉内逐渐地蓄积足够的热量，保证高炉烘炉和开炉所需的风温。

9.2 烘炉要求

9.2.1 严格执行热风炉烘炉方案，按规定升温速度、烘烤时间进行升温。

9.2.2 热风炉烘炉必须连续进行，严禁时烘时停，若因故必须停止烘炉时，要设法保温，恢复烘烤后，应在已有温度基础上重新按规定升温速度控制，切不可因停烘延误而加速升温速度。

9.2.3 热风炉烘炉前期必须使用启动燃烧器，烘炉直到拱顶温度不低于900℃，然后采用主燃烧器点火继续烘炉。

9.2.4 烘炉期间应定期取样分析废气成分及水分，并注意观察记录砌体膨胀情况。

9.2.5 由于硅砖具有独特的相变膨胀特性，因此要坚持"前期慢（0～350℃）、中期稳（350～900℃）、后期快（900～1300℃）"的原则。

9.2.6 当热风炉顶温达900℃以上时，可加快升温速度，达到1200℃以上即可开始使用。

9.3 热风炉烘炉方法

热风炉烘炉首先通入焦炉煤气对烟道进行自燃烘烤，使烟道干燥，烟囱具有一定的抽力，然后用启动燃烧器对热风炉本体进行烘烤，启动助燃风机通入一定量的助燃风与管道焦炉煤气在热风炉格子砖上部的人孔处的启动燃烧器混合后燃烧，调整助燃风与焦炉煤气的流量和空气过剩系数，控制升温速度，当拱顶达到900℃以上时，拆除启动燃烧器，用热风炉本体的涡流喷射燃烧器点火继续升温至规定范围。

10. 热风炉长期保温操作

当高炉长期休风检修或热风炉出现故障，无法继续正常运行时，必须进行热风炉长期保温操作，凉炉以拱顶温度为准，具体程序为：

10.1 热风炉停止烧炉，从送风状态转入长期停炉状态，将拱顶温度自然降温至900℃，然后保持稳态加热。

10.2 休风后打开三座热风炉格子砖上方人孔，安装调试好启动燃烧器，然后使用启动燃烧器进行加热保温，以维持拱顶温度在900～1000℃。

10.3 根据炉顶温度情况调整焦炉煤气和空气用量，废气温度维持在200～250℃。

10.4 长期休风检修复风前一天，拆除启动燃烧器，堵好人孔。

10.5 使用主燃烧器进行点火烧炉，热风炉拱顶温度达到1250℃以上即可使用。

11. 常用数据

常用数据	检查标准	操作方面	安全方面
确认热风炉净煤气压力	>5kPa	若净煤气压力<5kPa立即联系调度增压	防止煤气泄漏、中毒
燃烧中煤气压力	>3kPa	煤气压力≤3kPa时热风炉停烧	防止煤气泄漏、中毒

常用数据	检查标准	操作方面	安全方面
助燃空气压力	下限≥6kPa 上限≤12.5kPa	根据烧炉状况调节助燃风机放散阀	防止空气压力波动过大
氮气压力	≥500kPa		低于规定值不得进行换炉操作
拱顶温度	≤1350℃		
废气温度	≤450℃		
冷却水出水温度	≤50℃		
格子砖温度	≥800℃		
助燃风机电机电流	<41A	电流过大立即停止助燃风机运转	防止煤气中毒
助燃风机定子温度	≤120℃	温升10℃/h立即检查或停止助燃风机运转	防止煤气中毒
助燃风机前后轴承温度	≤65℃		
空气、煤气支管温度	<250℃	超规定值立即停止换炉作业	防止煤气爆炸、泄漏
换热器煤气预热温度	≤180℃	超规定值及时调节主烟道旁通	防止换热器损坏或煤气泄漏
换热器空气预热温度	≤180℃		

12. 热风炉岗位职责

12.1 热风炉操作人员在高炉值班工长的统一指挥下完成本岗位一切技术操作。

12.2 合理地调整热风炉烧炉，稳定地供应高炉所需风温。

12.3 按照要求完成热风炉的换炉、烧炉、休复风及烘炉操作。

12.4 按规定放净重力除尘器积灰。

12.5 负责热风炉所属设备的点检、润滑、维护，配合检修人员完成设备检修，确保机械、电气、仪器、仪表设备的正常运行。

12.6 按照要求完成热风炉操作日报及各种台账记录。

12.7 保持设备、三室及区域环境卫生清洁。

预热器换热流程图：

附录二 常用数据

附表1 国际制、工程制单位换算表

物理量名称	工程制单位		国际制单位			换算关系
	中文符号	英文符号	中文符号	英文符号	因次式	
长度	米	m	米	m	L	—
质量	$\dfrac{千克力 \cdot 秒^2}{米}$	$\dfrac{kgf \cdot s^2}{m}$	千克	kg	M	$1kgf \cdot s^2/m = 9.80665kg$ $1kg = 0.101972kgf \cdot s^2/m$
力	千克力	kgf	牛	N	LMT^{-2}	$1kgf = 9.80665N$ $1N = 0.101972kgf$
时间	秒	s	秒	s	T	—
压力（压强）	千克力/米² 千克力/厘米² 标准大气压 毫米水柱 毫米汞柱	kgf/m^2 kgf/cm^2 atm mmH_2O mmHg	帕	Pa	$L^{-1}MT^{-2}$	$1kgf/m^2 = 9.80665Pa$ $1kgf/cm^2 = 98.0665kPa$ $1atm = 101.325kPa$ $1mmH_2O = 9.80665Pa$ $1mmHg = 133.332Pa$
密度	$\dfrac{千克力 \cdot 秒^2}{米^4}$	$\dfrac{kgf \cdot s^2}{m^4}$	千克/米³	kg/m^3	$L^{-3}M$	$1kgf \cdot s^2/m^4 = 9.80665kg/m^3$ $1kg/m^3 = 0.101972kgf \cdot s^2/m^4$
速度	米/秒	m/s	米/秒	m/s	LT^{-1}	—
动力黏度	$\dfrac{千克力 \cdot 秒}{米^2}$	$\dfrac{kgf \cdot s}{m^2}$	帕·秒	Pa·s	L^2M^{-2}	$1kgf \cdot s/m^2 = 9.80665Pa \cdot s$ $1Pa \cdot s = 0.101972kgf \cdot s/m^2$
运动黏度	米/秒	m/s	米/秒	m/s	LT^{-1}	—
功、能、热	千克力·米 千卡 千瓦·时	kgf·s kcal kW·h	焦	J	L^2MT^{-2}	$1kgf \cdot s = 9.80665J$ $1kcal = 4.1868kJ$ $1kW \cdot h = 3600kJ$
热流	千克力·米/秒 千卡/时	kgf·m/s kcal/h	瓦	W	L^2MT^{-3}	$1kgf \cdot m/s = 9.80665W$ $1kcal/h = 1.163W$
温度	摄氏度	℃	开	K	θ	$t/℃ = T/K + 273.15$
比热容	千卡/(千克力·摄氏度)	kcal/(kgf·℃)	焦/(千克·开)	J/(kg·K)	$L^2T^{-2}\theta^{-1}$	$1kcal/(kgf \cdot ℃) = 4.1868kJ/(kg \cdot K)$ $1kJ/(kg \cdot K) = 0.239kcal/(kgf \cdot ℃)$
热导率	千卡/(米·时·摄氏度)	kcal/(m·h·℃)	瓦/(米·开)	W/(m·K)	$LMT^{-3}\theta^{-1}$	$1kcal/(m \cdot h \cdot ℃) = 1.163W/(m \cdot K)$ $1W/(m \cdot K) = 0.8598kcal/(m \cdot h \cdot ℃)$
传热系数	千卡/(米²·时·摄氏度)	kcal/(m²·h·℃)	瓦/(米²·开)	W/(m²·K)	$MT^{-3}\theta^{-1}$	$1kcal/(m^2 \cdot h \cdot ℃) = 1.163W/(m^2 \cdot K)$ $1W/(m^2 \cdot K) = 0.8598kcal/(m^2 \cdot h \cdot ℃)$

注：将 m、kg、s、K 代入因次式中的 L、M、T、θ 就是国际单位制用基本量表示的关系式。

附表2 常用局部阻力系数及综合阻力系数

(一) 常用局部阻力系数

序号	阻力类型	简图	计算速度	局部阻力系数 ξ
1	突然扩大		ω_0	$\xi=\left(1-\dfrac{F_0}{F}\right)^2$ 见下表
2	突然收缩		ω_0	$\xi=0.7\left(1-\dfrac{F_0}{F}\right)-0.2\left(1-\dfrac{F_0}{F}\right)^2$ 见下表
3	逐渐扩大		ω_0	$\xi=0.7\left(1-\dfrac{F_0}{F}\right)^2\left(1-\cos\dfrac{\alpha}{2}\right)$ 见下表

序号1 突然扩大 $\xi=\left(1-\dfrac{F_0}{F}\right)^2$

F_0/F	0	0.1	0.2	0.3	0.4	0.5	0.6	0.7	0.8	0.9	1.0
ξ	1.0	0.81	0.64	0.49	0.36	0.25	0.16	0.09	0.04	0.01	0

序号2 突然收缩 $\xi=0.7\left(1-\dfrac{F_0}{F}\right)-0.2\left(1-\dfrac{F_0}{F}\right)^2$

F_0/F	0	0.1	0.2	0.3	0.4	0.5	0.6	0.7	0.8	0.9	1.0
ξ	0.5	0.47	0.42	0.38	0.34	0.30	0.25	0.20	0.15	0.09	0

序号3 逐渐扩大 $\xi=0.7\left(1-\dfrac{F_0}{F}\right)^2\left(1-\cos\dfrac{\alpha}{2}\right)$

断面形状	F_0/F	α 10°	15°	20°	25°	30°	45°
圆形管	1.25	0.01	0.02	0.03	0.04	0.05	0.06
	1.50	0.02	0.03	0.05	0.08	0.11	0.13
	1.75	0.03	0.05	0.07	0.11	0.15	0.20
	2.00	0.04	0.06	0.10	0.15	0.21	0.27
	2.25	0.05	0.08	0.13	0.19	0.27	0.34
	2.50	0.06	0.10	0.15	0.23	0.32	0.40
方形管	1.25	0.03	0.03	0.05	0.06	0.07	—
	1.50	0.03	0.06	0.10	0.12	0.13	
	1.75	0.05	0.08	0.14	0.17	0.19	
	2.00	0.06	0.13	0.20	0.23	0.26	
	2.25	0.08	0.16	0.26	0.30	0.33	
	2.50	0.09	0.19	0.30	0.36	0.39	
矩形管	1.25	0.02	0.02	0.02	0.03	0.04	—
	1.50	0.03	0.03	0.05	0.07	0.08	
	1.75	0.05	0.05	0.06	0.09	0.11	
	2.00	0.07	0.07	0.09	0.13	0.15	
	2.25	0.09	0.08	0.12	0.17	0.19	
	2.50	0.10	0.10	0.14	0.20	0.23	

序号	阻力类型	简图	计算速度	局部阻力系数 ξ

4　逐渐收缩　计算速度 ω

$$\xi = 0.47\left(\sqrt{\tan\frac{\alpha}{2}}\cdot\frac{F}{F_0}\right)^2$$

F/F_0	α						
	5°	10°	15°	20°	25°	30°	45°
1.25	0.15	0.22	0.27	0.31	0.33	0.38	0.47
1.50	0.22	0.31	0.38	0.44	0.48	0.55	0.68
1.75	0.30	0.43	0.52	0.61	0.65	0.75	0.93
2.00	0.39	0.56	0.68	0.79	0.85	0.98	1.21
2.25	0.50	0.70	0.86	1.00	1.08	1.23	1.53
2.50	0.62	0.87	1.07	1.24	1.33	1.52	1.89

5　截面不变的任意急度转弯　计算速度 ω

α	<7~10°	20°	30°	45°	60°	80°	100°
圆管	可不计	0.05	0.11	0.30	0.50	0.90	1.2
方管	可不计	0.11	0.20	0.38	0.53	0.93	1.3

6　截面不变的任意圆滑角度转弯　计算速度 ω

$\xi = \xi_{90°圆滑转弯的}\,\xi \times$ 修正系数 k

α	20	40	80	120	160	180
k	0.40	0.6	0.95	1.13	1.27	1.33

7　截面不变的90°转弯　计算速度 ω

R/D	0.5	0.6	0.8	1.0	2.0	3.0	4.0	5.0
圆管	1.2	1.0	0.52	0.44	0.20	0.16	0.12	0.10
方管	1.5	1.0	0.80	0.80	0.35	0.23	0.18	0.15

8　截面变化的90°转弯　计算速度 ω_0

F_0/F	0	0.2	0.4	0.6	0.8	1.0
ξ_1	1.0	1.0	1.0	1.02	1.04	1.10
ξ_2	0.42	0.44	0.52	0.66	0.85	1.10
ξ_3	0.77	0.80	0.86	1.02	1.20	1.45

9　截面不变的180°转弯　计算速度 ω

$\xi = 4.5$（管道截面形状不论）

续表

序号	阻力类型	简图	计算速度	局部阻力系数 ξ
10	连续两个 45°转弯		ω	L/D： 1, 2, 3, 4, 5, 6 ξ： 0.37, 0.28, 0.35, 0.38, 0.40, 0.42
11	连续两个 90° U 形转弯		ω	L/D： 1, 2, 3, 6, 8 以上 ξ： 1.2, 1.3, 1.6, 1.9, 2.2
12	连续两个 90° Z 形转弯		ω	L/D： 1.0, 1.5, 2.0, 3.0, 5.0 以上 ξ： 1.9, 2.0, 2.0, 2.1, 2.2
13	叉管（90°）分流		ω	$\xi = 1.0$
14	叉管（90°）汇流		ω	$\xi = 1.5$
15	等径三通分流		ω_0	$\xi = 1.5$
16	等径三通汇流		ω	$\xi = 3.0$ $\xi = 2.0$

续表

序号	阻力类型	简图	计算速度	局部阻力系数 ξ
17	异径三通		ω	$\xi = $ 等径三通 $\xi_1 + $ 突扩(突缩) ξ_2
18	集流与分流	ω 集流　ω 分流	ω	$\xi_{集流} = 1.5$　$\xi_{分流} = 0$
19	不对称的合流三通	$\omega_2 F_2$　$\omega_1 F_1$ $(F_1 = F_2)$　$\omega_3 F_3$　α	ω_1	见下表

局部阻力系数 ξ（不对称的合流三通，序号 19）

$\alpha \leqslant 45^\circ$

ξ　$F_3/F_1 \diagdown Q_3/Q_1$	0.1	0.2	0.3	0.4	0.5	0.6	0.8	1.0
$\xi_{1,3}$　0.2	2.4	0.5	0	0.7	0.5	0.32	0.2	0.08
$\xi_{1,3}$　0.4		2.9	1.2	1.6	1.18	0.8	0.55	0.4
$\xi_{1,3}$　0.6			2.8	2.6	1.7	1.2	0.8	0.5
$\xi_{1,2}$　0.2~0.8	$\leqslant 0.4$							

$\alpha = 60^\circ$

ξ　$F_3/F_1 \diagdown Q_3/Q_1$	0.1	0.2	0.3	0.4	0.5	0.6	0.8	1.0
$\xi_{1,3}$　0.2	2.2	0.6	0.1	0.8	0.6	0.4	0.3	0.1
$\xi_{1,3}$　0.4		3.4	1.5	2.0	1.4	1.0	0.75	0.4
$\xi_{1,3}$　0.6			3.4	3.3	2.1	1.6	1.0	0.6
$\xi_{1,3}$　0.8			5.5					
$\xi_{1,2}$　0.2~0.8	$\leqslant 0.4$							

$\alpha = 90^\circ$

ξ　$F_3/F_1 \diagdown Q_3/Q_1$	0.1	0.2	0.3	0.4	0.5	0.6	0.8	1.0
$\xi_{1,2}$　0.2	3.0	0.8	0.2	0.15		0.62	0.58	0.25
$\xi_{1,3}$　0.4		4.4	2.0	1.2	1.0	1.6	1.2	0.7
$\xi_{1,3}$　0.6			6.0	2.9	2.1	2.6	1.9	1.1
$\xi_{1,3}$　0.8				5.5	3.5			
$\xi_{1,2}$　0.2~0.8	0.35~0.95							

Q 为流量

续表

序号	阻力类型	简图	计算速度		局部阻力系数 ξ									
20	对称的合流三通	（简图）	ω_1	α	$F_0/F\diagdown\omega_0/\omega$	0.3	0.4	0.5	0.6	0.7	0.8	1.0	1.5	2.0
				≤45°	0.2			-0.3	0.1	0.3	0.4	0.5	0	0.3
					0.6			-0.3	0.1	0.3	0.4	0.5	0.5	0.5
					1.0		0.2	0.35	0.5	0.5	0.5	0.5	0.5	0.5
				60°	0.2							0	0.5	0.7
					0.6		0	0.5	0.7	0.8	0.85	0.85	0.85	0.85
					1.0	0.5	0.8	0.85	0.85	0.85	0.85	0.85	0.85	0.85
				90°	0.2							15	4	1.8
					0.6	13	15	9	6	3.5	2.7	2	1.7	1
					1.0		8	4	3.2	2.8	2.4	1.8	1.2	1.3

不对称的分流三通（序号 21），计算速度 ω_2（直通管）、ω_3（旁通管）：

$\xi_{1,3}$

$\alpha\diagdown\omega_3/\omega_1$	0.4	0.5	1.0	1.5	2.0
15°	2.1	1.00	0.06	0.10	0.25
30°	3.0	1.40	0.21	0.23	0.36
45°	3.8	2.25	0.50	0.44	0.47
60°	5.2	2.75	0.90	0.89	0.65
90°	7.8	4.00	1.31	0.72	0.53

$\xi_{1,2}$

ω_2/ω_3	0.1	0.2	0.3	0.5	0.8	>1.0
ξ	10.5	5.0	2.0	0.36	0.03	0

序号	阻力类型	简图	计算速度	局部阻力系数 ξ
22	管道出口	（简图）	ω	$\omega=1.0$
23	流入尖锐边缘孔洞	（简图）	ω	$\omega=0.5$

续表

序号	阻力类型	简图	计算速度	局部阻力系数 ξ
24	流入圆滑边缘孔洞		ω	R/D: 0.01, 0.03, 0.05, 0.08, 0.12, 0.16, >0.2 ξ: 0.44, 0.31, 0.22, 0.15, 0.09, 0.06, 0.03
25	流入伸出的管道		ω	$L/D\leqslant4$ 时,$\xi=0.2\sim0.56$ $L/D\geqslant4$ 时,$\xi=0.56$
26	流入斜管口		ω	α: 10°, 20°, 30°, 40°, 50°, 60°, 70°, 80°, 90° ξ: 1.0, 0.96, 0.91, 0.85, 0.78, 0.70, 0.63, 0.56, 0.50
27	进入一群通道		ω	方形孔口 $\xi=2.0\sim2.5$ 圆形孔口 $\xi=2.5\sim3.5$ 矩形孔口 $\xi=1.5\sim2.0$
28	进入平行直分道		ω_2	F_1/F_2: 0.2, 0.3, 0.4, 0.5, 0.6, 0.7, 0.8, 0.9 ξ: 33, 6.0, 3.8, 2.2, 1.3, 0.79, 0.52, 0.50
29	流经孔板		ω_1	F_0/F_1: 0.1, 0.2, 0.3, 0.4, 0.5, 0.6, 0.7, 0.8, 0.9, 1.0 ξ: 280, 57, 30, 15, 9, 6.2, 3.9, 2.7, 1.9, 1.0
30	交换器		ω	$\xi_1=2.5$ $\xi_2=4.0$

334

续表

（一）局部阻力系数 ξ（续）

序号	阻力类型	简图	计算速度	局部阻力系数 ξ
31	阀门		ω	h/d: 0.15, 0.20, 0.25, 0.30, 0.35, 0.40, 0.45 ξ: 9.0, 4.5, 3.0, 2.1, 1.7, 1.6, 1.5
32	蝶阀		ω	α: 5°, 10°, 15°, 20°, 25°, 30°, 40°, 50°, 60°, 70°, 80°, 90° 圆管: 0.24, 0.52, 0.90, 1.54, 2.51, 3.91, 10.8, 32.6, 118, 256, 751, ∞ 方管: 0.28, 0.45, 0.77, 1.34, 2.16, 3.54, 9.3, 24.9, 77.4, 158, 568, ∞
33	烟道调板		ω	h/D: 0.1, 0.2, 0.3, 0.4, 0.5, 0.6, 0.7, 0.8, 0.9, 1.0 矩形闸板: 200, 40, 20, 8.4, 4.0, 2.2, 1.0, 0.4, 0.12, 0.0 圆形闸板: 155, 35, 10, 4.6, 2.06, 0.98, 0.44, 0.17, 0.06, 0.0 平行式闸阀: —, —, 22, 12, 5.3, 2.8, 1.5, 0.8, 0.3, 0.1

（二）综合阻力系数

序号	阻力类型	简图	计算速度	综合阻力系数 ξ
1	蓄热室格子体		ω	西门子式 $\xi=\dfrac{1.14}{d_e^{0.25}}H$，李赫特式 $\xi=\dfrac{1.57}{d_e^{0.25}}H$ 式中 H——格子体高度，m； d_e——格孔当量直径，m；
2	换热器直排管束		ω	$Re \geqslant 5\times10^4$； $\xi_{直}=n\dfrac{s}{b}\alpha+\beta,\ \alpha=0.028\left(\dfrac{b}{\delta}\right)^2,\ \beta=\left(\dfrac{b}{\delta}-1\right)^2$ 式中 n——沿流向的排数； $Re<5\times10^4$； $\xi=k_1\xi_{直}$值

Re	3×10^4	10^4	6×10^3	4×10^3
K_1	1.08	1.37	1.55	1.70

续表

序号	阻力类型	简图	计算速度	综合阻力系数 ξ			
3	换热器管排管束		ω	$Re \geqslant 5\times10^4$ 时，$\xi_{错} = (0.8\sim0.9)\xi_{顺}$ 值； $Re < 5\times10^4$ 时，			
				Re	3×10^4	10^4	6×10^3	4×10^3
				K_2	1.05	1.22	1.32	1.40
4	散料层		空塔流速 ω	$$\xi = 2.2\xi\frac{H}{d}\times\frac{(1-\varepsilon)^2}{\varepsilon^3}\times\frac{1}{\varphi^2}$$ 式中 d——料粒度，m；ε——堆料孔隙度，球块 $\varepsilon=0.263$；φ——形状系数，球块 $\varphi=1$，其他 $\varphi<1$			
5	料垛		料垛孔隙中流速 ω	Re	<30	$30\sim700$	$700\sim7000$	>7000
				ξ	$220Re^{-1}$	$28Re^{-0.4}$	$7Re^{-0.2}$	1.26

经验数据：料垛每米长的阻力为 1Pa

不同坯体、不同码法时的料垛的阻力计算式可参阅《烧结砖瓦工艺设计》一书（中国建筑工业出版社，1983年）

附表3 常用材料的物理参数

(一) 耐火材料的物理参数

材料名称	密度 ρ /(kg/m³)	最高使用温度 /℃	平均比热容 C_p/[kJ/(kg·℃)]	热导率 λ /[W/(m·℃)]
黏土砖	2070	1300～1400	$0.84+0.26\times10^{-3}t$	$0.835+0.58\times10^{-3}t$
硅砖	1600～1900	1850～1950	$0.79+0.29\times10^{-3}t$	$0.92+0.7\times10^{-3}t$
高铝砖	2200～2500	1500～1600	$0.84+0.23\times10^{-3}t$	$1.52+0.18\times10^{-3}t$
镁砖	2800	200	$0.94+0.25\times10^{-3}t$	$4.3-0.51\times10^{-3}t$
滑石砖	2100～2200	—	1.25(300℃时)	$0.69+0.63\times10^{-3}t$
莫来石砖(烧结)	2200～2400	1600～1700	$0.84+0.25\times10^{-3}t$	$1.68+0.23\times10^{-3}t$
铁矾土砖甲	2000～2350	1550～1800	—	1.3(1200℃时)
刚玉砖(烧结)	2600～2900	1650～1800	$0.79+0.42\times10^{-3}t$	$2.1+1.85\times10^{-3}t$
莫来石砖(电熔)	2850	1600	—	$2.33+0.163\times10^{-3}t$
煅烧白云石砖	2600	1700	1.07(20～760℃)	3.23(2000℃时)
镁橄榄石砖	2700	1600～1700	1.13	8.7(400℃时)
熔融镁砖	2700～2800	—		$4.63+5.75\times10^{-3}t$
铬砖	3000～3200	—	$1.05+0.29\times10^{-3}t$	$1.2+0.41\times10^{-3}t$
铬镁砖	2800	1750	$0.71+0.39\times10^{-3}t$	1.97
碳化硅砖甲	>2650	1700～1800	$0.96+0.146\times10^{-3}t$	9～10(1000℃时)
碳化硅砖乙	>2500	1700～1800	$0.96+0.146\times10^{-3}t$	7～8(1000℃时)
碳素砖	1350～1500	2000	0.837	$23+34.7\times10^{-3}t$
石墨砖	1600	2000	0.837	$162-40.5\times10^{-3}t$
锆英石砖	3300	1900	$0.54+0.125\times10^{-3}t$	$1.3+0.64\times10^{-3}t$

(二) 隔热材料的物理参数

材料名称	密度 ρ /(kg/m³)	最高使用温度 /℃	平均比热容 C_p/[kJ/(kg·℃)]	热导率 λ /[W/(m·℃)]
轻质黏土砖	1300	1400	$0.84+0.26\times10^{-3}t$	$0.41+0.35\times10^{-3}t$
	1000	1300		$0.29+0.26\times10^{-3}t$
	800	1250		$0.26+0.23\times10^{-3}t$
	400	1150		$0.092+0.16\times10^{-3}t$
轻质高铝砖	770	1250	$0.84+0.26\times10^{-3}t$	$0.66+0.08\times10^{-3}t$
	1020	1400		
	1330	1450		
	1500	1500		
轻质硅砖	1200	1500	$0.22+0.93\times10^{-3}t$	$0.58+0.43\times10^{-3}t$
硅藻土砖	450	900	$0.113+0.23\times10^{-3}t$	$0.063+0.14\times10^{-3}t$
	650	900		$0.10+0.228\times10^{-3}t$
膨胀蛭石	60～280	1100	0.66	$0.58+0.256\times10^{-3}t$
水玻璃蛭石	400～450	800		$0.093+0.256$
硅藻土石棉粉	450	300	0.82	$0.07+0.31\times10^{-3}t$
石棉绳	800	—		$0.073+0.31\times10^{-3}t$
石棉板	1150	600		$0.16+0.17\times10^{-3}t$
矿渣棉	150～180	400～500	0.75	$0.058+0.16\times10^{-3}t$
矿渣棉砖	350～450	750～800		$0.07+0.51\times10^{-3}t$
红砖	1750～2100	500～700	$0.80+0.31\times10^{-3}t$	$0.47+0.51\times10^{-3}t$
珍珠岩制品	220	1000	—	$0.052+0.029\times10^{-3}t$
粉煤灰泡沫混凝土	500	300		$0.099+0.198\times10^{-3}t$
水泥泡沫混凝土	450	250		$0.10+0.198$

附表4　金属的密度 ρ 及热容量 c

金属	$\rho/(kg/m^3)$	$c/[kJ/(kg \cdot ℃)]$
铝	2670	0.92
镁	1737	0.997
青铜	8000	0.381
黄铜	8600	0.377
铜	8800	0.381
镍	9000	0.46
锡	7230	0.226
汞	13600	0.138
铅	11400	0.130
银	10500	0.234
锌	700	0.394
钢	7900	0.46
生铁	7220	0.50

附表5　各种金属在不同温度下的热导率　　　　　　　W/(m·℃)

金属	温度/℃						
	0	100	200	300	400	500	600
铝	202	206	229	272	319	371	423
镁	—	149	—	206	—	134	131
黄铜(90-10)	102	117	134	149	166	180	195
黄铜(70-30)	106	109	111	114	116	120	121
黄铜(67-30)	100	107	113	121	128	135	151
黄铜(60-40)	94	120	137	152	169	186	198
铜	392	385	380	375	366	362	357
镍	59.2	58.5	57.2	56.9	55.6	55.2	53.5
锡	63	59	55	—	—	—	—
铅	34.7	34.3	32.9	31.9	—	—	—
银	423	416	411	405	400	394	385
锌	113	107	102	98.3	93	—	—
软钢	63	57	52	47	42	36	31
生铁	50	49	35	40	56	78	95

附表6　烟气的物理参数

温度 $t/℃$	密度 ρ $/(kg/m^3)$	比热容 C_p $/[kJ/(kg \cdot ℃)]$	热导率 λ $/[\times 10^{-3}W/(m \cdot ℃)]$	导温系数 a $/(\times 10^{-6}m^2/s)$	动力黏度 μ $/(\times 10^{-6}Pa \cdot s)$	运动黏度 ν $/(\times 10^{-6}m^2/s)$	普兰特常数 Pr
0	1.295	1.042	2.28	16.9	15.8	12.20	0.72
100	0.950	1.068	3.13	30.8	20.4	21.54	0.69
200	0.748	1.097	4.01	48.9	24.5	32.80	0.67
300	0.617	1.112	4.84	59.9	28.2	45.81	0.65
400	0.525	1.151	5.70	94.3	31.7	60.38	0.64
500	0.457	1.185	6.55	121.1	34.8	76.30	0.63
600	0.405	1.214	7.42	160.9	37.9	93.61	0.62
700	0.363	1.293	8.27	183.8	40.7	112.1	0.61
800	0.330	1.264	9.15	219.7	43.4	131.8	0.60
900	0.301	1.290	10.00	258.0	45.9	152.5	0.59
1000	0.275	1.306	10.00	303.4	48.4	174.3	0.58
1100	0.257	1.323	11.75	345.5	50.7	197.1	0.57
1200	0.240	1.340	12.62	392.4	53.0	221.0	0.56

附表 7 干空气的物理性质

温度 t/℃	密度 ρ /(kg/m³)	比热容 C_p /[kJ/(kg·℃)]	热导率 λ /[×10⁻³W/(m·℃)]	导温系数 a /(×10⁻⁶m²/s)	动力黏度 μ /(×10⁻⁶Pa·s)	运动黏度 ν /(×10⁻⁶m²/s)	普兰特 常数 Pr
0	1.252	1.011	0.0237	19.2	17.456	13.9	0.71
10	1.206	1.010	0.0244	20.7	17.848	14.66	0.71
20	1.164	1.012	0.0251	22.0	18.240	15.7	0.71
30	1.127	1.013	0.0258	23.4	18.682	16.58	0.71
40	1.092	1.014	0.0265	24.8	19.123	17.6	0.71
50	1.057	1.016	0.0272	26.2	19.515	18.58	0.71
60	1.025	1.017	0.0279	27.6	19.907	19.4	0.71
70	0.996	1.018	0.0286	29.2	20.398	20.65	0.71
80	0.968	1.019	0.0293	30.6	20.790	21.5	0.71
90	0.942	1.021	0.0300	32.2	21.231	22.82	0.71
100	0.916	1.022	0.0307	33.6	21.673	23.6	0.71
120	0.870	1.025	0.0320	37.0	22.555	25.9	0.71
140	0.827	1.027	0.0333	40.0	23.340	28.2	0.71
150	0.810	1.028	0.0336	41.2	23.732	29.4	0.71
160	0.789	1.030	0.0344	43.3	24.124	30.6	0.71
180	0.755	1.032	0.0357	47.0	24.909	33.0	0.71
200	0.723	1.035	0.0370	49.7	25.693	35.5	0.71
250	0.653	1.043	0.0400	60.0	27.557	42.2	0.71
300	0.596	1.047	0.0429	68.9	39.322	49.2	0.71
350	0.549	1.055	0.0457	80.0	30.989	56.5	0.72
400	0.508	1.059	0.0485	89.4	32.754	64.6	0.72
500	0.442	1.076	0.0540	113.2	35.794	81.0	0.72
600	0.391	1.089	0.0581	133.6	38.638	98.8	0.73
700	0.351	1.101	0.0599	162.0	41.580	118.95	0.73
800	0.318	1.114	0.0699	182.0	43.640	137	0.73
900	0.291	1.126	0.0673	216	46.876	160	0.74
1000	0.268	1.139	0.0762	240	48.445	181	0.74
1100	0.248	1.156	0.0826	277	51.191	206	0.74
1200	0.232	1.164	0.0845	301	52.662	227	0.74
1400	0.204	1.186	0.0930	370	56.781	278	0.76
1600	0.182	1.218	0.1012	477	60.409	332	0.76
1800	0.165	1.243	0.1093	—	63.841	387	—

附表 8 水的物理性质

温度 t/℃	密度 ρ /(kg/m³)	比热容 C_p /[kJ/(kg·℃)]	热导率 λ /[×10⁻³W/(m·℃)]	导温系数 a /(×10⁻⁶m²/s)	动力黏度 μ /(×10⁻⁶Pa·s)	运动黏度 ν /(×10⁻⁶m²/s)	普兰特 常数 Pr
0	999.9	4.226	0.558	0.131	1793.636	1.789	13.7
5	1000.0	4.206	0.568	0.135	1534.741	1.535	11.4
10	999.7	4.195	0.577	0.137	1296.439	1.300	9.5
15	999.1	4.187	0.587	0.141	1135.610	1.146	7.1
20	998.2	4.182	0.597	0.143	993.414	1.006	7.0
25	997.1	4.178	0.606	0.146	880.637	0.884	6.1
30	995.7	4.176	0.615	0.149	792.377	0.805	5.4
35	994.1	4.175	0.624	0.150	719.808	0.725	4.8
40	992.2	4.175	0.633	0.151	658.026	0.658	4.3
45	990.2	4.176	0.640	0.155	605.070	0.611	3.9

温度 $t/℃$	密度 ρ /(kg/m³)	比热容 C_p /[kJ/(kg·℃)]	热导率 λ /[×10⁻³W/(m·℃)]	导温系数 a /(×10⁻⁶m²/s)	动力黏度 μ /(×10⁻⁶Pa·s)	运动黏度 ν /(×10⁻⁶m²/s)	普兰特常数 Pr
50	988.1	4.178	0.647	0.157	555.056	0.556	3.55
55	985.7	4.179	0.652	0.158	509.946	0.517	3.27
60	983.2	4.181	0.658	0.159	471.670	0.478	3.00
65	980.6	4.184	0.663	0.161	435.415	0.444	2.76
70	977.8	4.187	0.668	0.163	404.034	0.415	2.55
75	974.9	4.190	0.671	0.164	376.575	0.366	2.23
80	971.8	4.194	0.673	0.165	352.059	0.364	2.25
85	968.7	4.198	0.676	0.166	328.523	0.339	2.04
90	965.3	4.202	0.678	0.167	308.909	0.326	1.95
95	961.9	4.206	0.680	0.168	292.238	0.310	1.84
100	958.4	4.211	0.682	0.169	277.528	0.294	1.75
110	951.0	4.224	0.684	0.170	254.973	0.268	1.57
120	943.5	4.232	0.685	0.171	235.360	0.244	1.43
130	934.8	4.250	0.686	0.172	211.824	0.226	1.32
140	926.3	4.257	0.684	0.172	201.036	0.212	1.23
150	916.9	4.270	0.684	0.173	185.346	0.201	1.17
160	907.6	4.285	0.680	0.173	171.616	0.191	1.10
170	897.3	4.396	0.679	0.172	162.290	0.181	1.05
180	886.6	4.396	0.673	0.172	152.003	0.173	1.01
190	876.0	4.480	0.670	0.171	145.138	0.166	0.97
200	862.8	4.501	0.665	0.170	139.254	0.160	0.95
210	852.8	4.560	0.655	0.168	131.409	0.154	0.92
220	837.0	4.605	0.652	0.167	124.544	0.149	0.90
230	827.3	4.690	0.637	0.164	119.641	0.145	0.88
240	809.0	4.731	0.634	0.162	113.757	0.141	0.86
250	799.2	4.857	0.618	0.160	109.834	0.137	0.86
260	779.0	4.982	0.613	0.156	104.931	0.135	0.86
270	767.9	5.030	0.590	0.152	101.989	0.133	0.87
280	750.0	5.234	0.588	0.147	98.067	0.131	0.89
290	732.3	5.445	0.558	0.140	94.144	0.129	0.92
300	712.5	5.694	0.564	0.132	92.182	0.128	0.98
310	690.6	6.155	0.519	0.122	88.260	0.128	1.05
320	667.1	6.610	0.494	0.112	85.318	0.128	1.13
325	650.0	6.699	0.471	0.108	83.357	0.127	1.18
330	640.2	7.245	0.468	0.101	81.395	0.127	1.25
340	609.4	8.160	0.437	0.088	77.473	0.127	1.45
350	572.0	9.295	0.400	0.076	72.569	0.127	1.67
360	524.0	9.850	0.356	0.067	66.685	0.127	1.91
370	448.0	11.690	0.293	0.058	56.879	0.127	2.18

附表 9　常用气体的气体常数 R

气体名称	符号	R/[J/(kg·K)]	气体名称	符号	R/[J/(kg·K)]
空气		287.0	水蒸气	H_2O	461.5
氧气	O_2	259.8	一氧化碳	CO	296.8
氮气	N_2	296	二氧化碳	CO_2	188.9
氢气	H_2	4124.0	甲烷	CH_4	511.6

注：R 的物理意义是 1kg 质量的气体在定压下，加热升高 1 度时所作的膨胀功。

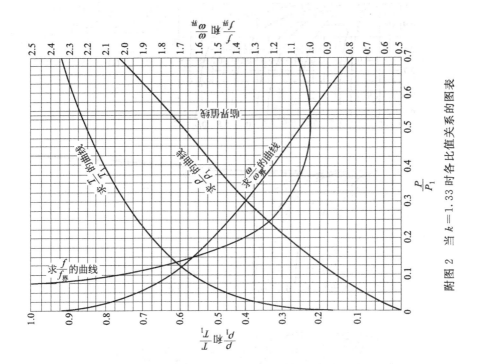

附图 2 当 $k = 1.33$ 时各比值关系的图表

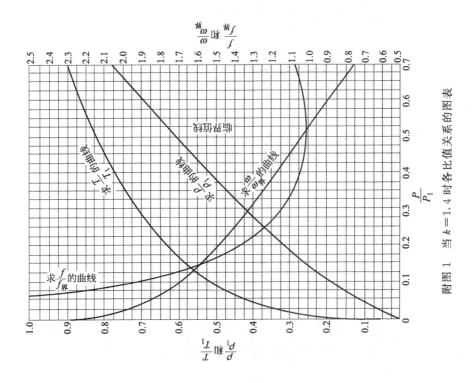

附图 1 当 $k = 1.4$ 时各比值关系的图表

附图 3

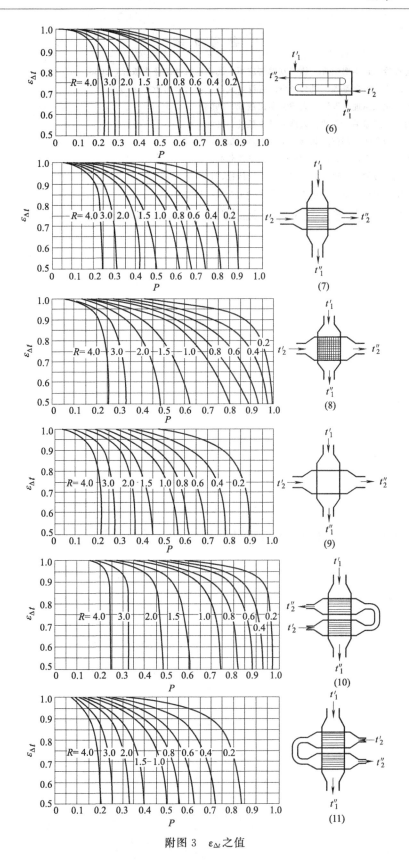

附图 3 $\varepsilon_{\Delta t}$ 之值

参 考 文 献

[1] 傅秦生，何雅玲，赵小明编著，热工基础与应用. 北京：机械工业出版社，2003.

[2] 宋长超主编. 流体力学基础、风机及泵. 武汉：武汉工业大学出版社，1990.

[3] 姚玉英主编. 化工原理. 天津：天津大学出版社，1996.

[4] 陈常贵主编. 化工原理. 天津：天津大学出版社，1999.

[5] 朱光俊主编. 冶金热工基础. 北京：冶金工业出版社，2007.

[6] 刘非轼主编. 炉子供热. 长沙：中南工业大学出版社，1987.

[7] 孟柏庭. 有色冶金炉. 长沙：中南工业大学出版社，1995.

[8] 蒋光羲编. 冶金炉热工基础. 重庆：重庆大学出版社，1993.

[9] 刘人达编. 冶金炉热工基础. 北京：冶金工业出版社，1980.